全国水利水电高职教研会规划教材

建筑材料与检测

主　编　张思梅　孙玉龙　叶明林
副主编　朱龙芬　蒋　红　慕　欣
主　审　方　崇

中国水利水电出版社
www.waterpub.com.cn

内 容 提 要

《建筑材料与检测》是根据土建类专业建设指导委员会制定的建筑工程技术、工程造价、工程监理等专业标准、人才培养方案及主干课程教学大纲编写的，编写内容采用了最新的有关国家规范和行业标准。全书主要内容包括：绪论，建筑材料的基本性质，无机气硬性胶凝材料，水泥，水泥混凝土，建筑砂浆，墙体材料，防水材料，建筑钢材，常用建筑装饰材料，合成高分子材料，绝热材料与吸声材料，建筑材料性能检测等。

本书可作为高职高专建筑工程技术、工程造价、工程监理等土建类相关专业的教材，也可供相关工程技术人员使用和参考。

图书在版编目（CIP）数据

建筑材料与检测 / 张思梅，孙玉龙，叶明林主编
. -- 北京 : 中国水利水电出版社，2014.1(2023.11重印)
全国水利水电高职教研会规划教材
ISBN 978-7-5170-1651-9

Ⅰ. ①建… Ⅱ. ①张… ②孙… ③叶… Ⅲ. ①建筑材料—检测—高等职业教育—教材 Ⅳ. ①TU502

中国版本图书馆CIP数据核字(2013)第321555号

书　　名	全国水利水电高职教研会规划教材 **建筑材料与检测**
作　　者	主　编　张思梅　孙玉龙　叶明林 副主编　朱龙芬　蒋　红　慕　欣 主　审　方　崇
出版发行	中国水利水电出版社 (北京市海淀区玉渊潭南路1号D座　100038) 网址：www.waterpub.com.cn E-mail：sales@mwr.gov.cn 电话：(010) 68545888（营销中心）
经　　售	北京科水图书销售有限公司 电话：(010) 68545874、63202643 全国各地新华书店和相关出版物销售网点
排　　版	中国水利水电出版社微机排版中心
印　　刷	清淞永业（天津）印刷有限公司
规　　格	184mm×260mm　16开本　18.25印张　433千字
版　　次	2014年1月第1版　2023年11月第5次印刷
印　　数	11001—14000册
定　　价	**55.00**元

修 订 说 明

教材事关国家和民族的前途命运，教材建设必须坚持正确的政治方向和价值导向。本书坚持党的二十大精神，全面贯彻党的教育方针，落实立德树人根本任务，为党育人，为国育才，弘扬劳动光荣、技能宝贵、创造伟大的时代风尚。

本书共分12章，主要包括：建筑材料的基本性质，无机气硬性胶凝材料，水泥，水泥混凝土，建筑砂浆，墙体材料，防水材料，建筑钢材，常用建筑装饰材料，合成高分子材料，绝热材料与吸声材料，建筑材料性能检测等。

本次修订主要依据《水泥胶砂强度检验方法（ISO法）》（GB/T 17671—2021）、《建筑用砂》（GB/T 14684—2022）、《金属材料 拉伸试验 第1部分：室温试验方法》（GB/T 228.1—2021）等最新规范和标准，在第1版的基础上进行了全面修订、补充和完善。

本书是根据教育部对高职高专人才培养目标、培养规格、培养模式以及与之相适应的基本知识、关键技能和素质结构的要求，同时也结合了编者多年从事教学、科研和参加校企合作的实践经验编写而成的。在编写中力求做到理论联系实际，注重科学性、实用性和针对性，能及时反映建筑材料的新技术、新标准，并紧密结合工程实际，突出学生应用能力的培养。

本书由张思梅、孙玉龙、叶明林任主编，朱龙芬、蒋红、慕欣任副主编，张思梅负责全书的统稿工作。具体编写分工是：安徽水利水电职业技术学院张思梅编写绪论；安徽水利水电职业技术学院陈伟编写第1章、第8章；山西水利职业技术学院贾静华编写第2章、第3章；四川水利职业技术学院陈霞、安徽水利水电职业技术学院慕欣编写第4章；黄河水利职业技术学院孙玉龙编写第5章、第6章；湖北水利水电职业技术学院黄煜煜编写第7章、第10章；福建水利电力职业技术学院朱龙芬编写第9章；安徽水利水电职业技术学院蒋红编写第11章；安徽水利开发股份有限公司叶明林编写第12章中第12.1节～12.3节；安徽省水利部淮河水利委员会水利科学研究院束兵编写第12章中第12.4节～12.9节。

全书由广西水利电力职业技术学院方崇教授主审。

编者

2023年10月

前　言

qianyan

本书是高职高专学校建筑工程技术、工程造价、工程监理等土建类专业系列教材之一。它是根据教育部《关于加强高职高专人才培养工作意见》和《面向21世纪教育振兴行动计划》文件精神，按照全国水利水电高职教研会（中国高职教研会水利行业协作委员会）工程造价、建筑工程、道桥工程、市政工程类专业组2012年5月安徽合肥会议拟定的教材编写规划的基本要求而编写的。

随着经济社会的快速发展，我国的工程建设将仍然保持高速发展的趋势。在这种新形势下，国家对建筑材料的技术标准和技术要求也越来越高，对建筑工程技术、工程造价、工程监理等土建类专业人才培养和培训的高职教育也提出了更高、更明确的要求。

本书是根据教育部对高职高专人才培养目标、培养规格、培养模式以及与之相适应的基本知识、关键技能和素质结构的要求，同时结合编者多年从事教学、科研和参加校企合作的实践经验编写而成。在编写中，本书力求做到理论联系实际，注重科学性、实用性和针对性，能及时反映建筑材料的新技术、新标准，并紧密结合工程实际，突出学生应用能力的培养。

本书在编写过程中得到了中国水利水电出版社及编者所在单位的大力支持，在此一并表示感谢。

限于编者水平，不足之处在所难免，敬请读者提出宝贵意见。

编　者

2013年6月

目　　录

绪　论

【内容概述】

主要介绍建筑材料的分类和在建筑工程中的地位及其应具备的性质；阐述了本课程的讲授与学习方法。

【学习目标】

理解建筑材料质量的标准化和技术标准；了解建筑材料的发展。

1. 建筑材料定义及分类

建筑材料是土木工程中所使用的各种材料及其制品的总称，它是一切土木工程的物质基础。建筑材料对各类建筑工程的质量、造价、技术的进步等都有着重要的影响。所以从事土木工程的各类技术人员都需要掌握建筑材料的有关知识。

由于建筑材料的种类繁多、性能各异，可从不同角度对它们进行分类，常用的分类方法有按化学成分和使用功能来进行分类。

（1）按材料的化学成分分类。根据材料的化学成分不同，建筑材料可分为有机材料、无机材料和复合材料三大类，见表0.1。

表0.1　　建筑材料按化学成分分类

分　类			实　例
无机材料	金属材料	黑色金属	铁、钢、合金钢、不锈钢等
		有色金属	铝、铜、锌及其合金等
	非金属材料	天然石材	砂、石及石材制品等
		烧土制品	黏土砖、瓦、陶瓷制品等
		胶凝材料及制品	石灰、石膏及制品、水泥及水泥混凝土制品、硅酸盐制品等
		玻璃	普通平板玻璃、安全玻璃、绝热玻璃等
		无机纤维材料	玻璃纤维、矿物棉、岩棉等
有机材料	植物材料		木材、竹材、植物纤维及制品等
	沥青材料		煤沥青、石油沥青及其制品等
	合成高分子材料		塑料、涂料、树脂、胶黏剂、合成橡胶等
复合材料	有机材料与无机非金属材料复合		沥青混凝土、聚合物混凝土、玻璃纤维增强塑料等
	金属与无机非金属材料复合		钢筋混凝土、钢纤维混凝土、CY板等
	金属与有机材料复合		铝塑管、有机涂层铝合金板、塑钢等

（2）按材料的使用功能分类。按材料的使用功能不同，建筑材料可分为结构材料和功能材料两大类。

1）结构材料。是指构成建筑物或构筑物结构所使用的材料，即主要承受荷载的材料，如梁、板、柱、承重墙、建筑物基础、框架及其他受力构件或结构等所使用的材料。对于这类材料的技术性能一般主要是要求它的强度和耐久性。

2）功能材料。是指具有某些特殊功能的非承重材料，如起防水作用的防水材料，起保温隔热作用的绝热材料，起装饰作用的装饰材料等。

此外，对某一种具体材料，它可能兼有多种功能。如承重的砖墙，它既有承重的作用，同时也有一定的隔热保温的功能；又如中空玻璃，它既有保温功能又有隔声防噪功能等。随着建筑业的发展和人类生活水平的提高，功能材料将会得到更大的发展，一般来说，建筑物的安全性和耐久性，主要取决于结构材料，而建筑物的适用性，主要取决于功能材料。

2. 建筑材料在建筑工程中的作用

（1）建筑工程的物质基础。优秀的建筑是建筑材料和艺术、技术以最佳方式融合为一个整体的产物。建筑材料是建筑艺术和技术耐以生存的物质基础，而建筑施工和安装的全过程，实质上是按设计要求把建筑材料逐渐变成一个建筑物的过程，所以说建筑装饰材料是建筑工程的物质基础。

（2）建筑工程质量的保证。建筑材料的质量是各类建筑工程质量优劣的关键，是工程质量得以保证的前提。只有保证了建筑物所用材料的质量，才有可能保证建筑物的质量。在材料的选择、生产、储运、使用和检验评定等各个环节中，任何一个环节的失误都会影响建筑工程的质量，所以一个合格的建筑工程技术人员只有准确、熟练地掌握建筑材料的有关知识，才能正确地选择和合理地使用建筑材料；正确地检验和评定建筑材料的优劣，从而确保建筑的安全、适用、耐久等各项功能要求。

（3）影响建筑工程的造价。在一般建筑工程的总造价中，建筑材料费用占工程总造价的50%～70%。现代市场经济条件下，建筑业面临着新机遇，新挑战，同时也承受着市场竞争的压力。建筑业的生产经营活动总是围绕着降低造价、优质高效而进行的。在竞争中我们要应用所学的建筑材料知识，优化选择和正确使用材料，充分利用材料的各种性能，提高材料的利用率，在满足使用要求的前提下，降低材料费用，从而显著降低工程造价。

（4）促进建筑工程技术的进步和建筑业的发展。在建筑工程建设过程中，建筑材料是决定建筑结构形式和施工方式的主要因素，建筑材料的品种、规格、性能及质量，对建筑结构的形式、使用年限、施工方法和工程造价有着直接的影响。结构工程师只有在掌握了建筑材料性能的基础上，才能根据工程力学计算，确定出建筑构件的尺寸，创造出先进的结构形式。目前，建筑工程中普遍使用的钢筋混凝土复合材料由于其自重较大，如用它建造大跨度和高层结构则会受到一定的限制；同时，由于钢筋混凝土自重较大，对于预制板、梁，在施工中必须使用吊车来吊装，提高了施工费用，增加了工程造价。建筑工程中，许多技术问题的突破往往依赖建筑材料问题的解决，而新的建筑材料的出现，往往会促进结构设计及施工技术的革新和发展。一个国家、地区建筑业的发展水平，都与该地区建筑材料发展情况密切相关，一种新材料的出现，会使结构设计理论大大地向前推进，使一些无法实现的构想变成现实，乃至使整个社会的生产力发生飞跃。

3. 建筑材料的发展概况

建筑材料是随着人类社会生产力的发展和科学技术水平的提高逐步发展起来的。远在新石器时期之前，人类就开始利用土、石、木、竹等天然材料开始了营造活动。据考证，我国在4500年前就有了木架建筑和木骨泥墙建筑，出现了木结构的雏形。随着生产力的发展，人类利用黏土烧制成砖、瓦，出现了人造建筑材料，为较大规模建造房屋创造了基本条件，开始大量修建房屋、寺塔、防御工程等，例如，我们雄伟壮观的万里长城，始建于公元前7世纪，应用了大量的砖、石灰等人造建筑材料，其中砖石材料达1亿m^3；用黏土、石材、木材和竹材等修建的距今2000多年的都江堰水利工程，现在对成都平原的灌溉、排涝仍起着重要的作用；山西五台山木结构的佛光寺大殿，从建造至今已经历了1100多年，至今仍保存完好。

生铁于17世纪70年代在工程中开始使用，熟铁于19世纪初开始用于建造桥梁和房屋，出现了钢结构的雏形。性能良好的建筑钢材于19世纪中叶冶炼出来，随后又生产出高强钢丝和钢索，钢结构得到了迅速发展，使建筑物和构筑物的跨度由砖石、木结构的几十米发展到几百米乃至现代建筑的上千米。19世纪20年代，英国瓦匠约瑟夫·阿斯普丁发明了波特兰水泥；到了40年代，出现了钢筋混凝土结构：利用混凝土承受压力，钢筋承受拉力，充分发挥两种材料各自的优点，使钢筋混凝土结构广泛应用于工程建设的各个领域。20世纪30年代又出了预应力混凝土结构，它克服了钢筋混凝土结构抗裂性能差、刚度低的缺点，使土木工程跨入了飞速发展的新阶段。

随着社会生产力的高速发展和材料科学的形成，使建筑材料在性能上不断得到改善和提高，而且品种大大增加。一些有特殊功能的新型材料不断涌现，如防火材料、绝热材料、吸声材料、防辐射材料及耐腐蚀材料等，为适应现代建筑装修的需要，铝合金、涂料、玻璃等各种新型装饰材料层出不穷。

随着社会的不断发展，人类对建筑工程的功能要求越来越高，从而对其所使用的建筑材料的性能要求也越来越高，同时随着人们对节约能源，保护环境和可持续发展意识的增强，建筑与材料的发展趋势为：首先建立节约型的生产体系，做到节能、节土、节水和节约矿产资源等，如空心黏土砖代替了实心黏土砖，不仅节土、节能，还提高了隔热保温的效果。其次，建立有效的环境保护与监控管理体系，大力发展无污染，环境友好型的绿色建筑材料产品，如使用工业废料和地方性材料可以优化环境，保障供应，降低造价。再次，积极采用高科技成果推进建筑材料工业的现代化，如研制出轻质高强，耐久等高科技产品，提高劳动生产率，降低工程造价。总之，为满足不断提高的人民生活水平和建筑业发展的需要，大力发展功能型和装饰型材料，提供更多更好的绿色化和智能化建筑材料是目前发展的趋势。

4. 建筑材料的检验与技术标准

建筑材料质量的优劣对工程质量起着决定性作用，对所用建筑材料进行合格性检验，是保证工程质量的基本环节。所以国家标准规定，任何无出厂合格证或没有按规定复试的原材料，不得用于工程建设；在施工现场配制的材料（如钢筋混凝土等），其原材料（钢筋、水泥、石子、砂等）应符合相应的材料标准要求，而其制成品（如钢筋混凝土构件等）的检验及使用方法应符合相应的规范和规程。

各项建筑材料的试验、检验工作是控制工程施工质量的重要手段，也是工程施工和工程质量验收必需的技术依据。所以，在工程的整个施工过程中，始终贯穿着材料的试验和检验工作，它不仅是一项经常性的工作，而且是一项原则性、责任性很强的工作。

建筑材料的技术标准是生产使用单位验证产品质量是否合格的技术文件。为了保证建筑材料的质量、现代化生产和科学管理有据可循，必须有一个统一的执行标准。其内容主要包括产品规格、分类、技术要求、检验方法、验收规则、标志、储运注意事项等方面。

世界各国对建设材料均制定了各自的标准。如我国的强制性标准“GB”、德国工业标准“DIN”、美国的材料试验协会标准“ASTM”等，另外还有在世界范围统一使用的国际标准“ISO”。

目前，我国常用的建筑材料技术标准主要有国家级、行业（或部）级、地方级和企业级四类。

(1) 国家标准。是对全国经济、技术发展有重要意义而必须在全国范围内统一的标准。国家标准有强制性标准（代号 GB）和推荐性标准（代号 GB/T），强制性标准是全国范围内必须执行的技术指导文件，产品的技术指标不得低于标准中规定的要求，而推荐性标准在执行时也可采用其他相关标准的规定。

(2) 行业（或部）标准。主要是指全国性的各行业范围内统一的标准。它是由主管部门发布并报送国家标准局备案的标准，如建材行业标准（代号 JC），建筑行业标准（代号 JG）、水利行业标准（代号 SL）等。

(3) 地方标准。地方标准为地方主管部门发布的地方性技术文件（代号 DB），适宜在该地区使用。

(4) 企业标准。是由企业制定发布的指导本企业生产的技术文件（代号 QB），仅适用于本企业。企业标准所制定的技术要求应高于类似（或相关）产品的国家标准。

标准的一般表示方法是由标准名称、标准代号、标准编号和颁布年份等组成。例如，2007 年制定的国家强制性 175 号通用硅酸盐水泥的强度要求的标准为《通用硅酸盐水泥》(GB 175—2007)；2001 年制定的国家推荐性 14684 号建筑用砂的颗粒级配的标准为《建筑用砂的颗粒级配》(GB/T 14684—2000)。

5. 本课程的内容和任务

本课程是工程造价及土建类专业的一门专业基础课，又是一门实践性很强的应用型学科。学好本课程是进一步学好建筑结构、施工技术及工程概预算等专业课的前提，同时也为今后从事工程实践和科学研究打下良好基础。

本课程的内容除了介绍建筑材料的一些基本性质外，主要讲述建筑工程中常用的无机气硬性胶凝材料、水泥、水泥混凝土、建筑砂浆、墙体材料、防水材料、建筑钢材、常用建筑装饰材料、合成高分子材料、绝热材料与吸声材料，以及常用建筑材料的试验方法和质量评定方法。

本课程的学习任务分为理论课学习和试验课学习两大部分。

理论课学习任务：①掌握常用建筑材料的基本性能和特点，能够根据工程实际条件合理地选择和使用各种建筑材料；②为了进一步加深认识和理解建筑材料的性能和特点，还应了解各种材料的原料、生产、组成、工作机理等方面的知识；③掌握常用建筑材料储藏和运输时的注意事项，从而确保建筑材料的质量，降低工程造价。

试验课学习任务：①掌握常用建筑材料的试验、检验技能，会对常用建筑材料进行质量合格性判定；②培养严谨、认真的科学态度和分析问题与解决问题的能力。

6. 本课程的特点与学习方法

建筑材料与检测是一门实践性很强的课程。各种材料性能的检验是通过各种试验进行的，因此，在学习时应注意加强动手能力和试验技能的培养。

建筑材料的性能及技术参数受外界因素影响较大，相同的材料、相同的配合比在不同的环境条件下，其性能不同。所以，在学习时除了分析材料内部因素对材料性能产生影响外，还要注意周围环境的影响。而材料只有在同等试验条件下得出的数据才有可比性，因此建材试验应严格按照有关建材技术标准去操作。随着新型建筑材料的发展，学习时应联系实际，充分利用参观和学习的机会，了解新材料、新技术在工程中的应用，同时还应关注新建材技术标准的颁发等发展动向。

第1章　建筑材料的基本性质

【内容概述】

本章主要介绍材料的基本物理、力学、化学性质和有关参数及计算公式；材料的基本性质。

【学习目标】

掌握材料的密度、表观密度、堆积密度、孔隙率及空隙率的定义及计算；掌握材料与水有关的性质、与热与声有关的性质、力学性能以及耐久性和环保性；了解材料孔隙率和孔隙特征对材料性能的影响。

在建筑物或构筑物中，建筑材料要承受各种不同因素的作用，要求其应具有不同性质。例如，用于建筑结构的材料要受到各种外力的作用，因此，选用的材料应具有所需要的力学性能。又如，根据建筑物各种不同部位的使用要求，有些材料应具有防水、绝热、吸声等性能；对于某些工业建筑，要求材料具有耐热、耐腐蚀等性能。此外，对于长期暴露在大气中的材料，要求能经受风吹、日晒、雨淋、冰冻而引起的温度变化、湿度变化及反复冻融等的破坏作用。为了保证建筑物或构筑物经久耐用，就要求在工程设计与施工中正确地选择和合理地使用材料，因此必须熟悉和掌握各种建筑材料的基本性质。

1.1　材料的基本物理性质

建筑材料在建筑物中各个部位的功能不同，均要承受不同的作用，因而要求建筑材料必须具有相应的基本性质。

物理性质包括密度、密实性、空隙率、孔隙率等（计算材料用量、构件自重、配料计算、确定堆放空间）。

1.1.1　材料与质量的性质

自然界的材料，因其单位体积内所含孔（空）隙程度的不同，其基本的物理性质参数即单位体积的质量也有所区别，这就带来了不同的密度概念。

1.1.1.1　材料的体积构成及含水状态

1. 材料的体积构成

块状材料在自然状态下的体积是由固体物质的体积和材料内部孔隙的体积组成的，即材料内部的孔隙按孔隙特征分为连通孔隙和封闭孔隙两种，孔隙按尺寸大小又可分为微孔、细孔和大孔三种。封闭孔隙不吸水，连通孔隙与材料周围的介质相通，材料在浸水时易吸水饱和。如图1.1所示。

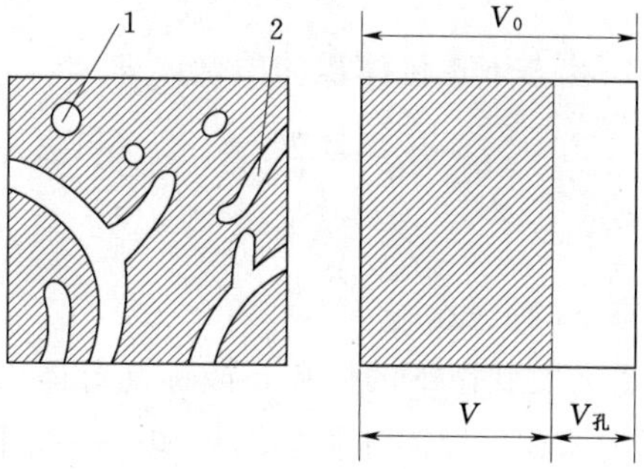

图 1.1 块状材料体积构成示意图

1—封闭孔隙；2—连通孔隙

$$V_0 = V + V_孔 \tag{1.1}$$

散粒材料是指在自然状态下具有一定粒径材料的堆积体，如工程中的石子、砂等。其体积构成是由固体物质体积、颗粒内部孔隙体积和固体颗粒之间的空隙体积组成的，如图 1.2 所示。

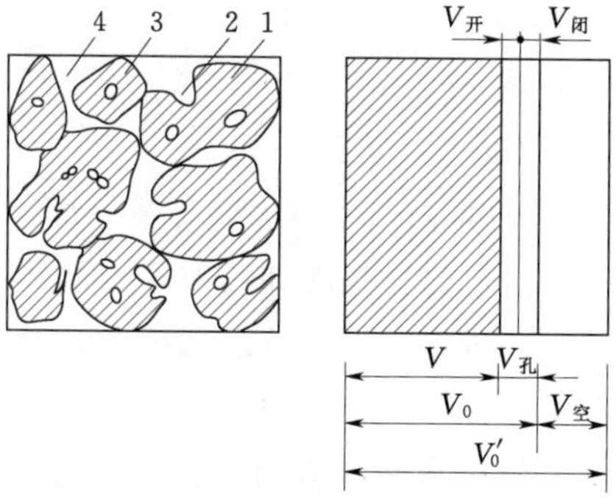

图 1.2 散粒材料体积构成示意图

1—颗粒中固体物质；2—颗粒的连通孔隙；3—颗粒的封闭空隙；4—颗粒间的空隙

$$V_0' = V + V_孔 + V_空 = V_0 + V_空 \tag{1.2}$$

2. 材料的含水状态

材料在大气中或水中会吸附一定的水分，根据材料吸附水分的情况不同，将其含水状态分为四种，即干燥状态、气干状态、饱和面干状态、湿润状态。如图 1.3 所示。

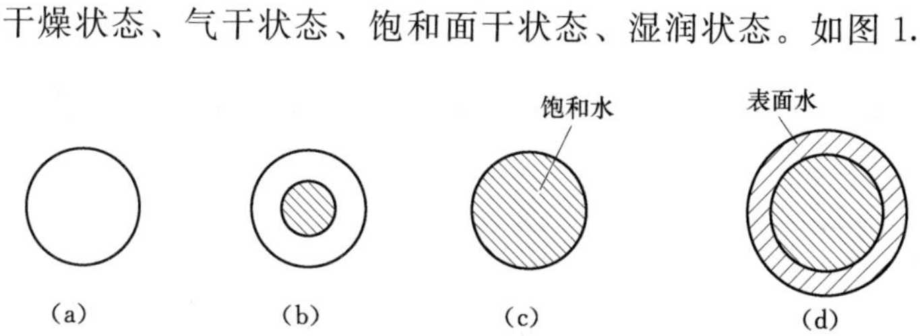

图 1.3 材料的含水状态

(a) 干燥状态；(b) 气干状态；(c) 饱和面干状态；(d) 湿润状态

材料的含水状态的不同会对材料的多种性质均产生一定的影响。

1.1.1.2　密度

密度是指材料在绝对密实状态下单位体积的质量，即

$$\rho = \frac{m}{V} \tag{1.3}$$

式中　ρ——密度，g/cm^3；

m——材料在干燥状态下的质量，g；

V——干燥材料在绝对密实状态下的体积，或称绝对体积，cm^3。

材料在绝对密实状态下的体积，即固体物质的体积，是指不包括材料孔隙在内的实体积。常用建筑材料中，除金属、玻璃、单体矿物等少数接近于绝对密实的材料外，绝大多数材料均含有一定的孔隙，如砖、石材等块状材料。测定含孔材料的密度时，应将材料磨成细粉（粒径一般小于 0.20mm）除去孔隙，经干燥至恒重后，用李氏瓶采用排液的方法测定其实体积。材料磨得越细，所测得的体积越接近实体积，密度值也就越精确。

1.1.1.3　表观密度

表观密度是指材料在自然状态下（包含孔隙）单位体积的质量，即

$$\rho_0 = \frac{m}{V_0} \tag{1.4}$$

式中　ρ_0——表观密度，g/cm^3 或 kg/cm^3；

m——材料的质量，g 或 kg；

V_0——材料在自然状态下的体积，也称表观体积，cm^3 或 m^3。

材料在自然状态下的体积是指包含材料内部孔隙在内的体积，即材料的实体积与材料内所含全部孔隙体积之和。一般，对具有规则外形的材料，其测定很简便，表观体积的测定可用外形尺寸直接计算，再测得材料的质量即可算得表观密度；对不具有规则外形的材料，可在其表面涂薄蜡层密封（防止水分渗入材料内部而影响测定值），然后采用排液法测定其表观体积。

每种材料的密度是固定不变的，但当材料含有水分时，其自然状态下的质量、体积会发生变化导致表观密度也产生改变。所以测定材料的表观密度时，须注明含水状态。通常，材料的表观密度是指在气干状态下（长期在空气中存放的干燥状态）的表观密度；材料在烘干状态下测得的表观密度称为干表观密度，在潮湿状态下测得的表观密度称为湿表观密度。

1.1.1.4　堆积密度

堆积密度是指散粒材料（粉状、颗粒状或纤维状材料）在规定的装填条件下，单位体积的质量，即

$$\rho_0' = \frac{m}{V_0'} \tag{1.5}$$

式中　ρ_0'——堆积密度，g/cm^3 或 kg/cm^3；

m——材料的质量，g 或 kg；

V_0'——材料的堆积体积，cm^3。

散粒材料的堆积体积不但包括其表观体积，还包括颗粒间的空隙体积，即固体物质体

积、颗粒内部孔隙体积和固体颗粒之间的空隙体积之和。散粒材料的堆积密度的大小不仅取决于材料颗粒的表观密度，而且还与材料的装填条件（即堆积的密实程度）有关、与材料的含水状态有关。

由于散粒材料堆放的紧密程度不同，可将其分为松散堆积密度、振实堆积密度、紧密堆积密度三种。

在建筑工程中，计算材料用量、构件自重、配料计算、材料堆积体积或面积，以及计算运输材料的车辆时，经常要用到材料的上述状态参数。常用建筑材料的密度、表观密度、堆积密度和孔隙率，见表1.1。

表1.1　　常用建筑材料的密度、表观密度堆积密度及孔隙率

材料名称	密度（g/cm^3）	表观密度（kg/m^3）	堆积密度（kg/m^3）	孔隙率（%）
钢材	7.8～7.9	7850	—	0
花岗岩	2.7～3.0	2500～2900	—	0.5～3.0
石灰岩	2.4～2.6	1800～2600	1400～1700（碎石）	—
砂	2.5～2.6	—	1500～1700	—
黏土	2.5～2.7	—	1600～1800	—
水泥	2.8～3.1	—	1200～1300	—
烧结普通砖	2.6～2.7	1600～1900	—	20～40
烧结空心砖	2.5～2.7	1000～1480	—	—
红松木	1.55～1.60	400～600	—	55～75

1.1.1.5　视密度

石子、砂及水泥等散粒状材料，在测定其密度时，一般采用排液置换法测定其体积，所得体积一般包含颗粒内部的封闭孔隙体积，并非颗粒绝对密实体积。若按式（1.3）计算，结果并不是散粒材料的真实密度，故将此密度称为散粒材料视密度。

由于所测得的颗粒体积大于其密实体积，小于其自然体积，所以存在以下关系

密度＞视密度＞颗粒表观密度

1.1.1.6　孔隙率与密实度及空隙率与填充率

1. 孔隙率 P 与密实度 D

孔隙率是指材料内部孔隙体积占材料总体积的百分率，即

$$P=\frac{V_0-V}{V_0}\times 100\%=\left(1-\frac{\rho_0}{\rho}\right)\times 100\% \tag{1.6}$$

密实度是指材料体积内被固体物质充实的程度，即固体物质的体积占总体积的百分率，即

$$D=\frac{V}{V_0}=\frac{\rho_0}{\rho}\times 100\% \tag{1.7}$$

材料的孔隙率与密实度是从两个不同的方面反映材料的同一个性质，二者存在以下关系

$$P+D=1 \tag{1.8}$$

孔隙率和密实度的大小均反映了材料的致密程度。材料的孔隙率越小、密实度越大，则材料就越密实、强度越高、吸水率越小等。此外，建筑材料的许多重要性质，如强度、耐久性、导热性、抗渗性、抗冻性等不但与孔隙率大小有关还和孔隙的特征有关。一般，孔隙率较小且连通孔较少的材料其吸水率较小、强度较高、抗渗性和抗冻性较好，但其保温隔热、吸声隔音性能稍差。

2. 空隙率 P' 与填充率 D'

空隙率是指散粒材料在某容器的堆积体积中，颗粒之间的空隙体积占其堆积总体积的百分率，即

$$P' = \frac{V_0' - V_0}{V_0'} \times 100\% = \left(1 - \frac{\rho_0'}{\rho_0}\right) \times 100\% \tag{1.9}$$

填充率是指散粒材料在某堆积体积内，被其颗粒体积填充的程度，即

$$D' = \frac{V_0}{V_0'} \times 100\% = \frac{\rho_0'}{\rho_0} \times 100\% \tag{1.10}$$

同样

$$P' + D' = 1 \tag{1.11}$$

空隙率和填充率也是从两个不同方面反映了散粒材料的同一个性质，即散粒材料颗粒间相互填充的程度。在配制混凝土时，砂、石的空隙率可作为控制混凝土集料级配与计算砂率的重要依据。

1.1.2　材料与水有关的性质

1.1.2.1　亲水性与憎水性

材料在空气中与水接触时，被水润湿的程度不同，有些甚至不能被润湿，材料能被水润湿的性质称为亲水性，材料不能被水润湿的性质称为憎水性。故根据材料能否被水润湿，将材料分为亲水性材料和憎水性材料。

当材料与水接触时，材料被水润湿的程度可用润湿角 θ 表示。在材料、空气、水三相交界处，沿水滴表面作切线，切线与水和材料的接触面之间的夹角即为 θ，称为润湿角，如图 1.4 所示。

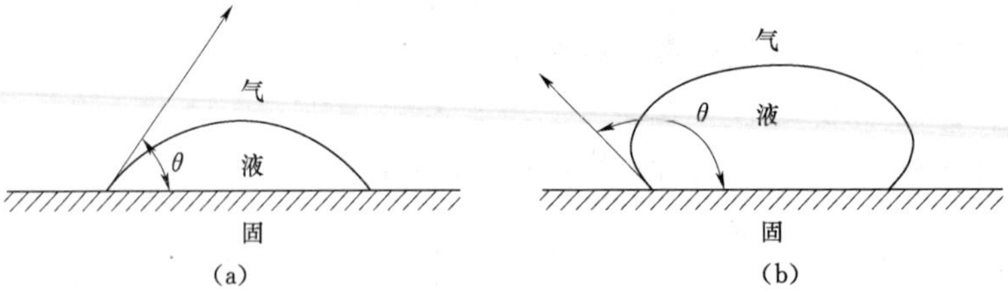

图 1.4　材料的湿润示意图

θ 越小，润湿性越强，表明材料越易被水润湿；反之则越弱。所以水能否润湿材料，与 θ 角大小有关。一般认为：当 $\theta \leqslant 90°$ 时，水分子之间的内聚力小于水分子与材料分子之间的吸引力，水能在材料表面铺展、润湿，该材料则称为亲水性材料，特别地，当 θ 为零时，表示材料完全被水润湿；当 $\theta > 90°$ 时，水分子之间的内聚力大于水分子与材料分子之间的吸引力，水不能吸附在材料上，材料表面不易被水润湿，该材料则称为憎水性材料。

大多数建筑材料，如石料、砖、混凝土、木材等，都属于亲水性材料；沥青、石蜡、塑料等属于憎水性材料。亲水性材料被水润湿，并能通过毛细管作用将水吸入材料内部；憎水性材料一般不能被水润湿，并能阻止水分渗入毛细管中，从而降低其吸水性。憎水性材料可作为防水、防潮材料，并可对亲水性材料进行表面处理来降低其吸水性。

1.1.2.2 吸湿性和吸水性

1. 吸湿性

吸湿性是指材料在潮湿空气中吸收水分的性质。由于材料的亲水性及连通孔隙的存在，大多数材料具有吸水性，所以材料中常含有水分。吸湿性的大小用含水率表示，即材料中所含水的质量占材料干燥质量的百分率，即

$$w_h = \frac{m_h - m}{m} \times 100\% \tag{1.12}$$

式中 w_h ——材料的含水率，%；

m_h ——材料含水时的质量，g 或 kg；

m ——材料在干燥状态下的质量，g 或 kg。

材料含水率的大小除与材料的孔隙率、孔隙特征有关外，还受周围环境的温度、湿度的影响。长期处于空气中的材料，其所含水分会与空气中的湿度达到平衡，这时材料处于气干状态。材料在气干状态下的含水率称为平衡含水率。故平衡含水率不是固定不变的，干的材料在空气中能吸收空气中的水分而变湿，湿的材料在空气中能失去水分而变干，这样达到平衡。

2. 吸水性

吸水性是指材料在水中吸收水分的性质。材料的吸水性用吸水率表示。材料吸水达到饱和状态时的含水率称其吸水率。吸水率是评定材料吸水性大小的指标，有质量吸水率和体积吸水率两种表示方法。

(1) 质量吸水率。质量吸水率是指材料在吸水达饱和时，内部所吸水分的质量占材料干燥质量的百分率，即

$$w_m = \frac{m_1 - m}{m} \times 100\% \tag{1.13}$$

式中 w_m ——材料的含水率，%；

m_1 ——材料含水时的质量，g 或 kg；

m ——材料在干燥状态下的质量，g 或 kg。

(2) 体积吸水率。体积吸水率是指材料在吸水达饱和时，内部所吸水分的体积占干燥材料自然体积的百分率，即

$$w_v = \frac{V_w}{V_0} \times 100\% = \frac{(m_1 - m)/\rho_w}{V_0} \times 100\% \tag{1.14}$$

式中 w_v ——材料的体积吸水率，%；

V_w ——材料吸水饱和时水的体积，cm^3；

V_0 ——干燥材料在自然状态下的体积，cm^3；

ρ_w ——水的密度，g/cm^3。

质量吸水率和体积吸水率二者有如下关系

$$w_v = w_m \frac{\rho_0}{\rho_w} \tag{1.15}$$

通常，吸水率均指质量吸水率，但对某些轻质材料，由于连通且微小的孔隙很多，体积吸水率能更直观地反映材料的吸水程度。

材料的吸水性不仅取决于其亲水性或憎水性，也与孔隙率的大小和孔隙特征有关。一般来说，孔隙率越大，吸水性越强。封闭的孔隙水分不易进入，粗大连通的孔隙又不易吸满、存留水分，所以在相同的孔隙率情况下，材料内部微小连通的孔隙越多，吸水性越强。

水对材料有很多不良的影响，它使材料的表观密度和导热性增大、强度降低、体积膨胀、易受冰冻破坏，因此材料的吸湿性和吸水性均会对材料的各项性能产生不利影响。所以，有些材料在工程中应用时要注意有效的防护措施。

1.1.2.3　耐水性

耐水性是指材料抵抗水的破坏作用的能力，即材料长期处于饱和水的作用下不破坏，强度也不显著降低的性质。材料的耐水性用软化系数表示，即

$$K_R = \frac{f_b}{f_g} \tag{1.16}$$

式中　K_R——材料的软化系数；

f_b——材料在饱和水状态下的抗压强度，MPa；

f_g——材料在干燥状态下的抗压强度，MPa 。

K_R 值的变化范围为 0～1，K_R 值的大小表明材料在吸水饱和后强度降低的程度。K_R 值越小，说明材料吸水后强度降低越多，耐水性就越差。通常 K_R 值大于 0.85 的材料称为耐水材料，适用于长期处于水中或潮湿环境的重要结构物；对于受潮较轻或次要的结构物材料的 K_R 值不得小于 0.75。一般认为金属 $K_R=1$，黏土 $K_R=0$。

1.1.2.4　抗渗性

抗渗性又称不透水性，是指材料抵抗压力水渗透的性质。材料的抗渗性用渗透系数表示。渗透系数的物理意义是：一定厚度的材料，在一定水压力下，在单位时间内透过单位面积的水量。抗渗性用式（1.17）计算，即

$$K = \frac{Qd}{AtH} \tag{1.17}$$

式中　K——渗透系数，cm/h；

Q——渗透水量，cm^3；

d——试件厚度，cm；

A——渗水面积，cm^2；

t——渗水时间，h；

H——静水压力水头，cm。

K 值越小，表示材料渗透的水量越少即抗渗性越好；K 值越大，表示材料渗透的水量越多，即抗渗性越差。

对于防水、防潮材料，如沥青、油毡、沥青混凝土等材料常用渗透系数表示其抗渗性；对于混凝土、砂浆等材料，常用抗渗等级来表示其抗渗性。抗渗等级是以规定的试件、在标准试验方法下所能承受的最大静水压力来确定，用符号“P*n*”表示，其中 *n* 为该材料所能承受的最大水压力的 10 倍的兆帕数，如 P4、P6、P8、P10、P12 等，分别表示材料能承受 0.4MPa、0.6MPa、0.8MPa、1.0MPa、1.2MPa 的水压而不渗水。材料的抗渗等级越高，其抗渗性越强。

材料抵抗其他液体渗透的性质，也属于抗渗性。

材料抗渗性的大小与材料的孔隙率和孔隙特征有密切关系。孔隙率大，且孔隙是大尺寸的连通孔隙时，材料具有较高的渗透性。

1.1.2.5　抗冻性

抗冻性是指材料在吸水饱和状态下，能经受多次冻融循环作用而不被破坏，其强度也不显著降低的性质。

冰冻对材料的破坏作用是由于材料内部连通孔隙内充满的水分结冰时，体积膨胀所引起的。材料的抗冻性用抗冻等级来表示。抗冻等级是以规定的试件、在标准试验条件下进行冻融循环试验，以试件强度降低及质量损失值不超过规定要求，且无明显损坏和剥落时所能经受的最大循环次数来确定。一般要求强度降低不超过 25%，且质量损失不超过 5% 时所能承受的最多的循环次数来表示。记作 F*n*，*n* 为最大冻融循环次数，如 F25、F50 等。

材料的抗冻性取决于其孔隙率、孔隙特征、充水程度。材料的变形能力大、强度高、软化系数大时其抗冻性较高。抗冻性良好的材料对抵抗气温变化、干湿交替等破坏作用的能力较强，所以抗冻性常作为考查材料耐水性的一项重要指标。

材料抗冻标号的选择，是根据结构物的种类、使用条件、气候条件等来决定的。

1.1.3　材料与热有关的性质

1.1.3.1　导热性

导热性是指材料传导热量的能力。当材料两面存在温度差时，热量就会从高温的一面传导到低温的一面。导热性的大小用导热系数（热导率）表示，即

$$\lambda = \frac{Qd}{At\Delta T} \tag{1.18}$$

式中　λ——导热系数，W/（m·K）；

Q——通过材料传导的热量，J；

d——材料的厚度或传导的距离，m；

A——材料的传热面积，m^2；

t——传递热量 Q 所需的时间，s；

ΔT——材料两侧的温度差，K。

导热系数是确定材料绝热性的重要指标。λ 值越小，则材料的绝热性越好。影响材料导热性的因素很多，其中最主要的有材料的孔隙率、孔隙特征及含水率等。材料内微小、封闭、均匀分布的孔隙越多，则 λ 就越小，保温隔热性也就好，反之则差。

材料的导热性对建筑物的隔热和保温具有重要意义，有保温隔热要求的建筑物宜选用

导热系数小的材料做围护结构。几种材料的导热系数见表 1.2。

表 1.2　　几种材料的导热系数及比热

材料	导热系数 [W/(m·K)]	比热 [10^2J/(kg·K)]	材料		导热系数 [W/(m·K)]	比热 [10^2J/(kg·K)]
钢	58	4.6	松木	顺纹	0.35	25
花岗岩	2.80～3.49	8.5		横纹	0.17	
普通混凝土	1.50～1.86	8.8	泡沫塑料		0.03～0.04	13～17
普通黏土砖	0.42～0.63	8.4	石膏板		0.19～0.24	9～11
泡沫混凝土	0.12～0.20	11.0	水		0.55	42
普通玻璃	0.70～0.80	8.4	密闭空气		0.26	10

1.1.3.2　比热及热容量

材料具有受热时吸收热量、冷却时放出热量的性质。

当材料温度升高（或降低）1K 时，所吸收（或放出）的热量，称为该材料的热容量(J/K)。1kg 材料的热容量，称为该材料的比热，即

$$Q = cm(t_2 - t_1)$$

则

$$c = \frac{Q}{m(t_2 - t_1)} \tag{1.19}$$

式中　Q——材料吸收或放出的热量，J；

c——材料的比热，J/(kg·K)；

m——材料的质量，kg；

t_1、t_2——材料受热前后的温度，K。

材料的热容量对保持室内的温度稳定有很大作用。

热容量高的材料，能对室内温度起调节作用，使温度变化不致过快，冬季或夏季施工对材料进行加热或冷却处理时，均需考虑材料的热容量。表 1.2 列出了几种材料的比热值。

1.1.3.3　耐燃性与耐火性

1. 耐燃性

耐燃性是指材料抵抗燃烧的性质。所谓的燃烧性能是指建筑材料或制品燃烧或遇火时所发生的一切物理和化学变化。耐燃性是影响建筑物防火和耐火等级的重要因素。按建筑材料的燃烧性质不同，《建筑内部装修防火设计规范》(GB 50222—1995)、《建筑材料燃烧性能分级方法》(GB 8624—1997) 将其分为以下四级：

(1) A 级——不燃烧材料。

(2) B1 级——难燃烧材料。

(3) B2 级——可燃材料。

(4) B3 级——易燃材料。

2. 耐火性

耐火性是指材料长期抵抗高温或火的作用，保持其原有性质的能力。

有些材料遇火或在高温作用下易变形甚至熔融，像钢铁、玻璃等虽然是A级不燃烧材料，但却不是耐火材料。耐火材料按耐火度可分为：

(1) 普通耐火材料，1580～1770℃。

(2) 高级耐火材料，1770～2000℃。

(3) 特级耐火材料，2000℃以上。

1.1.4 材料与声有关的性质

1.1.4.1 材料吸声的原理

物体的振动产生声音，振动迫使邻近的空气跟着振动而成为声波，并在空气介质中向四周传播。声音在传播的过程中，一部分由于声能随着距离的增大而扩散，另一部分则因空气分子的吸收而减弱。这种声能减弱的现象在室外空旷处较明显，在室内由于空间小，减弱声能的主要原因却是室内地板、墙壁、家具等的表面对声能的吸收。

当声波传播到材料表面时，一部分声波穿透材料，另一部分被反射，其余的部分则被材料吸收了。被吸收的声波是在传递的过程中，在材料的孔隙中引起空气分子与孔壁的摩擦和黏滞阻力，使相当一部分声能转化为热能而被吸收掉。

1.1.4.2 吸声性

吸声性是指声能穿透材料和被材料消耗的性质。具有吸声性的材料称为吸声材料，它是一种能在较大程度上吸收由空气传递的声波能量的建筑材料。材料吸声性能用吸声系数表示，吸声系数是指材料吸收的声能与传递给材料的入射声能的百分比，即

$$\alpha = \frac{E}{E_0} \times 100\% \tag{1.20}$$

式中 α——材料的吸声系数；

E——被材料吸收（包括透过）的声能；

E_0——传递给材料的全部入射声能。

有效地采用吸声材料，不仅可以减少环境噪声污染，而且能适当地改善音质。房间内声音被界面不断反射而积累会产生混响，不同使用要求的房间需要不同的混响效果。如在音乐厅、剧院等演奏音乐的空间，就需要混响效果使乐曲更加舒缓而愉悦；而对于电影院、录音室、教师等语言使用的空间，就需要减少混响使话语更加清晰。

1.1.4.3 隔声性

隔声性是指材料能减弱或隔断声波传递的性能。对于吸声性能好的材料，不能简单地将其作为隔声材料来使用。描述材料隔声性能的指标是隔声量，其单位为分贝（dB）。人们要隔绝的声音按传播的途径可分为空气声（由于空气的振动）和固体声（由于固体的撞击或振动）两种。对于隔空气声主要是取决于材料的单位面积质量，密实、沉重的材料为好，如黏土砖、钢筋混凝土等；而对于隔固体声最好是采用不连续的结构处理，即在墙壁和承重梁之间、房屋的框架和隔墙及楼板之间加弹性衬垫，如橡皮、软木、毛毡等材料，或在楼板上铺弹性地毯。

1.2　材料的基本力学性质

材料的力学性质是指材料在外力（荷载）作用下的有关变形性质和抵抗破坏的能力。外力作用于材料，或多或少会引起材料变形，随外力增大，变形也相应增加，直到被破坏。

1.2.1　材料的变形性质

材料在外力作用下或外力发生改变时，都会发生变形。

材料的变形性质是指材料在荷载作用下发生形状及体积变化的有关性质，主要有弹性变形、塑性变形、徐变及应力松弛等。

1.2.1.1　弹性变形与塑性变形

材料在外力作用下产生形状、体积的改变，当外力去掉后，变形可自行消失并能恢复原有形状的性质，称为材料的弹性，这种可恢复的变形即为弹性变形。弹性变形产生的原因是因为材料在外力的作用下，改变了质点间的平衡位置，产生了变形，但此时外力尚未超过质点间最大结合力，外力所做功转变为内能（弹性能）蓄积在材料中；外力去除后，内能释放，质点恢复到原位置，变形消失。

弹性变形是可逆的，其数值大小与外力成正比，其比例系数称为弹性模量 E，等于应力 σ 与应变 ε 的比值，即

$$E=\frac{\sigma}{\varepsilon} \tag{1.21}$$

式中　σ——材料的应力，MPa；

ε——材料的应变；

E——材料的弹性模量，MPa。

在弹性变形范围内，弹性模量的值等于应力与应变之比，是一个常数。弹性模量是衡量材料抵抗变形能力的一个指标，其值越大，材料越不易变形，亦即刚度好。弹性模量是结构设计时的重要参数。

塑性变形则是指材料在外力的作用下产生变形，但不破坏，在外力去除后，材料不能自行恢复到原来的形状，而保留变形后的形状和尺寸的性质。也称为残余变形或永久变形。

实际上，工程材料具有完全弹性或完全塑性变形是没有的。通常一些材料在外力不大时，仅产生弹性变形，而当外力超过一定限度后，就产生塑性变形，如低碳钢；而也有一些材料受力时，弹性变形和塑性变形同时产生，当外力去掉后，弹性变形能恢复，而塑性变形则不能，如混凝土。

1.2.1.2　徐变与应力松弛

固体材料在特定外力的长期作用下，变形随时间的延长而逐渐增长的现象，称为徐变。徐变产生的原因：对于非晶体材料，是由于在外力的作用下发生了黏性流动；对于晶体材料，是由于晶格位错运动及晶体的滑移。徐变的发展与材料所受应力大小有关。当应力未超过某一极限值时，徐变的发展会随时间延长而增加，最后导致材料破坏。

材料在荷载作用下，若所产生的变形因受约束而不能发展时，则其应力将随时间延长而逐渐减小，这一现象称为应力松弛。应力松弛产生的原因：由于随着荷载作用时间延长，材料内部塑性变形逐渐增大、弹性变形逐渐减小（总变形不变）而造成的。材料所受应力水平越高，应力松弛越大。通常材料所处环境的温度越高、湿度越大时，徐变和应力松弛也越大。一般材料的徐变越大，应力松弛也越大。

1.2.2 材料的强度

1.2.2.1 强度

强度是材料在外力（荷载）的作用下抵抗破坏的能力，由材料试件按规定的试验方法，在静荷载作用下达到破坏时的极限应力值表示。当材料承受外力作用时，内部就产生应力，外力增大时应力也随之增大，当材料不能再承受时，材料即破坏。

材料在建筑物上承受的外力主要有压、拉、弯（折）、剪等四种形式，因此在使用材料时根据外力作用的方式不同，材料的强度分为抗压强度、抗拉强度、抗弯（折）强度及抗剪强度，见表 1.3。

表 1.3　材料的抗压、抗拉、抗剪、抗弯强度计算公式

强度类别	受力作用示意图	强度计算式	附注
抗压强度 f_c（MPa）	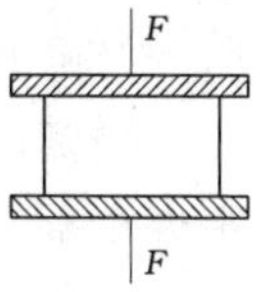	$f_c=\dfrac{F}{A}$	F—破坏荷载，N； A—受荷面积，mm^2； l—跨度，mm； b—断面宽度，mm； h—断面高度，mm
抗拉强度 f_t（MPa）	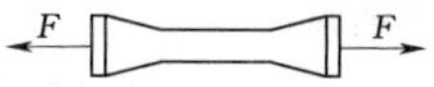	$f_t=\dfrac{F}{A}$	
抗剪强度 f_v（MPa）	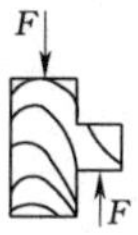	$f_v=\dfrac{F}{A}$	
抗弯强度 f_{tm}（MPa）	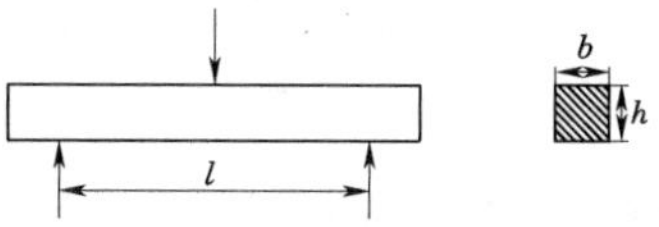	$f_{tm}=\dfrac{3Fl}{2bh^2}$	

材料的抗压强度、抗拉强度、抗剪强度均以材料受外力破坏时单位面积上所承受的力的大小来表示，即

$$f=\frac{f_{\max}}{A} \tag{1.22}$$

式中　f ——材料的抗压、抗拉、抗剪强度，MPa；

$f_{\max}$ ——材料破坏时的荷载，N；

A ——材料的受力面积，mm^2。

材料的抗弯强度（也称抗折强度）与试件的几何外形及荷载施加情况有关。对于矩形截面的条形试件，当其两支点间的中间作用一集中荷载时，其抗弯强度为

$$f_{tm}=\frac{3Fl}{2bh^2} \tag{1.23}$$

式中　f_{tm}——材料的抗弯（折）强度，MPa；

F——材料受弯破坏时的荷载，N；

l——两支点间的距离，mm；

b、h——材料横截面的宽度、高度，mm。

材料的这些强度是通过静力试验来测定的，故总称为静力强度。材料的静力强度是通过标准试件的破坏试验而测得，必须严格按照国家规定的试验方法标准进行。材料的强度是大多数材料划分等级的依据。

材料的强度除与其本身的组成与结构等内部因素有关外，还与测试条件和方法等外部因素有很大关系。以矿物质材料（如混凝土、石材等）试验为例，外界因素的影响有：试件装置情况（端部约束情况）、试件的形状和尺寸、加荷速度、试验环境的温湿度、承压面的平整度等。

同一种材料，随孔隙率及构造特征的不同，强度会有显著差异。材料的强度大小还与材料的成分、结构和构造等内在因素有关，与试件的形状、尺寸、表面状态、含水率、环境温度及加荷速度等外在因素有关。在工程应用中，材料强度的大小及强度等级的划分具有重要的意义，能保证产品的质量、有利于使用者掌握性能指标，合理选用材料，正确设计和控制工程质量。常用建筑材料的强度见表 1.4。

表 1.4　常用建筑材料的强度　　单位：MPa

材　料	抗压强度	抗拉强度	抗弯强度
花岗岩	100～250	5～8	10～14
烧结普通砖	7.5～30	—	1.8～4.0
普通混凝土	7.5～60	1～4	—
松木（顺纹）	30～50	80～120	60～100
建筑钢材	235～1600	235～1600	—

1.2.2.2　比强度及强度等级

比强度是指材料单位质量的强度，其值等于材料强度与表观密度的比值。现代建筑材料的发展方向之一就是轻质高强，而这就要靠比强度这一指标来评价。比轻度越大，则表明材料轻质高强，可用作高层、大跨度工程的结构材料。几种主要材料的强度及比强度见表 1.5。

表 1.5　钢材、木材和混凝土的强度比较

材　料	表观密度 ρ_0（kg/m³）	抗压强度 f_c（MPa）	比强度 f_c/ρ_0
低碳钢	7860	415	0.053
松木	500	34.3（顺纹）	0.069
普通混凝土	2400	29.4	0.012

为了方便设计及对工程材料进行质量评价和选用，对于以力学性质为主要性能指标的材料，通常按材料的极限强度划分为若干不同的强度等级。强度等级越高的材料，所能承受的荷载越大。一般情况下，脆性材料按抗压强度划分强度等级，韧性材料按抗拉强度划分强度等级。

1.2.3 材料的脆性与韧性

在规定的温度、湿度及加荷速度条件下施加外力，当外力达到一定限度，突然破坏且无显著塑性变形的材料称为脆性材料，这种性质称为脆性。脆性材料的抗压强度远大于抗拉强度，可高达数倍甚至数十倍，其抵抗冲击、振动荷载的能力差，所以脆性材料不能承受振动和冲击荷载，也不宜用作受拉构件，只适于用作承压构件。建筑材料中大部分无机非金属材料均为脆性材料，如天然岩石、陶瓷、玻璃、普通混凝土等。

在冲击或振动荷载作用下，能吸收较大的能量，产生一定的变形而不致破坏的材料称为韧性材料，这种性质称为韧性，如建筑钢材、木材等属于韧性较好的材料。材料的韧性值用冲击韧性指标 α_k 表示。冲击韧性指标系指用带缺口的试件作冲击破坏试验时，断口处单位面积所吸收的功，即

$$\alpha_k = \frac{A_k}{A} \tag{1.24}$$

式中 α_k ——材料的冲击韧性指标，J/mm^2；

A_k ——试件破坏时所消耗的功，J；

A ——试件受力净截面积，mm^2。

韧性材料抗冲击、震动荷载的能力强，在建筑工程中，常用于桥梁、吊车梁等承受冲击荷载的结构和有抗震要求的结构。但是，材料呈现脆性还是韧性，不是固定不变的，可随温湿度、加荷速度及受力情况的不同而改变，如沥青材料在常温及缓慢加荷时呈现韧性，在低温及快速加荷时，则表现为脆性。

1.2.4 材料的硬度、耐磨性

1.2.4.1 硬度

硬度是材料表面能抵抗其他较硬物体压入或刻划的能力。不同材料的硬度测定方法不同，通常采用的有刻划法、压入法和回弹法三种。刻划法常用于测定天然矿物的硬度。矿物硬度分为10级（莫氏硬度），其递增的顺序为：滑石1；石膏2；方解石3；萤石4；磷灰石5；正长石6；石英7；黄玉8；刚玉9；金刚石10。钢材、木材及混凝土等的硬度常用钢球压入法测定（布氏硬度HB）。回弹法常用于测定混凝土构件表面的硬度，以此推算混凝土的抗压强度。

1.2.4.2 耐磨性

耐磨性是材料表面抵抗磨损的能力。材料磨损后其体积和质量均会减小，若减小仅因摩擦引起称为磨损，若由摩擦和冲击两种作用引起称为磨耗。材料的硬度越大，则其耐磨性越好，强度越高，但不易机械加工。

材料的耐磨性用磨损率（β）表示，计算式为

$$\beta = \frac{m_1 - m_2}{A} \tag{1.25}$$

式中　β——材料的磨损率，g/cm^2；

m_1、m_2——分别为材料磨损前、后的质量，g；

A——试件受磨损的面积，cm^2。

磨损率越低，表明材料的耐磨性越好。材料的耐磨性与材料的组成成分、结构、强度、硬度等有关。在建筑工程中，对于用作踏步、台阶、地面、路面等的材料，应具有较高的耐磨性。水利工程中，如大坝的溢流面、闸墩和闸底板等部位，经常受到挟沙水流的高速冲刷作用，或受水底挟带石子的冲击而遭到破坏，这些部位均应要求材料具有较高的耐磨性。一般来说，强度较高且密实、韧性好的材料，其硬度较大，耐磨性较好。

1.3　材料的耐久性

1.3.1　耐久性概念

材料的耐久性是指材料在使用过程中，能抵抗其自身及外界环境因素的破坏，长久保持其原有使用性能且不变质、不被破坏的能力。

影响材料长期使用的破坏因素往往是复杂多样的，这些破坏作用有的是内因引起的，有的是外因引起的，耐久性是材料的一种综合性质，例如，抗冻性、抗风化性、抗老化性、耐化学腐蚀性等均属耐久性的范围。此外，材料的强度、抗渗性、耐磨性等也与材料的耐久性有密切关系。

1.3.2　环境影响因素

材料在建筑物使用过程中长期受到周围环境和各种自然因素的破坏作用，一般可分为物理作用、化学作用、机械作用、生物作用等。例如，钢材易受氧化而锈蚀；无机金属材料常因氧化、风化、碳化、溶蚀、冻融、热应力、干湿交替作用而破坏；有机材料因腐烂、虫蛀、老化而变质。

物理作用包括材料的干湿变化、温度变化及冻融变化等。这些变化会使材料体积发生收缩与膨胀，或产生内应力，造成材料内部裂缝扩展，久而久之，使材料逐渐破坏。

化学作用包括大气和环境水中的酸、碱、盐等溶液或其他有害气体对材料产生的侵蚀作用，以及日光、紫外线等对材料的作用，使材料产生质的变化而破坏。

生物作用是昆虫、菌类等对材料所产生的蛀蚀、腐朽等破坏作用。

对于不同的材料，起主导作用的破坏因素不同，如砖、石、混凝土等矿物质材料，大多是由于物理作用而破坏，当其处于水中时也常会受到化学破坏作用；金属材料主要受到化学和电化学作用所引起的腐蚀；木材等纤维类物质常因生物作用而破坏（腐蚀和腐朽）；沥青及高分子合成材料在日光、紫外线、热等的作用下会逐渐老化，使材料变脆、开裂而逐渐破坏。

在实际工程中，材料遭到破坏往往是在上述多个因素同时下作用引起的，所以材料的耐久性是一项综合性质。为提高材料的耐久性，可根据使用情况和材料特点采取相应的措施。如减轻环境的破坏作用、提高材料本身的密实性等以增强其抵抗性，或表面采取保护措施等。

耐久性是材料的一项长期性质，对材料耐久性的判定，是对其在使用条件下进行长期的观察和测定。近年来可采用快速检验法，即在实验室模拟实际使用条件进行快速试验，根据试验结果对材料的耐久性作出判定。快速试验的项目有：干湿循环、冻融循环、加湿与紫外线干燥循环、碳化、盐溶液浸渍与干燥循环、化学介质浸渍等。

复习思考题与习题

1. 解释以下名词并写出计算公式：①密度；②表观密度；③堆积密度；④孔隙率；⑤空隙率；⑥含水率；⑦吸水率；⑧比强度。

2. 何谓材料的吸水性、吸湿性、耐水性、抗渗性和抗冻性？各用什么指标表示？

3. 简述材料的孔隙率和孔隙特征与材料的表观密度、强度、吸水性、抗渗性、抗冻性、保温隔热性能等的关系。

4. 建筑材料的亲水性和憎水性在建筑工程中有什么实际意义？

5. 何谓材料的强度？根据外力作用方式不同，各种强度如何计算？其单位如何表示？

6. 亲水性材料与憎水性材料在实际工程中有何意义？

7. 材料的质量吸水率和体积吸水率有何不同？两者存在什么关系？什么情况下采用体积吸水率或质量吸水率来反映材料的吸水性？

8. 何谓材料的耐久性？它包括哪些内容？

9. 弹性变形与塑性变形有何不同？

10. 脆性材料和韧性材料各有何特点？它们分别适合承受那种外力？

11. 软化系数是反映材料什么性质的指标？为什么要控制这个指标？

12. 建筑物的屋面、外墙、内墙、基础所使用的材料各应具备哪些性质？

13. 从室外取来质量为2700g的一块普通黏土砖，浸水饱和后的质量为2850g，而绝干时的质量为2600g，求此砖的含水率、吸水率、干表观密度、连通孔隙率？（砖的外形尺寸为240mm ×115mm×53mm）。

14. 某石灰石的密度为2.70g/cm^3，孔隙率为1.2%，将该石灰石破碎成石子，石子的堆积密度为1580 kg/m^3，求此石子的表观密度和空隙率。

15. 某河砂试样500g，烘干至恒重时质量为486g，求其含水率。

16. 已知室内温度为15℃，室外月平均最低温度为－15℃，外墙面积100m^2，每天烧煤20kg，煤的发热量为42×10^3kJ/kg，砖的导热系数$\lambda=0.78$W/(m·K)，问外墙需要多厚？

第2章 无机气硬性胶凝材料

【内容概述】

本章主要介绍了胶凝材料的定义；石灰，石膏和水玻璃三种气硬性无机胶凝材料的生产、凝结硬化原理、技术要求、性能与应用以及它们的储存运输、保管和使用过程中应注意的问题。

【学习目标】

掌握石灰、石膏、水玻璃的技术性质、特性与应用；理解石灰、石膏和水玻璃的硬化机理、验收与保管；了解石灰、石膏、水玻璃的制备原料及生产过程。

胶凝材料是指在一定条件下，经过自身的一系列物理、化学作用后，能将散粒（如砂、石等）或块状、片状材料（如砖、石块等）胶结成为一个整体并具有一定机械强度的材料。

胶凝材料按其化学组成可分为有机胶凝材料（如沥青、树脂等）与无机胶凝材料（如石灰、水泥等）。无机胶凝材料根据硬化条件又分为气硬性胶凝材料与水硬性胶凝材料。

气硬性胶凝材料是指只能在空气中硬化，保持并发展其强度的胶凝材料（如石膏、石灰、水玻璃等）。

水硬性胶凝材料是指既能在空气中硬化，又能在水中硬化，保持并发展其强度的胶凝材料（如水泥等）。

2.1 石　　灰

石灰是建筑上最早使用的气硬性胶凝材料之一。我国早在公元前7世纪就开始使用石灰。因其原材料分布广泛，生产工艺简单，成本低廉，所以至今在建筑中仍得到广泛应用。

2.1.1 石灰的原料与生产

1. 原料

天然原料是生产石灰的主要原料，有石灰岩、白垩或白云质石灰岩等天然岩石，其主要成分是碳酸钙。

2. 生产过程

将主要成分为碳酸钙（$CaCO_3$）的石灰石在适当的温度（900～1100℃）下煅烧，所得的以氧化钙（CaO）为主要成分的产品即为石灰，又称生石灰。煅烧出来的生石灰呈块状，称块灰，块灰经磨细后成为生石灰粉。反应式如下

$$CaCO_3 \xrightarrow{900℃} CaO + CO_2 \uparrow$$

由于石灰生产中窑内温度和煅烧时间的控制不同，产品中含有少量欠火石灰和过火石灰。若煅烧温度过低或时间不足，会使生石灰中残留有未烧透的的内核，这种石灰称为欠火石灰。若煅烧温度过高或时间过长，使得石灰表面出现裂缝或玻璃状的外壳，体积收缩明显，颜色呈灰黑色，这种石灰称为过火石灰。过火石灰的危害大，其表面常被玻璃釉状物包覆，熟化很慢。当石灰已经硬化后，过火石灰才开始熟化，并产生体积膨胀，引起建筑物局部隆起鼓包和开裂，工程上称为“爆灰”。

2.1.2 石灰的熟化

生石灰（块灰）不能直接用于工程，使用前需要加水进行熟化。生石灰（CaO）与水反应生成氢氧化钙的过程，称为石灰的熟化或消解（消化）。反应式如下

$$CaO + H_2O \longrightarrow Ca(OH)_2 + 64.9kJ$$

经熟化所得的氢氧化钙称为熟石灰或消石灰。石灰熟化过程中会放出大量的热，同时体积增大 1～2.5 倍。

生石灰熟化的方法有淋灰法和化灰法。

(1) 淋灰法。是在生石灰中均匀加入 70%左右的水（理论值为 31.2%），便可能得到颗粒细小、分散的熟石灰粉。工地上调制熟石灰粉时，每堆放 0.5m 高的生石灰块，淋 60%～80%的水，再堆放再淋，使之成为粉且不结块为止。目前，多用机械方法将生石灰熟化为熟石灰粉。

(2) 化灰法。是在生石灰中加入适量的水（约为块灰质量的 2.5～3 倍），得到的浆体称为石灰乳，石灰乳沉淀后除去表层多余水分后得到的膏状物称为石灰膏。调制石灰膏通常在化灰池和储灰坑中完成。

由于过火石灰熟化速度慢，抹灰后容易造成墙面产生起泡、隆起及开裂现象。因此为了消除过火石灰在使用中对工程造成的危害，石灰膏（乳）应在储灰坑中放置两周以上，使生石灰充分熟化后再用于工程，这一过程称为“陈伏”。陈伏期间，石灰浆表面应覆盖一定厚度的水，以隔绝空气，防止石灰浆表面碳化。

2.1.3 石灰的凝结硬化

石灰浆体在空气中逐渐凝结硬化，是由下面两个同时进行的过程来完成的。

1. 结晶硬化

由于石灰膏中水分（一部分蒸发，一部分被周围砌体吸收）的减少，氢氧化钙逐渐从饱和溶液中结晶析出，形成结晶结构网，使石灰浆体凝结硬化，产生强度并逐渐提高。

2. 碳化硬化

石灰浆体中的氢氧化钙在潮湿环境中与空气中的二氧化碳发生反应生成碳酸钙。这一过程称为碳化。反应式如下

$$Ca(OH)_2 + CO_2 + nH_2O \longrightarrow CaCO_3 + (n+1)H_2O$$

新生成的碳酸钙晶体相互交叉连生或与氢氧化钙晶体共生，形成紧密交织的结晶网，使硬化石灰浆体的强度进一步提高。

由于空气中二氧化碳浓度低，且表层生成的碳酸钙结构致密，会阻止二氧化碳继续深

入，并影响内部水分的蒸发，所以石灰硬化很慢，硬化后的强度也不高。

2.1.4　石灰的技术标准

建筑石灰按氧化镁含量的多少分为钙质石灰（MgO≤5%）和镁质石灰（MgO＞5%），镁质石灰的熟化速度较慢，但硬化后强度稍高。

根据成品加工方法的不同建筑石灰分为生石灰（块灰）、生石灰粉、熟石灰粉、石灰膏及石灰乳五类。

1. *生石灰*

生石灰按有效成分（CaO、MgO 的含量）和 CO_2 含量、未消化残渣含量及产浆量划分为优等品、一等品和合格品。技术标准见表 2.1。

表 2.1　　生石灰的技术标准（JC/T 479—1992）

项　目	钙质生石灰			镁质生石灰		
	优等品	一等品	合格品	优等品	一等品	合格品
CaO+MgO 含量不小于（%）	90	85	80	85	80	75
CO_2 含量不大于（%）	5	7	9	6	8	10
未消化残渣含量（5mm 圆孔筛余）不大于（%）	5	10	15	5	10	15
产浆量不小于（L/kg）	2.8	2.3	2.0	2.8	2.3	2.0

2. *生石灰粉*

生石灰粉是将块灰破碎、磨细并包装成袋。按有效成分（CaO、MgO 的含量）和 CO_2 含量及细度划分为优等品、一等品和合格品。技术标准见表 2.2。

表 2.2　　生石灰粉的技术标准（JC/T 480—1992）

项　目		钙质生石灰			镁质生石灰		
		优等品	一等品	合格品	优等品	一等品	合格品
CaO+MgO 含量不小于（%）		85	80	75	80	75	70
CO_2 含量不大于（%）		7	9	11	8	10	12
细度	0.90mm 筛的筛余不大于（%）	0.2	0.5	1.5	0.2	0.5	1.5
	0.125mm 筛的筛余不大于（%）	7.0	12.0	18.0	7.0	12.0	18.0

3. *消石灰粉*

消石灰粉是由生石灰加适量水充分消化所得的粉末，主要成分为 $Ca(OH)_2$。按有效成分（CaO、MgO 的含量）和游离水质量数、体积安定性及细度划分为优等品、一等品和合格品。技术标准见表 2.3。

表 2.3　　消石灰粉的技术标准（JC/T 481—1992）

项　目	钙质消石灰粉			镁质消石灰粉		
	优等品	一等品	合格品	优等品	一等品	合格品
CaO+MgO 含量不小于（%）	70	65	60	65	60	55
游离水（%）	0.4～2					

续表

项 目		钙质消石灰粉			镁质消石灰粉		
		优等品	一等品	合格品	优等品	一等品	合格品
体积安定性		合格	合格	合格	合格	合格	合格
细度	0.90mm 筛的筛余不大于（%）	0	0	0.5	0	0	0.5
	0.125mm 筛的筛余不大于（%）	3	10	15	3	10	15

4. 石灰膏

石灰膏是由消石灰和水组成的具有一定稠度的膏状物，主要成分为 $Ca(OH)_2$ 和 H_2O。

5. 石灰乳

石灰乳是由生石灰加大量水消化而成的一种乳状液体，主要成分为 $Ca(OH)_2$ 和 H_2O。

2.1.5 石灰的特性

1. 具有良好的可塑性和保水性

生石灰熟化成石灰浆时，能自动形成粒子极细（直径约 1μm）的呈胶体状态的氢氧化钙，数量多，总表面积大，表面吸附一层较厚水膜，因此，具有良好的可塑性和保水性。在工程上利用其可塑性及保水性好的特性拌制石灰砂浆或石灰混合砂浆 。

2. 凝结硬化慢、强度低

石灰浆在空气中碳化表面形成碳酸钙外壳后，碳化作用就难以深入，内部水分又不易蒸发，因此凝结硬化缓慢，且硬化后的强度也不高。如 1∶3 的石灰砂浆 28d 的抗压强度仅为 0.2～0.5MPa。

3. 耐水性差

当处于潮湿环境时，石灰中的水分不蒸发、二氧化碳也无法渗入，硬化将停止；加上氢氧化钙微溶于水，已硬化的石灰遇水还会溶解溃散。因此，石灰不宜在长期潮湿和受水浸泡的环境中使用，也不宜单独用于承重砌体的砌筑。

4. 硬化后体积收缩大

石灰在硬化过程中，要蒸发掉大量的水分，引起体积显著收缩，出现干缩裂缝。因此，除调成石灰乳作薄层涂刷外，石灰不宜单独使用。工程上使用时一般要掺入砂、纸筋、麻刀等材料，以减少收缩，增加抗拉强度，并能节约石灰。

2.1.6 石灰的应用

1. 配制石灰砂浆和水泥石灰混合砂浆

石灰砂浆是将石灰膏、砂加水拌制而成。按其用途分为砌筑砂浆和抹面砂浆。用熟化并陈伏好的石灰膏、水泥和砂配制成的水泥石灰混合砂浆，节省水泥，保水性、和易性好，是目前用量最大、用途最广泛的建筑砂浆。

石灰膏还可以加水拌和，可配制成石灰乳，用于粉刷墙面。

2. 配制石灰土和三合土

石灰土是由石灰、黏土组成。三合土是由石灰、黏土和碎料（砂、石渣、炉渣、碎砖等）组成。由于黏土中含有活性氧化硅和活性氧化铝，能与熟石灰粉中的氢氧化钙反应生成水化硅酸钙和水化铝酸钙等水硬性物质，因此经夯实后的石灰土或三合土其耐水性和强度远远高于石灰或黏土，广泛用于建筑物的基础垫层、临时道路地基的换土处理等。在石灰土和三合土中，石灰的用量为灰土总质量的 6%～12%。

为了方便石灰与黏土等的拌和，宜用磨细的生石灰或熟石灰。

3. 配制无熟料水泥

将石灰与具有一定活性的材料（如粒化高炉矿渣、粉煤灰、煤矸石灰渣等工业废渣）按适当比例配合，经共同磨细，可得到具有水硬性的胶凝材料，即为无熟料水泥。

4. 制作硅酸盐建筑制品

用石灰和硅质材料（如石英砂、粉煤灰、矿渣）为主要原料，经磨细、配料、拌和、成型及养护（蒸汽养护或蒸压养护）等工序，就可制得密实或多孔的硅酸盐制品。工程中常用的硅酸盐制品有灰砂砖、蒸养粉煤灰砖、粉煤灰砌块等。

5. 制作碳化石灰板

碳化石灰板是在磨细的生石灰中掺加玻璃纤维、植物纤维、轻质骨料（如矿渣）后搅拌、成型，然后经人工碳化而成的一种轻质板材。为了减小体积密度和提高碳化效果，多制成空心板。这种板材可锯、可刨、可钉，适宜用作非承重内墙隔板、天花板等。

2.1.7　石灰的储存

块状生石灰放置太久，会吸收空气中的水分消化成石灰粉，再与空气中 CO_2 作用形成 $CaCO_3$ 而失去胶结能力。所以，生石灰在储存时要防止受潮，防止久存，运输过程中也要避免受潮，最好运到后即消化成石灰浆，变储存期为陈伏期。生石灰受潮消化放出大量的热，且体积膨胀，所以储存和运输生石灰时，要注意安全，并与易燃物分开保管，以免引起火灾。磨细生石灰在干燥条件下储存期一般不超过 1 个月，最好是随生产随用。

2.2　石　　膏

石膏胶凝材料是一种理想的高效节能材料，具有质轻、隔音、隔热、耐火、质地细腻美观等优点。我国石膏资源极其丰富，生产工艺简单，易于加工、成品多样，是一种在建筑工程上应用广泛的建筑材料。主要用作轻质墙体材料和建筑装饰材料。

2.2.1　原料及生产

1. 石膏胶凝材料的原料

（1）天然石膏。可分为天然二水石膏（又称生石膏、软石膏）和天然无水石膏（又称硬石膏），由于它们的化学稳定性好，因此不具有胶结能力。其中天然二水石膏（$CaSO_4 \cdot 2H_2O$），是生产石膏胶凝材料的主要原料。

（2）化学工业副产品。是指某些化工生产过程中，所产生的以硫酸钙为主要成分的副产品，经适当处理后，作为石膏胶凝材料的原料。常见品种有磷石膏和氟石膏等。

2. 石膏胶凝材料的生产

作为气硬性胶凝材料的石膏，通常是天然二水石膏经过低温煅烧、脱水、磨细而成。由于加热方式和加热温度的不同，可以生产出不同性质的石膏品种。

(1) 将天然二水石膏加热至107～170℃即可制得β型半水石膏，再将其磨成细粉即得建筑中常用的石膏品种，故称为建筑石膏。反应式如下

$$CaSO_4 \cdot 2H_2O \xrightarrow{107\sim170℃} CaSO_4 \cdot \frac{1}{2}H_2O + \frac{3}{2}H_2O$$

(β型半水石膏)

β型半水石膏又称为建筑石膏。其中杂质含量较少，颜色洁白者为模型石膏。

这种建筑石膏的晶粒细小，将它调制成一定稠度的浆体时，需水量较大，因而其制品的强度较低。建筑石膏是建筑装饰制品的主要原料。

(2) 将天然二水石膏在124℃条件下压蒸（1.3×10^5Pa）加热可产生α型半水石膏。

$$CaSO_4 \cdot 2H_2O \xrightarrow[1.3\times10^5Pa]{124℃} CaSO_4 \cdot \frac{1}{2}H_2O + \frac{3}{2}H_2O$$

(α型半水石膏)

由于α型半水石膏的晶粒粗大，需水量较小，硬化后的浆体强度较高，故称为高强石膏。

(3) 当加热温度至170～300℃时，石膏继续脱水，生成可溶性硬石膏，又称为硬石膏；它较半水石膏凝结快，其标准稠度的需水量也提高25%～30%，因此其强度较低。

(4) 可溶性硬石膏在400～1000℃的温度范围内继续煅烧时，将变成慢溶硬石膏，这种石膏难溶于水，凝结很慢，甚至完全不凝结，也不具有强度。但是，当加入某些激发剂时，则具有水化硬化能力，且硬化后的浆体强度较高，耐磨性较好。这种加有激发剂的无水石膏混合物经磨细后称为硬石膏水泥。

在建筑上应用最广的是建筑石膏。

2.2.2 建筑石膏的凝结硬化

建筑石膏与适量水拌和后，与水发生化学反应生成二水硫酸钙的过程称为水化。水化反应方程式为

$$CaSO_4 \cdot \frac{1}{2}H_2O + \frac{3}{2}H_2O \longrightarrow CaSO_4 \cdot 2H_2O$$

虽然生成的二水硫酸钙与生石膏化学分子式相同，但由于它们的结晶度和结晶形态不同，因此在物理力学性能方面有差异。由于生成物 $CaSO_4 \cdot 2H_2O$ 的溶解度比半水石膏小，随着石膏与水反应的进行和水分的不断蒸发，浆体中 $CaSO_4 \cdot 2H_2O$ 晶体析出，浆体可塑性很快消失而发生凝结。此后 $CaSO_4 \cdot 2H_2O$ 晶体继续大量形成，彼此连接共生，形成晶体结构，逐渐硬化，并具有一定的强度。

2.2.3 建筑石膏的技术要求

建筑石膏为白色粉末状，密度为2.60～2.75g/cm^3，堆积密度为800～1100kg/m^3。根据《建筑石膏》(GB 9776—1988) 规定，建筑石膏按抗折强度、抗压强度、细度和凝结

时间等技术指标分为优等品、一等品和合格品三个等级，见表 2.4。

表 2.4　　建筑石膏的技术指标（GB 9776—1988）

技术指标	优等品	一等品	合格品
抗折强度（MPa）	≥2.5	≥2.1	≥1.8
抗压强度（MPa）	≥4.9	≥3.9	≥2.9
细度［0.2mm 方孔筛筛余（%）］	≤5.0	≤10.0	≤15.0
凝结时间	初凝时间不早于 6min；终凝时间不迟于 30min		

建筑石膏产品标记顺序为：产品名称，抗折强度值，标准号。例如，抗折强度为 2.5MPa 的建筑石膏标记为：建筑石膏 2.5GB 9776。

2.2.4　建筑石膏的特性

1. 凝结硬化快

石膏浆体的初凝和终凝时间都很短，一般初凝时间为几分钟至十几分钟，终凝时间在 0.5h 以内，大约 7d 完全硬化。为满足施工要求，需要加入缓凝剂，如硼砂、经石灰处理过的动物胶（0.1%～0.2%）、亚硫酸盐酒精废液（加入石膏质量的 1%）等。缓凝剂的作用在于降低半水石膏的溶解度，但会使制品的强度有所下降。

2. 硬化时体积微膨胀

石膏浆体凝结硬化时不像石灰、水泥那样出现收缩裂纹，反而略有膨胀，使石膏硬化体表面光滑饱满，可制作出纹理细致的浮雕花饰。

3. 硬化后孔隙率高

石膏水化反应的理论需水量仅为其质量的 18.6%，但施工中为了保证浆体有必要的流动性，加水量常达 60%～80%。石膏凝结后，多余水分蒸发，形成大量空隙，石膏硬化后内部孔隙率可达 50%～60%，因而石膏制品具有表观密度较小、强度较低、导热系数小、吸声性强、吸湿性大、可调节室内温度和湿度的特点。

4. 防火性能好

石膏制品在遇火灾时，二水石膏将脱出结晶水，吸热蒸发，并在制品表面形成蒸汽幕和脱水物隔热层，可有效减少火焰对内部结构的危害。但建筑石膏不宜长期在 65℃以上的高温部位使用，以免二水石膏缓慢脱水分解而降低强度。

5. 耐水性和抗冻性差

建筑石膏硬化后孔隙率高，吸湿性强，吸收的水分会减弱石膏晶粒间的结合力，使强度显著降低；若长期浸水，还会因二水石膏晶体逐渐溶解而导致破坏。石膏制品吸水饱和后受冻，会因孔隙中水分结冰膨胀而破坏。所以，石膏制品的耐水性和抗冻性较差，不宜用于潮湿部位。

6. 具有良好的装饰性和可加工性

石膏制品表面光滑饱满，颜色洁白，质地细腻，具有良好的装饰性。微孔结构使其脆性有所改善，硬度也较低，所以硬化石膏具有可锯、可刨、可钉施工方便等优点，具有良好的可加工性。

2.2.5 建筑石膏的应用

1. 室内粉刷

由建筑石膏或由建筑石膏与无水石膏混合后再掺入外加剂、细集料等可制成粉刷石膏。粉刷石膏是一种新型室内抹灰材料，不仅可在水泥砂浆或混合砂浆上罩面，还可粉刷在混凝土墙、板、天棚等光滑的底层上。粉刷成的墙面致密光滑，质地细腻，且施工方便，工效高。

2. 建筑石膏制品

(1) 石膏板。具有轻质、高强、隔热保温、吸声和不燃等性能，且安装和使用方便，是一种较好的新型建筑材料，广泛用作各种建筑物的内隔墙，顶棚及各种装饰饰面。在石膏中加入轻质填充料，如锯末、膨胀珍珠岩、陶粒等能减轻石膏板的表观密度，并降低导热性。若在石膏中加纸筋、麻刀、石棉、玻璃纤维等增强材料，可以提高石膏板的抗弯强度，减少其脆性。我国目前生产的石膏板主要有纸面石膏板、石膏空心板、石膏装饰板、石膏纤维板及石膏吸音板等。

(2) 石膏砌块。是以建筑石膏为主要原材料，经加水搅拌、浇筑成型和干燥制成的轻质建筑石膏制品。石膏砌块是一种自重轻、保温隔热、隔声和防火性能好、施工便捷等多项优点，是一种低碳环保、健康、符合时代发展要求的新型墙体材料。常用的石膏砌块有石膏实心砌块、石膏空心砌块、防潮石膏砌块等。

2.2.6 建筑石膏的储运

建筑石膏在运输和储存中，需要防雨、防潮和混入杂物。不同等级的石膏应分别储运，不得混杂。自生产日算起，储存期为三个月，过期或受潮的石膏，强度显著降低，需经检验后才能使用。

2.3 水 玻 璃

水玻璃是一种气硬性胶凝材料。在建筑工程中常用来配制水玻璃胶泥、水玻璃砂浆和水玻璃混凝土，还可以单独使用水玻璃配制涂料。水玻璃在防酸工程和耐热工程中应用十分广泛。

水玻璃俗称泡化碱，分为硅酸钾水玻璃（$K_2O \cdot nSiO_2$）和硅酸钠水玻璃（$Na_2O \cdot nSiO_2$），由碱金属氧化物和二氧化硅组成，属可溶性的硅酸盐类。液体水玻璃常因含有杂质而呈青灰色或淡黄色，以无色透明的液体水玻璃为最好。建筑工程中常用的水玻璃是硅酸钠水玻璃（$Na_2O \cdot nSiO_2$），简称钠水玻璃。

2.3.1 水玻璃的生产

硅酸钠水玻璃的生产方法分干法（固相法）和湿法（液相法）两种。

1. 湿法生产

以石英岩粉（SiO_2）和烧碱（NaOH）为原料，在高压蒸锅内，0.6～1.0MPa 蒸汽压下反应，直接生成液体水玻璃。

2. 干法生产

将水玻璃原料石英砂（SiO_2）、纯碱（Na_2CO_3）或含碳酸钠的原料，加热至 1300～1400℃熔融，冷却后即为固态硅酸钠水玻璃，如图 2.1 所示为固态块状水玻璃。

固态水玻璃在蒸压锅内加热、溶解，即成液态水玻璃。反应式如下

$$Na_2CO_3 + nSiO_2 \xrightarrow{1300 \sim 1400℃} Na_2O \cdot nSiO_2 + CO_2$$

分子式中的 n 称为水玻璃模数。一般而言，水玻璃的模数 n 越大，水玻璃的黏度就越大，硬化速度越快，硬化后的黏结强度、抗压强度等越高，耐热性越好，抗渗性及耐酸性越好。水玻璃模数一般在 1.5～3.5 之间。但水玻璃模数 n 太大时，则会因黏度太大而不利于施工操作，$n>3.0$ 时，只能溶于热水中，这给使用带来麻烦。建筑上常用的 n 值在 2.6～2.8 之间，既易溶于水，又有较高的强度。

图 2.1　块状硅酸钠

2.3.2　水玻璃的硬化

液态水玻璃在空气中吸收二氧化碳，形成无定形的二氧化硅凝胶，并逐渐干燥而硬化，反应式如下

$$Na_2O \cdot nSiO_2 + CO_2 + mH_2O \longrightarrow Na_2CO_3 + nSiO_2 \cdot mH_2O$$

由于空气中 CO_2 浓度较低，这个过程进行的很慢，为了加速硬化和提高硬化后的防水性，常加入氟硅酸钠 Na_2SiF_6 作为促硬剂，促使二氧化硅凝胶加速析出。氟硅酸钠的适宜用量为水玻璃质量的 12％～15％。

2.3.3　水玻璃的性质

1. 黏结力和强度较高

水玻璃硬化后具有较高的黏结强度、抗拉强度和抗压强度。水玻璃配制的混凝土抗压强度可达 15～40MPa。另外，水玻璃硬化析出的硅酸凝胶还有堵塞毛细孔隙，防止水分渗透的作用。

2. 耐酸性好

硬化后的水玻璃，其主要成分是 SiO_2，可以抵抗除氢氟酸（HF）、热磷酸和高级脂肪酸以外的几乎所有无机和有机酸的腐蚀。

3. 耐热性好

水玻璃硬化后形成的二氧化硅网状骨架，在高温下强度下降很小，当采用耐热耐火骨料配制水玻璃砂浆和水玻璃混凝土时，耐热度可达 1000℃。因此水玻璃混凝土的耐热度，也可以理解为主要取决于骨料的耐热度。

4. 耐碱性和耐水性差

水玻璃在加入氟硅酸钠后仍不能完全硬化，仍有一定量的水玻璃 $Na_2O \cdot nSiO_2$。由于 $Na_2O \cdot nSiO_2$ 可溶于碱，且溶于水，因此水玻璃不能在碱性环境中使用，同样不耐水。为提高水玻璃的耐水性，可采用中等浓度的酸对已硬化的水玻璃进行酸洗处理。

2.3.4 水玻璃的用途

1. 配制水玻璃砂浆

将水玻璃、矿渣粉、砂和氟硅酸钠按一定比例配合制成水玻璃砂浆，硬化后不收缩，可用于修补砖墙体裂缝，起到黏结和补墙作业。

2. 用作涂料

水玻璃溶液涂刷或浸渍材料后（如天然石料、黏土砖、混凝土等），能渗入缝隙和孔隙中，固化的硅酸凝胶能堵塞毛细孔通道，提高材料的密实度、强度及抗渗性能，从而提高材料的抗风化能力。但水玻璃不得用来涂刷或浸渍石膏制品，因为水玻璃与石膏反应生成硫酸钠（Na_2SO_4），在制品孔隙内结晶膨胀，导致石膏制品开裂破坏。

3. 灌浆材料

将水玻璃与氯化钙溶液交替注入土壤中，两种溶液迅速反应生成硅胶和硅酸钙凝胶，起到胶结和填充孔隙的作用，使土壤的强度和承载能力提高。常用于粉土、砂土和填土的地基加固，称为双液注浆。

4. 配制防水剂

水玻璃可与多种矾配制成速凝防水剂，用于堵漏、填缝等局部抢修。这种多矾防水剂的凝结速度很快，一般为几分钟，其中四矾防水剂不超过 1min，故工地上使用时必须做到即配即用。

四矾防水剂常用蓝矾（也称胆矾，硫酸铜）、红矾（重铬酸钾）、明矾（也称白矾，硫酸铝钾）、紫矾（硫酸铬钾 ）各一份，溶于 60 份水中，冷却到 50℃时投入 400 份水玻璃溶液中搅拌均匀，可制成四矾防水剂。四矾防水剂与水泥调和，可以用于堵漏、填缝等局部抢修。

5. 配制耐酸砂浆、耐酸混凝土

水玻璃是一种耐酸材料。用水玻璃、胶凝材料与耐酸骨料等可制成耐酸砂浆及耐酸混凝土，主要用于有耐酸要求的工程。如储酸池、酸洗槽及耐酸地坪等。

6. 配制耐热砂浆和混凝土

水玻璃耐热性良好，能长期承受高温作用而强度不降低。用其作胶凝材料，与耐热骨料等可配制成耐热砂浆或耐热混凝土，主要用于高炉基础和高温环境中的非承重结构及构件。

复习思考题与习题

1. 什么是胶凝材料？胶凝材料是如何分类的？
2. 气硬性胶凝材料与水硬性胶凝材料有何区别？
3. 何谓石灰的熟化和“陈伏”？石灰为什么要“陈伏”才能使用？
4. 石膏为什么不宜用于室外？
5. 某工地要使用一种生石灰粉，现取试样，应如何判别该石灰的品质？
6. 石灰浆体是如何硬化的？石灰有哪些特性？有哪些用途？

7. 简述欠火石灰与过火石灰对石灰品质的影响与危害。

8. 使用石灰砂浆作为内墙粉刷材料，过了一段时间后，出现了凸起的呈放射状的裂缝，试分析原因。

9. 石膏作内墙抹灰时有什么优点？

10. 既然石灰不耐水，为什么由它配制的灰土或三合土却可以用于基础的垫层、道路的基层等潮湿部位？

11. 水玻璃有哪些特性？

12. 为什么在工程上石灰不可以单独使用，石膏却可以单独使用？

第3章　水　泥

【内容概述】

本章重点介绍了以硅酸盐水泥为代表的通用硅酸盐水泥的定义、矿物组成、凝结硬化、技术标准、特性及其在工程中的应用；概要介绍了其他品种水泥的定义、组成成分、特性及应用；水泥的储运及保管。

【学习目标】

掌握通用硅酸盐水泥的主要技术性质、检测方法、特性及应用，水泥的储运、验收、水泥品种及强度等级的选用等；理解水泥熟料的矿物成分及其特性；了解生产水泥的原料、生产过程、凝结硬化的过程和机理；了解专用水泥及特性水泥的组成、性能特点及应用范围。

水泥是重要的建筑材料之一，广泛应用于土木建筑、水利、国防等工程。常用来制备水泥混凝土、钢筋混凝土、砂浆等制品。

水泥是一种水硬性胶凝材料，呈粉末状，加水拌和后成浆体，经过一系列物理、化学作用，能将砂、石等散粒材料胶结成具有一定强度的整体。水泥浆体既能在空气中凝结硬化，又能在水中凝结硬化，并保持、发展其强度。

水泥品种繁多，按其主要水硬性物质的不同可分为硅酸盐水泥、铝酸盐水泥、硫铝酸盐水泥、氟铝酸盐水泥、磷酸盐水泥等，其中以硅酸盐系列水泥生产量最大、应用最为广泛。水泥按其用途可分为通用水泥、专用水泥及特性水泥三大类。专用水泥是指适应专门用途的水泥，如道路水泥、油井水泥、砌筑水泥等；特性水泥是指某种性能比较突出的水泥，如快硬硅酸盐水泥、抗硫酸盐水泥、膨胀水泥等；通用水泥是指常用于一般土木建筑工程的水泥，属于硅酸盐系列水泥。目前，我国建筑工程中普遍使用的是通用水泥，主要包括硅酸盐水泥、普通硅酸盐水泥、矿渣硅酸盐水泥、火山灰质硅酸盐水泥、粉煤灰硅酸盐水泥和复合硅酸盐水泥六个品种。

水泥的每一个品种，又根据其胶结强度的大小，分为若干强度等级。当水泥的品种及强度等级不同时，其性能也有较大差异。因此在使用水泥时，必须注意区分水泥的品种及强度等级，掌握其性能特点和使用方法，根据工程的具体情况合理选择与使用水泥，既可保证工程质量又能节约水泥。

水泥在生产过程中，要消耗大量能源并产生大量 CO_2 及粉尘，耗能大，污染严重。因此在工程施工中应大力节约水泥，这对于节能降耗、保护环境、促进国民经济的健康发展，都具有重要意义。

水泥品种虽然很多，但我国建筑工程中普遍使用的是通用硅酸盐水泥。因此本章主要介绍硅酸盐系列水泥，并对其他品种水泥作一般介绍。

3.1 硅酸盐水泥

根据《通用硅酸盐水泥》（GB 175—2007）的规定，凡由硅酸盐水泥熟料，0～5%的石灰石或粒化高炉矿渣、适量石膏磨细制成的水硬性胶凝材料，称为硅酸盐水泥（国外通称波特兰水泥）。

硅酸盐水泥熟料中不掺加混合材料的称Ⅰ型硅酸盐水泥，代号P·Ⅰ。在硅酸盐水泥熟料中掺入不超过水泥质量5%的石灰石或粒化高炉矿渣混合材料的称Ⅱ型硅酸盐水泥，代号P·Ⅱ。

硅酸盐水泥是硅酸盐系列水泥的基本品种，其他品种的水泥都是在硅酸盐水泥熟料的基础上，掺入一定量的混合材料和适量石膏磨细而制得的。六种通用硅酸盐水泥按所掺混合材料的品种和掺量分为硅酸盐水泥、普通硅酸盐水泥（简称普通水泥）、矿渣硅酸盐水泥（简称矿渣水泥）、火山灰质硅酸盐水泥（简称火山灰水泥）、粉煤灰硅酸盐水泥（简称粉煤灰水泥）和复合硅酸盐水泥（简称复合水泥）。六个水泥品种的矿物组分和代号见表3.1。

表3.1　通用硅酸盐水泥的代号及组分

品　种	代　号	组分（%）				
		熟料+石膏	粒化高炉矿渣	火山灰质混合材料	粉煤灰	石灰石
硅酸盐水泥	P·Ⅰ	100				
	P·Ⅱ	≥95	≤5			
		≥95				≤5
普通硅酸盐水泥	P·O	≥80且<95	>5且≤20			
矿渣硅酸盐水泥	P·S·A	≥50且<80	>20且≤50			
	P·S·B	≥30且<50	>50且≤70			
火山灰质硅酸盐水泥	P·P	≥60且<80		>20且≤40		
粉煤灰硅酸盐水泥	P·F	≥60且<80			>20且≤40	
复合硅酸盐水泥	P·C	≥50且<80	>20且≤50			

3.1.1 硅酸盐水泥的生产及矿物组成

1. 硅酸盐水泥的生产

（1）原料。生产硅酸盐水泥的原料主要是石灰质原料（如石灰石、白垩等）和黏土质原料（如黏土、黄土和页岩等）两类，一般常配以辅助原料（如铁矿石、砂岩等）。石灰质原料主要提供CaO，黏土质原料主要提供SiO_2、Al_2O_3及少量Fe_2O_3，辅助原料常用以校正原料中SiO_2、Al_2O_3及Fe_2O_3的不足。

（2）生产过程。水泥的生产过程分为以下三个主要阶段：

1）生料制备阶段：将石灰质、黏土质和少量其他原料破碎后按一定比例配合磨细，并采取有效措施调配为成分合适、质量均一的生料粉。

2）熟料煅烧阶段：将生料在水泥窑内经高温煅烧，得到以硅酸钙为主要成分的熟料。

3）水泥制成阶段：将破碎后的熟料加入适量石膏和其他混合材料磨细制成水泥。

从以上三个主要阶段来看，硅酸盐水泥的生产过程可以概括为“两磨一烧”，其生产工艺流程如图 3.1 所示。

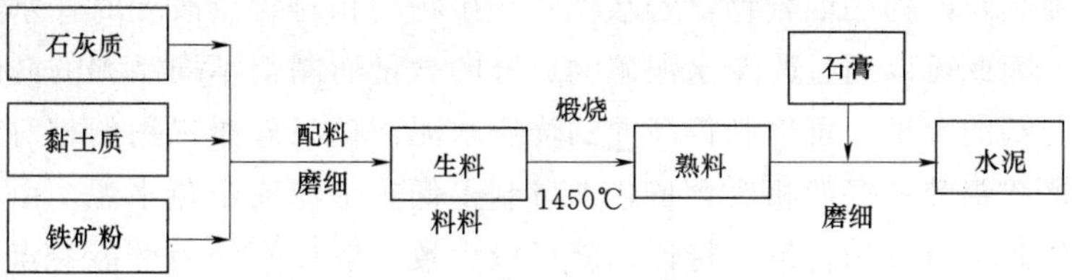

图 3.1 硅酸盐水泥生产工艺流程示意图

2. 硅酸盐水泥熟料的矿物组成

硅酸盐水泥的熟料是指由主要含 CaO、SiO_2、Al_2O_3、Fe_2O_3 的原料按适当比例磨成细粉，烧至部分熔融，所得以硅酸钙为主要矿物成分的物质。其中硅酸钙矿物不小于 66%，氧化钙和氧化硅质量比不小于 2.0。将熟料加入 2%～5%的天然石膏共同磨细，即为水泥。硅酸盐水泥熟料中主要矿物组成有以下四种，其名称及含量范围如下：

（1）硅酸三钙 $3CaO \cdot SiO_2$，简写为 C_3S，含量 37%～60%。

（2）硅酸二钙 $2CaO \cdot SiO_2$，简写为 C_2S，含量 15%～37%。

（3）铝酸三钙 $3CaO \cdot Al_2O_3$，简写为 C_3A，含量 7%～15%。

（4）铁铝酸四钙 $4CaO \cdot Al_2O_3 \cdot Fe_2O_3$，简写为 C_4AF，含量 10%～18%。

在以上四种熟料矿物组成中，硅酸三钙和硅酸二钙统称为硅酸盐矿物，一般占总量的 70%以上，铝酸三钙与铁铝酸四钙的含量一般占总量的 25%左右，以此种熟料为主要成分磨制的水泥称为硅酸盐水泥。除主要熟料矿物外，水泥中还含有少量以下成分，它们的含量一般只占水泥质量的 5%，如游离氧化钙（CaO）、游离氧化镁（MgO）和碱（Na_2O、K_2O）等，这些成分含量过高，会引起水泥体积安定性不良，严重影响工程质量，因此应加以限制。

四种主要熟料矿物单独与水作用时，各自表现出的特性见表 3.2。

表 3.2　　熟料矿物特性

矿物种类	硅酸三钙	硅酸二钙	铝酸三钙	铁铝酸四钙
缩写	C_3S	C_2S	C_3A	C_4AF
含量（%）	37～60	15～37	7～15	10～18
水化速度	快	慢	最快	快
水化放热	多	少	最多	中
强度	高	早低后高	低	低
抗腐蚀性	差	好	差	中

由表 3.2 可知，不同熟料矿物单独与水作用的特性是不同的。硅酸三钙在最初水化速度较快，水化热较大，早期强度（四个星期以内）发展迅速，是决定硅酸盐水泥的强度的主要矿物；硅酸二钙水化速度慢，水化热小，而且是在后期（28d 以后）才发挥强度作

用，是保证水泥后期强度的主要矿物；铝酸三钙凝结硬化速度最快，水化热最大，强度发展较快，但强度较低，仅对硅酸盐水泥在1～3d的强度起到一定的作用；铁铝酸四钙的强度发展也较快，但强度低。

水泥是几种熟料矿物的混合物，若水泥熟料矿物的相对含量改变时，水泥的技术性能也会随之变化，因此可以通过改变水泥矿物成分的含量而制得不同品种的硅酸盐水泥。例如，提高硅酸三钙的含量，可以制得高强的优质水泥；提高硅酸二钙的相对含量，同时适当减低硅酸三钙和铝酸三钙的相对含量，即可制得低热水泥或中热水泥。由此，掌握硅酸盐水泥熟料中各矿物成分的含量及特性，就可以大致了解该水泥的性能特点。表3.3列举了硅酸盐水泥中熟料矿物相对含量改变后，形成的不同性能的水泥。

表3.3　几种硅酸盐水泥中熟料矿物的相对含量

矿物名称	水泥中的含量（%）				
	普通水泥	低热水泥	早强水泥	超早强水泥	抗硫酸盐水泥
C_3S	52	31	65	68	57
C_2S	24	40	10	5	23
C_3A	9	8	8	9	2
C_4AF	9	12	9	8	13

3.1.2 硅酸盐水泥的水化、凝结与硬化

1. 硅酸盐水泥的水化

硅酸盐水泥遇水后，各熟料矿物与水发生化学反应，这一过程称为水化。其反应式如下。

（1）C_3S的水化反应。

$$2(3CaO \cdot SiO_2) + 6H_2O = 3CaO \cdot 2SiO_2 \cdot 3H_2O\text{(胶体)} + 3Ca(OH)_2\text{（晶体）}$$

（2）C_2S的水化反应。

$$2(2CaO \cdot SiO_2) + 4H_2O = 3CaO \cdot 2SiO_2 \cdot 3H_2O + Ca(OH)_2\text{（晶体）}$$

（3）C_3A的水化反应。

$$3CaO \cdot Al_2O_3 + 6H_2O = 3CaO \cdot Al_2O_3 \cdot 6H_2O\text{(晶体)}$$

（4）C_4AF的水化反应。

$$4CaO \cdot Al_2O_3 \cdot Fe_2O_3 + 7H_2O = 3CaO \cdot Al_2O_3 \cdot 6H_2O\text{(晶体)} + CaO \cdot Fe_2O_3 \cdot H_2O\text{(胶体)}$$

在水泥中掺入适量的石膏，可调节水泥的凝结硬化速度。在水泥粉磨时，若不掺石膏或石膏掺量不足时，水泥会发生瞬凝现象。加入石膏后，石膏与水化铝酸钙作用，生成难溶于水的水化硫铝酸钙（钙钒石），沉积在水泥颗粒的表面并形成保护膜，阻碍了铝酸三钙的水化，延缓了水泥的凝结。但如果石膏掺量过多，则会造成水泥安定性不良，引起水泥石的膨胀开裂破坏，反应方程式如下

$$3CaO \cdot Al_2O_3 \cdot 6H_2O + 3(CaSO_4 \cdot 2H_2O) + 19H_2O = 3CaO \cdot Al_2O_3 \cdot 3CaSO_4 \cdot 31H_2O$$

由以上反应式可见，硅酸盐水泥水化反应后，生成的水化产物主要有水化硅酸钙和水化铁酸钙凝胶，氢氧化钙、水化铝酸钙和水化硫铝酸钙晶体。在完全水化的水泥中，水化

硅酸钙凝胶体约占水泥石结构的70%以上，对水泥石的强度和其他性质起着决定性作用。氢氧化钙晶体约占水泥石结构的20%，导致水泥浆体呈碱性环境，起到很好的保护钢筋的作用。

2. 凝结硬化

当水泥加水拌和时，水化反应从水泥颗粒表面开始，反应结果生成相应的水化产物，这些水化物溶解于水，如图3.2（a）所示。

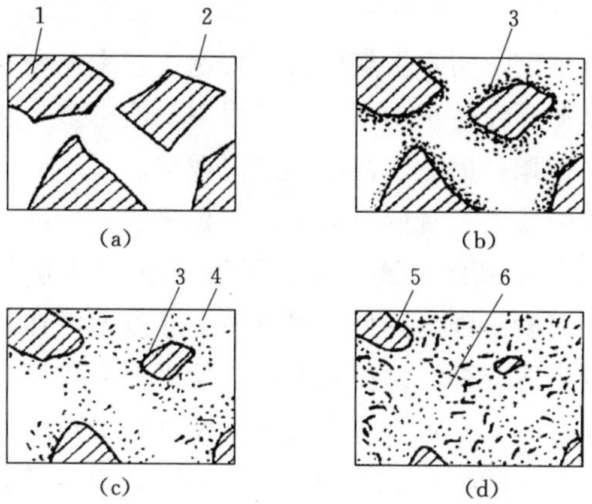

图3.2 水泥凝结硬化过程示意图

（a）分散在水中未水化的水泥颗粒；（b）在水泥颗粒表面形成水化层；（c）膜层长大并互相连接（凝结）；（d）水化物进一步发展，填充毛细孔（硬化）

1—水泥颗粒；2—水分；3—凝胶；4—晶体；

5—水泥颗粒的未水化内核；6—毛细孔

随着水泥颗粒水化的继续进行，又由于各种水化物的溶解度很小，而水化物的生成速度大于水化物向溶液中扩散的速度。因此，在水泥颗粒周围的溶液很快便成为水化物的过饱和溶液，各种水化产物就先后析出，包在水泥颗粒表面。在水化初期，水化物不多，包有水化物膜层的水泥颗粒之间还是分离的，水泥浆具有可塑性，如图3.2（b）所示。

水泥颗粒仍在不断水化，水化物逐渐增多，水泥颗粒表面的水化物膜层越来越厚，颗粒间的空隙逐渐缩小，而包有凝胶体的水泥颗粒逐渐靠近、接触，凝结成多孔的空间网状结构，水泥浆开始失去可塑性，也即水泥的初凝，如图3.2（c）所示。但这时尚无强度。

随着以上过程的不断进行，水化物不断增多，颗粒间接触点增多，网状结构不断加强。而固相颗粒间的空隙（毛细孔）不断减小，结构逐渐致密，使水泥浆完全失去可塑性，即水泥表现为终凝，并开始进入硬化阶段，如图3.2（d）所示。

水泥进入硬化期后，毛细孔逐渐被水化物填充，使水泥石结构更趋致密，具有了机械强度，直至形成坚硬的水泥石。这一过程即为硬化。

此外，当水泥在空气中凝结硬化时，其表面的 $Ca(OH)_2$ 与空气中的 CO_2 作用生成 $CaCO_3$ 薄壳，称为碳化作用。

3. 水泥石及影响其凝结硬化的因素

硬化后的水泥浆体称为水泥石，是由胶凝体、未水化的水泥颗粒内核、毛细孔等组成的非均质体。水泥石的硬化程度越高，凝胶体含量越多，水泥石强度就越高。影响水泥石凝结硬化的因素有：

(1) 水泥熟料矿物组成。如前所述，不同的熟料矿物与水作用时，水化反应速度、产生强度的快慢、强度大小和水化放热都是不相同的，因此水泥熟料矿物组成是影响水泥凝结硬化的主要因素。

(2) 细度。水泥颗粒越细，与水接触的表面积越大，水泥硬化越快越充分，早期和后期强度都较高。但由于水泥颗粒过细，在生产过程中耗能越多，生产成本增加，而且在空气中易受潮，影响水泥的性能，因此水泥的细度应适中。

(3) 石膏掺量。水泥中掺入石膏的目的是为了延缓水泥的凝结硬化速度，但石膏掺量过多，在水泥硬化后，仍有一部分石膏与水化铝酸钙继续反应生成水化硫铝酸钙针状晶体，体积膨胀，使水泥和混凝土强度降低，严重时会导致水泥体积安定性不良。

(4) 养护时间。保持合适的环境温度和湿度，使水泥水化反应不断进行的措施，称为养护。水泥凝结硬化过程实质上是水泥水化反应不断进行的过程。水化反应时间越长，水泥石的强度就越高。水泥石强度增长在早期（3～7d）最为迅速，后期逐渐减缓，28d以后显著变慢。一般水化7d的强度可达到28d强度的70%左右。据试验资料显示，水泥的水化反应在适当的温度与湿度的环境中可延续数年，随着养护时间的增长，其强度不断增加。

(5) 温度和湿度。温度对水泥的凝结硬化影响很大，温度升高，可加速水泥硬化速度和强度增长，温度降低，硬化速度缓慢。温度低于0℃时，硬化将完全停止，并会因水结冰而导致水泥石破坏。因此冬季施工时需要采取保温措施。

湿度是保证水泥水化的一个必备条件，水泥的凝结硬化必须在水分充足的条件下才能进行。如果在环境干燥的情况下，水分很快蒸发，水化反应不能正常进行，硬化也就停止，强度也不再增长。

在工程中，水泥混凝土在浇筑后的一段时间里应保持环境的温度和湿度，使水化反应得以进行，从而保证水泥强度的不断发展。

(6) 水灰比。拌和水泥浆时，水与水泥的质量比称为水灰比。为使浆体具有一定塑性和流动性，所加入的水量通常要大大超过水泥充分水化时所需用的水量。多余的水在硬化的水泥石内形成毛细孔。因此拌和水泥浆时水灰比越大，水泥石中的毛细孔就越多，水泥石的强度就会受到影响。水灰比越小，其凝结硬化速度越快，强度越高。因此，在保证成型质量的前提下，应降低水灰比，以提高水泥的凝结硬化速度和强度。

3.1.3 硅酸盐水泥的技术性质和技术标准

1. 化学性质与标准

(1) 氧化镁含量。含于原料中，水泥中的氧化镁水化反应慢，生成物体积膨胀会使水泥安定性不良。因此氧化镁含量应符合规定要求。

(2) 三氧化硫含量。水泥中三氧化硫主要是掺入石膏带来的或含于原料中，含量超过一定值时，会引起水泥安定性不良。因此三氧化硫应符合规定要求。

(3) 烧失量。烧失量是由于煅烧不理想或受潮引起的，会使水泥性能变差。

(4) 不溶物。水泥中的残渣，会影响水泥的胶结质量。

(5) 碱含量。水泥中碱含量按 $Na_2O+0.658K_2O$ 计算值表示。用户要求提供低碱水泥时，水泥中的碱含量应不大于 0.60%或由买卖双方协商确定。含量过高，在混凝土中遇到活性骨料，易产生碱骨料反应，引起混凝土体积膨胀，对工程质量造成危害。

(6) 氯离子含量。由于钢筋锈蚀是混凝土破坏的重要形式，因此，各国对水泥中的氯离子含量都作出了相应规定。在我国新标准中增加了水泥中的氯离子限值（不大于 0.06%），钢筋锈蚀是影响钢筋混凝土及预应力钢筋混凝土结构耐久性的重要因素，是当前最突出的工程问题之一。

硅酸盐水泥的化学指标应符合表 3.4 的规定。

表 3.4　通用硅酸盐水泥的化学指标　%

品种	代号	w（不溶物）	w 烧失量	w（三氧化硫）	w（氧化镁）	w（氯离子）
硅酸盐水泥	P·Ⅰ	≤0.75	≤3.0	≤3.5	≤5.0①	≤0.06③
	P·Ⅱ	≤1.50	≤3.5			
普通硅酸盐水泥	P·O	—	≤5.0			
矿渣硅酸盐水泥	P·S·A	—	—	≤4.0	≤6.0②	
	P·S·B	—	—		—	
火山灰质硅酸盐水泥	P·P	—	—	≤3.5	≤6.0②	
粉煤灰硅酸盐水泥	P·F	—	—			
复合硅酸盐水泥	P·C	—	—			

① 如果水泥压蒸试验合格，则水泥中氧化镁的含量（质量分数，w_B）允许放宽至 6.0%。

② 如果水泥中氧化镁的含量（w_B）大于 6.0%时，需进行水泥压蒸安定性试验并合格。

③ 当有更低要求时，该指标由买卖双方协商确定。

2. 物理指标

硅酸盐水泥的密度一般为 3.05～3.20g/cm³，在进行混凝土配合比设计计算时，通常采用 3.1g/cm³。硅酸盐水泥的堆积密度计算时通常采用 1300g/cm³。

(1) 细度。是指水泥颗粒的粗细程度，是鉴定水泥品质的重要项目之一。水泥颗粒越细，与水反应的表面积越大，水化反应的速度越快，水泥石的早期强度越高。但是，水泥细度提高，在空气中硬化收缩也越大，使水泥产生裂缝的可能性增加。因此，对水泥细度必须予以合理控制。水泥细度通常有以下两种表示方法。

1) 筛分法。《通用硅酸盐水泥》（GB 175—2007）规定，以 80μm 或 45μm 方孔筛上的筛余百分率表示，硅酸盐水泥在 80μm 方孔筛上的筛余百分率一般不大于 10.0%，45μm 方孔筛筛余百分率不大于 30%。

2) 比表面积法。以每 kg 水泥总表面积（m²）表示。《通用硅酸盐水泥》（GB 175—2007）规定：硅酸盐水泥的比表面积不小于 300m²/kg。

(2) 标准稠度用水量。是指水泥拌制成特定的塑性状态（标准稠度）时所需的用水量

（以占水泥质量的百分数表示）。由于用于拌制水泥浆的用水量多少对水泥的一些技术性质（如凝结时间）有很大影响，所以测定这些性质时必须采用标准稠度用水量，这样测定的结果才具有可比性。硅酸盐水泥的标准稠度用水量与水泥的矿物组成及细度有关，以占水泥质量的百分率表示，一般在24%～33%之间。

（3）凝结时间。从水泥加水拌和起至水泥浆完全失去可塑性并开始产生强度所需的时间。分为初凝时间和终凝时间。初凝时间为从水泥加水拌和起至水泥浆开始失去可塑性所需的时间；终凝时间则为从水泥加水拌和起至水泥浆完全失去可塑性并开始产生强度所需的时间 。

凝结时间的规定对工程有着重要的意义。初凝时间不宜过早，以便有足够的时间完成混凝土和砂浆的搅拌、运输、浇捣和砌筑等施工操作，确保施工质量。水泥的终凝时间不宜过迟，是为了使混凝土施工完毕后，尽早完成凝结硬化，达到规定的强度，以利于下一道工序的及早进行。

国家标准规定硅酸盐水泥初凝时间不得早于45min，终凝时间不得迟于6.5h。

凡凝结时间不符合规定者，为不合格品。

（4）体积安定性。是指水泥在凝结硬化过程中体积变化的均匀性。如果水泥硬化后产生不均匀的体积变化，即为体积安定性不良。安定性不良会使水泥制品或混凝土构件产生膨胀裂纹、疏松、崩溃，影响工程质量，甚至引起工程事故。凡体积安定性不良的水泥为不合格品。

引起水泥安定性不良的原因主要有：

1）熟料中所含的游离氧化钙和游离氧化镁过多。熟料中所含的游离氧化钙或游离氧化镁都是过烧的，熟化很慢，在水泥硬化后才进行熟化，生成的$Ca(OH)_2$和$Mg(OH)_2$在已经硬化的水泥石中膨胀，引起不均匀的体积变化，使水泥石开裂、翘曲、疏松崩溃。

2）掺入的石膏过多。当石膏掺量过多时，在水泥硬化后，它还会继续与固态的水化铝酸钙反应生成高硫型水化硫铝酸钙，体积约增大1.5倍，也会引起水泥石开裂。

国家标准规定，由游离氧化钙引起的水泥体积安定性不良，可用沸煮法来检验。具体方法有试饼法及雷氏夹法两种，经沸煮3h后，若没有裂纹、弯曲现象，则称为安定性合格。其中雷氏夹法为标准法，当两种方法测定结果发生争议时，以雷氏夹法为准。

由于游离氧化镁的水化作用比游离氧化钙的水化作用更加缓慢，必须用压蒸法才能检验出它的危害作用。硅酸盐水泥中氧化镁含量、三氧化硫含量应符合表3.4中的规定。

（5）强度。水泥的强度是水泥的重要技术指标，是划分强度等级的依据。

硅酸盐水泥的强度应按《水泥胶砂强度检验方法（ISO法）》（GB/T 17671—1999）的规定进行试验，水泥和标准砂按1∶3混合，用0.5的水灰比，按规定的方法制成40mm×40mm×160mm的标准试件，在标准温度（20℃±1℃）的水中养护，测定3d和28d龄期的抗折强度和抗压强度。并据此划分硅酸盐水泥的强度等级，又按照3d强度的大小分为普通型和早强型（用R表示）。

硅酸盐水泥的强度等级有六个，其不同龄期的强度应符合表3.5的规定。

表 3.5　**通用硅酸盐水泥各龄期强度（GB 175—2007）**　单位：MPa

品种	强度等级	抗压强度		抗折强度	
		3d	28d	3d	28d
硅酸盐水泥	42.5	≥17.0	≥42.5	≥3.5	≥6.5
	42.5R	≥22.0		≥4.0	
	52.5	≥23.0	≥52.5	≥4.0	≥7.0
	52.5R	≥27.0		≥5.0	
	62.5	≥28.0	≥62.5	≥5.0	≥8.0
	62.5R	≥32.0		≥5.5	
普通硅酸盐水泥	42.5	≥17.0	≥42.5	≥3.5	≥6.5
	42.5R	≥22.0		≥4.0	
	52.5	≥23.0	≥52.5	≥4.0	≥7.0
	52.5R	≥27.0		≥5.0	
矿渣硅酸盐水泥、火山灰硅酸盐水泥、粉煤灰硅酸盐水泥、复合硅酸盐水泥	32.5	≥10.0	≥32.5	≥2.5	≥5.5
	32.5R	≥15.0		≥3.5	
	42.5	≥15.0	≥42.5	≥3.5	≥6.5
	42.5R	≥19.0		≥4.0	
	52.5	≥21.0	≥52.5	≥4.0	≥7.0
	52.5R	≥23.0		≥4.5	

注　注意等级中字母“R”代表早强型。

（6）水化热。水泥在凝结硬化过程中放出的热量（化学热）称为水泥的水化热。水泥水化放热，主要集中在早期，3～7d 以后逐渐减少。水化放热量和放热速度不仅决定于水泥的矿物成分，而且还与水泥细度、水泥中掺混合材料及外加剂的品种、数量等有关。水泥矿物进行水化时，铝酸三钙放热量最大，速度也最快，硅酸三钙放热量稍低，硅酸二钙放热量最低，速度也最慢；水泥细度越细，水化反应越容易进行，放热速度也越快，水化放热量也就越大。

水化热在混凝土工程中，既有有利的影响，又有不利的影响。高水化热的水泥在大体积混凝土中是非常不利的。大体积混凝土中，水化热积聚在混凝土内部不易散热，内部温度上升高达 50～60℃，内外温差引起的应力，使混凝土开裂，所以水化热是有害的。但对混凝土冬季施工则是有利的，水化热可以防止混凝土受冻，有利于水泥的水化、凝结硬化的进行。

《普通混凝土配合比设计规程》（JGJ 55—2000）定义，大体积混凝土是指混凝土结构物实体最小尺寸不小于 1m，或预计会因水泥水化热引起混凝土内外温差过大而导致裂缝的混凝土。

国家标准规定，凡氧化镁、三氧化硫的含量、凝结时间、安定性中任一项不符合国家标准规定的，均判定为不合格品。另外水泥包装标志中，水泥品种、强度等级、生产单位名称和出厂编号不全的也属于不合格品 。

3.1.4　水泥石的腐蚀与防止

硅酸盐水泥硬化后，在通常使用条件下，有较好的耐久性。但在某些腐蚀性液体或气体介质中，会逐渐受到腐蚀，强度下降，甚至破坏。以下是几种典型介质的腐蚀作用。

1. 腐蚀类型

(1) 软水腐蚀（溶出性腐蚀）。不含或仅含少量重碳酸盐（含 HCO_3^{-1} 的盐）的水称为软水，如雨水、蒸馏水、冷凝水及部分江水、湖水等。当水泥石长期与软水相接触时，水化产物将按其稳定存在所必需的氢氧化钙（钙离子）浓度的大小，依次逐渐溶解或分解，从而造成水泥石的破坏，这就是溶出性侵蚀。

在各种水化产物中，$Ca(OH)_2$ 的溶解度最大（25℃约 1.3g CaO/L），因此首先溶出，这样不仅增加了水泥石的孔隙率，使水更容易渗入，而且由于 $Ca(OH)_2$ 浓度降低，还会使水化产物依次发生分解，如高碱性的水化硅酸钙、水化铝酸钙等分解成为低碱性的水化产物，并最终变成硅酸凝胶、氢氧化铝等无胶凝能力的物质。在静水及无压力水的情况下，由于周围的软水易为溶出的氢氧化钙所饱和，使溶出作用停止，所以对水泥石的影响不大；但在流水及压力水的作用下，水化产物的溶出将会不断地进行下去，水泥石结构的破坏将由表及里地不断进行下去。

当水泥石与环境中的硬水接触时，水泥石中的氢氧化钙与重碳酸盐发生反应，反应式如下：

$$Ca(HCO_3)_2 + Ca(OH)_2 = 2CaCO_3 \downarrow + 2H_2O$$

生成的几乎不溶于水的碳酸钙积聚在水泥石的孔隙内，形成致密的保护层，可阻止外界水的继续侵入，从而可阻止水化产物的溶出。

(2) 盐类腐蚀。在水中通常溶有大量的盐类，某些溶解于水中的盐类会与水泥石相互作用产生置换反应，生成一些易溶或无胶结能力或产生膨胀的物质，从而使水泥石结构破坏。最常见的盐类腐蚀是硫酸盐腐蚀与镁盐腐蚀。

1) 硫酸盐腐蚀。海水、湖水、盐沼水、地下水、某些工业污水、流经高炉矿渣或煤渣的水，通常含有硫酸盐。硫酸盐的腐蚀作用分为以下两种情形：

a. 当水中硫酸盐浓度不高时，首先是水中的硫酸盐与水泥石中的氢氧化钙起置换作用，生成硫酸钙。然后硫酸钙与水泥石中固态水化铝酸钙作用生成高硫型水化硫铝酸钙（常称水泥杆菌），它含有大量结晶水，体积比原有体积增加 1.5 倍以上，引起水泥石膨胀性破坏。

b. 当水中硫酸盐浓度较高时，水中的硫酸钙在水泥石的孔隙中直接结晶成二水石膏，使体积膨胀，导致水泥石结构破坏。

2) 镁盐腐蚀。主要指水中的硫酸镁和氯化镁。硫酸镁与水泥石中的氢氧化钙发生如下反应

$$MgSO_4 + Ca(OH)_2 + 2H_2O = CaSO_4 \cdot 2H_2O + Mg(OH)_2$$

$$MgCl_2 + Ca(OH)_2 = CaCl_2 + Mg(OH)_2$$

反应生成的氢氧化镁松软无胶结能力，生成的二水石膏会引起硫酸盐的破坏作用。故硫酸镁对水泥石起镁盐与硫酸盐双重腐蚀作用。氯化镁与水泥石中的氢氧化钙作用，生成

的氯化钙易溶于水，引起水泥石结构的破坏。

(3) 酸类腐蚀。

1) 碳酸腐蚀。一般在工业污水、地下水中溶有较多二氧化碳。其腐蚀作用是，开始时水中的二氧化碳与水泥石中的氢氧化钙作用生成碳酸钙。生成的碳酸钙再与含碳酸的水作用转变成重碳酸钙，该反应为可逆反应。反应式如下：

$$Ca(OH)_2+CO_2+H_2O=\!=\!=CaCO_3+2H_2O$$

$$CaCO_3+CO_2+H_2O \rightleftharpoons Ca(HCO_3)_2$$

重碳酸钙易溶于水，当水中含较多的碳酸，已超过平衡浓度时，则反应不断向着生成重碳酸盐方向进行，这样水泥石中的氢氧化钙便逐渐溶失，水泥石结构遭受破坏。而且随着氢氧化钙浓度降低，又引起水泥石中其他水化物的分解，导致水泥石结构进一步破坏。

2) 一般酸腐蚀。工业污水、地下水、沼泽水中常含有无机酸和有机酸类，工业窑炉中排放的烟气常含氧化硫。各种酸类均对水泥石有腐蚀作用。例如，盐酸与水泥石中的氢氧化钙作用生成氯化钙，氯化钙易溶于水。

$$2HCl+Ca(OH)_2=\!=\!=CaCl_2+2H_2O$$

$$H_2SO_4+Ca(OH)_2=\!=\!=CaSO_4+2H_2O$$

硫酸与水泥石中的氢氧化钙作用生成二水石膏，在水泥石孔隙中结晶产生膨胀，或者再与水泥石中的水化铝酸钙作用生成高硫型水化硫铝酸钙，产生更大的膨胀性破坏。此外，氢氟酸、硝酸、醋酸、蚁酸和乳酸对水泥石均有腐蚀作用。

(4) 强碱腐蚀。碱类溶液如浓度不大时一般是无害的，但铝酸盐含量较高的硅酸盐水泥遇到强碱作用后也会产生一定的破坏。氢氧化钠与水泥熟料中未水化的铝酸盐作用，生成易溶的铝酸钠。

$$3CaO\cdot Al_2O_3+6NaOH=\!=\!=3Na_2O\cdot Al_2O_3+3Ca(OH)_2$$

当水泥石被氢氧化钠浸透后，又在空气中干燥，则铝酸钠与空气中的二氧化碳作用而生成碳酸钠。碳酸钠在水泥石毛细孔中结晶沉淀，而使水泥石疏松开裂。

2. 腐蚀产生的原因

(1) 水泥石中存在有引起腐蚀的组成成分氢氧化钙和水化铝酸钙。

(2) 水泥石本身不密实，有很多毛细孔通道，侵蚀性介质易于进入其内部。

(3) 腐蚀与通道的相互作用。

实际上水泥石遭受腐蚀的情况很复杂，往往是几种腐蚀作用同时存在，而且互相影响。但干的固体化合物不会对水泥石产生腐蚀，腐蚀性介质必须呈溶液状且浓度大于某一临界值，腐蚀才会发生。腐蚀的根本原因不外乎是外因和内因两方面。外因即为腐蚀性介质的存在，内因是水泥石中有能引起腐蚀的组分氢氧化钙和水化铝酸钙以及水泥石不密实，有许多连通的毛细通道，使得腐蚀性介质可进入。这正说明外因是通过内因而起作用的。

3. 腐蚀的防止

(1) 根据环境腐蚀特点，合理选用水泥品种。水泥石中引起腐蚀的组分主要是氢氧化钙和水化铝酸钙。当水泥石遭受软水腐蚀时，可选用水化产物中氢氧化钙含量少的水泥。例如，水泥石处在硫酸盐的腐蚀环境中，可采用铝酸三钙含较低的抗硫酸盐水泥；在硅酸水泥熟料中掺入某些人工或天然矿物材料（混合材料），减少氢氧化钙的含量，可提高水泥的抗腐蚀能力。

（2）提高水泥石的密实度。水泥石中的毛细管、孔隙是引起水泥石腐蚀加剧的内在原因之一。因此，采取适当技术措施，如强制搅拌、振动成型、真空吸水、掺外加剂等，在满足施工操作的前提下，努力降低水灰比，提高水泥石的密实度，都将使水泥石的耐腐蚀性得到改善。

（3）表面加做保护层。当腐蚀作用比较强烈时，可在水泥制品表面加做耐腐蚀性高、不透水的保护层。保护层的材料常采用耐酸石料（石英岩、辉绿岩）、耐酸陶瓷、玻璃、塑料、沥青防水层或喷涂不透水的水泥浆面层等，阻止腐蚀性介质进入。

3.1.5 硅酸盐水泥的特性及其应用

1. 凝结硬化快，早期强度及后期强度高

硅酸盐水泥中，C_3S 和 C_3A 含量高，早期放热量大，放热速度快，早期强度高，特别适用于有早强要求的混凝土、冬季施工混凝土，地上、地下重要结构的高强混凝土和预应力混凝土工程。

2. 抗冻性好

硅酸盐水泥拌合物不易发生泌水，硬化后水泥石密实度较大，适用于严寒地区水位升降范围内遭受反复冻融循环的混凝土工程。

3. 水化热大

硅酸盐水泥早期放热量大，放热速度快。不宜用于大体积混凝土工程，但可用于低温季节或冬期施工。

4. 耐腐蚀性差

硅酸盐水泥中含有大量 $Ca(OH)_2$ 和水化铝酸钙，所以不宜用于经常与流动淡水或硫酸盐等腐蚀介质接触的工程，也不宜用于经常与海水、矿物水等腐蚀介质接触的工程。

5. 耐热性差

硅酸盐水泥石经高温 250℃作用后，氢氧化钙分解，如再受水润湿或长期置放时，由于石灰重新熟化，体积膨胀，当受热 700℃以上时，会使水泥石强度下降，随即破坏。所以不宜用于有耐热要求的混凝土工程。

6. 抗碳化性能好

硅酸盐水泥硬化后水泥石显示强碱性，埋于其中的钢筋在碱性环境中表面生成一层钝化膜，可保持几十年不生锈。由于空气中的 CO_2 与水泥石中的 $Ca(OH)_2$ 会发生碳化反应而生成 $CaCO_3$，使水泥石逐渐由碱性变为中性。当中性化深度达到钢筋附近时，钢筋失去碱性保护而腐蚀，会造成钢筋混凝土构件锈蚀而报废。因此，钢筋混凝土构件的寿命往往取决于水泥的抗碳化性能。硅酸盐水泥碱性强且密实度高，抗碳化能力强，所以特别适用于重要的钢筋混凝土结构和预应力混凝土工程。

7. 干缩小、耐磨性好

硅酸盐水泥硬化过程中形成大量的水化硅酸钙凝胶体，使水泥石密实度较大，游离水分少，不易产生干缩裂缝，可用于干燥环境下的混凝土工程。耐磨性好，可用于路面与地面工程。

3.2 混合材料及掺有混合材料的硅酸盐水泥

3.2.1 混合材料

为了能改善硅酸盐水泥的某些性能，调节水泥强度等级，增加品种，提高产量，降低成本，扩大水泥的使用范围，在水泥生产时，所掺入的天然或人工矿物材料，称为混合材料。按其是否与水泥可发生化学反应分为活性混合材料和非活性混合材料。在硅酸盐水泥中掺入一定量的混合材料，不仅具有显著的技术经济效益，同时可以综合利用大量工业废渣，具有环保和节能的重要意义。

1. 活性混合材料

活性混合材料是天然或人工的矿物质材料，经粉磨加水后，本身不硬化或硬化很慢，但与其他胶凝材料（石灰、水泥、石膏）与水拌和后，不但能在空气中硬化，而且能在水中继续硬化，并具有一定的强度，这类物质即称为活性混合材料。其水化反应式如下

$$xCa(OH)_2 + SiO_2 + mH_2O \longrightarrow xCaO \cdot SiO_2 \cdot nH_2O$$

$$xCa(OH)_2 + Al_2O_3 + mH_2O \longrightarrow yCaO \cdot Al_2O_3 \cdot nH_2O$$

将活性混合材料掺入硅酸盐水泥中与水拌和后，首先开始反应的是硅酸盐水泥熟料的水化，其部分水化产物为氢氧化钙。进而活性混合材料在激发剂氢氧化钙、石膏的作用下发生水化反应（称为二次水化反应）。水化反应生成的水化硅酸钙和水化铝酸钙是具有水硬性的水化物。二次水化反应的速度较慢，受温度影响敏感。温度高时，水化速度加快，强度增长迅速；反之，水化减慢，强度增长也随之缓慢下来。反应式中的 x，y 值取决于混合材料的种类、石灰和活性氧化硅及活性氧化铝的比例、环境温度以及作用所延续的时间等；m 一般为 1 或稍大；n 值一般为 1～2.5。

在活性混合材料的水化反应中，可以看出，活性混合材料的活性是在氢氧化钙和石膏作用下才激发出来的，故称它们为活性混合材料的激发剂，氢氧化钙称为碱性激发剂，石膏成为硫酸盐激发剂。

水泥中常用的活性混合材料有以下三种：

(1) 粉煤灰。从火力发电厂煤粉炉烟道气体中收集的粉尘，称粉煤灰。从粉煤灰的化学成分来看，粉煤灰属于火山灰质混合材料一类，但粉煤灰结构致密，性质与火山灰质混合材料有所不同，化学成分以 SiO_2、Al_2O_3 为主，并含有少量 Fe_2O_3、CaO。

(2) 粒化高炉矿渣。高炉冶炼生铁时所得以硅酸钙和铝酸钙为主要成分的熔融物，经骤冷粒化后的产品称为粒化高炉矿渣。它属冶金行业高炉冶炼生铁时的工业废渣，是目前国内水泥工业中用量最大、质量最好的活性混合材料。但若是经慢冷（缓慢冷却）后的产品则呈块状或细粉状，不具有活性，属非活性混合材料。高炉矿渣的化学成分主要有 CaO、SiO_2、Al_2O_3，占到总量的 90%以上。

(3) 火山灰质混合材料。凡天然的或人工的以活性氧化硅和活性氧化铝为主要成分的矿物质材料，本身磨细加水拌和并不硬化，但与气硬性石灰混合后再加水拌和，不但能在

空气中硬化而且能在水中继续硬化的，称为火山灰质混合材料。火山灰质混合材料的化学成分以 SiO_2、Al_2O_3 为主，其含量占 70%左右，而 CaO 含量较低。按其成因分为天然的和人工的两类。天然的火山灰质混合材料有火山灰、硅藻土、凝灰岩、浮石等；人工的火山灰质混合材料有煅烧的煤矸石、烧黏土、烧页岩、煤渣等。

火山灰质混合材料结构上的特点是疏松多孔，内比表面积大，易反生反应。

以上常用的三种活性混合材料均应符合国家标准规定的水泥活性混合材料的技术要求，具体规定有《用于水泥中的粒化高炉矿渣》（GB/T 203—2008）、《用于水泥中的火山灰质混合材料》（GB/T 2847—2005）和《用于水泥和混凝土中的粉煤灰》（GB/T 1596—2005）。

2. 非活性混合材料

非活性混合材料磨成细粉与石灰加水拌和后，不能或很少生成具有水硬性的水化产物。常用的非活性混合材料有磨细的石英砂、石灰石、黏土、慢冷矿渣、黏土、黄土、不符合技术要求的粒化高炉矿渣、火山灰质混合材料及粉煤灰等。它们与水泥成分不起化学作用或化学作用很小，掺入硅酸盐水泥中仅起提高水泥产量、调节水泥强度等级和减少水化热等作用。当采用高强度等级水泥拌制强度较低的砂浆或混凝土时，可掺入非活性混合材料以代替部分水泥，起到降低成本及改善砂浆或混凝土和易性的作用，因此，又称为填充性混合材料。

对于非活性混合材料的品种要求主要是应具有足够的细度，不含或极少含对水泥有害的杂质。

3.2.2　普通硅酸盐水泥

1. 定义

普通硅酸盐水泥（简称普通水泥）代号 P·O。普通硅酸盐水泥是在硅酸盐水泥熟料中掺入大于 5%，且不大于 20%的活性混合材料、适量石膏磨细制成的水硬性胶凝材料。其中允许用不超过水泥质量 5%的窑灰或不超过水泥质量 8%的非活性混合材料来代替。

2. 技术要求

（1）细度要求比表面积不小于 $300m^2/kg$。

（2）初凝时间不得早于 45min，终凝时间不得迟于 10h。

（3）体积安定性经沸煮法检验必须合格。

（4）MgO 含量不得超过 5.0%，如果水泥经压蒸安定性试验合格，则 MgO 含量允许放宽到 6.0%。

（5）SO_3 含量不得超过 3.5%。

（6）普通硅酸盐水泥根据 3d 和 28d 的抗压强度、抗折强度划分为 42.5、42.5R、52.5、52.5R 四个强度等级。其不同龄期的强度应符合表 3.5 的规定。

3. 基本性能与应用

普通硅酸盐水泥的成分中，由于混合材料掺量较少，故其性质与硅酸盐水泥基本相同，略有差异。其在应用方面与硅酸盐水泥也基本相同，并且有一些硅酸盐水泥不能应用的地方普通硅酸盐水泥也可以用，这使得普通硅酸盐水泥成为建筑行业应用面最广，使用量最大的水泥品种，广泛用于制做各种砂浆和混凝土。

与硅酸盐水泥相比，主要特性及应用如下：

(1) 强度略低。普通硅酸盐水泥水化反应速度快，早期和后期强度都高。可用现浇混凝土楼板、梁、柱、预制混凝土构件。也可用于预应力混凝土结构，高强混凝土工程。

(2) 水化热大、抗冻性好。由于普通硅酸盐水泥水化反应速度快，硅酸三钙和硅酸二钙的含量高，因此，水化热较大，有利于冬季施工。但由于水化热较大，不宜用于大体积的混凝土工程。普通硅酸盐水泥结构密实，抗冻性好。适合于严寒地区遭受反复冻融的工程及抗冻性要求较高的工程，如大坝的溢流面、混凝土路面工程。

(3) 干缩小、耐磨性较好。普通硅酸盐水泥硬化时干缩小，不易产生干缩裂缝。可用于干燥环境工程。由于干缩小，表面不易起粉，因此耐磨性较好，可用于道路工程中。

(4) 抗碳化性较好。普通硅酸盐水泥在水化后，水泥石中含有较多的氢氧化钙，碳化时水泥的碱度下降少，对钢筋的保护作用强，可用于空气中二氧化碳浓度较高的环境中，如热处理车间等。

(5) 耐腐蚀性差。普通硅酸盐水泥水化后，含有大量的氢氧化钙和水化铝酸钙，因此，其耐软水和耐化学腐蚀性差，不能用于海港工程、抗硫酸盐工程。

(6) 不耐高温。当水泥石处在高温时，水泥石中的水化硅酸钙开始脱水，造成水泥石强度降低，甚至破坏，所以普通硅酸盐水泥不适合于温度高于250℃的混凝土工程，如工业窑炉和高温炉基础。

3.2.3 矿渣硅酸盐水泥、火山灰质硅酸盐水泥、粉煤灰硅酸盐水泥

1. 定义

(1) 矿渣硅酸盐水泥。简称矿渣水泥，分为两种，代号分别为P·S·A和P·S·B。

P·S·A型水泥是在硅酸盐水泥熟料中掺入大于20%，且不大于50%的粒化高炉矿渣和适量石膏磨细制成的水硬性胶凝材料。

P·S·B型水泥是在硅酸盐水泥熟料中掺入大于50%，且不大于70%的粒化高炉矿渣和适量石膏磨细制成的水硬性胶凝材料。

矿渣水泥中粒化高炉矿渣的含量允许用符合要求的活性混合材料、非活性混合材料或窑灰中的任一种代替。其代替数量不得超过水泥质量的8%。

矿渣硅酸盐水泥是中国目前产量最大的水泥品种，与普通硅酸盐水泥相比，矿渣硅酸盐水泥的颜色较浅，相对密度较小，水化热较低，耐蚀性和耐热性较好，但泌水性较大，抗冻性较差，早期强度较低，后期强度增进率较高，因此需要较长的养护期。矿渣水泥可用于地面、地下、水中各种混凝土工程，也可用于高温车间的建筑，但不宜用于要求早期强度高、受冻融循环影响、干湿交替影响的工程。

(2) 火山灰质硅酸盐水泥。简称火山灰水泥，代号P·P。火山灰质硅酸盐水泥是在硅酸盐水泥熟料中掺入大于20%，且不大于40%的火山灰质混合材料和适量石膏磨细制成的水硬性胶凝材料。

与普通水泥相比，火山灰质硅酸盐水泥相对密度小，水化热低，耐蚀性好，需水性（使水泥浆体达到一定流动性时所需要的水量）和干缩性较大，抗冻性较差，早期强度低，

但后期强度发展较快，环境条件对火山灰水泥的水化和强度发展影响显著，潮湿环境有利于水泥强度发展。火山灰水泥一般适用于地下、水中及潮湿环境的混凝土工程，不宜用于干燥环境、受冻融循环和干湿交替以及需要早期强度高的工程。

(3) 粉煤灰硅酸盐水泥。简称粉煤灰水泥，代号 P・F。粉煤灰水泥是在硅酸盐水泥熟料中掺入大于20%，且不大于40%的粉煤灰混合材料、适量石膏磨细制成的水硬性胶凝材料。

粉煤灰硅酸盐水泥除具有火山灰质硅酸盐水泥的特性外（如早期强度虽低，但后期强度增进率较大，水化热较低等），还具有需水性及干缩性较小，和易性、抗裂性和抗硫酸盐侵蚀性好等性能。适用于大体积水工建筑，也可用于一般工业和民用建筑。

2. 技术要求

(1) 细度要求 80μm 方孔筛筛余不得超过10%或45μm 方孔筛筛余不得超过30%。

(2) 初凝时间不早于45min，终凝时间不迟于10h。

(3) 氧化镁含量不得超过6.0%。

(4) 矿渣水泥中 SO_3 含量不得超过4.0%，粉煤灰水泥和火山灰水泥中 SO_3 含量不得超过3.5%。

(5) 体积安定性经沸煮法检验必须合格。

(6) 矿渣水泥、火山灰水泥、粉煤灰水泥按3d和28d的抗压强度、抗折强度分为32.5、32.5R、42.5、42.5R 、52.5，52.5R六个强度等级，不同龄期的强度应符合表3.5的规定。

3. 基本性能与应用

矿渣水泥、火山灰水泥、粉煤灰水泥在生产时都是在硅酸盐水泥熟料中掺加了较多的混合材料，使得这三种水泥中水泥熟料大为减少。由于活性混合材料能与水泥中的水化产物发生二次反应，因此这三种水泥具有许多共性。但因三种水泥中所掺加混合材料的品种及数量有所不同，所以它们又具有各自的特性。

(1) 三种水泥的共性。

1) 早期强度低、后期强度发展高。掺大量混合材料的水泥凝结硬化慢，早期强度低，但硬化后期，随着二次水化反应水硬性物质数量的增多，水泥石强度不断增长，最后可以赶上甚至超过同强度等级的硅酸盐水泥。因早期强度较低，不适合用于早期强度要求高的混凝土工程，如冬季施工、现浇混凝土工程等。

2) 对温度敏感。在蒸汽养护高温高湿环境中，活性混合材料参与的二次反应会加速进行，强度提高幅度较大。此类水泥在湿热条件下，其强度增长超过硅酸盐水泥，所以此类适用于蒸汽养护的混凝土构件。

3) 耐腐蚀性好。此类水泥中熟料相对较少，C_3S 和 C_3A 含量也相对减少，而且水化过程中析出的氢氧化钙与活性混合材料发生二次反应，使水泥石中的氢氧化钙降低，使得抗软水、抗酸、抗盐侵蚀的能力明显提高。此类水泥适合用于有硫酸盐、镁盐、软水等腐蚀作用的环境，如水工、海港、码头等混凝土工程。

4) 水化热低。由于此类水泥中熟料含量较少，水化放热高的硅酸三钙、铝酸三钙矿物含量也相对减少，且二次反应速度慢，所以此类水泥水化热低，适合用于大体积混凝土工程。但不宜用于冬季施工工程。

5）抗冻性差、耐磨性差。与硅酸盐水泥相比，此类水泥抗冻性、耐磨性差。因此，不宜用于承受反复冻融作用的工程，特别是不宜用于严寒地区水位经常变化部位及高速挟沙的水流冲刷部位。

6）抗碳化性较差。此类水泥石中氢氧化钙浓度较低，抗碳化能力差，易使钢筋生锈，影响混凝土结构的耐久性，故不宜用于重要钢筋混凝土结构和预应力钢筋混凝土工程；也不宜用于 CO_2 含量高的工业厂房，如铸造、翻砂车间。

（2）三种水泥各自的特性。

1）矿渣硅酸盐水泥难以磨细，泌水性较大，干缩性较大，不适合用于有抗冻性要求的混凝土工程。由于矿渣的耐火性强，适合用于有耐热要求（温度不大于 200℃）的混凝土工程，如冶炼车间、锅炉房等工程。

2）火山灰质硅酸盐水泥，颗粒较细，疏松多孔，内比表面积大，需水量大，泌水性较小，在潮湿环境下养护时，可以产生较多的水化产物，所以水泥石结构致密，抗渗性强。此种水泥适合用于有抗渗性要求的混凝土工程。但处于干燥环境中时，所吸水分蒸发，硬化时会产生较大的干缩，因此不适合用于长期干燥环境中的混凝土工程，也不宜用于有耐磨性要求的混凝土工程。

3）粉煤灰硅酸盐水泥，颗粒细且呈球形，比表面积小，结构比较致密且稳定，对水的吸附能力小，在混凝土中能起润滑作用，故拌制的混凝土和易性好。这种水泥干缩性较小，抗裂性好；该水泥泌水较快，容易引起失水裂缝，所以施工过程中，要适当增加抹面次数，在硬化早期宜加强养护，以保证粉煤灰水泥混凝土强度的正常发展。粉煤灰水泥早期强度和水化热比矿渣水泥和火山灰质水泥的早期强度和水化热还要低，特别适用于大体积混凝土工程以及地下和海港工程等。

3.2.4　复合硅酸盐水泥

1. 定义

复合硅酸盐水泥（简称复合水泥），代号 P·C。复合硅酸盐水泥是在硅酸盐水泥熟料中掺入了两种或两种以上符合标准规定的混合材料和适量石膏磨细制成的水硬性胶凝材料，掺矿渣时混合材料掺量不得与矿渣硅酸盐水泥重复。

2. 技术要求

同火山灰水泥和粉煤灰水泥的技术要求。

3. 基本性能与应用

复合硅酸盐水泥由于掺入了两种以上的混合材料，起到了互相取长补短的作用，其效果大大优于只掺一种混合材料的水泥。其早期强度接近于普通水泥，而其他性能优于矿渣水泥、火山灰水泥、粉煤灰水泥，因而复合水泥更加扩大了混合材料的使用范围，其用途也更为广泛，是一种很有发展前途的水泥。

复合水泥的性能与所掺主要混合材料的品种有关。如以矿渣为主要混合材料，其性质与矿渣水泥接近；如以火山灰质材料为主要混合材料，其性质与火山灰水泥接近。使用复合水泥时，应当了解水泥中主要混合材料的品种，为此，标准规定在包装袋上要标明主要混合材料的名称。

3.2.5 通用硅酸盐水泥的应用

以上介绍的六种水泥，包括硅酸盐水泥，普通硅酸盐水泥、矿渣硅酸盐水泥、火山灰硅酸盐水泥、粉煤灰硅酸盐水泥和复合硅酸盐水泥统称为通用水泥，是土木建筑工程中用途最广、用量最大的水泥品种。为了便于对比学习，正确选择使用水泥，将其主要特性列于表3.6中。

表3.6　通用水泥的主要特性

硅酸盐水泥 P·Ⅰ、P·Ⅱ	普通水泥 P·O	矿渣水泥 P·S	火山灰水泥 P·P	粉煤灰水泥 P·F	复合水泥 P·C
1. 凝结硬化快	凝结硬化较快	凝结硬化慢	凝结硬化慢	凝结硬化慢	与所掺两种或两种以上混合材料的种类、掺量有关，其特性基本与矿渣水泥、火山灰水泥、粉煤灰水泥特性相似
2. 早期强度高	早期强度较高	早期强度低，后期强度增长较快	早期强度低，后期强度增长较快	早期强度低，后期强度增长较快	
3. 水化热高	水化热较高	水化热较低	水化热较低	水化热较低	
4. 抗冻性好	抗冻性较好	抗冻性差	抗冻性差	抗冻性差	
5. 干缩性小	干缩性较小	干缩性大	干缩性大	干缩性小	
6. 耐腐蚀性差	耐腐蚀性较差	耐腐蚀性较好	耐腐蚀性较好	耐腐蚀性较好	
7. 耐热性差	耐热性较差	耐热性好	抗渗性较好	抗裂性较好	

六种通用水泥的矿物组成不尽相同，所以各有其特性。在工程应用中，根据工程所处的环境条件、建筑物的特点及混凝土所处部位，正确选择水泥品种尤为重要。通用水泥的选用见表3.7。

水泥强度等级的选用原则应根据混凝土的性能要求来考虑。高强度等级的水泥适用于配制高强度等级的混凝土或对早强有特殊要求的混凝土；低强度等级的水泥适用于配制低强度等级的混凝土或配制砌筑砂浆等。水泥强度等级越高，其抗冻性及耐磨性越好。

表3.7　通用水泥的选用

混凝土工程特点及所处环境条件			优先选用	可以选用	不宜选用
普通混凝土	1	在一般气候环境的混凝土	普通水泥	矿渣水泥、粉煤灰水泥、火山灰水泥、复合水泥	
	2	在干燥环境的混凝土	普通水泥	矿渣水泥	粉煤灰水泥、火山灰水泥
	3	在高湿度环境中或长期处于水中混凝土	矿渣水泥、粉煤灰水泥、火山灰水泥、复合水泥	普通水泥	
	4	大体积混凝土	矿渣水泥、粉煤灰水泥、火山灰水泥、复合水泥		硅酸盐水泥、普通水泥

续表

混凝土工程特点及所处环境条件			优先选用	可以选用	不宜选用
有特殊要求的混凝土	1	要求快硬、高强（＞C60）的混凝土	硅酸盐水泥	普通水泥	矿渣水泥、粉煤灰水泥、火山灰水泥、复合水泥
	2	严寒地区的露天混凝土、寒冷地区处于水位升降范围内的混凝土	普通水泥	矿渣水泥（＞32.5）	粉煤灰水泥、火山灰水泥
	3	严寒地区处于水位升降范围内的混凝土	普通水泥（＞32.5）		矿渣水泥、粉煤灰水泥、火山灰水泥、复合水泥
	4	有抗渗要求的混凝土	普通水泥、火山灰水泥		矿渣水泥
	5	有耐磨要求的混凝土	硅酸盐水泥、普通水泥	矿渣水泥（＞32.5）	粉煤灰水泥、火山灰水泥
	6	受腐蚀介质作用的混凝土	矿渣水泥、粉煤灰水泥、火山灰水泥、复合水泥		硅酸盐水泥、普通水泥

3.2.6　通用水泥的包装与保管

1. 包装

水泥的包装分为袋装（质量要求）和散装，袋装水泥每袋净含量50kg，且不少于标志质量的98%，随机抽取20袋，总质量不得少于1000kg。其他包装形式由供需双方协商确定，但有关袋装质量要求必须符合上述原则。

水泥包装袋上应清楚标明：执行标准、水泥品种、代号、强度等级、生产者名称、生产许可证标志（QS）及编号、出厂编号、包装日期、净含量。包装袋两侧应根据水泥的品种采用不同的颜色印刷水泥名称和强度等级。硅酸盐水泥和普通硅酸盐水泥采用红色，矿渣硅酸盐水泥采用绿色，火山灰质硅酸盐水泥、粉煤灰硅酸盐水泥和复合硅酸盐水泥采用黑色或蓝色。

散装水泥发运时应提交与袋装标志相同内容的卡片。

2. 保管

水泥储运保管时要防潮、防水和防漏；不同生产厂、不同品种、不同强度等级和不同出厂日期的水泥要分别存放；水泥不得和石灰、石膏、化肥等粉状物混存同一仓库内，散装水泥须分库储存；存放袋装水泥时，地面垫板要离地30cm，四周离墙30cm；袋装水泥的堆放高度不得超过10袋，最多不超过15袋；储存时要按照到货先后，依次堆放，先存先用，一般存放时间不超过三个月，存放期越长，强度降低值也越大，通常存放三个月以上的水泥，其强度降低10%～20%，超过三个月的水泥须重新试验，确定其标号，按其实际强度使用。如果水泥受潮后，要视受潮程度作出处理，具体见表3.8。

表 3.8　　受潮水泥的鉴别、处理和使用

受潮程度	处理方法	使用场合
只有粉块，手捏可成粉	压碎粉块	通过试验，按实际强度使用
部分结成硬块	筛除硬块，压碎粉块	通过试验，按实际强度使用于非重要部位或用于砂浆
大部分结成硬块	粉碎磨细	不能作为水泥使用，可作为混合材料使用

3.3 其他品种水泥

3.3.1 快硬硅酸盐水泥

1. 定义

凡以硅酸盐水泥熟料，加入适量石膏，经磨细制成的具有早期强度较高的水硬性胶凝材料，称为快硬硅酸盐水泥，简称快硬水泥。以 3d 抗压强度表示其强度等级。

该水泥适当增加了熟料中硬化快的矿物，即 C_3S、C_3A，同时适当增加石膏掺量并提高水泥的磨细度，其中 C_3S（硅酸三钙）占 50%～60%，C_3A（铝酸三钙）占 8%～14%，两者总量应不少于 60%～65%，石膏掺量 8%。

2. 技术要求

（1）细度要求 80μm 方孔筛筛余不得超过 10%。

（2）初凝时间不得早于 45min，终凝时间不得迟于 10h。

（3）体积安定性要求沸煮法检验合格。

（4）熟料中 MgO 含量不得超过 5.0%。

（5）SO_3 含量不得超过 4.0%。

（6）快硬水泥以 3d 胶砂抗压强度划分为 32.5、37.5、42.5 三个强度等级，各龄期强度不得低于表 3.9 中的规定。

表 3.9　　快硬硅酸盐水泥强度（GB 199—1990）

强度等级	抗压强度（MPa）			抗折强度（MPa）		
	1d	3d	28d	1d	3d	28d
32.5	15.0	32.5	52.5	3.5	5.0	7.2
37.5	17.0	37.5	57.5	4.0	6.0	7.6
42.5	19.0	42.5	62.5	4.5	6.4	8.0

注　28d 强度为供需双方参考指标。

3. 性能与应用

快硬硅酸盐水泥凝结硬化快，早期强度及后期强度均高，水化热大，抗冻性能好，耐蚀性差。可用来配制早强混凝土、高强混凝土，适用于紧急抢修工程、军事工程、冬季施工工程和预应力钢筋混凝土或预制构件。但该水泥不能用于经常与腐蚀介质接触的混凝土工程；不能用于大体积混凝土工程。

由于快硬水泥细度大，易受潮变质，一般储存期不宜超过一个月。

3.3.2 道路水泥

1. 定义

道路水泥是专用于水泥混凝土路面工程的专用水泥，它是由以硅酸钙为主要成分和含量较多的铁铝酸钙的道路水泥熟料，0～10%活性混合材料和适量石膏组成，经磨细而制得的水硬性胶凝材料，称为道路硅酸盐水泥，简称道路水泥，代号P·R。

道路水泥熟料中铝酸三钙的含量不得大于5.0%，铁铝酸四钙的含量不得小于16.0%。

2. 技术要求

（1）MgO含量不得超过5.0%。

（2）SO_3含量不得超过3.5%。

（3）细度要求比表面积为300～450 m^2/kg。

（4）烧失量不超过3.0%。

（5）碱含量（$Na_2O+0.625K_2O$）不大于0.6%（或供需双方商定）。

（6）初凝时间不早于1.5 h，终凝时间不迟于10 h。

（7）安定性用沸煮法检验必须合格。

（8）28d干缩率不大于0.1%。

（9）28d磨损率不大于3.6kg/m^2。

（10）强度等级有42.5、52.5和62.5，各龄期强度不得低于表3.10的规定值。

表3.10　道路水泥各龄期强度指标（GB 13693—2005）

强度等级	抗压强度（MPa）		抗折强度（MPa）	
	3d	28d	3d	28d
42.5	22.0	42.5	4.0	7.0
52.5	27.0	52.5	5.0	7.5
62.5	32.0	62.5	5.5	8.5

3. 性能与应用

道路水泥配制的路面混凝土具有早强、高抗折强度、低抗折弹性模量、耐磨、低收缩、抗冻融、抗硫酸盐侵蚀等优良性能，能满足不同等级道路路面工程的技术要求。

道路水泥适用于公路路面、城市及工矿企业道路路面、机场路面及码头、货场、广场等水泥混凝土面板工程，也可用于地面砖等面板制品的生产。道路水泥的应用与推广，对提高我国水泥混凝土路面的质量，延长水泥混凝土路面的使用寿命，促进国内水泥混凝土路面的技术进步，都具有现实与长远的技术经济意义，有着广阔的发展前景。

3.3.3 中热、低热硅酸盐水泥及低热矿渣硅酸盐水泥

1. 定义

（1）中热硅酸盐水泥简称中热水泥，是以适当成分的硅酸盐水泥熟料，加入适量石膏，经磨细制成的具有中等水化热的水硬性胶凝材料，代号P·MH。强度等级为42.5。为了减少水泥的水化热及降低放热速率，特限制中热水泥熟料中C_3A的含量不得超过

6%，C_3S 含量不得超过 55%。

（2）低热硅酸盐水泥简称低热水泥，是以适当成分的硅酸盐水泥熟料，加入适量石膏，经磨细制成的具有低水化热的水硬性胶凝材料，代号 P·LH。强度等级为 42.5。为了减少水泥的水化热及降低放热速率，特限制低热水泥熟料中 C_3A 的含量不得超过 6%，C_3S 的含量不超过 40%。

（3）低热矿渣硅酸盐水泥简称低热矿渣水泥，是以适当成分的硅酸盐水泥熟料，加入矿渣、适量石膏，经磨细制成的具有低水化热的水硬性胶凝材料，代号 P·SLH。水泥中矿渣掺量为 20%～60%。允许用不超过混合材料总量 50%的磷渣或粉煤灰代替部分矿渣。强度等级为 32.5。为了减少水泥的水化热及降低放热速率，特限制低热矿渣水泥熟料中 C_3A 的含量不得超过 8%。

2. 技术要求

（1）中热或低热水泥熟料中游离 CaO 的含量不得超过 1%；低热矿渣水泥熟料中游离 CaO 的含量不得超过 1.2%。

（2）中热水泥和低热水泥中的碱含量不得超过 0.6%；低热矿渣水泥中的碱含量不得超过 1.0%。

（3）中热或低热水泥时，熟料中 MgO 的含量不得超过 5%；如水泥经压蒸安定性试验合格，则水泥中 MgO 的允许放宽到 6%。

（4）SO_3 含量不超过 3.5%。

（5）初凝时间不早于 60min，终凝时间不迟于 12h。

（6）细度要求 80μm 方孔筛筛余量不得超过 12%。

（7）体积安定性要求沸煮法检验必须合格。

（8）强度等级及各龄期强度符合表 3.11 中的规定值。

（9）各龄期的水化热上限值见表 3.12。

表 3.11　中热水泥、低热水泥及低热矿渣水泥各龄期强度指标（GB 200—2003）　单位：MPa

水泥品种	水泥强度等级	抗压强度			抗折强度		
		3d	7d	28d	3d	7d	28d
中热水泥	42.5	12.0	22.0	42.5	3.0	4.5	6.5
低热水泥	42.5	—	13.0	42.5	—	3.5	6.5
低热矿渣水泥	32.5	—	13.7	32.5	—	3.2	5.4

表 3.12　中热水泥、低热水泥及低热矿渣水泥各龄期水化热上限值　单位：kJ/kg

水泥强度等级	中热水泥		低热水泥		低热矿渣水泥	
	3d	7d	3d	7d	3d	7d
32.5					197	230
42.5	251	293	230	260		

3. 性能与应用

中、低热水泥可以克服因水化热引起的温度应力而导致的混凝土破坏，所以中、低热水泥主要用于要求水化热较低的大坝、大型构筑物、大型房屋的基础等大体积混凝土工程以及建筑拦河坝、水电站等大型水利建筑工程。低热矿渣水泥适用于大坝或大体积建筑物的内部及水下等要求水化热较低的工程。

3.3.4 低热微膨胀水泥

1. 定义

低热微膨胀水泥是以粒化高炉矿渣为主要成分，加入15%左右的硅酸盐水泥熟料和适量石膏，磨细制成的具有低水化热和微膨胀性能的一种水硬性胶凝材料，代号LHEC。

2. 技术要求

(1) SO_3 含量为4%～6%。

(2) 细度要求比表面积不小于300m^2/kg。

(3) 初凝不得早于45min；终凝时间一般不得迟于12h，也可由生产单位和使用单位商定。

(4) 安定性用沸煮法检验必须合格。

(5) 根据《低热微膨胀水泥》(GB 2938—1997) 规定，低热微膨胀水泥各龄期强度及水化热应满足表3.13。

表3.13 低热微膨胀水泥强度及水化热指标 (GB 2938—1997)

水泥强度等级	抗压强度 (MPa)		抗折强度 (MPa)		水化热指标 (kJ/kg)	
	7d	28d	7d	28d	3d	7d
32.5	17.0	32.5	4.5	6.5	170	190
42.5	26.0	42.5	6.0	8.0	185	205

3. 性能与应用

低热膨胀水泥由于水化热低于同标号的水工水泥，而且具有微膨胀性能，可补偿混凝土后期降温阶段的收缩，所以特别适用于大体积的水工建筑，适用于要求较低水化热和要求补偿收缩的混凝土工程，也可用于一般工业和民用建筑，对要求抗渗和抗硫酸盐侵蚀的工程也较适合。

采用这种水泥筑坝可以简化降温冷却措施，降低造价，加速施工进度，并可防止大体积混凝土产生收缩裂缝。

3.3.5 抗硫酸盐硅酸盐水泥

1. 定义

根据《抗硫酸盐硅酸盐水泥》(GB 748—1996) 规定，抗硫酸盐硅酸盐水泥按其抗硫酸盐侵蚀程度分为中抗硫酸盐硅酸盐水泥和高抗硫酸盐硅酸盐水泥两类。

中抗硫酸盐硅酸盐水泥是以适当成分的硅酸盐水泥熟料，加入适量石膏，磨细制成的具有抵抗中等浓度硫酸根离子侵蚀的水硬性胶凝材料，简称中抗硫水泥。代号P·MSR。

高抗硫酸盐硅酸盐水泥是以适当成分的硅酸盐水泥熟料，加入适量石膏，磨细制成的具有抵抗较高浓度硫酸根离子侵蚀的水硬性胶凝材料，简称高抗硫水泥。代号P·HSR。

2. 技术要求

(1) 抗硫酸盐水泥熟料的矿物组成主要是限制 C_3A 及 C_3S 的含量。适当降低 C_3A 的含量，以 C_4AF 代替 C_3A，可提高水泥的抗侵蚀性。中抗硫水泥中 $C_3A<5\%$，$C_3S<55\%$；高抗硫水泥中 $C_3A<3\%$，$C_3S<50\%$。

(2) MgO 含量不超过 5.0% 。

(3) SO_3 含量不超过 2.5% 。

(4) 细度要求 80μm 方孔筛筛余量不超过 10%。

(5) 初凝时间不早于 45min，终凝不迟于 10h。

(6) 体积安定性要求沸煮法检验合格。

(7) 各龄期强度必须符合表 3.14 中的规定值。

表 3.14　抗硫酸盐水泥各龄期强度值（GB 748—1996）　单位：MPa

强度等级	抗压强度		抗折强度	
	3d	28d	3d	28d
32.5	10.0	32.5	2.5	6.0
42.5	15.0	42.5	3.0	6.5

3. 性能与应用

抗硫酸盐水泥具有较高的抗硫酸盐侵蚀的性能，水化热较低，同时也具有较强的抗冻性。适用于同时受硫酸盐侵蚀、冻融和干湿作用的海港工程、水利工程及地下工程。普通水泥、矿渣水泥、大坝水泥中只要水泥中铝酸三钙含量低于5%，可作代用品。

3.3.6 白色及彩色硅酸盐水泥

1. 定义

以硅酸盐水泥为主要成分的水泥熟料，配以少量氧化铁、适量石膏和其他混合材料，磨细制成的水硬性胶凝材料，称为白色硅酸盐水泥，简称白水泥。普通水泥的颜色通常呈灰色，主要是因为含有较多的氧化铁及其他杂质所致。因此，生产白水泥时要严格控制水泥原料中的铁含量，水泥中含铁量越高则水泥颜色越深。氧化铁含量：0.35%～0.4%为白色；0.45%～0.7%为淡绿色；3%～4%为暗灰色。

彩色硅酸盐水泥是将硅酸盐水泥熟料（白水泥熟料或普通水泥熟料）、适量石膏和碱性颜料共同磨细而成，即染色法。所用颜料要求不溶于水且分散性好，耐碱性强，抗大气稳定性好，掺入水泥中不显著降低其强度，且不含有可溶性盐类。通常采用的颜料有：氧化铁（红、黄、褐、黑色），二氧化锰（黑、褐色），氧化铬（绿色），赭石（赭色）等，但配制红、褐、黑等深色水泥时，可用普通硅酸盐水泥熟料。

2. 技术要求

(1) 细度要求 80μm 方孔筛筛余不得超过 10%。

(2) 初凝时间不得早于 45min ，终凝时间不得迟于 10h。

(3) MgO 含量不得超过 4.5%。

(4) SO_3 含量不得超过 3.5%。

(5) 体积安定性要求用沸煮法检验必须合格。

(6) 各龄期强度必须符合表 3.15 中的规定值。

表 3.15　　白水泥各龄期强度值（GB 2015—2005）　　单位：MPa

强度等级	抗压强度（MPa）		抗折强度（MPa）		
	3d	28d	3d	7d	28d
32.5	12.0	32.5	3.0	3.5	5.5
42.5	17.0	42.5	3.5	4.5	6.0
52.5	22.0	52.5	4.0	5.5	7.0

3. 性能与应用

白水泥具有强度高，色泽洁白等特点。工地上常用于装饰工程，用来配制彩色水泥浆，配制装饰混凝土，配制各种彩色砂浆用于装饰抹灰，还用于贴面装饰材料的勾缝处理；制造各种色彩的水刷石、人造大理石及彩色水磨石等制品。在制备混凝土时粗骨料宜采用白色或彩色的大理石、石灰石、石英石和各种颜色的石屑，不能掺和其他杂质，以免影响其白度和色彩。

3.3.7 铝酸盐水泥

1. 定义

铝酸盐水泥是以铝矾土和石灰石为原料，经高温煅烧得到的以铝酸钙为主要成分、Al_2O_3 含量约 50%的熟料，再磨细制成的水硬性胶凝材料，代号 CA，以前称矾土水泥。

铝酸盐水泥常为黄或褐色，也有呈灰色的。其主要矿物成为铝酸一钙（$CaO \cdot Al_2O_3$，简写 CA）及其他的铝酸盐以及少量的硅酸二钙（$2CaO \cdot SiO_2$）等。

铝酸盐水泥按 Al_2O_3 含量百分数分为以下四个类型：

CA - 50：50% ≤Al_2O_3 含量<60%；

CA - 60：60% ≤Al_2O_3 含量<68%；

CA - 70：68% ≤Al_2O_3 含量<77%；

CA - 80：77% ≤Al_2O_3 含量。

2. 技术要求

（1）铝酸盐水泥的密度为 3.0～3.2g/cm^3，堆积密度 1000～1300kg/m^3。

（2）细度要求比表面积不小于 300m^2/kg 或 45μm 方孔筛筛余不大于 20%。

（3）CA - 50、CA - 70、CA - 80 初凝时间不得早于 30min，终凝时间不得迟于 6h；CA - 60 的初凝时间不得早于 60min，终凝时间不得迟于 18h。

（4）体积安定性检验必须合格。

（5）强度。铝酸盐水泥是以其 3d 的强度划分强度等级的。各类型水泥各龄期强度不得低于表 3.16 标准的规定。

表 3.16　　铝酸盐水泥各龄期强度指标（GB 201—2000）

类型	抗压强度（MPa）				抗折强度（MPa）			
	6h	1d	3d	28d	6h	1d	3d	28d
CA - 50	20	40	50		3.0	5.5	6.5	
CA - 60		20	45	85		2.5	5.0	10.0

续表

类型	抗压强度（MPa）				抗折强度（MPa）			
	6h	1d	3d	28d	6h	1d	3d	28d
CA-70		30	40			5.0	6.0	
CA-80		25	30			4.0	5.0	

3. 性能与应用

（1）铝酸盐水泥凝结硬化速度快。铝酸盐水泥1d强度可达最高强度的80%以上，主要用于工期紧急的工程，如紧急军事工程（筑路、桥）、抢修工程（堵漏）等特殊工程。

（2）铝酸盐水泥水化热大，且放热量集中。铝酸盐水泥1d内放出的水化热为总量的70%～80%，使混凝土内部温度上升较高，即使在－10℃下施工，铝酸盐水泥也能很快凝结硬化，可用于冬季施工的工程。

（3）铝酸盐水泥具有较高的抗硫酸盐腐蚀的能力。铝酸盐水泥在普通硬化条件下，由于水泥石中不含铝酸三钙和氢氧化钙，且密实度较大，因此具有很强的抗硫酸盐腐蚀作用，适用于抗硫酸盐腐蚀的工程。

（4）铝酸盐水泥具有较高的耐热性。铝酸盐水泥如采用耐火粗细骨料（如铬铁矿等）可制成使用温度达1300～1400℃的耐热混凝土。

（5）铝酸盐水泥的长期强度及其他性能有降低的趋势。铝酸盐水泥的长期强度约降低40%～50%，因此铝酸盐水泥不宜用于长期承重的结构及处在高温高湿环境的工程中。

（6）以铝酸盐水泥为基础，通过调整其矿物成分或加入外加剂，可制得许多铝酸盐系列的水泥，如石膏矾土膨胀水泥、自应力水泥、高铝水泥—65。

另外，铝酸盐水泥制品不能进行蒸汽养护，铝酸盐水泥与硅酸盐水泥或石灰相混不但产生闪凝，而且由于生成高碱性的水化铝酸钙，使混凝土开裂，甚至破坏。因此，施工时除不得与石灰或硅酸盐水泥混合，也不得与未硬化的硅酸盐水泥接触使用。

3.3.8 膨胀水泥

膨胀水泥是由胶凝物质和膨胀剂混合制成的，这种水泥在硬化过程中能生成大量膨胀性物质，形成比较密实的水泥石结构。

膨胀水泥按主要成分分类，有硅酸盐型、铝酸盐型、硫铝酸盐型和铁铝酸盐型。其膨胀机理都是水泥石中形成钙矾石所产生的体积膨胀。其中，硅酸盐型膨胀水泥凝结硬化较慢；铝酸盐型膨胀水泥凝结硬化较快。

1. 硅酸盐型膨胀水泥

硅酸盐型膨胀水泥是以硅酸盐为主要成分，外加高铝水泥和石膏配制而成的膨胀水泥。其膨胀值的大小，可以通过改变高铝水泥和石膏的含量来调节。硅酸盐型膨胀水泥中的高铝水泥可用明矾石取代，称为明矾石膨胀水泥，是目前使用效果较好的膨胀水泥。

硅酸盐型膨胀水泥适用于制造砂浆防水层和防水混凝土，用于结构加固、浇灌机器底座或地脚螺栓，并可用于接缝及修补工程。禁止用于有硫酸盐侵蚀的水下工程。

2. 铝酸盐型膨胀水泥

铝酸盐型膨胀水泥是由高铝水泥熟料和二水石膏混合磨细或分别磨细后混合而成的。

具有自应力值高及抗渗、气密性好等特点。

3. 硫铝酸盐型膨胀水泥

硫铝酸盐型膨胀水泥，是以无水硫铝酸钙和硅酸二钙为主要成分，外加石膏配制而成的。该种水泥适用于管道接头、油罐、储水池等工程的防渗抹面，工程的接缝、接头和浆锚。不得用于耐热工程或使用温度经常处于100℃的混凝土工程。

4. 自应力水泥

自应力水泥属高膨胀性水泥，当膨胀水泥中膨胀组分含量较多，膨胀值较大，在膨胀过程中又受到限制时（如钢筋限制），则水泥本身就会受到压应力。该压力是依靠水泥自身水化而产生的，因此称为自应力，用自应力值（MPa）表示应力大小。其中自应力值大于2.0MPa的称为自应力水泥，当其自应力值小于2.0MPa（通常为0.5MPa）时，则称为膨胀水泥。

自应力水泥专门用于配制自应力混凝土压力管及配件。目前，供制造钢筋混凝土管用的自应力水泥，有硅酸盐自应力水泥、铝酸盐自应力水泥和硫铝酸盐自应力水泥等品种。

以上几种膨胀水泥通过调整各种组成成分的配合比例，就可得到不同膨胀值的膨胀水泥。按其膨胀值的不同，分为膨胀水泥和自应力水泥。膨胀水泥的膨胀率一般在1%以下，相当于或稍大于一般水泥的收缩率，可以补偿收缩，所以，又称补偿收缩水泥或无收缩水泥。自应力水泥的线胀率一般为1%～3%，膨胀值较大。

3.3.9 砌筑水泥

1. 定义

砌筑水泥是由一种或一种以上活性混合材料或具有水硬性的工业废料为主要原料，加入适量硅酸盐水泥熟料和石膏，经磨细制成的水硬性胶凝材料，代号M。

2. 技术要求

根据《砌筑水泥》（GB/T 3183—2003）的规定：

（1）细度要求80μm方孔筛筛余不得超过10%。

（2）初凝时间不早于60min，终凝时间不迟于12h。

（3）保水率应不低于80%。

（4）体积安定性用沸煮法检验，应合格。

（5）SO_3 含量应不大于4.0%。

（6）砌筑水泥分为两个强度等级，各龄期强度不得低于表3.17标准的规定。

表3.17　砌筑水泥各龄期强度值（GB/T 3183—2003）　单位：MPa

强度等级	抗压强度		抗折强度	
	7d	28d	7d	28d
12.5	7.0	12.5	1.5	3.0
22.5	10.0	22.5	2.0	4.0

3. 性能与应用

砌筑水泥强度较低、成本低，用料省，主要用于工业与民用建筑的砌筑和抹面砂浆、垫层混凝土等，不能用于钢筋混凝土或结构混凝土。

复习思考题与习题

1. 什么是硅酸盐水泥和硅酸盐水泥熟料？

2. 什么是水泥的混合材料？在硅酸盐水泥中掺混合材料起什么作用？

3. 为什么生产硅酸盐水泥时掺适量石膏对水泥不起破坏作用，而硬化水泥石遇到有硫酸盐溶液的环境，产生出石膏时就有破坏作用？

4. 硅酸盐水泥熟料是由哪几种矿物组成的？其在水化中有何特性？

5. 硅酸盐水泥有哪些主要技术性质？如何测试与判别？

6. 影响硅酸盐水泥强度发展的主要因素有哪些？

7. 水泥石易受腐蚀的基本原因是什么？如何防止水泥石腐蚀？

8. 试分析硅酸盐水泥、普通水泥、矿渣水泥、火山灰水泥及粉煤灰水泥性质的异同点、并说明产生差异的原因。

9. 有一组硅酸盐水泥进行凝结时间检测，加水时间为 10∶30，到初凝时间为 14∶07，到终凝时间为 15∶20，计算初凝时间和终凝时间。

10. 工地现有三种白色胶凝材料，它们是生石灰粉、建筑石膏和白水泥，有什么简易方法可以辨认？

11. 铝酸盐水泥的主要矿物成分是什么？它适用于哪些方面？使用时应注意什么？

12. 试述快硬硅酸盐水泥、膨胀水泥、白色水泥的特性和用途。

13. 水泥在储存和保管时应注意哪些方面？

14. 现有甲、乙两厂生产的硅酸盐水泥熟料，其矿物成分见表 3.18，试估计和比较这两厂所生产的硅酸盐水泥的性能有何差异？

表 3.18　　甲、乙两厂生产的硅酸盐水泥熟料的矿物成分

生产厂家	熟料矿物成分（%）			
	C_3S	C_2S	C_3A	C_4AF
甲厂	56	17	12	15
乙厂	42	35	7	16

15. 下列工程应优先选用哪种水泥？说明理由。

（1）大体积混凝土坝工程。

（2）紧急抢修的工程或紧急军事工程。

（3）高强混凝土工程。

（4）有耐磨要求的混凝土工程。

（5）与硫酸盐介质接触的混凝土工程。

（6）严寒地区受到反复冻融的混凝土工程。

16. 某硅酸盐水泥各龄期的抗折强度及抗压破坏荷载测定值见表 3.19，请评定其强度等级。

表 3.19　　某硅酸盐水泥各龄期的抗折强度及抗压破坏荷载测定值

龄期	抗折强度（MPa）	抗压破坏荷载（kN）
3d	4.05、4.20、4.10	41.0、42.5、46.0、45.5、43.0、43.6
28d	7.00、7.50、8.50	112、115、114、113、108、109

第4章 水泥混凝土

【内容概述】

本章主要介绍了混凝土的技术性质、组成材料、设计方法和质量控制；同时对混凝土的外加剂、其他品种混凝土等也作了简要介绍。

【学习目标】

掌握混凝土的主要技术性能及其影响因素、配合比设计和质量评定方法；明确混凝土的主要组成材料及其对混凝土性能的影响；了解混凝土外加剂、其他品种混凝土等内容。

4.1 概 述

水泥混凝土是现代土木结构中用量最大的建筑材料之一，广泛应用于建筑工程、水利工程、道桥工程、地下工程和国防工程等。

水泥混凝土是以水泥和水形成的水泥浆体为黏结介质，将矿质材料胶结成为具有一定力学性能的一种复合材料。

水泥混凝土可根据其组成、特性与功能等从不同角度进行分类。

4.1.1 水泥混凝土的分类

1. 按表观密度的大小，水泥混凝土的分类

(1) 普通混凝土。表观密度约为2400kg/m^3（通常在2350～2500kg/m^{3}之间波动），用天然砂或人工砂、石为集料配制而成的混凝土，是道路路面和桥梁结构中最常用的混凝土。

(2) 轻混凝土。表观密度可以轻达1900kg/m^3，现代大跨度钢筋混凝土桥梁为减轻结构自重，往往采用各种轻集料配制成轻集料结构混凝土，达到轻质高强，以增大桥梁的跨度。

(3) 重混凝土。表观密度可达3200kg/m^3，是用特别密实的集料（如钢屑、重晶石、铁矿石等）配制而成的，可用作防辐射材料。

2. 按抗压强度的大小，水泥混凝土的分类

(1) 低强混凝土。抗压强度小于30MPa。

(2) 中强混凝土。抗压强度为30～60MPa。

(3) 高强混凝土。抗压强度大于60MPa。

此外，为改善水泥混凝土的性能，适应现代土建工程的需要，还发展了不同功能的混凝土，例如，加气混凝土、防水混凝土、泵送混凝土、纤维加筋混凝土、补偿收缩混凝土、道路混凝土、水工混凝土等。

4.1.2 普通水泥混凝土的优缺点

1. 普通水泥混凝土的优点

(1) 混凝土在凝结前具有良好的塑性，可浇筑成各种形状和大小的构件或结构物。

（2）混凝土与钢筋之间具有牢固的结合力，可做成钢筋混凝土构件或结构物。

（3）混凝土硬化后具有抗压强度高和耐久性良好的特性，可作为长期使用的承重构件或结构物。

（4）其组成材料中的砂石等地方性材料的用量很大，符合就此取材和经济实惠的原则。

（5）配制较为灵活，可以通过改变材料的组成来满足工程的要求。

2. 普通水泥混凝土的缺点

（1）混凝土抗拉强度太低，不宜作为受拉构件。

（2）混凝土抵抗变形的能力较差，易开裂发生脆性破坏。

（3）混凝土的自重及体积都太大，给施工和使用均带来较大的不便。

（4）混凝土干缩性强，生产工艺复杂而易产生质量波动，容易产生裂纹、缺棱、掉角、麻面、蜂窝、露筋等常见的质量通病。

由于水泥混凝土具有以上的优点，因此，它在道路、桥梁、隧道工程中能得到广泛的应用。

4.2 普通水泥混凝土的组成材料

普通水泥混凝土（简称混凝土）是由水泥、水、砂、石组成，其技术性质很大程度上是由原材料的性质及其含量决定的，要得到优质的混凝土，应正确地选用原材料。

4.2.1 水泥

水泥是混凝土的胶结材料，混凝土的性能很大程度上取决于水泥的质量，在选择水泥时应对水泥的品种和强度等级加以正确地选择。

1. 水泥品种的选择

配制混凝土用水泥通常可采用前面所述的六大品种水泥，在特殊情况下可采用特种水泥。常用六大品种水泥应依据工程特点、混凝土所处的环境与气候条件、工程部位以及水泥的供应情况等综合考虑。具体选择时可参照表4.1。

表4.1　　常用水泥品种的选用

混凝土工程特点或所处环境条件		优先使用	可以使用	不可使用
普通混凝土	（1）普通气候条件下的混凝土	硅酸盐水泥、普通水泥		
	（2）干燥环境中的混凝土	硅酸盐水泥、普通水泥	矿渣水泥	火山灰水泥、粉煤灰水泥
	（3）在高湿度环境中或长期处于水下的混凝土	矿渣水泥	普通水泥、火山灰水泥、粉煤灰水泥	
	（4）厚大体积混凝土	矿渣水泥、火山灰水泥、粉煤灰水泥		硅酸盐水泥、普通水泥

续表

混凝土工程特点或所处环境条件		优先使用	可以使用	不可使用
有特殊要求的混凝土	(1) 快硬高强 (≥C30) 的混凝土	硅酸盐水泥、快硬硅酸盐水泥	高强度等级水泥	矿渣水泥
	(2) 大于等于 C50 的混凝土	高强度等级水泥	硅酸盐水泥、普通水泥、快硬硅酸盐水泥	火山灰水泥、粉煤灰水泥
	(3) 严寒地区的露天混凝土，严寒地区处于水位升降范围内的混凝土	普通水泥（强度等级≥32.5）、硅酸盐水泥	矿渣水泥（强度等级≥32.5）	火山灰水泥、粉煤灰水泥
	(4) 有耐磨要求的混凝土	普通水泥（强度等级≥32.5	矿渣水泥（强度等级≥32.5）	火山灰水泥、粉煤灰水泥
	(5) 有抗渗要求的混凝土	普通水泥、火山灰水泥	硅酸盐水泥、粉煤灰水泥	矿渣水泥
	(6) 处于侵蚀性环境中的混凝土	根据侵蚀性介质的种类、浓度等具体条件按专门的规定选用		

2. 强度等级的选择

应根据混凝土的强度等级要求来确定其强度等级，使水泥的强度等级与混凝土的强度等级相适应。即高强度等级的混凝土应选用高强度等级的水泥；低强度等级的混凝土应选用低强度等级的水泥。经验表明，一般水泥的强度等级应为混凝土强度等级的1.0～1.5倍。

4.2.2 细集料

混凝土中粒径范围一般为0.15～4.75mm之间的集料为细集料。一般采用天然砂（如河砂、海砂及山砂等），它们是岩石风化所形成的大小不等、由不同矿物散粒组成的混合物。配制混凝土所用细集料的质量应满足以下几个方面的要求。

1. 颗粒级配与细度模数

砂子的颗粒级配是指粒径大小不同的砂子颗粒相互组合搭配的比例情况。级配良好的砂应该是粗大颗粒间形成的空隙被中等粒径的砂粒所填充，而中等粒径的砂粒间形成的空隙又被比较细小的砂粒所填充，使砂子的空隙率达到尽可能的小。用级配良好的砂子配制混凝土，不仅可以减少水泥浆用量，而且因水泥石含量小而使得混凝土的密度得到提高，强度和耐久性也得以加强。

综上所述，混凝土用砂用同时考虑砂的粗细程度和颗粒级配。当砂的颗粒较粗且级配较好时，砂的空隙率和总表面积就较小，这样不仅可节约水泥，还可提高混凝土的强度和密实度。因此，控制混凝土用砂的粗细程度和颗粒级配有很高的技术经济意义。

砂的粗细程度和颗粒级配常用筛分析的方法进行评定。筛分析法即用一套孔径为4.75mm、2.36mm、1.18mm、0.60mm、0.30mm、0.15mm的标准方孔筛，将预先通过孔径为9.50mm筛子的干砂试样（500g）由粗到细依次过筛，然后称取各筛上筛余砂样的质量（分计筛余量），则可计算出各筛上的“分计筛余百分率”（分计筛余量占砂样总质量的百分数）及“累计筛余百分率”（各筛和比该筛粗的所有分计筛余百分率之和）。砂的分计筛余量、分计筛余百分率、累计筛余百分率的关系见表 4.2。

表 4.2　　筛余量、分计筛余百分率、累计筛余百分率的关系

筛孔尺寸（mm）	分计筛余		累计筛余（%）
	质量（g）	百分率（%）	
4.75	m_1	$a_1=\frac{m_1}{500}\times 100$	$A_1=a_1$
2.36	m_2	$a_2=\frac{m_2}{500}\times 100$	$A_2=a_1+a_2$
1.18	m_3	$a_3=\frac{m_3}{500}\times 100$	$A_3=a_1+a_2+a_3$
0.60	m_4	$a_4=\frac{m_5}{500}\times 100$	$A_4=a_1+a_2+a_3+a_4$
0.30	m_5	$a_5=\frac{m_5}{500}\times 100$	$A_5=a_1+a_2+a_3+a_4+a_5$
0.15	m_6	$a_6=\frac{m_6}{500}\times 100$	$A_6=a_1+a_2+a_3+a_4+a_5+a_6$

根据累计筛余百分率可计算出砂的细度模数和划分砂的级配区，以评定砂的粗细程度和颗粒级配。砂的细度模数 M_x 的计算式为

$$M_x=\frac{A_2+A_3+A_4+A_5+A_6-5A_1}{100-A_1} \tag{4.1}$$

细度模数是用来反映砂的粗细程度，细度模数越大，反映砂越粗。砂按其细度模数分为粗砂（$M_x=3.7\sim3.1$）、中砂（$M_x=3.0\sim2.3$）和细砂（$M_x=2.2\sim1.6$）三级。混凝土用砂的级配范围根据《建筑用砂》（GB/T 14684－2011）规定，以细度模数为 3.7～1.6 的砂，按 0.6mm 筛孔的累计筛余划分为三个级配区，级配范围见表 4.3 和图 4.1 所示。

表 4.3　　细集料级配范围

砂的分类	天然砂			机制砂		
级配区	Ⅰ区	Ⅱ区	Ⅲ区	Ⅰ区	Ⅱ区	Ⅲ区
筛孔尺寸（mm）	累计筛余（%）					
4.75	10～0	10～0	10～0	10～0	10～0	10～0
2.36	35～5	25～0	15～0	35～5	25～0	15～0
1.18	65～35	50～10	25～0	65～35	50～10	25～0
0.6	85～71	70～41	40～16	85～71	70～41	40～16
0.3	95～80	92～70	85～55	95～80	92～70	85～55
0.15	100～90	100～90	100～90	97～85	94～80	94～75

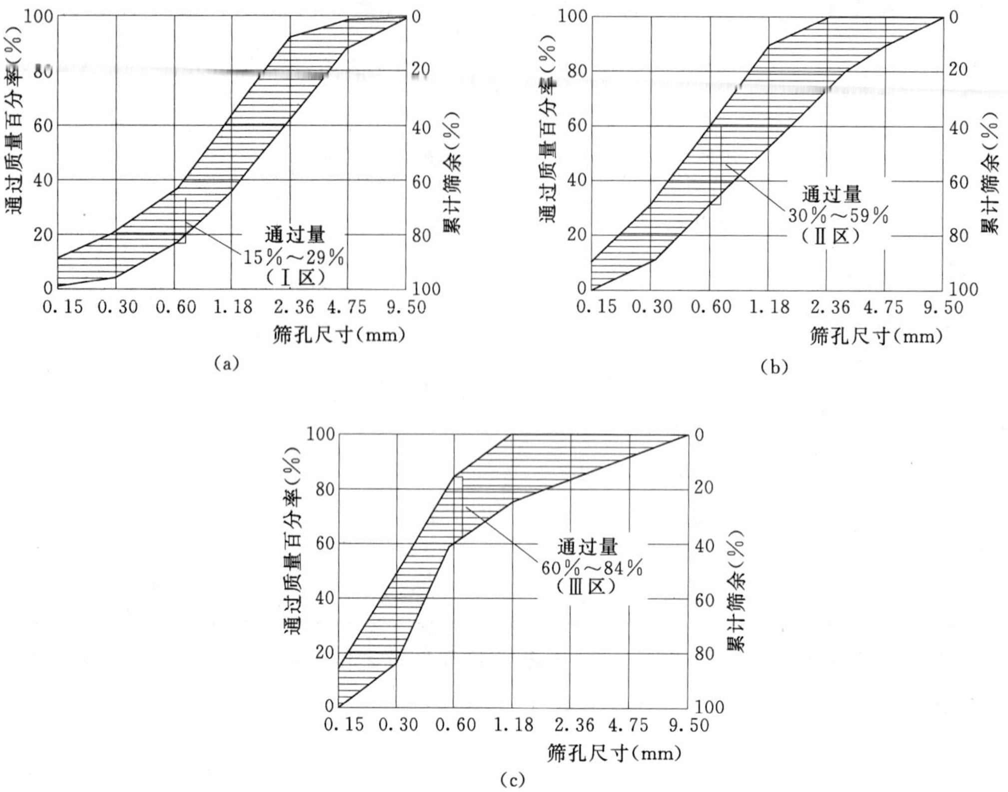

图 4.1　混凝土用砂级配范围曲线图

(a) Ⅰ区砂；(b) Ⅱ区砂；(c) Ⅲ区砂

混凝土用砂的Ⅰ区砂属粗砂范畴，拌制混凝土时其内摩阻力较大、保水性差，适宜配制水泥用量多的富混凝土或低流动性混凝土；Ⅲ区砂的细颗粒较多，拌制混凝土的黏性较大、保水性好，但因其比表面积大，所消耗的水泥用量多，使用时宜适当降低砂率；Ⅱ区砂在配制不同强度等级混凝土时宜优先使用。

对要求耐磨的混凝土，小于 0.075mm 颗粒不应超过 3%，其他混凝土则不应超过 5%；当采用石屑作为细集料时，其限值分别为 5%和 7%。

细度模数只反映全部颗粒的粗细程度，不能反映颗粒的级配情况，因为细度模数相同而级配不同的砂所配制混凝土的性质不同，所以考虑砂的颗粒分布情况时，只有同时结合细度模数与颗粒级配两项指标，才能真正反映其全部性质。

2. 压碎值与坚固性

混凝土所用细集料应具备一定的强度和坚固性，不同强度等级的混凝土应选用不同技术等级的细集料。人工砂应进行压碎值测定，天然砂采用硫酸钠溶液进行坚固性试验，经五次循环后测其质量损失。具体规定见表 4.4。

细集料的技术要求应符合现行标准《建筑用砂》(GB/T 14684－2011) 的规定，具体见表 4.4。

表 4.4 细集料技术要求

项目		技术要求		
		Ⅰ类	Ⅱ类	Ⅲ类
有害物质含量	云母含量（按质量计，%）	≤1.0	≤2.0	≤2.0
	轻物质（按质量计，%）	≤1.0	≤1.0	≤1.0
	有机物含量（比色法）	合格	合格	合格
	硫化物及硫酸盐（按 SO_3 质量计，%）	≤0.5	≤0.5	≤0.5
	氯化物含量（按氯离子质量计，%）	≤0.01	≤0.02	≤0.06
天然砂含泥量（按质量计，%）		≤1.0	≤3.0	≤5.0
天然砂、机制砂泥块含量（按质量计，%）		0	≤1.0	≤2.0
机制砂的石粉含量（按质量计，%）	MB 值不大于 1.4 或快速法试验合格	≤10.0	≤10.0	≤10.0
	MB 值大于 1.4 或快速法试验不合格	≤1.0	≤3.0	≤5.0
坚固性（质量损失，%）		≤8	≤8	≤10
机制砂单级最大压碎指标（%）		≤20	≤25	≤30
表观密度（kg/m^3）		≥2500		
松散堆积密度（kg/m^3）		≥1400		
空隙率（%）		≤44		
碱集料反应		经碱集料反应试验后，由砂配制的试件无裂缝、酥裂、胶体外溢等现象，在规定试验龄期的膨胀率应小于 0.10%		

注 Ⅰ类宜用于强度等级大于 C60 的混凝土；Ⅱ类宜用于强度等级 C30～C60 及抗冻、抗渗或有其他要求的混凝土；Ⅲ类宜用于强度等级小于 C30 的混凝土。

3. 有害杂质

集料中会含有妨碍水泥水化或降低集料与水泥石的黏附性，以及能与水泥水化产物产生不良化学反应的各种物质，称为有害杂质。砂中常含的有害杂质，主要有云母、黏土、有机质、轻物质、硫酸盐等。

（1）含泥量、石粉含量和泥块含量。混凝土用砂的含泥量是指粒径小于 0.075mm 的尘屑、黏土与淤泥的总含量百分数；泥块是指粒径大于 1.18mm，经手压、水洗后可破碎的粒径小于 0.6mm 的颗粒含量。

（2）云母含量。云母呈薄片状，表面光滑，且极易沿节理裂开，因此它与水泥石的黏附性差，对混凝土拌合物的和易性和硬化后混凝土的抗冻性都有不利的影响。

（3）轻物质含量。砂中的轻物质是指相对密度小于 2.0 的颗粒（如煤和褐煤等）。

（4）有机质含量。天然砂中有时混杂有机物质（如动植物的腐殖质、腐殖土等），这类有机物质将延缓水泥的硬化过程，并降低混凝土的强度，特别是早期强度。

（5）硬化物和硫酸盐含量。在天然砂中，常掺杂有硫铁矿（FeS_2）或石膏（$CaSO_4 \cdot 2H_2O$）的碎屑，如含量过多，将在已硬化的混凝土中与水化铝酸钙晶体，体积膨胀，在混凝土内产生破坏作用。

4.2.3 粗集料

1. 强度

为了保证混凝土的强度，要求粗集料质地致密、具有足够的强度。粗集料的强度可用岩石立方体抗压强度或压碎指标来表示。

测定岩石立方体抗压强度时，应用母岩制成50mm×50mm×50mm的立方体（或直径与高度均为50mm的圆柱体）试件，在浸水饱和状态下（48h）测其极限抗压强度值。《建筑用卵石、碎石》（GB/T 14685－2011）中水泥混凝土用粗集料技术要求规定其立方体抗压强度与混凝土抗压强度之比不小于1.5，且要求岩浆岩的强度不宜低于80MPa，变质岩的强度不宜低于60MPa，沉积岩的强度不宜低于30MPa。

压碎指标是测定粗集料抵抗压碎能力的强弱指标（压碎性试验参见道路建材试验部分）。压碎指标越小，粗集料抵抗受压破坏能力越强。根据《建筑用卵石、碎石》（GB/T 14685－2011）规定，按照技术要求将粗集料分为Ⅰ级、Ⅱ级、Ⅲ级，具体要求见表4.5。

表4.5 粗集料技术指标

项目		技术要求		
		Ⅰ类	Ⅱ类	Ⅲ类
碎石压碎指标（%）		≤10	≤20	≤30
卵石压碎指标（%）		≤12	≤14	≤16
坚固性（质量损失）（%）		≤5	≤8	≤12
针、片状颗粒总含量（%）		≤5	≤10	≤15
有害物质含量	含泥量（%）	≤0.5	≤1.0	≤1.5
	泥块含量（%）	0	≤0.2	≤0.5
	有机物含量（比色法）	合格	合格	合格
	硫化物及硫酸盐含量（按SO_3质量计）（%）	≤0.5	≤1.0	≤1.0
吸水率（%）		≤1.0	≤2.0	≤2.0
空隙率（%）		≤43	≤45	≤47
表观密度（kg/m^3）		≥2600		
松散堆积密度（kg/m^3）		报告其实测值≥1400		
岩石抗压强度（水饱和状态，MPa）		火成岩应不小于80； 变质岩应不小于60； 水成岩应不小于30		
碱集料反应		经碱集料反应试验后，试件无裂缝、酥裂、胶体外溢等现象，在规定试验龄期的膨胀率应小于0.10%		

注 Ⅰ类宜用于强度等级大于C60的混凝土；Ⅱ类宜用于强度等级C30～C60及抗冻、抗渗或有其他要求的混凝土；Ⅲ类宜用于强度等级小于C30的混凝土。

2. 坚固性

集料的坚固性是指其在气候、环境变化或其他物理因素作用下抵抗破坏的能力。为保证混凝土的耐久性，混凝土用粗集料应具有很强的坚固性，以抵抗冻融和自然因素的风化作用。粗集料的坚固性测定是用硫酸钠溶液浸泡粗集料试样经五次循环后的质量损失来检验的，其坚固性指标按质量损失（GB/T 14685－2011）规定分为三类，见表 4.5。

3. 最大粒径与颗粒级配

（1）最大粒径的选择。粗集料的公称最大粒径是指全部通过或允许少量不通过（一般允许筛余不超过 10%）的最小标准筛筛孔尺寸。最大粒径的大小表示粗集料的粗细程度，最大粒径增大时，单位体积集料的总表面积减小，因而可使水泥浆用量减少，这不仅能够节约水泥，而且有助于提高混凝土的密实度，减少发热量及混凝土的体积收缩，因此在条件允许的情况下，当配制中等强度等级以下的混凝土时，应尽量采用最大粒径较大的粗集料。但最大粒径的确定，还要受到结构截面尺寸、钢筋净距及施工条件等方面的限制。《混凝土结构工程施工质量验收规范》（GB 50204—2002）规定，粗集料最大粒径不得超过结构截面最小尺寸的 1/4，并不得大于钢筋最小净距的 3/4；对混凝土实心板，其最大粒径不得超过板厚的 1/2，并不得大于 37.5mm。

（2）颗粒级配。粗集料颗粒级配的好坏，直接影响到混凝土的技术性质和经济效果，因此粗集料级配的选定，是保证混凝土质量的重要一环。混凝土用粗集料的级配范围，见表 4.6。当连续级配不能满足需配混合料要求时，可掺加单粒级集料配合。连续级配矿质混合料的优点是所配制的新拌混凝土较为密实，特别是具有优良的工作性，不易产生离析现象，所以成为经常采用的级配。

表 4.6　碎石或卵石的颗粒级配范围（GB/T 16485—2011）

级配情况	公称粒级（mm）	累计筛余（%）											
		筛孔尺寸（mm）											
		2.36	4.75	9.50	16.0	19.0	26.5	31.5	37.5	53.0	63.0	75.0	90.0
连续粒级	4.75～9.50	95～100	80～100	0～15	0	—	—	—	—	—	—	—	—
	4.75～16	95～100	85～100	30～60	0～10	0	—	—	—	—	—	—	—
	4.75～19	95～100	90～100	40～80	—	0～10	0	—	—	—	—	—	—
	4.75～26.5	95～100	90～100	—	30～70	—	0～5	0	—	—	—	—	—
	4.75～31.5	95～100	90～100	70～90	—	15～45	—	0～5	0	—	—	—	—
	4.75～37.5	—	95～100	75～90	—	30～65	—	—	0～5	0	—	—	—
单粒粒级	9.5～19	—	95～100	85～100	—	0～15	0	—	—	—	—	—	—
	16～31.5	—	95～100	—	85～100	—	—	0～10	0	—	—	—	—
	19～37.5	—	—	95～100	—	80～100	—	—	0～10	0	—	—	—
	31.5～63	—	—	—	95～100	—	—	75～100	45～75	—	0～10	0	—
	37.5～75.0	—	—	—	—	95～100	—	—	70～100	—	30～60	0～10	0

4. 表面特征及形状

表面粗糙且棱角多的碎石与表面光滑且为圆形的卵石比较起来，碎石所拌制的混凝土，由于它与水泥浆的黏附性好，故一般具有较高的强度，但是在相同水泥浆量的条件下，卵石因表面光滑、表面积小，所拌制的混凝土拌合物具有良好的工作性。

粗集料的颗粒形状以正方体或近似球体为佳，不宜含有过多的针、片状颗粒，否则将显著影响混凝土的抗折强度，同时影响新拌混凝土的工作性。针状颗粒是指颗粒长度大于平均粒径（平均粒径是指该粒级上、下限粒径的算术平均值）的2.4倍的颗粒，片状颗粒是指颗粒厚度小于平均粒径的0.4倍的颗粒。混凝土用粗集料的针、片状颗粒含量应符合表4.5的要求。

5. 有害杂质含量

粗集料中的有害杂质主要有黏土、淤泥及细屑、硫化物及硫酸盐、有机质、蛋白石及含有活性二氧化硅的岩石颗粒等。为保证混凝土的强度及耐久性，对这些有害杂质的含量必须认真检查，其含量不得超过表4.5所列指标。

4.2.4 混凝土拌和用水

水是混凝土的主要组成材料之一，拌和用水的水质不符合要求，可能产生多种有害作用，最常见的有：①影响混凝土的工作性和凝结；②有损于混凝土强度的发展；③降低混凝土的耐久性、加快钢筋的腐蚀和导致预应力钢筋的脆断；④使混凝土表面出现污斑等。因此，为保证混凝土的质量和耐久性，必须使用合格的水拌制混凝土。

凡可饮用之水，皆可用于拌制和养护混凝土。而未经处理的工业及生活废水、污水、沼泽水以及pH值小于4的酸性水等均不能使用。

若对水质有怀疑时，应进行砂浆强度对比试验。即如用该水拌制的砂浆3d和28d抗压强度低于用饮用水拌制的砂浆3d和28d抗压强度的90%时，则这种水就不宜用来拌制和养护混凝土。

混凝土拌和用水不应有漂浮明显的油脂和泡沫，以及有明显的颜色和异味。严禁将未经处理的海水用于钢筋混凝土和预应力混凝土的拌制。在无法获得水源的情况下，海水可用于拌制素混凝土。混凝土拌和用水水质要求应符合表4.7的规定。

表4.7 混凝土拌和用水水质要求

项目	预应力混凝土	钢筋混凝土	素混凝土
pH值	≥5.0	≥4.5	≥4.5
不溶物（mg/L）	≤2000	≤2000	≤5000
可溶物（mg/L）	≤2000	≤5000	≤10000
Cl^-（mg/L）	≤500	≤1000	≤3500
SO_4^{2-}（mg/L）	≤600	≤2000	≤2700
碱含量（mg/L）	≤1500	≤1500	≤1500

注 1. 对于设计使用年限为100年的结构混凝土，氯离子含量不得超过500mg/L；对使用钢丝或经热处理钢筋的预应力混凝土，氯离子含量不得超过350mg/L。
2. 碱含量按$Na_2O+0.658K_2O$计算值来表示。采用非碱活性集料时，可不检验碱含量。

4.2.5 矿物掺合料

矿物掺合料在混凝土中的作用是改善混凝土拌合物的施工和易性，降低混凝土的水化热、调节凝结时间等。混凝土用掺合料有粉煤灰、粒化高炉矿渣、钢渣粉、磷渣粉、硅粉及复合掺合料等，其中硅灰是指从冶炼硅铁合金或硅钢等排放的硅蒸气养护后搜集到的极细粉末颗粒。混凝土用粉煤灰的质量应满足《用于水泥和混凝土中的粉煤灰》（GB/T

1596—2005）的要求，见表4.8。

表 4.8 混凝土用粉煤灰质量标准

项目		技术要求		
		Ⅰ类	Ⅱ类	Ⅲ类
细度（45μm方孔筛筛余），不大于（%）	F类粉煤灰	12.0	25.0	45.0
	C类粉煤灰			
需水量比，不大于（%）	F类粉煤灰	95	105	115
	C类粉煤灰			
烧失量，不大于（%）	F类粉煤灰	5.0	8.0	15.0
	C类粉煤灰			
含水率，不大于（%）	F类粉煤灰	1.0		
	C类粉煤灰			
三氧化硫，不大于（%）	F类粉煤灰	3.0		
	C类粉煤灰			
游离氧化钙，不大于（%）	F类粉煤灰	1.0		
	C类粉煤灰	4.0		
安定性 雷氏夹沸煮后增加距离，不大于（mm）	C类粉煤灰	5.0		

矿物掺合料在混凝土中的掺量应通过试验确定。采用硅酸盐水泥或普通硅酸盐水泥时，钢筋混凝土矿物掺合料最大掺量宜符合表4.9的规定，预应力混凝土中矿物掺合料最大掺量宜符合表4.10的规定。对于大体积混凝土，粉煤灰、粒化高炉矿渣粉和复合掺合料的最大掺量可增加5%。采用掺量大于30%的C类粉煤灰混凝土，应以实际使用的水泥和粉煤灰掺量进行安定性检验。

表 4.9 钢筋混凝土中矿物掺合料最大掺量

矿物掺合料种类	水胶比	最大掺量（%）	
		采用硅酸盐水泥	采用普通硅酸盐水泥
粉煤灰	≤0.40	45	35
	>0.40	40	30
粒化高炉矿渣	≤0.40	65	55
	>0.40	55	45
钢渣粉	—	30	20
磷渣粉	—	30	20
硅灰	—	10	10
复合掺合料	≤0.40	65	55
	>0.40	55	45

注 1. 采用其他通用硅酸盐水泥时，宜将水泥混合材料掺量20%以上的混合材料计入矿物掺合料。
2. 复合掺合料各组分的掺量不宜超过单掺时的最大掺量。
3. 在混合使用两种或两种以上矿物掺合料时，矿物掺合料总掺量应符合表中复合掺合料的规定。

表 4.10　　　　　　　　　预应力钢筋混凝土中矿物掺合料最大掺量

矿物掺合料种类	水胶比	最 大 掺 量（%）	
		采用硅酸盐水泥	采用普通硅酸盐水泥
粉煤灰	≤0.40	35	25
	>0.40	25	20
粒化高炉矿渣	≤0.40	55	45
	>0.40	45	35
钢渣粉	—	20	10
磷渣粉	—	20	10
硅灰	—	10	10
复合掺合料	≤0.40	55	45
	>0.40	45	35

注　1. 采用其他通用硅酸盐水泥时，宜将水泥混合材料掺量20%以上的混合材料计入矿物掺合料。

2. 复合掺合料各组分的掺量不宜超过单掺时的最大掺量。

3. 在混合使用两种或两种以上矿物掺合料时，矿物掺合料总掺量应符合表中复合掺合料的规定。

4.3　水泥混凝土的主要技术性质

普通水泥混凝土的主要技术性质包括新拌混凝土的工作性以及硬化后混凝土的力学性能和耐久性。

4.3.1　新拌水泥混凝土的和易性

将粗集料、细集料、水泥和水等组分按适当比例配合，并经均匀搅拌而成且尚未凝结硬化的混合材料称为混凝土拌合物。新拌水泥混凝土是不同粒径的矿质集料粒子的分散相在水泥浆体的分散介质中的一种复杂分散体系，它具有弹、黏、塑性质。目前在生产实践中，一般主要用和易性来表示混凝土的特性。

1. 和易性的含义

和易性通常包括流动性、黏聚性和保水性三方面的含义。优质的新拌混凝土应该具备：满足输送和浇捣要求的流动性；外力作用下不产生脆断的可塑性；不产生分层、泌水的稳定性；易于浇捣致密的密实性。

(1) 流动性。是指新拌混凝土在自重或机械振捣力的作用下，能产生流动并均匀密实地充满模板、包围钢筋的性能。流动性的大小，在外观上表现为新拌混凝土的稀稠，直接影响其浇捣施工的难易和成型的质量。若新拌混凝土太干稠，则难以成型与捣实，且容易造成内部或表面孔洞等缺陷；若新拌混凝土过稀，经振捣后易出现水泥浆和水上浮而石子等颗粒下沉的分层离析现象，影响混凝土的质量均匀性。

(2) 黏聚性。是指混凝土拌合物各组成部分之间有一定的黏聚力，使得混凝土保持整体均匀完整的性能，在运输和浇筑过程中不会产生分层、离析现象。若混凝土拌合物黏聚性差，则会影响混凝土的成型和浇筑质量，造成混凝土的强度与耐久性下降。

(3) 保水性。是指混凝土拌合物具有一定的保持水分的能力，不易产生泌水的性能。保水性差的拌合物在浇筑过程中由于部分水分从混凝土内析出，形成渗水通道；浮在表面的水分使混凝土上、下浇筑层之间形成薄弱的夹层；部分水分还会停留在石子及钢筋的下面形成水隙，一方面会降低水泥浆与石子之间的胶结力，另一方面还会加快钢筋的腐蚀。这些都将影响混凝土的密实性，从而降低混凝土的强度和耐久性。

和易性好的新拌混凝土，易于搅拌均匀；运输和浇筑中不易产生分层离析和泌水现象；捣实时，因流动性好，易于充满模板各部分，容易振捣密实；所制成的混凝土内部质地均匀致密，强度和耐久性均能保证。因此，和易性是混凝土的重要性质之一。

2. *新拌混凝土和易性的测定及评定方法*

到目前为止，国际上还没有一种能够全面表征新拌混凝土和易性的测定方法，按《普通混凝土拌合物性能试验方法标准》(GB/T 50080—2002) 规定，混凝土拌合物的稠度试验方法有坍落度法与维勃稠度法。

(1) 坍落度试验。坍落度的测定是将混凝土拌合物按规定的方法装入标准截头圆锥筒内，将筒垂直提起后，拌合物在自身质量作用下会产生坍落现象，如图 4.2 所示，坍落的高度（以 mm 计）称为坍落度。坍落度越大，表明流动性越大。按坍落度大小将混凝土拌合物分为干硬性混凝土（坍落度小于 10mm)、塑性混凝土（坍落度为 10～100mm)、流动性混凝土（坍落度为 100～150mm)、大流动性混凝土（坍落度不小于 160mm)。

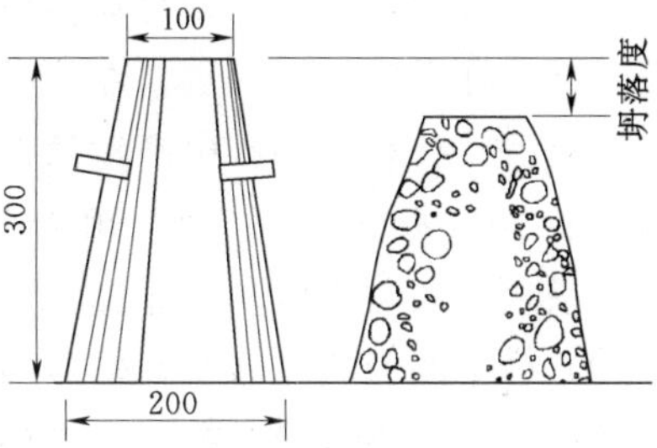

图 4.2　坍落度示意图

本方法适用于集料最大粒径不大于 31.5mm、坍落度为 10～100mm 的塑性混凝土拌合物稠度测定；进行坍落度试验同时，应观察混凝土拌合物的黏聚性、保水性和含砂情况等，以便综合地评价新拌混凝土的工作性。黏聚性的检查方法是用捣棒在已坍落的拌合物锥体一侧轻打，若轻打时锥体渐渐下沉，表示黏聚性良好；如果锥体突然倒塌、部分崩裂或发生石子离析，则表示黏聚性不好。保水性以混凝土拌合物中稀浆析出的程度评定，提起坍落度筒后，如有较多稀浆从底部析出，拌合物锥体因失浆而集料外露，表示拌合物的保水性不好；如提起坍落筒后，无稀浆析出或仅有少量稀浆的底部析出，则表示混凝土拌合物保水性良好。

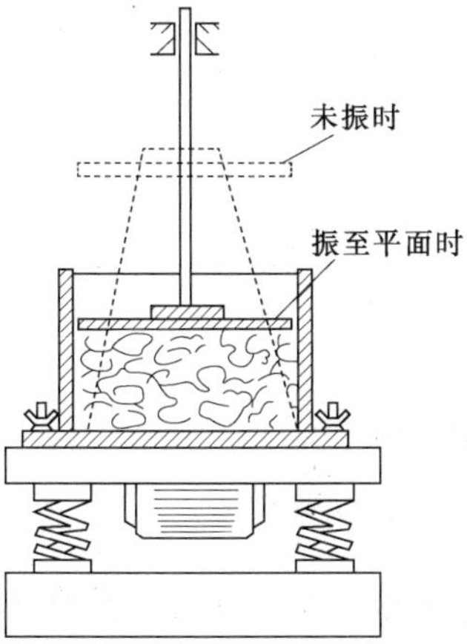

图 4.3　维勃稠度仪

(2) 维勃稠度试验。对于集料公称最大粒径不大于 31.5mm 的混凝土及维勃时间在 5～30s 之间的干稠性混凝土，可采用维勃稠度仪测定稠度。将混凝土拌合物按标准方法装入 VB 仪容量桶的坍落度筒内；缓慢垂直提起坍落度筒，将透明圆盘置于拌合物锥体顶面；启动振动台，用秒表测出拌合物受振摊平、振实、透明圆盘的底面完全为水泥浆所布满所经历的时间（以 s 计），即为维勃稠度，也称工作度，如图 4.3 所示。维勃稠度代表拌合物振实所需的能量，时间越短，表明拌合物越易被振实。它能较好地反映混凝土拌合物在振动作用下便于施工的性能。

3. 影响混凝土和易性的主要因素

(1) 水泥浆含量的影响。在水灰比保持不变的情况下，单位体积混凝土内水泥浆含量越多，拌合物的流动性越大；但若水泥浆过多，集料不能将水泥浆很好地保持在拌合物内，混凝土拌合物将会出现流浆、泌水现象，使拌合物的黏聚性及保水性变差，这不仅增加水泥用量，而且还会对混凝土强度及耐久性产生不利影响。若水泥浆过少，则无法很好地包裹集料表面及填充集料间的空隙，使得流动性变差。因此，混凝土内水泥浆的含量，以使混凝土拌合物达到要求的流动性为准，不应任意加大，同时应保证黏聚性和保水性符合要求。

(2) 水泥浆稀稠的影响。在水泥品种一定的条件下，水泥浆的稀稠取决于水灰比的大小。当水灰比较小时，水泥浆较稠，拌合物的黏聚性较好，泌水较少，但流动性较小；相反，水灰比较大时，拌合物流动性较大但黏聚性较差，泌水较多。当水灰比小至某一极限值以下时，拌合物过于干稠，在一般施工方法下混凝土不能被浇筑密实；当水灰比大于某一极限值时，拌合物将产生严重的离析、泌水现象，影响混凝土质量。因此，为了使混凝土拌合物能够成型密实，所采用的水灰比值不能过小，为了保证混凝土拌合物黏聚性良好，所采用的水灰比值又不能过大。普通混凝土常用水灰比一般在 0.40～0.75 范围内。

(3) 砂率的影响。砂率是指砂的质量占砂、石总质量的百分数。混凝土中的砂浆应包裹石子颗粒并填满石子空隙。砂率过小，砂浆量不足，不能在石子周围形成足够的砂浆润滑层，将降低拌合物的流动性。更主要的是严重影响混凝土拌合物的黏聚性及保水性，使石子分离、水泥浆流失，甚至出现溃散现象。砂率过大，石子含量相对过少，集料的空隙及总表面积都较大，在水灰比及水泥用量一定的条件下，混凝土拌合物显得干稠，流动性显著降低，如图 4.4 所示；在保持混凝土流动性不变的条件下，会使混凝土的水泥浆用量显著增大，如图 4.5 所示。因此，混凝土砂率不能过小，也不能过大，应取合理砂率。合理砂率是在水灰比及水泥用量一定的条件下，使混凝土拌合物保持良好的黏聚性和保水性并获得最大流动性的砂率。也即在水灰比一定的条件下，当混凝土拌合物达到要求的流动性、而且具有良好的黏聚性及保水性时，水泥用量最少的砂率，即最佳含砂率。

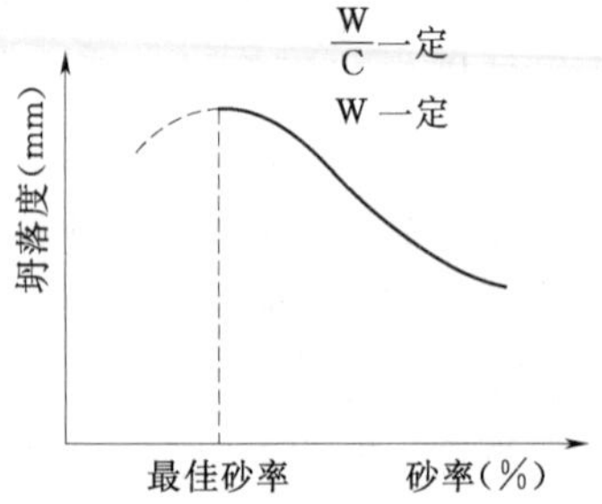

图 4.4　砂率与坍落度的关系曲线

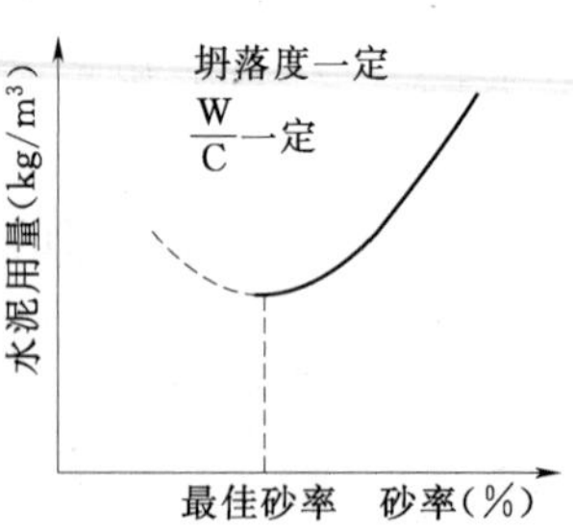

图 4.5　砂率与水泥用量的关系曲线

(4) 其他因素的影响。除上述影响因素外，拌合物的和易性还受水泥品种、掺合料品种及掺量、集料种类、粒形及级配、混凝土外加剂以及混凝土搅拌工艺和环境温度等条件的影响。

水泥需水量大者，拌合物流动性较小，使用矿渣水泥时，混凝土保水性较差。使用火山灰水泥时，混凝土黏聚性较好，但流动性较小。

掺合料的品质及掺量对拌合物的和易性有很大影响，当掺入优质粉煤灰时，可改善拌合物的和易性；掺入质量较差的粉煤灰时，往往使拌合物流动性降低。

粗集料的颗粒较大、粒形较圆、表面光滑、级配较好时，拌合物流动性较大。使用粗砂时，拌合物黏聚性及保水性较差；使用细砂及特细砂时，混凝土流动性较小。混凝土中掺入某些外加剂，可显著改善拌合物的和易性。

拌合物的流动性还受气温高低、搅拌工艺以及搅拌后拌合物停置时间的长短等施工条件影响。对于掺用外加剂及掺合料的混凝土，这些施工因素的影响更为显著。

4. 混凝土拌合物和易性的选择

工程中选择新拌混凝土和易性时，应根据施工方法、结构构件断面尺寸、配筋疏密等条件，并参考有关资料及经验等确定。对结构构件断面尺寸较小、配筋复杂的构件，或采用人工插捣时，应选择坍落度较大的混凝土拌合物；反之，对无筋厚大结构、钢筋配置稀疏易于施工的结构，尽可能选择坍落度较小的混凝土拌合物，以降低水泥浆用量。根据 GB 50204—2002 规定，混凝土浇筑时的坍落度，宜参照表 4.11 选用。

表 4.11　　不同结构对新拌混凝土拌合物坍落度的要求

项 目	结 构 种 类	坍落度（mm）
1	基础或地面等的垫层，无筋的厚大结构（挡土墙、基础等）或配筋稀疏的构件	10～30
2	板、梁和大型及中型截面的柱子等	30～50
3	配筋密列的结构（薄壁、斗仓、筒仓、细柱等）	50～70
4	配筋特密的结构	70～90

注　表中的数值是采用机械振捣混凝土时的坍落度，当采用人工捣实时应适当提高坍落度值。

正确选择新拌混凝土的坍落度，对于保证混凝土的施工质量及节约水泥具有重要意义。在选择坍落度时，原则上应在不妨碍施工操作并能保证振捣密实的条件下，尽可能采用较小的坍落度，以节约水泥并获得质量较好的混凝土。

4.3.2 硬化混凝土的强度

强度是混凝土硬化后的主要力学性质，按照《普通混凝土力学性能试验方法标准》(GB/T 50081—2002) 规定，混凝土的强度有立方体抗压强度、轴心抗压强度、圆柱体抗压强度、劈裂抗拉强度、抗剪强度等，其中以混凝土的抗压强度最大，抗拉强度最小。

1. 混凝土的抗压强度标准值与强度等级

(1) 立方体抗压强度 f_{cu}。按照 GB/T 50081—2002，制作边长为 150mm 的立方体试件，在标准养护（温度 20℃±2℃、相对湿度 95%以上）条件下，养护至 28d 龄期，用标准试验方法测得的抗压强度值，称为混凝土标准立方体抗压强度。

$$f_{cu}=\frac{F}{A} \tag{4.2}$$

式中　f_{cu}——立方体抗压强度，MPa；

F——试件破坏荷载，N；

A——试件承压面积，mm^2。

以三个试件为一组，取三个试件强度的算术平均值作为每组试件的强度代表值。如按非标准尺寸试件测得的立方体抗压强度，应乘以换算系数（表4.12），折算后的强度值作为标准试件的立方体抗压强度。

表4.12　　　　试件尺寸换算系数

试件尺寸 长（mm）×宽（mm）×高（mm）	100×100×100	150×150×150	200×200×200
换算系数	0.95	1.0	1.05

（2）立方体抗压强度标准值 $f_{cu,k}$。按《混凝土结构设计规程》（GB 50010—2002）的规定，按照标准方法制作和养护的边长为150mm的立方体试件，在28d龄期用标准试验方法检测其抗压强度，在抗压强度总体分布中，具有95%强度保证率的立方体试件抗压强度，称为混凝土立方体抗压强度标准值，以MPa计。

（3）强度等级。混凝土强度等级试根据其立方体抗压强度标准值来确定的。强度等级用符号“C”和“立方体抗压强度标准值”表示。如“C20”表示混凝土立方体抗压强度标准值为 $f_{cu,k}=20MPa$。

GB 50010—2002规定，普通混凝土立方体抗压强度标准值分为C15、C20、C25、C30、C35、C40、C45、C50、C55、C60、C65、C70、C75、C80等14个等级。

2. 混凝土的轴心抗压强度 f_{cp}

确定混凝土强度等级时采用的是立方体试件，但实际工程中钢筋混凝土结构形式大部分是棱柱体和圆柱体形。为使测得的混凝土强度接近混凝土结构的实际情况，在钢筋混凝土的结构计算中，计算轴心受压构件时，都是采用混凝土的轴心抗压强度作为依据。

按棱柱体抗压强度的标准试验方法规定，采用150mm×150mm×300mm的棱柱体作为标准试件来测定轴心抗压强度。

$$f_{cp}=\frac{F}{A} \tag{4.3}$$

式中　f_{cp}——混凝土的轴心抗压强度，MPa；

F——试件破坏荷载，N；

A——试件承压面积，mm^2。

3. 混凝土的劈裂抗拉强度 f_{ts}

混凝土在直接受拉时，很小的变形就会开裂，且断裂时没有残余变形，是一种脆性破坏。混凝土的抗拉强度只有抗压强度的1/20～1/10，且随着混凝土抗压强度的提高，比值有所下降。因此，混凝土在工作时一般不依靠其抗拉强度，但抗拉强度对于防止开裂具有重要的意义。在结构设计中，抗拉强度是确定混凝土抗裂度指标的重要依据。混凝土的劈裂抗拉强度按下式计算

$$f_{ts}=\frac{2F}{\pi A}=0.637\frac{F}{A} \tag{4.4}$$

式中　f_{ts}——混凝土立方体试件劈裂抗拉强度，MPa；

F——试件破坏荷载，N；

A——试件劈裂面面积，mm^2。

4. 影响混凝土强度的主要因素

影响混凝土抗压强度的因素很多，包括原材料的质量、材料用量之间的比例关系、施工方法（拌和、运输、浇筑、养护）以及试验条件（龄期、试件形状与尺寸、试验方法、温度及湿度）等。

(1) 材料组成对混凝土强度的影响。

1) 胶凝材料强度等级和水胶比。胶凝材料是混凝土中的活性组成，其强度的大小直接影响着混凝土强度的高低。在配合比相同的条件下，所用的胶凝材料强度等级越高，配制的混凝土强度也越高。这是因为胶凝材料水化时所需的化学结合水，一般只占水泥质量23%左右，但在实际拌制混凝土时，为了获得必要的流动性，常需要加入较多的水（占胶凝材料质量的40%～70%）。多余的水分残留在混凝土中形成水泡，蒸发后形成气孔，使混凝土密实度降低，强度下降。因此，当采用同种胶凝材料（品种与强度等级相同）及矿物掺合料时，混凝土强度随着水胶比的增大而降低。

根据混凝土试验研究和工程实践经验，水泥的强度、水灰比、混凝土强度之间的线性关系可用以下经验公式（强度公式）表示

$$f_{cu} = \alpha_a f_b\left(\frac{B}{W} - \alpha_b\right) \tag{4.5}$$

$$f_b = \gamma_f \gamma_s f_{ce} \tag{4.6}$$

$$f_{ce} = \gamma_c f_{ce,g} \tag{4.7}$$

式中 f_{cu}——混凝土28d立方体抗压强度，MPa；

W/B——混凝土的水胶比；

α_a、α_b——回归系数，根据工程所使用的原材料，通过试验建立的水胶比与混凝土强度关系式来确定；当不具备试验统计资料时，可按表4.13选用；

f_b——胶凝材料28d胶砂抗压强度，MPa，可实测，无实测值时，也可按式(4.6)计算；

γ_f、γ_s——粉煤灰影响系数和粒化高炉矿渣粉影响系数，可按表4.14选用；

f_{ce}——水泥28d胶砂抗压强度，可实测；无实测值时，也可按式（4.7）计算；

γ_c——水泥强度等级值的富余系数，可按实际统计资料确定；当缺乏实际统计资料时，可按表4.15选用；

$f_{ce,g}$——水泥强度等级值，MPa。

表4.13　回归系数 α_a、α_a 取值表

系数 \ 粗集料品种	碎　石	卵　石
α_a	0.53	0.49
α_b	0.20	0.13

表 4.14　　粉煤灰影响系数和粒化高炉矿渣粉影响系数

种类 \ 掺量（%）	粉煤灰影响系数 γ_f	粒化高炉矿渣粉影响系数 γ_s
0	1.00	1.00
10	0.90～0.95	1.00
20	0.80～0.85	0.95～1.00
30	0.70～0.75	0.90～1.00
40	0.60～0.65	0.80～0.90
50	—	0.70～0.85

表 4.15　　水泥强度等级值的富余系数 γ_c

水泥强度等级值	32.5	42.5	52.5
富余系数	1.12	1.16	1.10

2）集料的种类与级配。集料中有害杂质过多且品质低劣时，将降低混凝土的强度。碎石表面粗糙有棱角，则与水泥石黏结力较大；卵石表面光滑浑圆，则与水泥石黏结力较小。因此，在配合比相同的条件下，碎石混凝土比卵石混凝土的强度高。集料级配好、砂率适当，能组成密实的骨架，混凝土强度也较高。

（2）养护温度与湿度。混凝土拌合物浇筑成型后，必须保持适当的温度与湿度，使水泥充分水化，以保证混凝土强度不断提高。

所处的环境温度对混凝土的强度影响很大。混凝土的硬化，在于水泥的水化作用，周围温度升高，水泥水化速度加快，混凝土强度发展也就加快。反之，温度降低时，水泥水化速度降低，混凝土强度发展将相应迟缓。当温度降至冰点以下时，混凝土的强度停止发展，并且由于孔隙内水分结冰而引起膨胀，使混凝土的内部结构遭受破坏。混凝土早期强度低，更容易冻坏。所处的环境湿度适当时，水泥水化能顺利进行，混凝土强度得到充分发展。如果湿度不够，会影响水泥水化作用的正常进行，甚至停止水化。这不仅严重降低混凝土的强度，而且水化作用未能完成，使混凝土结构疏松，渗水性增大或形成干缩裂缝，从而影响其耐久性。

因此，混凝土成型后一定时间内必须保持周围环境有一定的温度和湿度，使水泥充分水化，以保证获得较好质量的混凝土。

（3）龄期。混凝土在正常养护条件下，其强度将随着龄期的增长而增长。最初 7～14d 内，强度增长较快，28d 达到设计强度，以后增长缓慢，但若保持足够的温度和湿度，强度的增长将延续几十年。普通水泥制成的混凝土，在标准条件下，混凝土强度的发展大致与其龄期的对数成正比关系（龄期不小于 3d），即

$$f_{cu,n}=f_{28}\times\frac{\lg n}{\lg 28} \tag{4.8}$$

式中　$f_{cu,n}$——n（$n\geqslant 3$）d 龄期混凝土的抗压强度，MPa；

f_{28}——28d 龄期混凝土的抗压强度，MPa。

（4）施工工艺。混凝土的施工工艺包括配料、拌和、运输、浇筑、振捣、养护等工序，每一道工序对其质量都有影响。若配料不准确、搅拌不均匀、拌合物运输过程中产生离析、振捣不密实、养护不充分等均会降低混凝土强度。因此，在施工过程中，一定要严

格遵守施工规范，确保混凝土的强度。

(5) 试验条件对混凝土强度的影响。相同材料组成、制备条件和养护条件制成的混凝土试件，其力学强度取决于试验条件。影响混凝土力学强度的试验条件主要有试件形状与尺寸、试件表面状态与含水程度、试件温度、支撑条件和加载方式等。

5. 提高混凝土强度的措施

(1) 采用高强度等级水泥和早强型水泥。为了提高混凝土强度可采用高强度等级水泥，对于紧急抢修工程、桥梁拼装接头、严寒条件下的施工以及其他要求早期强度高的结构物，则可优先选用早强型水泥配制混凝土。

(2) 采用低水胶比和浆集比。采用低水胶比混凝土拌合物，可以减少混凝土中的游离水，从而减少混凝土中的孔隙、提高混凝土的密实度和强度。降低浆集比，减小水泥浆层的厚度，充分发挥集料的骨架作用，对提高混凝土的强度也有一定的作用。

(3) 采用蒸汽养护和蒸压养护。蒸汽养护是将混凝土放在低于100℃的常压蒸汽中养护，一般混凝土经过16～20h蒸汽养护后，其强度可达正常养护条件下养护28d强度的70%～80%。蒸汽养护最适宜的温度随水泥的品种而异。用普通水泥时，最适宜的养护温度为80℃左右，而采用矿渣和火山灰水泥时，则为90℃左右。

蒸压养护是将浇筑完的混凝土构件静停8～10h后，放入蒸压釜内，通入高压（不小于8个大气压）、高温（不低于175℃）饱和蒸汽中进行养护。在高温高压蒸汽下，水泥水化时析出的氢氧化钙不仅能充分与活性的氧化硅结合，且能与结晶状态的氧化硅结合而生成含水硅酸盐结晶，从而加速水泥的水化与硬化，提高混凝土的强度。

(4) 采用机械搅拌和机械振捣。混凝土拌合物在强力搅拌和振捣作用下，水泥浆的凝聚结构暂时受到破坏，从而降低了水泥浆的黏度及集料间的摩擦阻力，使拌合物能更好地充满模型并均匀密实，使混凝土的强度得到提高。

(5) 掺加外加剂。在混凝土中掺加早强剂，可提高混凝土的早期强度；掺加减水剂，可在不改变混凝土流动性的条件下减小水灰比，从而提高混凝土的强度。

4.3.3　硬化后混凝土的变形特征

混凝土在硬化后和使用过程中，受各种因素影响而产生变形，包括在非荷载作用下的化学变形、干湿变形、温度变形以及荷载作用下的弹—塑性变形和徐变。这些变形是使混凝土产生裂缝的重要原因之一，直接影响混凝土的强度和耐久性。

1. 非荷载作用变形

(1) 化学收缩（水化收缩）变形。混凝土在硬化过程中，水泥水化产物的体积小于水化前反应物的体积，致使混凝土产生收缩，这种收缩称为化学收缩。收缩量随混凝土硬化龄期的延长而增加，一般在40d后渐趋稳定。化学收缩是不能恢复的，一般对结构没有什么影响。

(2) 干湿变形。这种变形主要表现为湿胀干缩。当混凝土在水中或潮湿条件下养护时，会引起微小膨胀。当混凝土在干燥空气中硬化时，会引起干缩。混凝土的收缩值较膨胀值大，当混凝土产生干缩后即使长期再置于水中，仍有残余变形，残余收缩约为收缩量的30%～60%。在一般工程设计中，通常采用混凝土的线收缩值为1.5×10^{-2}m/m～2.0×10^{-2}m/m。

湿胀变形量很小，一般无破坏作用。但干缩变形对混凝土的危害较大，它可使混凝土表面出现较大拉应力而导致开裂，使混凝土的耐久性严重降低。因此，应通过调节集料级配、增大粗集料的粒径和弹性模量，减少水泥浆用量，选择适当的水泥品种，以及采用振动捣实、早期养护等措施来减小混凝土的干缩变形。

（3）温度变形。温度变形是指混凝土在温度升高时体积膨胀与温度降低时体积收缩的现象。混凝土与其他材料一样具有热胀冷缩现象，它的温度膨胀系数约为 1.0×10^{-5} m/(m·℃)，即温度升高1℃，每米膨胀0.01mm。温度变化引起的热胀冷缩对大体积混凝土工程极为不利。大体积混凝土在硬化初期放出大量热量，加之混凝土又是热的不良导体，散热很慢，致使混凝土内部温度可达50～70℃而产生明显膨胀。外部混凝土温度则同大气温度一样比较低，这样就形成了内外较大的温度差，由于内部膨胀与外部收缩同时进行，便产生了很大的温度应力，而导致混凝土产生裂缝。

因此，对大体积混凝土工程，应设法降低混凝土的发热量，如采用低热水泥、减少水泥用量、采用人工降温等措施。对于纵长的钢筋混凝土结构物，应每隔一段长度设置伸缩缝，在结构物内配置温度钢筋。

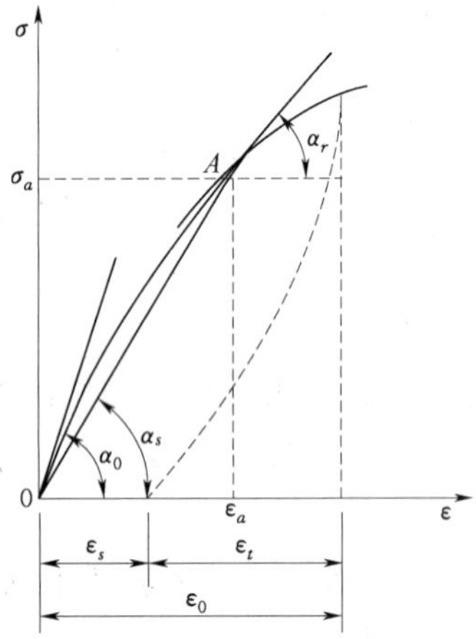

图4.6 混凝土应力—应变曲线
ε_0—全部变形；ε_t—弹性变形；ε_s—塑性变形

（4）荷载作用下的变形。

1）弹塑性变形和弹性模量。混凝土是一种非均匀材料，属弹塑性体。在持续荷载作用下，既产生可以恢复的弹性变形 ε_t，又产生不可恢复的塑性变形 ε_s，其应力与应变关系如图4.6所示。

在应力—应变曲线上任一点的应力 σ 与应变 ε 的比值即为混凝土在该应力下的弹性模量。但混凝土在短期荷载作用下应力与应变并非线性关系，故弹性模量分为：①初始弹性模量，即 $\tan\alpha_0$，此值不易测准，实用意义不大；②切线弹性模量，即 $\tan\alpha_r$，它仅适用于很小的荷载范围；③割线弹性模量，即 $\tan\alpha_s$，在应力小于极限抗压强度的30%～40%时，应力—应变曲线接近于直线。

在桥梁工程中以应力为棱柱体极限抗压强度的40%（即 $\sigma=0.4f_{cp}$）时的割线弹性模量作为混凝土的弹性模量为

$$E_{cp}=\frac{\sigma_{(0.4f_{cp})}}{\varepsilon_e} \tag{4.9}$$

式中 E_{cp}——混凝土抗压弹性模量，MPa；

$\sigma_{(0.4f_{cp})}$——相当于棱柱体试件极限抗压强度40%的应力，MPa；

ε_e——按割线模量计的应变。

在道路路面及机场跑道工程中水泥混凝土应测定其抗折时的平均弹性模量作为设计参数，取抗折强度50%时的加载割线模量为

$$E_{cf}=\frac{23FL^3}{1296fI} \tag{4.10}$$

式中 E_{cf}——混凝土抗折弹性模量，MPa；

F——荷载，N；

L——试件静跨，取450mm；

f——跨中挠度，mm；

I——试件断面惯性矩，mm^4。

在路面工程中混凝土要求有较高的抗折强度，而且要有较低的抗折弹性模量以适应混凝土路面受荷载后有较大的变形能力。

2）徐变。混凝土在持续荷载作用下，随时间延长而增加的变形称为徐变。混凝土的变形与荷载作用时间的关系如图4.7所示。混凝土受荷后即产生瞬时变形，随着荷载持续作用时间的延长，又产生徐变变形。徐变变形初期增长较快，然后逐渐减慢，一般要延续2～3年才逐渐趋于稳定。徐变变形的极限值可达瞬时变形的2～4倍。在持荷一定时间后，若卸除荷载，部分变形可瞬时恢复，也有少部分变形在若干天内逐渐恢复，称徐变恢复，最后留下不能恢复的变形为残余变形（即永久变形）。

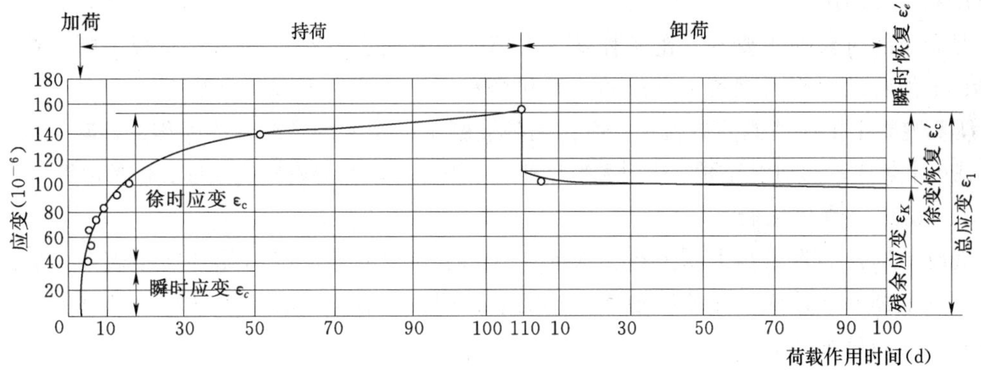

图4.7　混凝土的变形与荷载作用时间的关系

混凝无论是受压、受拉或受弯时，均有徐变现象。在预应力钢筋混凝土桥梁结构中，混凝土的徐变将使钢筋的预加应力受到损失；但是，徐变可消除钢筋混凝土内的应力集中，使应力较均匀地重新分布；对大体积混凝土，徐变能消除一部分由于温度变形所产生的破坏应力。

混凝土的徐变，一般认为是由于水泥石中凝胶体在持续荷载作用下的黏性流动，并向毛细孔中移动的结果。集料能阻碍水泥石的变形，起减小混凝土徐变的作用。由此可得如下关系：水灰比较大时，徐变也较大；水灰比相同，用水量较大（即水泥浆量较多）的混凝土，徐变较大；集料级配好，最大粒径大，弹性模量也较大时，混凝土徐变较小；当混凝土在较早龄期受荷时，产生的徐变较大。

4.3.4　混凝土的耐久性

混凝土的耐久性是指混凝土材料抵抗其自身和环境因素的长期破坏作用的能力。在土建工程中，硬化后的混凝土除了要求具有足够的强度来安全地承受荷载外，还应具有与所处环境相适应的耐久性来延长工程的使用寿命。提高混凝土耐久性、延长工程使用寿命的目的，是为了节约工程材料和投资，从而得到更高的工程效益。

混凝土的耐久性是一项综合性概念，包括抗渗性、抗冻性、抗磨性、抗侵蚀性、抗碳化反应、抗碱—集料反应等性能。

1. 混凝土的抗渗性

抗渗性是指混凝土抵抗有压介质（水、油等）渗透的性能。抗渗性是混凝土耐久性的一项重要指标，直接影响混凝土的抗冻性和抗侵蚀性。当混凝土的抗渗性较差时，不仅周围的有压水容易渗入，而且当有冰冻作用或环境水中有侵蚀性介质时，混凝土则易受到冰冻或破坏作用，对钢筋混凝土结构还可能引起钢筋的锈蚀和保护层的剥落与开裂。所以，对于受水压作用的工程，如地下建筑、水塔、水池、水利工程等，都应要求混凝土具有一定的抗渗性。

混凝土的抗渗性用抗渗等级（P）表示，抗渗等级是以28d龄期的标准混凝土抗渗试件，按标准试验方法进行试验。以一组六个标准试件，四个试件未出现渗水时的最大水压力（MPa）来表示，共有P2、P4、P6、P8、P10、P12等六个等级，相应表示混凝土抗渗试验时承受的最大水压力分别为0.2MPa、0.4MPa、0.6MPa、0.8MPa、1.0MPa、1.2MPa。

混凝土的抗渗性主要与其密实程度、内部孔隙的大小及构造有关，混凝土内部连通的孔隙、毛细管和混凝土浇筑中形成的孔洞和蜂窝等，都将引起混凝土渗水。

提高混凝土抗渗性能的措施主要有：提高混凝土的密实度，改善孔隙构造，减少渗水通道；减小水灰比；掺加引气剂；选用适当品种的水泥；加强振捣密实、保证养护条件等。

2. 混凝土的抗冻性

混凝土的抗冻性是指混凝土在含水饱和状态下能经受多次冻融循环而不破坏，同时强度也不严重降低的性能。在寒冷地区，特别是长期接触有水且受冻的环境下的混凝土，要求具有较高的抗冻性。

混凝土的抗冻性用抗冻等级（F）来表示，抗冻等级是以28d龄期的混凝土标准试件，在饱水后进行反复冻融循环，以抗压强度损失不超过25%，且质量损失不超过5%时，所能承受的最大冻融循环次数来确定。用快冻试验方法测定，分为F50、F100、F150、F200、F300、F400等六个等级，相应表示混凝土抗冻性试验能经受50次、100次、150次、200次、300次、400次的冻融循环。

影响混凝土抗冻性能的因素主要有水泥品种与强度等级、水灰比、集料的品质等。提高混凝土抗冻性的最主要的措施是：合理选用水泥品种；提高混凝土密实度；降低水灰比；掺加外加剂；严格控制施工质量，加强振捣与养护等。

3. 混凝土的抗侵蚀性

混凝土在环境侵蚀性介质（软水、酸、盐等）作用下，结构受到破坏、强度降低的现象称为混凝土的侵蚀。混凝土侵蚀的原因主要是外界侵蚀性介质对水泥石中的某些成分（氢氧化钙、水化铝酸钙等）产生破坏作用所致。

随着混凝土在地下工程、海港工程等恶劣环境中的应用，对混凝土的抗侵蚀性提出了更高的要求。提高混凝土抗侵蚀性的主要措施有：合理选用水泥品种；降低水灰比；提高混凝土密实度；改善混凝土孔隙结构。

4. 混凝土的抗磨性

磨损冲击是水工建筑物常见的病害之一。当高速水流中挟带砂、石等磨损介质时，这种现象更为严重。因此，水利工程要有较高的抗磨性。

提高混凝土抗磨性的主要方法有：合理选择水泥品种；选用坚固耐磨的集料；掺入适量的外加剂以及适量的钢纤维；控制和处理建筑物表面的不平整度等。

5. 混凝土的碳化

混凝土的碳化作用是空气中 CO_2 与水泥石中的 $Ca(OH)_2$ 作用，生成 $CaCO_3$ 和 H_2O 的过程，又称混凝土的中性化。碳化过程是 CO_2 由表及里向混凝土内部逐渐扩散的过程。

混凝土的碳化对混凝土性能有不利的影响。首先是碱度降低，减弱了对钢筋的保护作用。这是因为混凝土中水泥水化生成大量的 $Ca(OH)_2$，使钢筋处于碱性环境中而在表面生成一层钝化膜保护钢筋不易腐蚀。混凝土的碳化深度随时间的延长而增加，当碳化深度穿透混凝土保护层而达到钢筋表面时，钢筋的钝化膜被破坏而发生锈蚀，致使混凝土保护层产生开裂，加剧了碳化的进行和钢筋的锈蚀。其次，碳化作用会增加混凝土的收缩，引起混凝土表面产生拉应力而出现微细裂缝，从而降低了混凝土的抗拉、抗弯强度与抗渗能力。碳化作用对混凝土也能产生一些有利的影响，即碳化过程中放出的 H_2O 有助于未水化水泥的水化作用，同时形成的 $CaCO_3$ 减少了水泥石内部的孔隙，从而可提高碳化层的密实度和混凝土的强度。

影响混凝土碳化速度的主要因素有：环境中 CO_2 浓度、水泥品种、水灰比、环境湿度等。CO_2 浓度高，碳化速度快；在相对湿度为 50%～75%时，碳化速度最快，当相对湿度小于 25%或达 100%时，碳化作用将停止；在常用水泥中，普通硅酸盐水泥碳化速度最慢，火山灰硅酸盐水泥碳化速度最快。

提高混凝土抗碳化能力的主要方法有：合理选择水泥品种；降低水灰比；掺入减水剂或引气剂；保证混凝土保护层的质量及厚度；充分湿养护等。

6. 混凝土的碱—集料反应

混凝土的碱—集料反应，是指水泥中的碱（Na_2O 和 K_2O）与集料中的活性 SiO_2 发生反应，使混凝土发生不均匀膨胀，造成裂缝、强度下降甚至破坏等不良现象，这种反应称为碱—集料反应。

碱—集料反应常见的有两种类型：①碱—硅反应是指碱与集料中的活性 SiO_2 发生反应；②碱—碳酸盐反应是碱与集料中活性碳酸盐反应。

碱—集料反应机理甚为复杂，而且影响因素较多，但是发生碱—集料反应必须具备三个条件：①混凝土中的集料具有活性；②混凝土中含有可溶性碱；③有一定的湿度。

为防止碱—硅反应的危害，按现行规范规定：①应使用碱含量小于 0.6%的水泥或采用抑制碱—集料反应的掺合料；②当使用 K^+、Na^+ 外加剂时，必须专门试验。

7. 提高混凝土耐久性的措施

提高混凝土耐久性应注意合理选择水泥品种，选用良好的砂石材料，改善集料的级配，采用合理的外加剂，改善混凝土的施工操作方法，提高混凝土的密实度、强度等。在进行混凝土配合比设计时，为保证混凝土的耐久性，根据混凝土结构的环境类别（表 4.16），混凝土的“最大水胶比”和“最小胶凝材料用量”应符合表 4.17 和表 4.18 的规定。

表 4.16 **混凝土结构的环境类别**

环境类别	条件
一	室内干燥环境； 无侵蚀性静水浸没环境
二 a	室内潮湿环境； 非严寒和非寒冷地区的露天环境； 非严寒和非寒冷地区与无侵蚀性的水或土直接接触的环境； 严寒和寒冷地区的冰冻线以下与无侵蚀性的水或土直接接触的环境
二 b	干湿交替环境； 频繁变动环境； 严寒和寒冷地区的露天环境； 严寒和寒冷地区的冰冻线以上与无侵蚀性的水或土直接接触的环境
三 a	严寒和寒冷地区冬季水位变动区环境； 受除冰盐影响环境； 海风环境
三 b	盐泽土环境； 受除冰盐影响环境； 海岸环境
四	海水环境
五	受人为或自然的侵蚀性物质影响的环境

表 4.17 **结构混凝土材料的耐久性基本要求**

环境等级	最大水胶比	最低强度等级	最大氯离子含量（%）	最大碱含量（kg/m³）
一	0.60	C20	0.30	不限制
二 a	0.55	C25	0.20	3.0
二 b	0.50（0.55）	C30（C25）	0.15	
三 a	0.45（0.50）	C35（C30）	0.15	
三 b	0.40	C40	0.10	

注 1. 氯离子含量是指占胶凝材料总量的百分比。
2. 预应力构件混凝土中的最大氯离子含量为0.05%；最低混凝土强度等级按表中的规定提高两个等级。
3. 素混凝土构件的水胶比及最低强度等级的要求可适当放松。
4. 有可靠工程经验时，二类环境中的最低混凝土强度等级可降低一个等级。
5. 处于严寒和寒冷地区二 b、三 a 类环境中混凝土应使用引气剂，并可采用括号中的有关参数。
6. 当使用非碱活性集料时，对混凝土中的碱含量可不作限制。

表 4.18 **混凝土的最小胶凝材料用量**

最大水胶比	最小胶凝材料用量（kg/m³）		
	素混凝土	钢筋混凝土	预应力混凝土
0.60	250	280	300
0.55	280	300	300
0.50	320		
≤0.45	330		

4.4 普通水泥混凝土的配合比设计

混凝土配合比是指混凝土中各组成材料用量之比即为混凝土的配合比。混凝土配合比设计就是根据原材料的性能和对混凝土的技术要求，通过计算和试配调整，确定出满足工程技术经济指标的混凝土各组成材料的用量。

4.4.1 混凝土配合比表示方法

1. 单位用量表示法

以每立方米混凝土中各种材料的用量表示（例如，水泥 264kg；矿物掺合料：66kg；水：150kg；细集料：706kg；粗集料：1264kg）。

2. 相对用量表示法

以水泥的质量为 1，并按“水泥∶矿物掺合料∶细集料∶粗集料；水胶比”的顺序排列表示（例如，1∶0.25∶2.67∶4.79；$W/B=0.45$）。

4.4.2 混凝土配合比设计的基本要求

（1）满足混凝土结构设计所要求的强度等级。不论混凝土路面或桥梁，在设计时都会对不同的结构部位提出不同的“设计强度”要求。为了保证结构物的可靠性，采用一个比设计强度高的“配制强度”，才能满足设计强度的要求。

（2）满足施工所要求的混凝土拌合物的施工工作性。按照结构物断面尺寸和形状、配筋的疏密以及施工方法和设备来确定满足工作性要求的坍落度或维勃稠度。

（3）满足混凝土的耐久性。根据结构物所处环境条件，如严寒地区的路面或桥梁、桥梁墩台在水位升降范围等，为保证结构的耐久性，在设计混凝土配合比时应充分考虑允许的“最大水胶比”和“最小胶凝材料用量”。

（4）满足经济性的要求。在保证工程质量的前提下，尽量节约水泥和降低混凝土成本。

4.4.3 混凝土配合比设计的三大参数

由胶凝材料、水、粗集料、细集料组成的普通水泥混凝土配合比设计，实际上就是确定胶凝材料、水、砂、石等基本组成材料的用量。其中可用水胶比、砂率、单位用水量三个重要参数来反映基本组成材料之间的相互关系。

（1）水胶比（W/B）。水胶比是混凝土中水与胶凝材料质量的比值，是影响混凝土强度和耐久性的主要因素。其确定原则是在满足强度和耐久性的前提下，尽量选择较大值，以节约胶凝材料用量。

（2）砂率（β_s）。砂率是指砂子质量占砂石总质量的百分率。砂率是影响混凝土拌合物和易性的重要指标。砂率的确定原则是在保证混凝土拌合物黏聚性和保水性要求的前提下，尽量取较小值。

（3）单位用水量（m_{w0}）。单位用水量是指 1m^3 混凝土的用水量，反映混凝土中水泥浆与集料之间的比例关系。在混凝土拌合物中，水泥浆的多少显著影响混凝土的和易性，同时也影响其强度和耐久性。其确定原则是在达到流动性要求的前提下取较小值。

4.4.4 混凝土配合比设计的基本原理

（1）绝对体积法。该法是假定混凝土拌合物的体积等于各组成材料绝对体积及拌合物中所含空气的体积之和。

（2）假定表观密度法。如果原材料比较稳定，可先假设混凝土的表观密度为一定值，混凝土拌合物各组成材料的单位用量之和，即为其表观密度。通常普通水泥混凝土的表观密度为 2350～2450kg/m³。

4.4.5 混凝土配合比设计的方法与步骤

4.4.5.1 计算混凝土初步配合比

1. 确定混凝土配制强度（$f_{cu,o}$）

（1）当混凝土的设计强度等级小于 C60 时，配制强度应按下式确定

$$f_{cu,o} \geqslant f_{cu,k} + 1.645\sigma \quad (4.11)$$

式中 $f_{cu,o}$——混凝土的配制强度，MPa；

$f_{cu,k}$——混凝土立方体抗压强度标准值，取混凝土设计强度等级值，MPa；

σ——混凝土强度标准差，MPa。

（2）当混凝土的设计强度等级不小于 C60 时，配制强度应按下式确定

$$f_{cu,o} \geqslant 1.15 f_{cu,k} \quad (4.12)$$

（3）混凝土强度标准差应按照下列规定确定：

1）当施工单位具有近 1～3 个月的同一品种、同一强度等级混凝土的强度资料，且试件组数不小于 30 时，其混凝土强度标准差 σ 应按下式计算

$$\sigma = \sqrt{\frac{\sum_{i=1}^{n}(f_{cu,i}^{2} - nm_{f_{cu}}^{2})^{2}}{n-1}} \quad (4.13)$$

式中 n——统计周期内相同等级的试件组数；

$f_{cu,i}$——第 i 组试件的立方体抗压强度值，MPa；

$m_{f_{cu}}$——n 组混凝土试件立方体抗压强度平均值，MPa。

对于强度等级不大于 C30 的混凝土，当混凝土强度标准差计算值不小于 3.0MPa 时，应按式（4.13）计算取值；当混凝土强度标准差计算值小于 3.0MPa 时，应取 3.0MPa。

对于强度等级大于 C30 且小于 C60 的混凝土，当混凝土强度标准差计算值不小于 4.0MPa 时，应按式（4.13）计算取值；当混凝土强度标准差计算值小于 4.0MPa 时，应取 4.0MPa。

2）当没有近期的同一品种、同一强度等级混凝土的强度资料时，其混凝土强度标准差可按表 4.19 取值。

表 4.19 混凝土标准差 σ 值表

混凝土强度等级（MPa）	≤C20	C25～C45	C50～C55
标准差 σ（MPa）	4.0	5.0	6.0

2. 计算水胶比（W/B）

（1）按强度要求计算水胶比。根据已测定的水泥实际强度 f_{ce}（或选用的水泥强度等级 $f_{ce,g}$）、粗集料种类及所要求的混凝土配制强度 $f_{cu,o}$，按混凝土强度经验公式计算水胶比，则有

$$\frac{W}{B}=\frac{\alpha_a f_b}{f_{cu,o}+\alpha_a\alpha_b f_b} \tag{4.14}$$

式中符号含义同式（4.5）。

（2）按耐久性要求进行水胶比校核。按式（4.14）计算所得的水胶比是按强度要求计算得到的结果，在确定水胶比时，还应根据混凝土所处的环境条件、耐久性要求的允许最大水胶比（表 4.17）进行校核。如按强度计算的水胶比小于耐久性要求的水灰比时，则采用按强度计算的水胶比；反之，则采用满足耐久性要求允许的最大水胶比。

3. 确定单位用水量（m_{wo}）和外加剂用量

（1）干硬性或塑性混凝土的用水量（m_{wo}）。根据粗集料的品种、数量、最大粒径及施工要求的混凝土拌合物的坍落度或维勃稠度值，$1m^3$ 干硬性或塑性混凝土拌合物的用水量（m_{wo}）应符合下列规定：

1）混凝土水胶比在 0.40～0.80 范围时，可按表 4.20 和表 4.21 选取。

表 4.20　干硬性混凝土的用水量选用表　单位：kg/m^3

项目	指标	卵石最大公称粒径（mm）			碎石最大公称粒径（mm）		
		9.5	19.0	37.5	16.0	19.0	37.5
维勃稠度（s）	16～20	175	160	145	180	170	155
	11～15	180	165	150	185	175	160
	5～10	185	170	155	190	180	165

表 4.21　塑性混凝土的用水量选用表　单位：kg/m^3

项目	指标	卵石最大粒径（mm）				碎石最大粒径（mm）			
		9.5	19.0	31.5	37.5	16.0	19.0	31.5	37.5
坍落度（mm）	10～30	190	170	160	150	200	185	175	165
	35～50	200	180	170	160	210	195	185	175
	55～70	210	190	180	170	220	205	195	185
	75～90	215	195	185	175	230	215	205	195

注　1. 本表用水量是采用中砂时的平均值，采用细砂时，$1m^3$ 混凝土用水量可增加 5～10kg，采用粗砂时则可减少5～10kg。

2. 掺用外加剂或掺合料时，用水量应作相应调整。

2）混凝土水胶比小于 0.40 时，可通过试验确定。

（2）掺外加剂时，流动性和大流动性混凝土用水量（m_{wo}）。$1m^3$ 流动性和大流动性

混凝土用水量（m_{wo}）可按下式计算。

$$m_{wo} = m'_{wo}(1-\beta) \tag{4.15}$$

式中 m_{wo}——计算配合比 1m³ 混凝土的用水量，kg/m³；

m'_{wo}——未掺外加剂时推定的满足实际坍落度要求的 1m³ 混凝土用水量，kg/m³；

β——外加剂的减水率，%，应经混凝土试验确定。

m'_{wo} 应以表 4.21 中 90mm 坍落度的用水量为基础，按每增大 20mm 坍落度应相应增加 5kg/m³ 用水量来计算，当坍落度增大到 180mm 以上时，随坍落度相应增加的用水量可减少。

（3）确定混凝土中外加剂用量（m_{ao}）。1m³ 混凝土中外加剂用量（m_{ao}）可按下式计算

$$m_{ao} = m_{bo}\beta_a \tag{4.16}$$

式中 m_{ao}——计算配合比 1m³ 混凝土中外加剂的用量，kg/m³；

m_{bo}——计算配合比 1m³ 混凝土中胶凝材料的用量，kg/m³；

β_a——外加剂掺量，%，应经试验确定。

4. 计算胶凝材料、矿物掺合料和水泥用量

（1）1m³ 混凝土的胶凝材料用量（m_{bo}）按下式计算

$$m_{bo} = \frac{m_{wo}}{W/B} \tag{4.17}$$

式中 W/B——混凝土水胶比。

m_{wo}、m_{bo} 含义同式（4.17）。

按耐久性要求校核单位胶凝材料用量。根据耐久性要求，混凝土的最小胶凝材料用量，依混凝土结构的环境类别、结构混凝土材料的耐久性基本要求确定。按强度要求由式（4.17）计算得的单位胶凝材料用量，应不低于表 4.18 规定的最小胶凝材料用量。

（2）1m³ 混凝土的矿物掺合料用量（m_{f0}）按下式计算

$$m_{fo} = m_{bo}\beta_f \tag{4.18}$$

式中 m_{fo}——计算配合比 1m³ 混凝土中矿物掺合料用量，kg/m³；

β_f——矿物掺合料掺量（%），可结合矿物掺合料和水胶比的规定确定。

（3）1m³ 混凝土的水泥用量（m_{co}）可按下式计算

$$m_{co} = m_{bo} - m_{fo} \tag{4.19}$$

式中 m_{co}——计算配合比 1m³ 混凝土中水泥用量，kg/m³。

5. 选定砂率（β_s）

当无历史资料可参考时，混凝土砂率的确定应符合下列规定：

（1）坍落度小于 10mm 的混凝土，其砂率应经试验确定。

（2）坍落度为 10～60mm 的混凝土砂率，可根据粗集料品种、最大公称粒径及水胶比按表 4.22 选定。

表 4.22 混凝土的砂率选用表 %

水灰比	卵石最大粒径（mm）			卵石最大粒径（mm）		
	9.5	19.5	37.5	16	19.0	37.5
0.40	26～32	25～31	24～30	30～35	29～34	27～32
0.50	30～35	29～34	28～33	33～38	32～37	30～35
0.60	33～38	32～37	31～36	36～41	35～40	33～38
0.70	36～41	35～40	34～39	39～44	38～43	36～41

注 1. 本表数值是中砂的选用砂率，对细砂或粗砂，可相应地减少或增大砂率。
2. 本表适用于坍落度为 10～60mm 的混凝土。对坍落度大于 60mm 的混凝土，应在本表的基础上，按坍落度每增大 20mm，砂率增大 1%的幅度予以调整。
3. 只用一个单粒级粗集料配制混凝土，砂率应适当增大。
4. 对薄壁构件砂率取偏大值。
5. 掺有各种外加剂或掺合料时，其合理砂率应经试验或参照其他有关规定确定。

6. 计算粗、细集料单位用量（m_{so}、m_{go}）

在已知砂率的情况下，粗、细集料用量可用质量法或体积法求得。

(1) 质量法。又称假定表观密度法，假定混凝土拌合物的表观密度为固定值，混凝土拌合物各组成材料的单位用量之和即为其表观密度。粗、细集料单位用量可按下式计算

$$\begin{cases} m_{fo} + m_{co} + m_{so} + m_{go} + m_{wo} = \rho_{cp} \times 1\text{m}^3 \\ \dfrac{m_{so}}{m_{so} + m_{go}} \times 100\% = \beta_s \end{cases} \tag{4.20}$$

式中 ρ_{cp}——混凝土拌合物的假定表观密度，kg/m³，其值可根据施工单位积累的试验资料确定（如缺乏资料时，可根据集料的表观密度、最大粒径以及混凝土强度等级在 2350～2450kg/m³ 范围内选定）；

m_{fo}——1m³ 混凝土中矿物掺合料用量，kg/m³；

m_{co}——1m³ 混凝土的水泥的质量，kg/m³；

m_{so}——1m³ 混凝土的砂的质量，kg/m³；

m_{go}——1m³ 混凝土的石子的质量，kg/m³；

m_{wo}——1m³ 混凝土的水的质量，kg/m³；

β_s——砂率，%。

(2) 体积法。又称绝对体积法。假定混凝土拌合物的体积等于各组成材料绝对体积及拌合物中所含空气的体积之和，粗、细集料单位用量可按下式计算

$$\begin{cases} \dfrac{m_{so}}{m_{so} + m_{go}} \times 100\% = \beta_s \\ \dfrac{m_{fo}}{\rho_f} + \dfrac{m_{co}}{\rho_c} + \dfrac{m_{wo}}{\rho_w} + \dfrac{m_{go}}{\rho_g} + \dfrac{m_{so}}{\rho_s} + 0.01a = 1 \end{cases} \tag{4.21}$$

式中 ρ_f、ρ_c、ρ_w——矿物掺合料、水泥、水的密度，kg/m³；

ρ_g、ρ_s——粗集料、细集料的堆积密度，kg/m³；

a——混凝土含气量百分数，在不使用引气剂外加剂时，可选取 $a = 1$。

在实际工作中，混凝土配合比设计通常采用质量法。混凝土配合比设计也允许采用体

积法，可视具体技术需要选用。与质量法比较，体积法需要测定水泥和矿物掺合料的密度以及粗、细集料的表观密度等，对技术要求略高。

4.4.5.2 试拌调整提出基准配合比

1. 试配

(1) 试配材料要求。试配混凝土所用的各种原材料，要与实际工程使用的材料相同；配合比设计所采用的细集料含水率应小于0.5%，粗集料含水率应小于0.2%。

(2) 搅拌方法和拌合物数量。混凝土搅拌方法应尽量与生产时使用方法相同。试配时，每盘混凝土的数量一般不小于表4.23的建议值。如需进行抗弯拉强度试验，则应根据实际需要计算用量。采用机械搅拌时，其搅拌量应不小于搅拌机额定搅拌量的1/4。

表4.23 混凝土试配的最小搅拌量

粗集料最大公称粒径（mm）	拌合物数量（L）	粗集料最大公称粒径（mm）	拌合物数量（L）
≤31.5	20	37.5	25

2. 校核工作性，确定基准配合比

按计算出的初步配合比进行试配时，以校核混凝土拌合物的工作性。如试拌得出的拌合物的坍落度（或维勃稠度）不能满足要求，或黏聚性和保水性能不好时，应在保证水胶比不变的条件下相应调整用水量或砂率，直至符合要求为止。当试拌调整工作完成后，应测出混凝土拌合物的表观密度（ρ_{cp}），重新计算出$1m^3$混凝土的各项材料用量，即为供混凝土强度试验用的基准配合比。

设调整和易性后试配20L或25L混凝土的材料用量为水m_{wb}、水泥m_{cb}、矿物掺合料m_{fb}、砂m_{sb}、石子m_{gb}，则基准配合比为

$$
\left\{\begin{aligned}
m_{wJ} &= \frac{\rho_{cp}\times 1\mathrm{m}^3}{m_{wb}+m_{cb}+m_{fb}+m_{sb}+m_{gb}}m_{wb}\\
m_{cJ} &= \frac{\rho_{cp}\times 1\mathrm{m}^3}{m_{wb}+m_{cb}+m_{fb}+m_{sb}+m_{gb}}m_{cb}\\
m_{sJ} &= \frac{\rho_{cp}\times 1\mathrm{m}^3}{m_{wb}+m_{cb}+m_{fb}+m_{sb}+m_{gb}}m_{sb}\\
m_{gJ} &= \frac{\rho_{cp}\times 1\mathrm{m}^3}{m_{wb}+m_{cb}+m_{fb}+m_{sb}+m_{gb}}m_{gb}
\end{aligned}\right. \tag{4.22}
$$

$$
m_{fJ} = \frac{\rho_{cp}\times 1\mathrm{m}^3}{m_{wb}+m_{cb}+m_{fb}+m_{sb}+m_{gb}}m_{fb}
$$

式中 m_{wJ}——基准配合比混凝土$1m^3$的用水量，kg；

m_{cJ}——基准配合比混凝土$1m^3$的水泥用量，kg；

m_{fb}——基准配合比混凝土$1m^3$的矿物掺合料用量，kg；

m_{sJ}——基准配合比混凝土$1m^3$的细集料用量，kg；

m_{gJ}——基准配合比混凝土$1m^3$的粗集料用量，kg；

ρ_{cp}——混凝土拌合物表观密度实测值，kg/m^3。

经过和易性调整试验得出的混凝土基准配合比，满足了和易性的要求，但其水灰比不一定选用恰当，混凝土的强度不一定符合要求，故应对混凝土强度进行复核。

3. 检验强度，确定试验室配合比

为校核混凝土的强度，至少拟定三个不同的配合比。当采用三个不同水胶比的配合比，其中一个是基准配合比，另两个配合比的水胶比则分别比基准配合比增加及减少0.05，其用水量与基准配合比相同，砂率值可分别增加或减少1%。每种配合比至少制作一组（三块）试件，每一组都应检验相应配合比拌合物的和易性及测定表观密度，其结果代表这一配合比的混凝土拌合物的性能，将试件标准养护至28d时，进行强度试验。

由试验所测得的混凝土强度与相应的灰水比作图或计算，求出与混凝土配制强度（$f_{cu,o}$）相对应的灰水比。最后按以下原则确定1m^{3}混凝土拌合物的各材料用量，即为试验室配合比。

（1）确定用水量。取基准配合比中用水量，并根据制作强度试件时测得的坍落度或维勃稠度值，进行调整确定。

（2）确定胶凝材料用量。以用水量乘以通过试验确定的与配制强度相对应的胶水比计算得出。

（3）粗、细集料用量。取基准配合比中的粗、细集料用量，并按定出的水胶比作适当调整。

（4）强度复核之后的配合比，还应根据实测的混凝土拌合物的表观密度（$\rho_{c,t}$）作校正，以确定1m^{3}混凝土的各材料用量。其步骤如下：

1）计算出混凝土拌合物的计算表观密度$\rho_{c,c}$。

$$\rho_{c,c}=m_{c,sh}+m_{f,sh}+m_{w,sh}+m_{s,sh}+m_{g,sh} \tag{4.23}$$

2）计算出校正系数δ。

$$\delta=\frac{\rho_{c,t}}{\rho_{c,c}} \tag{4.24}$$

当混凝土表观密度计算值与实测值之差的绝对值不超过计算的2%时，按以上原则确定的配合比即为确定的试验室配合比；当两者之差超过2%时，应将配合比中各项材料用量乘以δ，即为确定的试验室配合比。

4. 考虑现场实际情况，确定混凝土施工配合比

混凝土的试验室配合比所用粗、细集料是以干燥状态为标准计量的，但施工现场的粗、细集料是露天堆放的，都含有一定的水分。所以，施工现场应根据集料的实际含水率情况进行调整，将试验室配合比换算为施工配合比。

假定工地测出砂的表面含水率为a%，石子的表面含水率为b%，设施工配合比1m^{3}混凝土各材料用量为m'_c、m'_s、m'_f、m'_g、m'_w(kg)，则

$$m'_f=m_{f,sh}$$

$$\begin{cases}m'_c=m_{c,sh}\\ m'_s=m_{s,sh}(1+a\%)\\ m'_g=m_{g,sh}(1+b\%)\\ m'_w=m_{w,sh}-m_{s,sh}a\%-m_{g,sh}b\%\end{cases} \tag{4.25}$$

4.4.6　普通水泥混凝土的配合比设计实例

【题目】

试设计某桥梁工程桥台用钢筋混凝土的配合比。

【原始资料】

（1）已知混凝土设计强度等级为C30，强度标准差计算值为3.0MPa，要求混凝土拌合物坍落度为30～50mm。桥梁所在地区属寒冷地区。

（2）组成材料：普通硅酸盐水泥32.5级，实测28d抗压强度为36.8MPa，密度 $\rho_c=3100kg/m^3$；中砂，表观密度 $\rho_s=2650kg/m^3$，施工现场含水率为2%；碎石，最大公称粒径为37.5mm，表观密度 $\rho_g=2700kg/m^3$；施工现场含水率为1%；粉煤灰为Ⅱ级，表观密度 $\rho_f=2200kg/m^3$，掺合料 $\beta_f=20\%$；外加剂为减水剂，掺量 $\beta_a=0.5\%$，减水率 $\beta=8\%$。

【设计要求】

（1）按题设资料计算出初始配合比。

（2）按初始配合比在试验室进行试拌，调整得出试验室配合比。

（3）根据工地实测含水率计算施工配合比。

【设计步骤】

1. 计算初步配合比

（1）确定混凝土配制强度 $f_{cu,o}$。按题设条件：设计要求混凝土强度等级 $f_{cu,k}=30MPa$，按式（4.11）计算混凝土的配制强度。

$$f_{cu,o}=f_{cu,k}+1.645\sigma=30+1.645\times3.0=34.9\ (MPa)$$

（2）计算水胶比（W/B）。

1）按强度要求计算水胶比。

a. 计算胶凝材料的实际强度。由题意已知采用Ⅱ级粉煤灰，掺量为20%，查表4.14的粉煤灰影响系数 $\gamma_f=0.85$，梨花高炉矿渣粉影响系数 $\gamma_s=1.0$，再根据水泥实际强度 $f_{ce}=36.8MPa$，代入式（4.5）计算胶凝材料的强度 f_b 为

$$f_b=\gamma_f\gamma_s f_{ce}=0.85\times1.00\times36.8=31.3\ (MPa)$$

b. 计算混凝土水胶比。已知混凝土的配制强度 $f_{cu,o}=34.9MPa$，胶凝材料的强度 $f_b=31.3MPa$。查表4.13得：碎石 $\alpha_a=0.53$，$\alpha_b=0.20$。按式（4.14）计算水胶比为

$$\frac{W}{B}=\frac{\alpha_a f_b}{f_{cu,o}+\alpha_a\alpha_b f_b}=\frac{0.53\times31.3}{34.9+0.53\times0.20\times31.3}=0.43$$

2）按耐久性校核水胶比。根据混凝土所处环境条件，属于寒冷地区，查表4.17可知，允许最大水胶比为0.50. 按强度计算水胶比为0.43，符合耐久性要求，采用计算水胶比为 $W/B=0.43$。

（3）确定单位用水量（m_{wo}）和外加剂用量（m_{ao}）。

1）由题意已知，要求混凝土拌合物坍落度为30～50mm，碎石最大公称粒径为37.5mm。查表4.21选用未掺加外加剂时的混凝土用水量为 $m'_{wo}=175kg/m^3$。

又已知掺加0.5%的减水剂，减水率为8%，则掺减水剂后的混凝土用水量 m_{wo} 按式（4.15）计算为

$$m_{wo}=m'_{wo}(1-\beta)=175\times(1-8\%)=161\ (kg/m^3)$$

2）确定混凝土中减水剂用量（m_{ao}）。由题意已知，$1m^3$ 混凝土减水剂中减水剂的掺量为0.5%，按式（4.16）计算为

$$m_{ao}=m_{bo}\beta_a=374\times0.5\%=1.9\ (kg/m^3)$$

(4) 计算胶凝材料、矿物掺合料和水泥用量。

1) 计算 $1m^3$ 混凝土的胶凝材料用量(m_{bo})。

a. 已知混凝土单位用水量 $m_{wo}=161kg/m^3$,水胶比 $W/B=0.43$,按式(4.17)计算 $1m^3$ 混凝土胶凝材料用量为

$$m_{bo}=\frac{m_{wo}}{W/B}=\frac{161}{0.43}=374\ (kg/m^3)$$

b. 按耐久性要求校核单位胶凝材料用量。按题意,已知混凝土所处环境条件属寒冷地区,根据耐久性要求,查表4.18,混凝土的最小胶凝材料用量为 $320kg/m^3$。按强度计算 $1m^3$ 混凝土胶凝材料用量为 $374kg/m^3$。

2) 计算 $1m^3$ 混凝土的粉煤灰用量(m_{fo})。按题意已知,粉煤灰的掺量为20%,代入式(4.18)计算得

$$m_{fo}=m_{bo}\beta_f=374\times 20\%=75\ (kg/m^3)$$

3) 计算 $1m^3$ 混凝土的水泥用量(m_{co}),按式(4.19)计算为

$$m_{co}=m_{bo}-m_{fo}=374-75=299\ (kg/m^3)$$

(5) 选定砂率(β_s)。由题意已知,粗集料采用碎石的最大公称粒径为37.5mm,水胶比 $W/B=0.43$。查表4.22,选定混凝土的砂率为 $\beta_s=32\%$。

(6) 计算粗、细集料用量(m_{go}、m_{so})。

1) 质量法。已知:$1m^3$ 混凝土的水泥用量 $m_{co}=299kg/m^3$,粉煤灰用量 $m_{fo}=75kg/m^3$,用水量 $m_{wo}=161kg/m^3$,混凝土拌合物假定表观密度为 $\rho_{cp}=2400\ kg/m^3$,砂率 $\beta_s=32\%$。

按式(4.20)计算粗、细集料用量(m_{go}、m_{so})为

$$\begin{cases} m_{co}+m_{fo}+m_{so}+m_{go}+m_{wo}=\rho_{cp}\times 1m^3 \\ \dfrac{m_{so}}{m_{so}+m_{go}}\times 100\%=\beta_s \end{cases}$$

将相关计算结果代入上式得

$$\begin{cases} 299+75+m_{so}+m_{go}+161=2400 \\ \dfrac{m_{so}}{m_{so}+m_{go}}=0.32 \end{cases}$$

解得:$m_{so}=597kg/m^3$,$m_{go}=1268kg/m^3$。

按质量法得混凝土初步配合比为 $m_{co}=299kg/m^3$,$m_{fo}=75kg/m^3$,$m_{so}=597kg/m^3$,$m_{go}=1268kg/m^3$,$m_{wo}=161kg/m^3$。

2) 体积法。已知:水泥密度 $\rho_c=3100kg/m^3$;粉煤灰密度 $\rho_f=2200kg/m^3$;中砂表观密度 $\rho_s=2650kg/m^3$;碎石表观密度 $\rho_g=2700kg/m^3$;非引气混凝土,$\alpha=1$,由式(4.21)得

$$\begin{cases} \dfrac{m_{so}}{m_{so}+m_{go}}\times 100\%=\beta_s \\ \dfrac{m_{co}}{\rho_c}+\dfrac{m_{fo}}{\rho_f}+\dfrac{m_{wo}}{\rho_w}+\dfrac{m_{go}}{\rho_g}+\dfrac{m_{so}}{\rho_s}+0.01a=1 \end{cases}$$

得
$$\begin{cases}\dfrac{m_{so}}{m_{so}+m_{go}}=0.324\\ \dfrac{299}{3100}+\dfrac{75}{2200}+\dfrac{161}{1000}+\dfrac{m_{go}}{2700}+\dfrac{m_{so}}{2650}+0.01=1\end{cases}$$

解得：$m_{so}=600\text{kg/m}^3$，$m_{go}=1275\text{kg/m}^3$。

按体积法得混凝土初步配合比为 $m_{co}=299\text{kg/m}^3$，$m_{fo}=75\text{kg/m}^3$，$m_{so}=600\text{kg/m}^3$，$m_{go}=1275\text{kg/m}^3$，$m_{wo}=161\text{kg/m}^3$。

2. 试拌调整，确定基准配合比

（1）计算试拌材料用量。按计算初步配合比（以绝对体积法计算结果为例），试拌25L混凝土拌合物，各种材料用量为：水泥7.5kg、粉煤灰1.9kg、砂15.0kg、碎石31.9kg、水4.0kg。

（2）检验、调整工作性，确定基准配合比。按计算材料用量拌制混凝土拌合物，测定其坍落度为10mm，未满足题目给的施工和易性要求。为此，保持水胶比不变，增加5%的水和胶凝材料用量。再经拌和测得坍落度为40mm，且黏聚性和保水性良好，满足施工和易性要求。此时，混凝土拌合物各组成材料实际用量为：

水泥	7.5×（1+5%）=7.9（kg）
粉煤灰	1.9×（1+5%）=2.0（kg）
水	4.0×（1+5%）=4.2（kg）
砂	15.0（kg）
碎石	31.9（kg）

（3）提出基准配合比。用满足施工和易性要求的拌合物测得的混凝土的表观密度为：2437 kg/m³，根据式（4.22）算得其基准配合比为

$$m_{cJ}=\frac{\rho_{cp}\times 1\text{m}^3}{m_{wb}+m_{cb}+m_{fb}+m_{sb}+m_{gb}}\times m_{cb}=\frac{2437}{4.2+7.9+2.0+15.0+31.9}\times 7.9=316\ (\text{kg})$$

$$m_{fJ}=\frac{\rho_{cp}\times 1\text{m}^3}{m_{wb}+m_{cb}+m_{fb}+m_{sb}+m_{gb}}\times m_{fb}=\frac{2437}{4.2+7.9+2.0+15.0+31.9}\times 2.0=80\ (\text{kg})$$

$$m_{wJ}=\frac{\rho_{cp}\times 1\text{m}^3}{m_{wb}+m_{cb}+m_{fb}+m_{sb}+m_{gb}}\times m_{wb}=\frac{2437}{4.2+7.9+2.0+15.0+31.9}\times 4.2=168\ (\text{kg})$$

$$m_{sJ}=\frac{\rho_{cp}\times 1\text{m}^3}{m_{wb}+m_{cb}+m_{fb}+m_{sb}+m_{gb}}\times m_{sb}=\frac{2437}{4.2+7.9+2.0+15.0+31.9}\times 15.0=600\ (\text{kg})$$

$$m_{gJ}=\frac{\rho_{cp}\times 1\text{m}^3}{m_{wb}+m_{cb}+m_{fb}+m_{sb}+m_{gb}}\times m_{gb}=\frac{2437}{4.2+7.9+2.0+15.0+31.9}\times 31.9$$
$$=1274\ (\text{kg})$$

3. 检验强度，确定试验室配合比

（1）检验强度。采用水灰比分别为0.38、0.43、0.48，拌制三组混凝土拌合物。其各组材料称量为：砂、碎石用量不变，基准水用量亦保持不变，其他两组亦经测定坍落度并观察其黏聚性和保水性均满足要求。

按三组配合比经拌制成型，在标准条件下养护28d后，按规定方法测定其立方体抗压强度值，如表4.24所示。

表 4.24　　不同水胶比的混凝土强度值

组别	水胶比 W/B	胶水比 B/W	28d 立方体抗压强度（MPa)
A	0.38	2.63	45.1
B	0.43	2.33	37.8
C	0.48	2.08	30.1

根据表 4.24 试验结果，绘制混凝土 28d 立方体抗压强度与胶水比关系如图 4.8 所示。

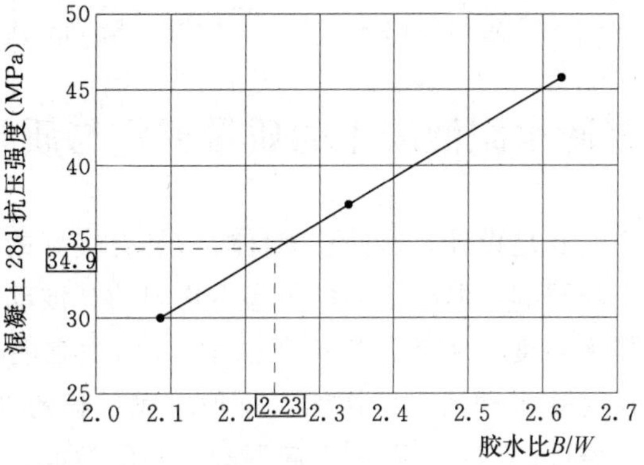

图 4.8　混凝土 28d 抗压强度与胶水比关系曲线

由图 4.8 可知，相应混凝土配置强度 $f_{cu,o}$ =34.9MPa 的胶水比 B/W =2.23，即水胶比为 0.45。

（2）确定试验室配合比。

1）按强度试验结果修正配合比，各材料用量为

用水量　　$m_{w,sh}=168$（kg/m^3）

胶凝材料用量　　$m_{b,sh}=168\div0.45=362$（kg/m^3）

粉煤灰用量　　$m_{f,sh}=362\times20\%=72$（kg/m^3）

水泥用量　　$m_{c,sh}=362-72=290$（kg/m^3）

砂、碎石用量按体积法计算得

砂用量　　$m_{s,sh}=598\text{kg/m}^3$

碎石用量　　$m_{g,sh}=1270\text{kg/m}^3$

2）混凝土表观密度计算值，按式（4.23）可计算

$$\rho_{c,c}=m_{c,sh}+m_{f,sh}+m_{w,sh}+m_{s,sh}+m_{g,sh}=290+72+168+598+1270=2398\ (\text{kg/m}^3)$$

实测混凝土表观密度　　$\rho_{c,t}=2450\text{kg/m}^3$

修正系数　　$\delta=2450/2398=1.02$

因为混凝土表观密度实测值与计算值之差的绝对值超过计算值的 2%（$\frac{2450-2398}{2398}\times100\%=2.2\%$），则按实测表观密度校正各种材料用量：

水泥用量　　$m'_{c,sh}=290\times1.02=296$（kg/m^3）

粉煤灰用量　　$m'_{f,sh}=72\times1.02=73$（kg/m^3）

水用量　　$m'_{w,sh}=168\times1.02=171$（kg/m^3）

砂用量 $m'_{s,sh}=598\times1.02=610\ (kg/m^3)$

碎石用量 $m'_{g,sh}=1270\times1.02=1295\ (kg/m^3)$

4. 换算施工配合比

水泥用量 $m'_c=296\ (kg/m^3)$

粉煤灰用量 $m'_f=73\ (kg/m^3)$

水用量 $m'_w=171-(610\times2\%+1295\times1\%)=146\ (kg/m^3)$

砂用量 $m'_s=610\times(1+2\%)=622\ (kg/m^3)$

碎石用量 $m'_g=1295\times(1+1\%)=1308\ (kg/m^3)$

4.5 普通水泥混凝土的质量评定与质量控制

质量合格的混凝土应能满足设计要求的技术性质，具有较好的均匀性，且达到规定的保证率。但由于多种因素的影响，混凝土的质量是不均匀的、波动的。评价混凝土质量的一个重要技术指标是混凝土强度（主要是指抗压强度），因为它能较综合地反映混凝土的各项质量指标。混凝土强度受多种因素的影响，每种组成材料的性能及其配合比、搅拌、运输、成型和养护等工艺条件的变化，都将引起混凝土强度的波动，且其波动一般呈正态分布。通常用混凝土强度的平均值、强度标准差、强度变异系数来评定混凝土质量的好坏。

4.5.1 混凝土强度的统计方法

1. 混凝土强度的波动规律——正态分布

试验表明，混凝土强度的波动规律是符合正态分布的（图4.9），即在施工条件相同的情况下，对同一种混凝土进行系统取样，测定其强度，以强度为横坐标，以某一强度出现的概率为纵坐标，可绘出强度概率正态分布曲线。正态分布的特点为：以强度平均值为对称轴，左右两面边的曲线是对称的，距离对称轴越远的值，出现的概率越小，并逐渐趋近于零；曲线和横坐标之间的面积为概率的总和，等于100%；对称轴两边，出现的概率相等，在对称轴两侧的曲线上各有一个拐点，拐点距强度平均值的距离即为标准差。

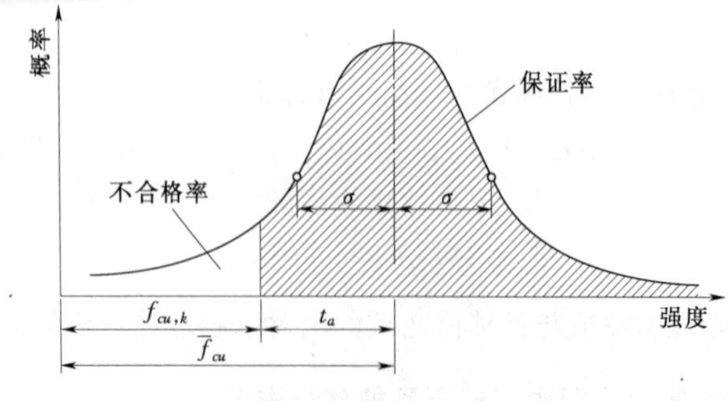

图4.9 混凝土强度正态分布曲线图

2. 统计参数

(1) 强度平均值 m_{fcu}。它代表混凝土强度总体的平均水平，其值按下式计算

$$m_{fcu}=\frac{1}{n}\sum_{i=1}^{n}f_{cu,i} \tag{4.26}$$

式中 n——试验组数（$n\geqslant 25$）；

$f_{cu,i}$——第 i 组试件的立方体强度值，MPa。

平均强度反映混凝土总体强度的平均值，但并不能反映混凝土强度的波动情况。

（2）强度标准差（σ）。也称均方差，能反映混凝土强度的离散程度。σ 值越大，强度分布曲线变得矮而宽，离散程度越大，则混凝土质量越不稳定；反之，混凝土的质量越稳定。σ 值是评定混凝土质量均匀性的重要指标，可按下式计算

$$\sigma=\sqrt{\frac{\sum_{i=1}^{n}(f_{cu,i}-m_{fcu})^2}{n-1}} \tag{4.27}$$

式中 n——试验组数（$n\geqslant 25$）；

$f_{cu,i}$——第 i 组试件的立方体强度值，MPa；

m_{fcu}——n 组试件抗压强度的算术平均值，MPa；

σ——n 组试件抗压强度的标准差，MPa。

（3）强度变异系数（C_v）。又称离差系数，也能说明混凝土质量均匀性的指标。对平均强度水平不同的混凝土之间质量稳定性的比较，可考虑相对波动的大小，用变异系数 C_v 来表示，C_v 值越小，说明该混凝土质量越稳定。C_v 可按下式计算：

$$C_v=\frac{\sigma}{m_{fcu}} \tag{4.28}$$

3. 强度保证率

强度保证率是指混凝土强度总体中，不小于设计强度所占的概率，以正态分布曲线上的阴影部分面积表示，如图 4.10 所示。其计算方法如下。

先根据混凝土设计要求的强度等级（$f_{cu,k}$）、混凝土的强度平均值（m_{fcu}）、标准差（σ）或变异系数（C_v），计算出概率度 t。

$$t=\frac{f_{cu,k}-m_{fcu}}{\sigma}\text{ 或 }t=\frac{f_{cu,k}-m_{fcu}}{C_v\overline{f}_{cu}} \tag{4.29}$$

式中 t——概率度；

其他符号意义同前。

再根据 t 值，由表 4.25 查得保证率 P（%）。

表 4.25　不同的强度保证率 P 对应的概率度 t 值选用表

P（%）	50.0	69.2	78.8	80.0	84.1	85.1	88.5	90.0	91.9	93.3	94.5
t	0.00	−0.50	−0.80	−0.84	−1.00	−1.04	−1.20	−1.28	−1.40	−1.50	−1.60
P（%）	95.0	95.5	96.0	96.5	97.0	97.5	97.7	98.0	99.0	99.4	99.9
t	−1.645	1.70	−1.75	−1.81	−1.88	−1.96	−2.00	−2.05	2.33	−2.50	−3.00

注　若技术资料无明确要求时，保证率 P 一般可按 95%考虑。

工程中 P（%）值可根据统计周期内，混凝土试件强度不得低于要求强度等级标准值的组数与试件总数之比求得，即

$$P = \frac{N_0}{N} \times 100\% \qquad (4.30)$$

式中 N_0——统计周期内，同批混凝土试件强度大于等于设计强度等级值的组数；

N——统计周期内，同批混凝土试件总组数，$N \geqslant 25$。

《混凝土强度检验评定标准》（GBJ 107—1987）及《混凝土结构设计规范》（GB 50010—2002）规定，同批试件的统计强度保证率不得小于95%。根据强度标准差的大小，将现场集中搅拌混凝土的质量管理水平划分为“优良”、“一般”及“差”三等。衡量混凝土生产质量水平以现场试件28d龄期抗压标准差 σ 值表示，其评定标准见表4.26所示。

表 4.26　　现场集中搅拌混凝土的生产质量水平

生产质量水平	优良		一般		差	
混凝土强度等级	<C20	≥C20	<C20	≥C20	<C20	≥C20
混凝土强度标准差 σ（MPa）	≤3.5	≤4.0	≤4.5	≤5.5	>4.5	>5.5
强度大于等于混凝土强度等级值的百分率 P（%）	≥95		>85		≤85	

4. 混凝土施工配制强度

由于混凝土施工过程中原材料性能及生产因素的差异，会出现混凝土质量的不稳定，如果按设计的强度等级（$f_{cu,k}$）配制混凝土，则在施工中将有一半的混凝土达不到设计强度等级，即强度保证率只有50%。为使混凝土强度保证率满足规定的要求，在设计混凝土配合比时，为了使混凝土具有要求的保证率，必须使配制强度（$f_{cu,o}$）高于设计要求的强度等级（$f_{cu,k}$）。令配制强度 $f_{cu,o}$ 等于总体强度平均值 m_{fcu}，代入式（4.29）可得

$$f_{cu,o} = f_{cu,k} - t\sigma \qquad (4.31)$$

由式（4.31）可知，配制强度 $f_{cu,o}$ 高出设计要求的强度等级 $f_{cu,k}$ 的多少，决定于设计要求的保证率 P（定出 t 值）及施工质量水平（σ 或 C_v 的大小）。设计要求的保证率越大，配制强度越高；施工质量水平越差，配制强度应提高。

GB/T 50107—2010及GB 50010—2010规定，同批试件的统计强度保证率不得小于95%。由表3.37可查出当 $P=95\%$ 时，$t=-1.645$，代入式（4.31）可得

$$f_{cu,o} = f_{cu,k} + 1.645\sigma \qquad (4.32)$$

4.5.2 混凝土的质量评定

混凝土的质量一般以抗压强度来评定，为此必须有足够数量的混凝土试验值来反映混凝土总体的质量。为使抽取的混凝土试样更具代表性，混凝土试样应在浇筑地点随机地抽取。当经试验证明搅拌机卸料口和浇筑地点混凝土的强度无显著差异时，混凝土试样也可在卸料口随机抽取。

混凝土强度应分批进行检验评定，一个验收批的混凝土应由强度等级相同、龄期相同、生产工艺条件和配合比基本相同的混凝土组成。对于施工现场集中搅拌的混凝土，其强度检验评定按统计方法进行。对零星生产的预制构件中混凝土或现场搅拌的批量不大的混凝土，不能获得统计方法所必需的试件组数时，可按非统计方法检验评定混凝土强度。

4.5.3 混凝土强度的评价方法

1. 统计方法（已知强度标准差方法）

当混凝土生产条件在较长时间内能保持一致，且同一品种混凝土强度变异性能保持稳定时，应由连续的三组试件代表一个验收批。其强度应同时符合式（4.33）～式（4.35）或式（4.36）的要求。

$$m_{f_{cu}} \geqslant f_{cu,k} + 0.7\sigma_0 \tag{4.33}$$

$$f_{cu,\min} \geqslant f_{cu,k} - 0.7\sigma_0 \tag{4.34}$$

当混凝土强度等级不高于C20时，其强度最小值尚应满足式（4.35）的要求

$$f_{cu,\min} \geqslant 0.85 f_{cu,k} \tag{4.35}$$

当混凝土强度等级高于C20时，其强度最小值尚应满足式（4.36）的要求

$$f_{cu,\min} \geqslant 0.90 f_{cu,k} \tag{4.36}$$

式中　$m_{f_{cu}}$——同一验收批混凝土强度的平均值，MPa；

$f_{cu,k}$——设计的混凝土强度标准值，MPa；

$f_{cu,\min}$——同一验收批混凝土强度的最小值，MPa；

σ_0——验收批混凝土强度的标准差，MPa。

验收批混凝土强度标准差 σ_0，应根据前一个检验期（不超过三个月）内同一品种混凝土试件强度资料，按下式确定

$$\sigma_0 = \frac{0.59}{m}\sum_{i=1}^{m}\Delta f_{cu,i} \tag{4.37}$$

式中　$\Delta f_{cu,i}$——前一检验期内第 i 验收批混凝土试件中强度最大值与最小值之差，MPa；

m——前一检验期内验收批的总批数（$m \geqslant 15$）。

【例 4.1】 某混凝土预制厂生产的构件，混凝土强度等级为C30，统计前期16批的8组强度批极差见表4.27。试按标准差已知法，评定现生产各批混凝土强度（表4.28）是否合格。

表 4.27　　前期各批混凝土强度极差值

$\Delta f_{cu,i}$ (MPa)							
3.5 5.2	6.2 6.2	8.0 5.0	4.5 3.8	5.5 9.6	7.6 6.0	3.8 4.8	4.6 5.0
$M=16$，$\Sigma=89.3$							

【解】

（1）由表4.27，按式（4-37）计算验收批混凝土强度标准差为

$$\sigma_0 = \frac{0.59}{m}\sum_{i=1}^{m}\Delta f_{cu,i} = 3.3\ (\text{MPa})$$

（2）计算验收批强度平均值 $m_{f_{cu}}$ 和最小值 $f_{cu,\min}$ 的验收界限为

$$[m_{f_{cu}}] = f_{cu,k} + 0.7\sigma_0 = 30 + 0.7 \times 3.3 = 32.3\ (\text{MPa})$$

$$[f_{cu,\min}]=\begin{cases}f_{cu,k}-0.7\sigma_0=27.7(\text{MPa})\\0.9f_{cu,k}=27.0(\text{MPa})\end{cases}$$

(3) 对现生产各批强度进行评定，评定结果见表4.28。

表4.28　　现生产各批强度和评定结果

批号	$f_{cu,i}$			m_{fcu}	评定结果	批号	$m_{fcu,i}$			m_{fcu}	评定结果
	1	2	3				1	2	3		
1	38.6	38.4	34.2	37.4	+	4	38.2	36.0	25.0*	33.1	−
2	35.2	30.8	28.8	31.6*	−	⋮	⋮	⋮	⋮	⋮	⋮
3	39.4	38.2	38.0	38.5	+	15	30.2	33.2	36.4	33.2	+

*　不合格数据。

2. 统计方法（未知标准差方法）

当混凝土生产条件不能满足前述规定，或在一个检验期内的同一品种混凝土没有足够的数据用以确定验收批混凝土强度的标准差时，应由不少于10组的试件代表一个验收批，其强度应同时符合式（4.38）和式（4.39）的要求，即

$$m_{fcu}-\lambda_1 S_{fcu}\geqslant 0.9f_{cu,k} \tag{4.38}$$

$$f_{cu,\min}\geqslant\lambda_2 f_{cu,k} \tag{4.39}$$

式中　λ_1、λ_2——合格判定系数，按表4.29取用；

S_{fcu}——验收混凝土强度的标准差，MPa。

表4.29　　混凝土强度的合格判定系数

试件组数	10～14	15～24	>25	试件组数	10～14	15～24	>25
λ_1	1.70	1.65	1.60	λ_2	0.90	0.85	

当 S_{fcu} 的计算值小于 $0.06f_{cu,k}$ 时，取 $S_{fcu}=0.06f_{cu,k}$。

验收批混凝土强度的标准差 $f_{cu,k}$ 可按式（4.40）计算

$$S_{fcu}=\sqrt{\frac{\sum_{i=1}^{n}f_{cu,i}^2-nm_{fcu}^2}{n-1}} \tag{4.40}$$

式中　$f_{cu,i}$——验收批第 i 组混凝土试件的强度值，MPa；

n——验收批混凝土试件的总组数。

【例4.2】 现场集中搅拌混凝土，强度等级为C30，其同批强度如表4.30所示，试评定该批混凝土是否合格。

表4.30　　混凝土批强度

$f_{cu,i}$ (MPa)									
36.5	38.4	33.6	40.2	33.8	37.2	38.2	39.4	40.2	38.4
38.6	32.4	35.8	35.6	40.8	30.6	32.4	38.6	30.4	38.8
$n=20$，$n_{fcu}=36.5$									

【解】

(1) 按式(4.40)计算该批混凝土强度标准差为

$$S_{fcu}=\sqrt{\frac{26839.33-20\times1332.25}{20-1}}=3.2>0.06f_{cu,k}$$

(2) 按式(4.38)和式(4.39)计算验收界限为

$$[m_{f_{cu}}]=(1.65\times3.2+0.9\times30)=32.3\ (\mathrm{MPa})$$

$$[m_{f_{cu},\min}]=0.85\times30=25.5\ (\mathrm{MPa})$$

(3) 评定该批混凝土强度。

因 $m_{f_{cu}}>[m_{f_{cu}}]=32.3$ (MPa)

且 $m_{f_{cu},\min}=30.4$ (MPa) $>[m_{f_{cu},\min}]=0.85\times30=25.5$ (MPa)

所以该批混凝土应评为合格。

3. 非统计方法

按非统计方法评定混凝土强度时，其所保留强度应同时满足式(4.41)和式(4.42)的要求，即

$$m_{fcu}\geqslant1.15f_{cu,k}\tag{4.41}$$

$$f_{cu,\min}\geqslant0.95f_{cu,k}\tag{4.42}$$

4.6 混凝土的外加剂

在拌制混凝土过程中掺入的不超过水泥质量的5%(特殊情况除外)，且能使混凝土按需要改变性质的物质，称为混凝土外加剂。

外加剂的使用是混凝土技术的重大突破。随着混凝土工程技术的发展，对混凝土性能提出了许多新的要求。如冬季施工要求高的早期强度，高层建筑要求高强度，泵送混凝土要求高流动性，等等。这些性能的实现，需要应用高性能的外加剂。

4.6.1 外加剂的分类

混凝土外加剂的种类繁多，按照其主要功能归纳起来可分为下列四类。

(1) 改善混凝土拌合物流动性能的外加剂，包括各种减水剂、引气剂和泵送剂等。

(2) 改善混凝土耐久性的外加剂，包括引气剂、防水剂和阻锈剂等。

(3) 调节混凝土凝结时间、硬化性能的外加剂，包括缓凝剂、早强剂和速凝剂。

(4) 改善混凝土其他性能的外加剂，包括加气剂、防冻剂、膨胀剂、抑碱—集料膨胀反应剂、着色剂等。

4.6.2 常用混凝土外加剂

1. 减水剂

减水剂是指在混凝土坍落度基本相同的条件下，能减少拌和用水量的外加剂。按减水能力及其兼有的功能有普通减水剂、高效减水剂、早强减水剂及引气减水剂等。减水剂多为亲水性表面活性剂。

(1) 减水剂的作用机理及使用效果。水泥加水拌和后，会形成絮凝结构，流动性很

低。掺有减水剂时，减水剂分子吸附在水泥颗粒表面，其亲水基团携带大量水分子，在水泥颗粒周围形成一定厚度的吸附水层，增大了水泥颗粒间的滑动性。当减水剂为离子型表面活性剂时，还能使水泥颗粒表面带上同性电荷，在电性斥力作用下，促使絮凝结构分散解体，从而将其中的游离水释放出来，而大大增加了拌合物的流动性。减水剂还使溶液的表面张力降低，在机械搅拌作用下使浆体内引入部分气泡。这些微细气泡有利于水泥浆流动性的提高。此外，减水剂对水泥颗粒的润湿作用，可使水泥颗粒的早期水化作用比较充分。

总之，减水剂在混凝土中改变了水泥浆体流动性能，进而改变了水泥混凝土结构，起到了改善混凝土性能的作用。

根据使用条件不同，混凝土掺用减水剂后可以产生以下五方面的效果。

1）在配合比不变的情况下，可增大混凝土拌合物的流动性，且不致降低混凝土的强度。

2）在保持流动性及水灰比不变的条件下，可以减少用水量及水泥用量，以节约水泥。

3）在保持流动性及水泥用量不变的条件下，可以减少用水量，从而降低水灰比，使混凝土的强度与耐久性得到提高。

4）水泥水化放热速度减缓，防止因混凝土内外温差引起的裂缝。

5）混凝土的离析、泌水现象可得到改善。

（2）常用减水剂种类。减水剂是使用最广泛和效果最显著的一种外加剂。其种类繁多，常用减水剂有木质素系、萘磺酸盐系（简称萘系）、树脂系、糖蜜系及腐殖酸系等，这些减水剂的性能见表4.31。此外还有脂肪酸类、氨基苯酸类、丙烯酸类减水剂。

表4.31　　常用减水剂品种及性能

种类	木质素系	萘系	树脂系	糖蜜系	腐殖酸系
减水效果类别	普通型	高效型	高效型	普通型	普通型
主要品种	木质素磺酸钙（木钙粉、M剂、木钠、木镁）	NNO、NF、NUF、FDN、JN、MF、建1、NHJ、DH等	SM、CRS等	3FG、TF、ST	腐殖酸
主要成分	木质素磺酸钙、木质素磺酸钠、木质素磺酸镁	芳香族磺酸盐甲醛缩合物	三聚氢胺树脂磺酸钠（SM）、古玛隆—茚树脂磺酸钠（GRS）	糖渣、废蜜经石灰水中和而成	磺化胡敏酸
适宜掺量（占水泥质量%）	0.2～0.3	0.2～1.0	0.5～2.0	0.2	0.3
早强效果	—	明显	显著	—	有早强型，缓凝型两种
缓凝效果	1～3h	—	—	3h以上	—
引气效果	1%～2%	一般为非引气型部分品种引气<2%	<2%	—	—

(3) 减水剂的使用。混凝土减水剂的掺加方法，有“同掺法”、“后掺法”及“滞水掺入法”等。所谓同掺法，即是将减水剂溶解于拌和用水，并与拌和用水一起加入到混凝土拌合物中。所谓后掺法，就是在混凝土拌合物运到浇筑地点后，再掺入减水剂或再补充部分减水剂，并再次搅拌后进行浇筑。所谓滞水掺入法，是在混凝土拌合物已经加入搅拌1～3min后，再加入减水剂，并继续搅拌到规定的拌和时间。

混凝土拌合物的流动性一般随停放时间的延长而降低，这种现象称为坍落度损失。掺有减水剂的混凝土坍落度损失往往更为突出。采用后掺法或滞水掺入法，可减小坍落度损失，也可减少外加剂掺用量，提高经济效益。

2. 引气剂

引气剂是在混凝土中经搅拌能引入大量独立的、均匀分布、稳定而封闭小气泡的外加剂。按其化学成分分为松香树脂类、烷基苯磺酸类及脂肪醇磺酸类等三大类，其中以松香树脂类应用最广，主要有松香热聚物和松香皂两种。

引气剂属于憎水性表面活性剂，其活性作用主要发生在水-气界面上。溶于水中的引气剂掺入新拌混凝土后，能显著降低水的表面张力，使水在搅拌作用下，容易引入空气形成许多微小的气泡。由于引气剂分子定向在气泡表面排列而形成了一层保护膜，且因该膜能够牢固地吸附着水泥水化物而增加了膜层的厚度和强度，使气泡膜壁不易破裂。

掺入引气剂，混凝土中产生的气泡大小均匀，直径在20～1000μm之间，大多在200μm以下。大量微细气泡的存在，对混凝土性能产生很大影响，主要体现在以下几个方面。

(1) 有效改善新拌混凝土的和易性。在新拌混凝土中引入的大量微小气泡，相对增加了水泥浆体积，而气泡本身起到了轴承滚珠的作用，使颗粒间摩擦阻力减小，从而提高了新拌混凝土的流动性。同时，由于某种原因水分被均匀地吸附在气泡表面，使其自由流动或聚集趋势受到阻碍，从而使新拌混凝土的泌水率显著降低，黏聚性和保水性明显改善。

(2) 显著提高混凝土的抗渗性和抗冻性。混凝土中大量微小气泡的存在，不仅可堵塞或隔断混凝土中的毛细管渗水通道，而且由于保水性的提高，也减少了混凝土内水分聚集造成的水囊孔隙，因此，可显著提高混凝土的抗渗性。此外，由于大量均匀分布的气泡具有较高的弹性变形能力，它可有效地缓冲孔隙中水分结冰时产生的膨胀应力，从而显著提高混凝土的抗冻性。

(3) 变形能力增大，但强度及耐磨性有所降低。掺入引气剂后，混凝土中大量气泡的存在，可使其弹性模量略有降低，弹性变形能力有所增大，这对提高其抗裂性是有利的。但是，也会使其变形有所增加。

由于混凝土中大量气泡的存在，使其孔隙率增大和有效面积减小，使强度及耐磨性有所降低。通常，混凝土中含气量每增加1%，其抗压强度可降低4%～6%，抗折强度可降低2%～3%。为防止混凝土强度的显著下降，应严格控制引气剂的掺量，以保证混凝土的含气量不致过大。

3. 缓凝剂

能延缓混凝土凝结时间，并对混凝土后期强度发展无不利影响的外加剂，称为缓凝剂。

我国使用最多的缓凝剂是是糖钙、木钙，它具有缓凝及减水作用。其次有羟基羚酸及其盐类，有柠檬酸、酒石酸钾钠等。无机盐类有锌盐、硼酸盐。此外，还有胺盐及其衍生物、纤维素醚等。

缓凝剂适用于要求延缓时间的施工中，如在气温高、运距长的情况下，可防止混凝土拌合物发生过早坍落度损失；又如分层浇筑的混凝土，为防止出现冷缝，也常加入缓凝剂。另外，在大体积混凝土中为了延长放热时间，也可掺入缓凝剂。

4. 早强剂

指能提高混凝土的早期强度并对后期强度无明显影响的外加剂。

早强剂对水泥中的 C_3S 和 C_2S 等矿物成分的水化有催化作用，能加速水泥的水化和硬化，具有早强作用。常用早强剂有如下三类。

（1）氯盐类早强剂。有氯化钙，以及钠、铁、铝、钾等的氯化物。以氯化钙应用最为广泛，是最早使用的早强剂。

氯化钙的早强作用是，氯化钙能与水中的 C_3A 作用生成不溶性的水化氯铝酸钙（$C_3A \cdot CaCl_2 \cdot 10H_2O$），氯化钙还与 C_3S 水化生成的 $Ca(OH)_2$ 作用生成不溶于氯化钙溶液的氧氯化钙［$CaCl_2 \cdot 3Ca(OH)_2 \cdot 12H_2O$］。这些复盐的生成，增加了水泥浆中固相的含量，形成坚固的骨架，促进混凝土强度增长，同时，由于上述反应的进行，降低了液相中的碱度，使 C_3S 的水化反应加快，也可提高混凝土的早期强度。

氯化钙不仅具有早强与促凝作用，还能产生防冻效果。氯化钙掺量为0.5%～2%，可使1d强度提高70%～140%，3d强度提高40%～70%，28d以后便无差别。

由于氯离子能促使钢筋锈蚀，故掺用量必须严格限制，在钢筋混凝土中氯化钙的掺量不得超过水泥质量的1%；在无筋混凝土中的掺量不得超过3%；在使用冷拉和冷拔低碳钢丝的混凝土结构及预应力混凝土结构中，不允许掺用氯化钙。

（2）硫酸盐类早强剂。包括硫酸钠、硫代硫酸钠、硫酸钙等。应用最广的是硫酸钠（Na_2SO_4），亦称元明粉，是缓凝型早强剂。掺入混凝土拌合物后，会迅速与水泥水化生成物氢氧化钙发生反应：

$$Na_2SO_4+Ca(OH)_2+2H_2O=CaSO_4 \cdot 2H_2O+2NaOH$$

生成的二水石膏具有高度的分散性，均匀分布于水泥浆中，它与 C_3A 的反应要比外掺二水石膏更为迅速，因而很快生成钙矾石，提高了水泥浆中固相的比例，加速了混凝土的硬化过程，从而起到早强作用。

硫酸钠的掺量为0.5%～2%，3d强度可提高20%～40%。一般多与氯化钠、亚硝酸钠、二水石膏、三乙醇胺、重铬酸盐等复合使用，效果更好。

硫酸钠对钢筋无锈蚀作用，但它与氢氧化钙作用会生成碱（NaOH）。为防止碱—集料反应，所用集料不得含有蛋白石等矿物。

（3）三乙醇胺早强剂。三乙醇胺［$N(C_2H_4OH)_3$］是呈淡黄色的油状液体，属非离子型表面活性剂。

三乙醇胺不改变水泥的水化生成物，但能促进 C_3A 与石膏之间生成钙矾石的反应。当与无机盐类材料复合使用时，不但能催化水泥本身的水化，而且可在无机盐类与水泥反应中起催化作用。所以，在硬化早期，含有三乙醇胺的复合早强剂，其早强效果大于不含三乙醇胺的复合早强剂。

三乙醇胺的掺量为0.02%～0.05%。一般不单独使用，多与其他外加剂组成复合早强剂。如三乙醇胺—二水石膏—亚硝酸钠复合早强剂，早强效果较好，3d强度可提高50%，适用于禁用氯盐的钢筋混凝土结构中。

混凝土中掺入了早强剂，可缩短混凝土的凝结时间，提高早期强度，常用于混凝土的快速施工。但掺入了氯化钙早强剂，会加速钢筋的锈蚀，为此对的氯化钙的掺入量应加以限制，通常对于配筋混凝土不得超过1%；无筋混凝土掺入量也不宜超过3%。为了防止氯化钙对钢筋的锈蚀，氯化钙早强剂一般与阻锈剂复合使用。

5. 其他外加剂

(1) 速凝剂。掺入混凝土中能促进混凝土迅速凝结硬化的外加剂称为速凝剂。通常，速凝剂的主要成分是铝酸钠或碳酸钠等盐类。当混凝土中加入速凝剂后，其中的铝酸钠、碳酸钠等盐类在碱性溶液中迅速与水泥中的石膏反应生成硫酸钠，并使石膏丧失原有的缓凝作用，导致水泥中的C_3A迅速水化，促进溶液中水化物晶体的快速析出，从而使混凝土中水泥浆迅速凝固。

目前工程中常用的速凝剂主要是这些无机盐类，其主要品种有红星一型和711型。其中，红星一型是由铝氧熟料、碳酸钠、生石灰等按一定比例配制而成的一种粉状物；711型速凝剂是由铝氧熟料与无水石膏按3∶1的质量比配合粉磨而成的混合物，它们在矿山、隧道、地铁等工程的喷射混凝土施工中最为常用。

(2) 防冻剂。是掺入混凝土后，能使其在负温下正常水化硬化，并在规定时间内硬化到一定程度，且不会产生冻害的外加剂。

利用不同成分的综合作用可以获得更好的混凝土抗冻性，因此，工程中常用的混凝土防冻剂往往采用多组分复合而成的防冻剂。其中防冻组分为氯盐类（例如，$CaCl_2$，NaCl等）；氯盐阻锈类（氯盐与亚硝酸钠、铬酸盐、磷酸盐等阻锈剂复合而成）；无氯盐类（硝酸盐、亚硝酸盐、碳酸盐、尿素、乙酸等）。减水、引气、早强等组分则分别采用与减水剂、引气剂和早强剂相近的成分。

值得提出的是，防冻剂的作用效果主要体现在对混凝土早期抗冻性的改善，其使用应慎重，特别应确保其对混凝土后期性能不会产生显著的不利影响。

(3) 阻锈剂。或称缓蚀剂，是减缓混凝土中的钢筋锈蚀的外加剂。工程中常用的阻锈剂是亚硝酸钠（$NaNO_2$）。当外加剂中含有氯盐时，常掺入阻锈剂，以保护钢筋。

(4) 膨胀剂。掺入混凝土中后能使其产生补偿收缩或膨胀的外加剂称为膨胀剂。

普通水泥混凝土硬化过程中的特点之一就是体积收缩，这种收缩会使其物理力学性能受到明显的影响。因此，通过化学的方法使其本身在硬化过程中产生体积膨胀，可以弥补其收缩的影响，从而改善混凝土的综合性能。

工程建设中常用的膨胀剂种类有硫铝酸钙类（如明矾石、UEA膨胀剂等）、氧化钙类及氧化硫铝钙类等。

硫铝酸钙类膨胀剂加入混凝土中以后，其中的无水硫铝酸可产生水化并能与水泥水化产生反应，生成三硫型水化硫铝酸钙（钙矾石），使水泥石结构固相体积明显增加而导致宏观体积膨胀。氧化钙类膨胀剂的膨胀作用，是利用CaO水化生成$Ca(OH)_2$晶体过程中体积增大的效果，而使混凝土产生结构密实或产生宏观体积膨胀。

4.6.3 外加剂的储运和保管

混凝土外加剂大多为表面活性物质或电解质盐类，具有较强的反应能力，对混凝土的性能影响很大，所以在储存和运输中应加强管理。不合格的、失效的、长期存放的、质量未经明确的外加剂禁止使用；不同品种类的外加剂应分别储存运输；应注意防潮、防水，避免受潮后影响功效；有毒性的外加剂必须单独存放，专人管理；有强氧化性的外加剂必须进行密封储存，同时还必须注意储存期不得超过外加剂的有效期。

4.7 其他功能水泥混凝土

在道路与桥梁工程中，除了普通水泥混凝土材料外，高强混凝土、轻集料混凝土、碾压混凝土、流态混凝土、纤维增强混凝土等也都有了很大的发展，下面将介绍这几种混凝土。

4.7.1 高强混凝土

强度等级不低于C60的混凝土称为高强混凝土。为了减轻自重、增大跨径，现代高架公路、立体交叉和大型桥梁等混凝土结构均采用高强混凝土。为了保证混凝土达到应有的强度，通常采用以下四方面的综合措施：

（1）选用优质高强的水泥，水泥矿物成分中 C_3S 和 C_2S 应较高，特别是 C_3S 含量要高。集料应选用高强、有棱角、致密而无孔隙和软弱夹杂物的材料，并且要求有最佳级配；高强混凝土均需采用减水剂或其他外加剂，应选用优质高效的NNO和MF等减水剂来提高混凝土强度。

（2）采用增加水泥中早强和高强的矿物成分含量，提高水泥的磨细度和采用蒸压养护的方法，来改善水泥的水化条件以达到高强度。

（3）掺加各种高聚物，增强集料和水泥的黏附性，采用纤维增强等措施来提高混凝土强度，而得到高强混凝土。

（4）采用加压脱水成形法及掺减水剂的方法来提高混凝土的密实度，而使混凝土的强度得到提高。

4.7.2 轻集料混凝土

用轻粗、细集料和水泥配制而成的、表观密度不大于1900kg/m^3 的混凝土，称为轻混凝土。

轻集料混凝土种类较多，常以轻集料的种类来命名，如粉煤灰陶粒混凝土、黏土陶粒混凝土、浮石混凝土、页岩陶粒混凝土等。

4.7.2.1 轻集料的种类和性质

1. 轻集料的种类

凡粒径在5mm以上、松装堆积密度小于1000kg/m^3 的轻集料，称为轻粗集料。粒径小于5mm、松装堆积密度小于1100kg/m^3 者，称为轻细集料（又称轻砂）。

轻集料按原料来源分为三类：

（1）工业废渣轻集料。以工业废渣为原料，经加工而成的轻质集料，如煤矸石陶粒、粉煤灰陶粒、煤渣、膨胀矿渣等。

（2）天然轻集料。以天然形成的多孔岩石经加工而成的轻质集料，如浮石、火山渣等。

（3）人工轻集料。以地方材料为原料，经加工而成的轻质集料，如页岩陶粒、黏土陶粒等。

2. 轻集料的技术性质

轻集料混凝土的性质很大程度上取决于轻集料的性质。轻集料的技术性质要求如下。

（1）最大粒径与颗粒级配。保温及结构保温轻集料混凝土用的轻集料，其最大粒径不宜大于40mm；结构轻集料混凝土的轻集料，不宜大于20mm。

轻集料混凝土的粗集料级配，按现行规范只控制最大、最小和中间粒径的含量及含水率。各种轻集料级配要求见表4.32。自然级配的空隙率应不大于50%。

表4.32　轻粗集料的级配

筛孔尺寸		d_{min}	$d_{max}/2$	d_{max}	$2d_{max}$
圆球型的及单一粒径级配	累计筛余（按 w_B 计，%）	≥90	不规定	≤10	0
普通型的混合级配		≥90	30～70	≤10	0
碎石型的混合级配		≥90	40～60	≤10	0

（2）筒压强度和强度标号。轻集料混凝土破坏与普通混凝土不同，它不是沿着砂、石与水泥石结构面破坏，而是由于轻集料本身强度较低首先破坏，因此轻集料强度对混凝土强度有很大影响。

轻集料强度的测定方法有两种：一种是筒压法，其指标是筒压强度；另一种是通过混凝土和相应砂浆的强度试验，求得轻集料强度，其指标是强度标号。

1）筒压强度。通常采用筒压法来测定。它是将10～20mm粒级轻粗集料按要求装入ϕ115mm×100mm的带底圆筒内，上面加ϕ113mm×70mm的冲压模（图4.10），取冲压模压入深度为20mm的压力值，除以承压面积，即为轻粗集料的筒压强度值。

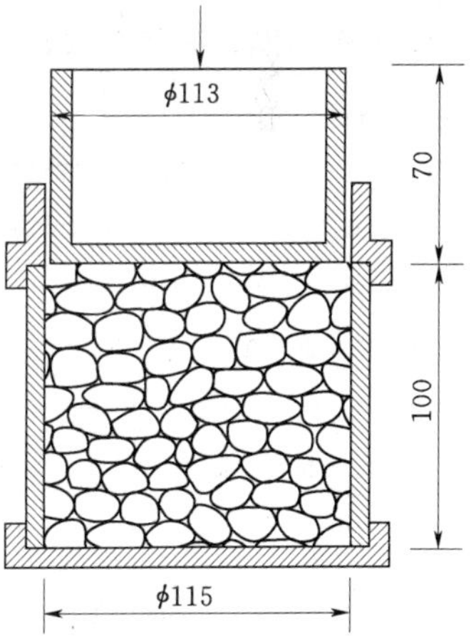

图4.10　筒压强度试验示意图

筒压强度是间接反应轻粗集料颗粒强度的一项指标，对相同品种的轻粗集料，筒压强度与轻粗集料的松散表观密度呈线性关系。但轻粗集料在圆筒内受力状态是点接触，多向挤压破坏，筒压强度只是相对强度，不能反应轻集料在混凝土中的真实强度。

2）强度标号。用测定规定配合比的轻砂混凝土和其砂浆组分的抗压强度的方法来求得混凝土中轻粗集料的真实强度，并以混凝土合理强度值作为轻粗集料强度标号。

不同密度等级轻粗集料的筒压强度和强度标号应不小于表4.33的规定值。

表 4.33 轻粗集料的筒压强度与强度标号

密度等级	筒压强度 f_a（MPa）		强度标号 f_{ak}（MPa）	
	碎石型	普通和圆球型	普通型	圆球型
300	0.2/0.3	0.3	3.5	3.5
400	0.4/0.5	0.5	5.0	5.0
500	0.6/1.0	1.0	7.5	7.5
600	0.8/1.5	2.0	10	15
700	1.0/2.0	3.0	15	20
800	1.2/2.5	4.0	20	25
900	1.5/3.0	5.0	25	30
1000	1.8/4.0	6.5	30	40

注 碎石型天然轻粗集料取斜线以左值；其他碎石型轻粗集料取斜线以右值。

（3）吸水率。轻集料的吸水率一般普通集料大，且开始1h内吸水极快，24h后几乎不再吸水。国家标准对轻集料1h吸水率的规定是：粉煤灰陶粒不大于22%；黏土陶粒和页岩陶粒不大于10%。

4.7.2.2 轻集料混凝土的技术性质

轻集料混凝土按其干表观密度（kg/m^3）的大小分为12个等级：800、900、1000、1100、1200、1300、1400、1500、1600、1700、1800及1900。

轻集料混凝土的强度等级按立方体抗压强度标准值分为：CL5.0、CL7.5、CL10、CL15、CL20、CL25、CL30、CL35、CL40、CL45和CL50等。桥梁结构用轻集料混凝土，其强度等级不低于CL15。

按用途不同，轻集料混凝土分为三类，其相应的强度等级和表观密度见表4.34。

表 4.34 轻集料混凝土按用途分类

名　称	混凝土强度等级的合理范围	混凝土干表观密度的合理范围（kg/m^3）	用　途
保温轻集料混凝土	CL5.0	800	主要用于保温的维护结构或热工构筑物
结构保温轻集料混凝土	CL5.0、CL7.5、CL10、CL15	800～1400	主要用于既承重又保温的维护结构
结构轻集料混凝土	CL20、CL25、CL30、CL35、CL40、CL45、CL50	1400～1900	主要用于承重构件或构筑物

1. 轻集料混凝土拌合物的和易性

由于轻集料具有颗粒表观密度小、表面粗糙、总表面积大、易吸水等特点，所以其拌合物适用的流动性范围窄，过大就会使轻集料容易上浮、离析；过小则捣实困难。流动性的大小主要取决于用水量，轻集料吸水率大，故其用水量的概念与普通混凝土略有区别。加入拌合物中的水量（称总用水量）可分为两部分：一部分被集料吸收，其数量相当于

1h的吸水量，这部分水称为附加用水量；另一部分称为净水量，使拌合物获得要求的流动性和保证水泥水化的进行，净用水量可根据混凝土的用途及要求的流动性来选择。

轻集料混凝土与普通混凝土相同，其和易性也受砂率的影响。尤其采用轻砂时，拌合物和易性随着砂率的提高而有所改善，轻集料混凝土的砂率一般比普通混凝土的砂率为大。

2. 轻集料混凝土的强度

轻集料混凝土决定强度的因素与普通混凝土基本相同，即水泥强度与水灰比（净水灰比）。但是，由于轻集料的本身强度较低，因而轻集料的强度就成了决定轻集料混凝土强度的因素之一。反映在轻集料混凝土强度上有如下特点：

（1）与普通混凝土相比，采用轻集料会导致强度下降，并且用量越多，强度也越降低，而其表观密度也越小。

（2）轻集料混凝土的另一特点是每种粗集料只能配制一定强度（即前面所述之合理强度值）的混凝土，如欲配制高于此强度的混凝土，即使采用降低水灰比的方法来提高砂浆的强度，也不可能使混凝土的强度得到明显提高。

3. 弹性模量和徐变

轻集料混凝土的应变值比普通混凝土大，弹性模量为同强度等级普通混凝土的50%～70%。同时，因其弹性模量较小，限制变形能力较低，水泥用量较大，因此其徐变变形较普通混凝土为大。

4. 轻集料混凝土施工技术特点

（1）轻集料混凝土拌和用水中，应考虑1h吸水量或将轻集料遇湿饱和后再进行搅拌的方法。

（2）轻集料混凝土拌合物的工作性比普通混凝土差。为获得相同的工作性，应适当增加水泥浆或砂浆的用量。轻集料混凝土拌合物搅拌后，宜尽快浇筑，以防坍落度损失。

（3）轻集料混凝土拌合物中的轻集料容易上浮，因此，应使用强制式搅拌机，搅拌时间应略长；另外，最好采用加压振捣并控制振捣的时间。

（4）轻集料混凝土易产生干缩裂缝，必须加强早期养护。采用蒸汽养护时，应适当控制净停时间及升温速度。

4.7.2.3 轻集料混凝土的工程应用

轻集料混凝土应用于桥梁工程，可减轻自重、增大跨度、节约工程投资，但是由于其弹性模量较低和徐变较大等问题还需进一步研究，目前仅用于中小型桥梁，大跨度桥梁应用较少。

4.7.3 流态混凝土

流态混凝土是在预拌的坍落度为80～120mm的基体混凝土拌合物中，加入一种称为流化剂的外加剂，经过二次搅拌，使基体混凝土拌合物的坍落度立刻增加至180～220mm，能自流填满模型或钢筋间隙的混凝土。

4.7.3.1 流态混凝土的特点

（1）流动性大，可浇筑性好。流态混凝土的流动性好，坍落度达200mm以上，便于泵送浇筑后，可以不振捣，因为其具有很好的自密性。

(2) 降低集浆比、减少收缩。流态混凝土是依据流化剂的作用来提高流动性的，如保持原来的水灰比不变，则不仅可减少用水量，同时还可节约水泥用量。这样混凝土拌合物中水泥浆量减少后，则可减小混凝土硬化后的收缩率，避免产生收缩裂缝。

(3) 减少用水量、提高混凝土性能。由于流化剂可大幅度减少用水量，如水泥用量不变，则可在保证流动性的前提下降低水灰比，因而可提高混凝土的强度和耐久性。

(4) 不产生离析和泌水现象。由于流化剂的作用，在用水量较小的情况下而具有较大的流动性，故其不会像普通混凝土那样产生离析与泌水现象。

4.7.3.2　流态混凝土的力学性能

(1) 抗压强度。一般情况下，流态混凝土与基体混凝土相比，同龄期的强度无多大差异。但是由于流化剂的性能各异，有的流化剂可起到一定的早强作用，因而使流态混凝土的强度有所提高。

(2) 与钢筋的黏结强度。由于流化剂使得混凝土拌合物的流动性增加，故流态混凝土较普通混凝土与钢筋的黏结强度有所增加。

(3) 弹性模量。掺加流化剂后，流动性混凝土的弹性模量与抗压强度一样，没有明显差异。

(4) 徐变与收缩。流态混凝土的徐变较基体混凝土稍大，而与普通大流动性混凝土接近；其收缩与流化剂的种类和参量有关。

(5) 耐磨性。试验证明，流动性混凝土的耐磨性较基体混凝土稍差，作为路面混凝土应考虑提高耐磨性措施。

(6) 抗冻性。流态混凝土的抗冻性较基体混凝土稍差，与大流动性混凝土接近。

4.7.3.3　流态混凝土的工程应用

流态混凝土在道路与桥梁工程中应用日益广泛，例如，越江隧道的水泥混凝土路面、斜拉桥的混凝土主塔以及地铁的衬砌封顶等均需采用流态混凝土。

4.7.4　碾压式混凝土

碾压式混凝土是以级配集料和较低的水泥用量与用水量以及掺合料、外加剂等组成的超干硬性混凝土拌合物，经振动压路机等机械碾压、密实而形成的一种混凝土。这种混凝土具有密度大、强度高、节约水泥和耐久性好等优点。

4.7.4.1　碾压式混凝土的材料组成

(1) 矿质混合料。路面碾压式混凝土用粗、细集料应能形成密实的混合料，符合密级配的要求。粗集料的最大粒径，用于路面面层的应不大于20mm，用于路面底层的应不大于30mm或40mm。碎石中经常缺乏2.5～5mm部分，因而应补充石屑。为达到密实结构，砂率宜采用较大值。

(2) 水泥。路面碾压式混凝土用水泥和普通水泥混凝土相同，应符合《公路水泥混凝土路面施工技术规范》(JTG F30－2003) 的有关技术要求。

(3) 掺合料。路面碾压式混凝土为了节约水泥用量、改善和易性和提高耐久性，通常掺加粉煤灰。

4.7.4.2 碾压式混凝土的技术性能

(1) 强度高。碾压式混凝土路面由于矿质混合料组成采用连续密级配，经过振动压路机等碾压，使各种集料排列为骨架密实结构，这样不仅节约水泥用量，而且使水泥胶结物能发挥很大作用，因而具有较高的强度，特别具有较高的早期强度。

(2) 干缩率低。路面碾压式混凝土由于其组成材料配合比的改进，使拌合物具有优良的级配和很低的含水率。这种拌合物在碾压机械的作用下，水泥浆与集料的体积比率大大降低，因为水泥浆的干缩率比集料大的多，因此碾压式混凝土的干缩率也大大减小。

(3) 耐久性好。碾压式混凝土可形成密实骨架结构的高强、干缩率低的混凝土。由于在形成这种密实结构的过程中，拌合物中的空气被碾压机械排出，造成碾压式混凝土的孔隙率大为降低，因而其抗渗性、抗冻性等都得到了提高。

4.7.4.3 碾压式混凝土的经济效益

(1) 节约水泥。因为碾压式混凝土用水量少，在保持相同水灰比的条件下，其水泥用量也较少。实践证明，在达到相同强度前提下，较普通水泥混凝土可节约水泥30%。

(2) 提高工效。碾压式混凝土采用强制式拌和机拌和、自卸车运料、摊铺机摊铺、振动压路机等机械碾压，按此施工组织的工效较普通混凝土可提高两倍左右。

(3) 提前通车。碾压式混凝土早期强度高，养护时间短，可提前开放通车，因此带来了明显的经济效益和社会效益。

(4) 减小投资。碾压式混凝土路面的造价与沥青混凝土路面接近，养护费用较沥青路面低，而且使用年限较长。

4.7.4.4 碾压式混凝土的工程应用

碾压式混凝土应用于水泥混凝土路面，可以做成一层式或两层式；也可作为底层，面层采用沥青混凝土作为抗滑、磨耗层。尤其应指出，碾压式混凝土路面的质量不仅取决于材料的组成配合比，更主要取决于路面的施工工艺。

4.7.5 钢纤维混凝土

钢纤维混凝土是以水泥混凝土为基材与不连续而分散的纤维为增强材料所组成的一种复合材料。掺入的钢纤维可以改善混凝土的脆性，从而提高混凝土的抗拉强度和韧性。

4.7.5.1 钢纤维混凝土力学性能

(1) 弯拉强度和抗拉强度较高。

(2) 抵抗动载振动冲击能力很强。

(3) 具有极高的耐疲劳性能。

(4) 是有柔韧性的复合材料。

(5) 有抗冻胀和抗盐冻脱皮性能，但不耐锈蚀，用量大、价格高，热传导系数大，不适用于隔热要求的混凝土路面。

4.7.5.2 钢纤维混凝土的组成设计

1. 水灰比的确定和计算

根据混凝土配制弯拉强度计算水灰比并确定满足耐久性要求的水灰比。

2. 确定钢纤维掺量体积率

钢纤维掺量体积率由钢纤维混凝土板厚设计折减系数（0.65～0.70），钢纤维的长径比（30～100），端锚外形等，由试验初选钢纤维掺量体积率，或由经验确定。

3. 确定单位用水量

根据路面不同摊铺方式所要求的的坍落度确定单位用水量。

4. 计算单位水泥用量

桥面与路面钢纤维混凝土，单位水泥用量为360～450kg/m³，但不宜大于500kg/m³。

5. 确定砂率

砂率一般采用38%～50%，也可计算或试配调整后得到。

6. 确定粗、细集料用量

按体积法或质量法确定粗、细集料用量。

7. 抗压强度、弯拉强度及施工和易性等试验

根据工程要求进行抗压强度、弯拉强度及施工和易性试验。

4.7.5.3 钢纤维混凝土工程应用

钢纤维与混凝土组成复合材料后，可使混凝土的弯拉强度、抗裂强度、韧性和冲击强度等性能得到改善，所以钢纤维混凝土广泛应用于道路与桥隧工程中，如机场道面、高等级路面、桥梁桥面铺装和隧道衬砌等工程。

4.7.6 彩色水泥混合料

彩色水泥混合料系由普通硅酸盐水泥或白色硅酸盐水泥、砂、碎石以及颜料，外加剂拌和而成的新型混合料。它通过一定的生产加工工艺，可制成色泽鲜明的彩色水泥净浆砂浆、混凝土预制成品或供现场浇灌、修筑应用。

4.7.6.1 原材料组成

彩色水泥混合料是以水泥（胶凝材料）、砂、碎石或白云石（集料）为主要成分，掺以颜料和其他外加剂配制而成，应用原材料性状分述如下。

1. 水泥

水泥作为胶凝材料，是保证强度、耐久性和胶结颜料、集料的主要原料。应用的水泥品种有白色硅酸盐水泥、矿渣硅酸盐水泥、普通硅酸盐水泥，上述水泥经测试，各项品质指标均应符合国家规定。

2. 集料

采用的集料有常规砂和规格碎石。在镶嵌式砌块中，还以市售白云石子作面层集料。集料在彩色混合料仍起骨料作用，但集料本身色泽深浅及表面粗糙程度还将直接影响彩色混合料中颜料的用量、效果和着色程度。

3. 颜料

颜料是彩色水泥混合料区分于普通水泥混合料的特征材料。要求有优异的染色、遮盖性能和分散性，而且在碱性条件下不得退色变色，对用于长年经受风吹、日晒、雨淋的部位，还要求颜料有较好的耐水、耐候性。

4.7.6.2 工程应用

彩色水泥混合料及其制品应用于城镇道路，建筑物面墙和室内地坪装饰，住宅区道路，名胜古迹、园林等游览区道路，停车场，游泳场体息地坪，或作为安全设施标志使

用。也可用作桥面铺装、隧道路面或码头、港口、机场地坪，并可采用其多种色彩拼成图案，用以美化城市和周围环境。

4.7.7 超塑早强混凝土

超塑早强混凝土是指水泥、黄砂、碎石和水等在适当配合比下用搅拌机搅拌一定时间，再掺入适量早强剂、高效减水剂，经规定时间搅拌均匀而成的混凝土。

4.7.7.1 组成材料

1. 水泥

对于超塑早强路面混凝土，它要求选择具有早强及后期强度发展保持稳定的水泥。如普通硅酸盐水泥、硅酸盐水泥、早强型硅酸盐水泥、早强硫铝酸盐水泥，并且水泥的各项品质指标不低于国家的有关规定。

2. 细集料

混凝土用砂应具有高的密度和小的比表面积，以保证混凝土混合料有适宜的工作性，硬化后有足够的强度和耐久性，同时又能达到节约水泥的目的。超塑早强路面混凝土宜采用中砂。砂的质量必须符合《建设用砂》(GB/T 14684—2011) 的各项指标。

3. 粗集料

粗集料的粒状以接近正立方体为佳。表面粗糙且多棱角的碎石集料，与水泥的黏结性能好。粗集料的级配可采用连续级配或间断级配。粗集料的质量必须符合 GB/T 14685—2011 的质量指标。

4. 外加剂

在超塑早强路面混凝土研究中，外加剂也是提高混凝土早期强度的一种有力措施。可以掺入各种外加剂，如早强减水剂、早强剂、缓凝剂、引气剂等。

5. 水

用于拌制和养护混凝土的水，不应含有影响水泥正常凝结硬化的有害物质。工业废水、污水、沼泽水、pH 值小于 4 的酸性水等不宜使用。凡能饮用的自来水和清洁的天然水，一般都可使用。混凝土拌和用水应符合《混凝土用水标准》(JGJ 63—2006)。

4.7.7.2 技术和性能

超塑早强混凝土具有早期强度高、路面致密性好、施工和易性好等特点，有利于改善施工操作，并在节能、降低劳动强度和机械损耗等方面均有良好效果。对要求早强的混凝土路面修补工程，可达到缩短工期，提前开放交通的目的。一般 3～6d 就能开放交通。

4.7.7.3 工程应用

超塑早强水泥混凝土广泛应用于道路新修建工程、市区道路改造工程以及桥梁抢修工程的桥面铺装等。它具有显著的技术经济效益。

4.7.8 特快硬水泥混凝土

特快硬混凝土是由硫铝酸盐超早强水泥、砂、石及掺加一定量 SN-Ⅱ减水剂和其他外加剂复合配制而成的，它具有快硬、凝结时间短，4h 强度达 20MPa 左右的特性。它可以作为一种紧急抢修工程的理想材料。

4.7.8.1 组成材料

1. 硫铝酸盐超早强水泥

硫铝酸盐超早强水泥具有速凝、快硬、早强、微膨胀、宽水灰比，低温性能好，抗硫铝酸盐侵蚀等性能。超早强水泥凝结时间，初凝一般为3～9min，终凝约为20min。

2. SN－Ⅱ高效低泡减水剂

SN－Ⅱ系一种β萘磺酸钠甲醛缩合物为主要成分的阴离子表面活性剂，它对水泥具有强烈的分散作用，在掺入混凝土后，可以大幅度降低用水量。同时，由于不会引入过量空气，可以配制密实性、和易性、耐久性以及早强性能均好的混凝土。

4.7.8.2 技术性能

1. 强度

特快硬混凝土强度具有较高的抗压、抗弯拉强度，特别是早期强度较高，有利于混凝土抢修后即能投入使用。其中4h抗压强度一般可达10MPa以上，抗弯拉强度可达2.0MPa，28d抗压强度可达20MPa以上。

2. 耐久性和耐磨性

对特快硬混凝土进行抗冻性、抗渗性、抗硫铝酸盐侵蚀性、耐锈蚀性及抗磨性能进行测试。由试验结果可知，混凝土试件在水中养护4h后，在8个大气压下不透水，养护28d的试件承受20个大气压，不透水，这说明其耐久性良好。

由于超早强水泥水化热高，而且放热集中，抗负温性能良好，在－10℃气温环境中强度仍能继续增长，适宜于严寒季节和冷冻地区施工，具有良好的抗冻性和耐磨性。

4.7.8.3 工程应用

特快硬混凝土作为一种可供选择的路面修补材料，特别适应于应急抢修工程和快速施工。

4.7.9 滑模混凝土

滑模混凝土是采用滑模摊铺机摊铺的，满足摊铺工作性、强度及耐久性等要求的较低塑性水泥混凝土材料。

4.7.9.1 原材料技术要求

1. 水泥

特重、重交通水泥混凝土路面采用旋窑生产的道路硅酸盐水泥、硅酸盐水泥或普通硅酸盐水泥。中、轻交通的路面，可采用矿渣硅酸盐水泥，冬季施工、有快速通车要求的路段可采用快硬早强R型水泥，一般情况宜采用普通型水泥。

在高速公路、一级公路水泥混凝土路面使用掺有10%以内活性混合材料的道路硅酸盐水泥和掺有6%～15%活性混合材料或10%非活性混合材料的普通硅酸盐水泥时，不得再掺火山灰、煤矸石、窑灰和黏土四种混合材料。路面有抗盐冻要求时，不宜使用掺5%石灰石粉的Ⅱ型硅酸盐水泥和普通水泥。

滑模混凝土使用的水泥宜采用散装水泥，其水泥的各项品质必须合格。

2. 粉煤灰

滑模混凝土可掺入规定的电厂收尘的Ⅰ、Ⅱ级干排或磨细粉煤灰，但宜采用散装干粉煤灰。

3. 粗集料

粗集料可使用碎石、破碎砾石和砾石。砾石最大粒径不得大于19mm，破碎砾石和碎石最大粒径不得大于31.5mm，超径和逊径含量均不得大于5%，粒径小于0.15mm的石粉含量不得大于1%。

粗集料的级配应符合规范的要求，质地坚硬、耐久、洁净。

4. 细集料

细集料采用质地坚硬、耐久、洁净的河砂、机制砂、沉积砂和山砂，宜控制通过0.15mm筛的石粉含量不大于1%。滑摸混凝土用砂宜为细度模数在2.3～3.2范围内的中砂或偏细粗砂。

5. 水

所用水的硫酸盐含量（按SO_4^{2-}计）小于2.7kg/m³，含盐量不得超过5kg/m³，pH值不得小于4，不得含有油污，不得使用海水。

6. 外加剂

可使用引气剂、减水剂等，其他外加剂品种可视现场气温、运距和混凝土拌合物振动黏度系数、坍落度及其损失、抗滑性、弯拉强度、耐磨性等需要选用。

7. 养生剂

养生剂的品种主要有水玻璃型、石蜡型和聚合物型三大类。

8. 钢筋

使用的钢筋应符合《钢筋混凝土用热轧带肋钢筋》（GB 1499.2—2007）和《钢筋混凝土用热轧光圆钢筋》（GB 1499.1—2008）的技术要求。钢筋应顺直，不得有裂纹、断伤、刻痕、表面油污和锈蚀。

9. 填缝材料

常用填缝材料有常温施工式填缝料、加热施工式填缝料、预制多孔橡胶条制品等。高速公路、一级公路宜使用树脂类、橡胶类的填缝材料及其制品；二级及其以下公路可采用各种性能符合要求的填缝材料。

4.7.9.2 技术性能

1. 优良的工作性

新拌滑模混凝土具有较低坍落度（坍落度损失小），以及与摊铺机械振捣能力和速度相匹配的最优振动黏度系数、匀质性和稳定性。

2. 高抗弯拉强度

用滑模摊铺机铺筑路面混凝土，可以提高其抗弯拉强度，使其具有足够的抗断裂破坏能力。

3. 高耐疲劳极限

原来的抗折疲劳循环周次由500万次提高到1000万次或更大，保障滑模摊铺水泥混凝土路面的使用寿命延长一倍以上。

4. 小变形性能

小变形性能包括较低抗折弹性模量，较小的温度变形系数和较低的干缩变形量，保证接缝具有较小的温、湿度变形伸缩量和完好的使用状态。

5. 高耐久性

高耐久性指具有良好的抗磨性、抗滑性及其保持率、抗冻性和抗渗性，以及高耐油类的侵蚀、耐盐碱腐蚀、耐海水侵蚀的能力。

6. 经济性

在满足所有路面混凝土工程性能条件下尽可能就地取材、因地制宜。

4.7.9.3 工程应用

滑模混凝土广泛使用在水泥混凝土路面、大型桥面以及机场跑道、城市快车道、停车场、大面积地坪和广场混凝土道面上，具有良好的使用效果。

4.7.10 再生混凝土

4.7.10.1 组成材料

再生混凝土是指将废弃的混凝土块经过破碎、清洗、分级后，按一定比例与级配混合，部分或全部代替砂石等天然集料（主要是粗集料），再加入水泥、水等配制而成的新混凝土。再生混凝土按集料的组合形式可以有以下几种情况：集料全部为再生集料；粗集料为再生集料、细集料为天然砂；粗集料为天然碎石或卵石、细集料为再生集料；再生集料替代部分粗集料或细集料。

4.7.10.2 技术性质

1. 工作性

由于再生集料表面粗糙、棱角较多且集料表面包裹着相当数量的水泥砂浆，原生混凝土块在破碎过程中由于损伤，内部存在大量微裂纹，使其吸水率增大。因此，在配合比相同的条件下，再生混凝土的黏聚性、保水性均优于普通混凝土，而流动性比普通混凝土差。

2. 耐久性

再生混凝土的耐久性可用多个指标来表征，包括再生混凝土的抗渗性、抗冻性、抗硫酸盐侵蚀性、抗碳化能力、抗氯离子渗透性以及耐磨性等。由于再生集料的孔隙率和吸水率较高，再生混凝土的耐久性要低于普通混凝土。

3. 力学性质

（1）抗压强度。通过大量的试验，一般认为与普通混凝土的抗压强度相比，再生混凝土的强度降低5%～32%。其原因一般有：一是由于再生集料孔隙率较高，在承受轴向应力时，易形成应力集中现象；二是再生集料与新旧水泥浆之间存在一些结合较弱的区域；三是再生集料本身的强度降低。

（2）抗拉及抗折强度。大量的试验已经发现，再生混凝土的劈裂抗拉强度与普通混凝土的差别不大，只是略有降低。同时，再生混凝土的抗折强度为其抗压强度的1/5～1/8，这与普通混凝土基本类似，再生混凝土的这个特性，对于在路面混凝土中应用再生混凝土尤为有利。

（3）弹性模量。综合已有的试验研究，可以发现，再生混凝土的弹性模量较普通混凝土降低15%～40%，再生混凝土模量降低的原因是由于大量的砂浆附着于再生集料上，而这些砂浆的模量较低。再生混凝土模量较低也从另外一个方面说明再生混凝土的变形能力要优于普通混凝土。

综上所述，再生混凝土的开发应用从根本上解决了天然骨料日益缺乏及大量混凝土废弃物造成生态环境日益恶化等问题，保证了人类社会的可持续发展，其社会效益和经济效益显著。

复习思考题与习题

1. 什么是水泥混凝土？它为什么能够在高等级路面与桥梁工程中得到广泛应用？

2. 试述水泥混凝土的特点及水泥混凝土各组成材料的作用。

3. 简述混凝土拌合物工作性的概念及其影响因素。并叙述坍落度和维勃稠度测定方法和适用范围。

4. 试述混凝土耐久性的概念及其所包含的内容。

5. 简述混凝土拌合物坍落度大小的选择原则。

6. 简述水泥混凝土配合比设计的三大参数的确定原则以及设计的方法步骤。

7. 水泥混凝土用粗、细集料在技术性质上有哪些主要要求？如何确定粗集料的最大粒径？

8. 水泥混凝土外加剂按其功能可分为哪几类？各自适用范围？

9. 某工地用砂的筛分析结果如下表所示（砂样总量500g），试确定该砂为何种细度的砂，并评定其级配如何？

筛孔尺寸（mm）	4.75	2.36	1.18	0.60	0.30	0.15
分计筛余（g）	20	100	100	120	70	60

10. 用强度等级为42.5级的普通水泥、河砂及卵石配制混凝土，使用的水灰比分别为0.60和0.53，试估算混凝土28d的抗压强度分别是多少？

11. 混凝土拌合物经试拌调整后，和易性满足要求，试拌材料用量为：水泥4.7kg、水2.8kg、砂8.9kg、碎石18.5kg。实测混凝土拌合物表观密度为2380kg/m^3。

（1）试计算1m^3混凝土各项材料用量为多少？

（2）假定上述配合比可以作为实验室配合比，如施工现场砂的含水率为4%，石子含水率为1%，求施工配合比。

（3）如果不进行配合比换算，直接把试验室配合比在现场施工使用，则实际的配合比如何？对混凝土强度将产生多大影响？

12. 某办公楼的钢筋混凝土梁（处于室内干燥环境）的设计强度等级为C30，施工要求坍落度为30～50mm，采用42.5级普通硅酸盐水泥（ρ_c=3.1g/cm^3）；砂子为中砂，表观密度为2.65g/cm^3，堆积密度为1450kg/m^3；石子为碎石，粒级为4.75～37.5mm，表观密度为2.70g/cm³，堆积密度为1550kg/m³；混凝土采用机械搅拌、振捣，施工单位无混凝土强度标准差的统计资料。

（1）用体积法计算混凝土的初步配合比。

（2）假设用计算出的初步配合比拌制混凝土，经检验后混凝土的和易性、强度和耐久性均满足设计要求，又已知混凝土现场砂的含水率为2%，石子的含水率为1%，试计算该混凝土的施工配合比。

第5章 建 筑 砂 浆

【内容概述】

本章主要介绍建筑砂浆和易性概念及测定方法，砌筑砂浆的配合比设计；建筑工程中常用砂浆及装饰工程中抹灰砂浆的品种、特点及应用。

【学习目标】

掌握砌筑砂浆的基本技术性质及其测定方法；了解各种抹面砂浆的功能及其技术要求；学会砌筑砂浆的配合比设计方法。

建筑砂浆是由胶凝材料、细集料、掺合料和水按适当的比例配制而成的。细集料多采用天然砂。砂浆在建筑工程中是用量大、用途广的建筑材料，它主要用于砌筑砖石结构，此外还可以用于建筑物内外表面的抹面；在道路、桥梁和隧道工程中，主要用于砌筑圬工桥涵、沿线挡土墙和隧道衬砌等砌体以及修饰这些构筑物的表面。

建筑砂浆按胶结材料的种类不同分为水泥砂浆、石灰砂浆和混合砂浆。根据用途，建筑砂浆可分为砌筑砂浆、抹面砂浆、防水砂浆、装饰砂浆等。

5.1 砌 筑 砂 浆

5.1.1 砌筑砂浆的组成材料

1. 胶凝材料

胶凝材料在砂浆中黏结细集料，对砂浆的基本性质影响较大。砌筑砂浆常用的胶凝材料有水泥、石灰、石膏等，在选用时应根据砂浆的使用环境、使用功能等合理选择。

用于砌筑砂浆的胶凝材料主要是水泥（普通水泥、矿渣水泥、火山灰质水泥、粉煤灰水泥、砌筑水泥等）。配制砂浆用的水泥强度等级应根据设计要求来进行选择，配制水泥砂浆时，其强度等级一般不宜大于32.5级，砂浆中的水泥用量不应小于200kg/m^3；配制水泥混合砂浆时，其强度等级不宜大于42.5级，水泥和掺合料的总量宜为300～350kg/m^3。

2. 细集料

细集料在砂浆中起着骨架和填充的作用，要求基本同混凝土用细集料的技术性质要求。

由于砌筑砂浆层较薄，对细集料的最大粒径应有所限制。对于毛石砌体所用的细集料，以使用粗砂为宜，其最大粒径应小于砂浆层厚度的1/5～1/4；对于砖砌体所用的细集料，以使用中砂为宜，其最大粒径应不得大于2.5mm；对于光滑的抹面及勾缝砂浆所用的细集料，则应采用细砂。

细集料的含泥量对砂浆的强度、变形、稠度、耐久性影响较大。对强度等级不小于 M5 的砂浆，细集料的含泥量不应大于 5%；对强度等级小于 M5 的砂浆，细集料的含泥量可大于 5%，但应小于 10%。

3. 掺合料及外加剂

为了改善砂浆的和易性，节约水泥用量，在砂浆中常掺入适量的掺合料或外加剂。常用的掺和加料有石灰、黏土、粉煤灰等；常用的外加剂有皂化松香、微沫剂、纸浆废液等。

石灰应先制成石灰膏，熟化时间不少于 7d，并用孔径不大于 3mm×3mm 的筛网过滤，然后掺入砂浆搅拌均匀；磨细生石灰的熟化时间不得少于 2d。严禁使用脱水硬化的石灰膏。因消石灰粉中含较多的未完全熟化的颗粒，砌筑、抹面后继续熟化，产生体积膨胀，可能破坏砌体或墙面，故消石灰粉不得直接用于砌筑砂浆中。

黏土也须制成沉入度在 14～15cm 的黏土膏，并通过孔径不大于 3mm×3mm 的筛网过滤，黏土以选颗粒细、黏性好、砂及有机物含量少的为宜。

砌筑砂浆所常用的外加剂，应具有法定检测机构出具的该产品砌体强度型式检验报告，并经砂浆性能试验合格后，方可使用。

4. 拌和用水

建筑砂浆拌和用水的技术要求与混凝土拌和用水相同。原则上应采用不含有害杂质的洁净水或生活饮用水；但可在保证环保的前提下，鼓励采用经化验分析和试拌验证合格的工业废水拌制砂浆，以达到节水的目的。

5.1.2　砌筑砂浆的基本性质

砌筑砂浆应满足下列技术性质：

(1) 满足和易性要求。

(2) 满足设计种类和强度等级要求。

(3) 具有足够的黏结力。

1. 新拌砂浆的和易性

砂浆的和易性是指砂浆拌合物在施工中既方便操作，又能保证工程质量的性质。和易性好的砂浆容易在砖石底面上铺成均匀的薄层，使灰缝饱满密实，且能与底面很好地黏结为整体，使砌体获得较好的整体性。新拌砂浆的和易性包括流动性和保水性两个方面。

(1) 流动性。砂浆的流动性（又称稠度）是指砂浆在自重或外力的作用下易产生流动的性能。流动性好的砂浆容易在砖石等底面上铺成薄层。

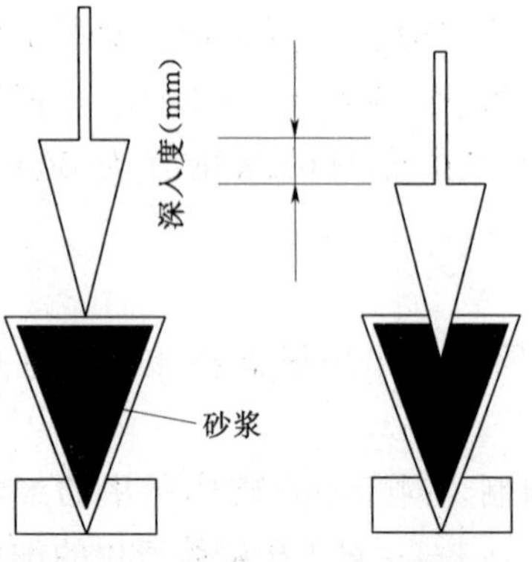

图 5.1　砂浆稠度测定示意图

砂浆流动性的大小可通过砂浆稠度仪试验测定（图 5.1），用稠度或沉入度（单位：mm）表示，即质量为 300g 的标准圆锥体在砂浆内自由下沉 10s 的深度。沉入度大的表明砂浆的流动性好。

砂浆的流动性与胶凝材料的品种和用量、细集料的粗细程度和级配、砂浆的搅拌时间、用水量等因素有关；但当原材料条件和胶凝材料与砂的比例一定时，主要取决于用水量的多少。砂浆流动性的选择要考虑砌体材料的种类、施工条件和气候条件等情况。通常情况下，基层为多孔吸水材料或在干热条件下施工时，应使砂浆的流动性大些；相反，对于密实的、吸水很少的基层材料或在湿冷气候条件下施工时，可使流动性小些。可参考表5.1选择砂浆的流动性。

表5.1　　砌筑砂浆的稠度

砌 体 种 类	砂浆稠度（mm）
烧结普通砖砌体、粉煤灰砖砌体	70～90
混凝土砖砌体、普通混凝土小型空心砌块砌体、灰砂砖砌体	50～70
烧结多孔砖砌体、烧结空心砖砌体、轻集料混凝土小型砌块砌体、蒸压加气混凝土砌块砌体	60～80
石砌体	30～50

（2）保水性。新拌砂浆的保水性是指其保持水分的能力。新拌砂浆在存放、运输和使用的过程中，都应该保持水分不致很快流失，才能在砌材底面上形成均匀密实的砂浆胶结层，从而能够保证砌体具有良好的质量。如砂浆的保水性不良，在存放、运输、施工等过程中就容易发生泌水、分层离析现象，使得砂浆的流动性变差，不宜铺成均匀的砂浆层。另外，砂浆中的水分易被砖石等砌材迅速吸收，影响胶凝材料的正常水化，降低了砂浆的强度和黏结力，影响了砌体的质量。为了改善砂浆的保水性，可掺入适量的石灰膏或微沫剂。

砂浆的保水性用分层度（单位：mm）表示，常用分层度测定仪测定（图5.2）。将拌好的砂浆置于容器中，测其沉入度 K_1，静置30min后，去掉上面20cm厚砂浆，将下面剩余的10cm厚的砂浆倒出拌和均匀，测其沉入度 K_2，两次沉入度的差（K_1-K_2）称为分层度，以mm表示。分层度过大，表示砂浆易产生分层离析，不利于施工及水泥硬化。水泥砂浆的分层度不应大于30mm，水泥混合砂浆分层度不应大于20mm，分层度接近于零的砂浆，其保水性太强，容易产生干缩裂缝。

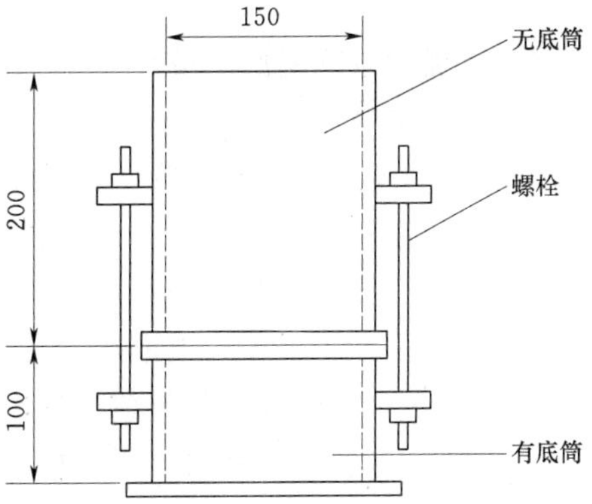

图5.2　分层度测定仪（单位：mm）

衡量砂浆保水性能的指标也可用保水率，它是吸水处理后砂浆中保留水的质量，用原始水量百分数表示。砌筑砂浆的保水率要求具体见表5.2。

表 5.2 砌筑砂浆的保水率

砂浆种类	保水率（%）	砂浆种类	保水率（%）
水泥砂浆	≥80	预拌砌筑砂浆	≥88
水泥混合砂浆	≥84		

影响砂浆保水性的主要因素是胶结材料的种类、用量和用水量，以及砂的品种、细度和用量等。掺有石灰膏和黏土膏的混合砂浆具有较好的保水性。

2. 硬化砂浆的性质

（1）砂浆的强度。《建筑砂浆基本性能试验方法》（JGJ/T 70—2007）规定：砌筑砂浆的强度等级是用边长为70.7mm的立方体试件，在标准条件养护（温度为20℃±2℃、湿度为90%以上）下，用标准试验方法测得28d的抗压强度平均值（MPa），并考虑95%的强度保证率而确定的。

我国现行标准《砌筑配合比设计规程》（JGJ/T 98—2010）规定：水泥砂浆及预拌砌筑砂浆的强度等级可分为：M5、M7.5、M10、M15、M20、M25、M30；水泥混合砂浆的强度可分为：M5、M7.5、M10、M15。

（2）黏结力。砖石砌体是靠砂浆把块状的砖石材料黏结成为坚固的整体。因此，为保证砌体的强度、耐久性等，要求砂浆与底面材料之间具有足够的黏结力。砂浆与底面的黏结力与砂浆的抗压强度有关，一般情况下砂浆的抗压强度越高，黏结力也越大。另外，砂浆的黏结力与所砌筑材料的表面状态、清洁状态、湿润状态、施工水平及养护条件等也密切相关。

3. 耐久性

圬工砂浆经常受环境水的作用，故强度之外，还应考虑抗渗、抗冻、抗侵蚀等性能。有抗冻性要求的砌体工程，砌体砂浆应进行冻融试验，根据不同的气候区对冻融次数进行了规定，以砂浆试件质量损失率不大于5%，抗压强度损失率不大于25%两项指标同时满足与否来衡量其抗冻性是否合格。提高砂浆的耐久性，主要是提高其密实度。

5.1.3 砌筑砂浆的配合比设计

1. 现场配制砌筑砂浆的试配要求

（1）现场配制水泥混合砂浆的试配要求。

1）试配强度 $f_{m,o}$ 的计算。

$$f_{m,o} = kf_2 \tag{5.1}$$

式中 $f_{m,o}$——砂浆的试配强度，MPa，应精确到0.1MPa；

f_2——砂浆强度等级值，MPa，应精确到0.1MPa；

k——系数，按表5.3取值。

表 5.3 砂浆强度标准差 σ 及 k 值

强度等级 \ 施工水平	强度标准差 σ（MPa）							k
	M5	M7.5	M10	M15	M20	M25	M30	
优良	1.00	1.50	2.00	3.00	4.00	5.00	6.00	1.15

续表

施工水平＼强度等级	强度标准差σ（MPa）							k
	M5	M7.5	M10	M15	M20	M25	M30	
一般	1.25	1.88	2.50	3.75	5.00	6.25	7.50	1.20
较差	1.50	2.25	3.00	4.50	6.00	7.50	9.00	1.25

2）砂浆强度标准差σ的确定。

a. 当有统计资料时，按下式计算

$$\sigma = \sqrt{\frac{\sum_{i=1}^{n} f_{m,i}^2 - n\mu_{fm}^2}{n-1}} \tag{5.2}$$

式中　σ——砂浆现场强度标准差，MPa；

$f_{m,i}$——统计周期内同一品种砂浆第i组试件的强度，MPa；

μ_{fm}——统计周期内同一品种砂浆n组试件强度的平均值，MPa；

n——统计周期内同一品种砂浆试件的总组数（一般要求在25组以上）。

b. 当无统计资料时，砂浆强度标准差可按表5.3取值。

3）水泥用量的计算。

a. $1m^3$砂浆中的水泥用量按下式计算

$$Q_c = \frac{1000(f_{m,o} - \beta)}{\alpha f_{ce}} \tag{5.3}$$

式中　Q_c——$1m^3$砂浆中的水泥用量，kg，精确至1kg；

f_{ce}——水泥的实测抗压强度值，MPa，精确到0.1MPa；

α、β——砂浆的特征系数，其中α取3.03，β取-15.09。

在此说明：各地区也可用本地区试验资料确定α、β值，统计用的试验组数不得少于30组。

b. 在无法取得水泥的实测强度值时，可按下式计算f_{ce}

$$f_{ce} = \gamma_c f_{ce,k} \tag{5.4}$$

式中　$f_{ce,k}$——水泥的强度等级对应的标准强度值，MPa；

γ_c——水泥强度的富余系数，按实际统计资料确定，无统计资料时γ_c取1.0。

4）$1m^3$砂浆中石灰膏用量的计算。

$$Q_D = Q_A - Q_C \tag{5.5}$$

式中　Q_D——$1m^3$砂浆中的掺合料用量，kg，精确至1kg；石灰膏使用的稠度为120mm±5mm；

Q_C——$1m^3$砂浆中的水泥用量，kg，精确至1kg；

Q_A——$1m^3$砂浆中的水泥和石灰膏的总量，kg，精确至1kg；可为350kg。

5）$1m^3$砂浆中的砂子用量，应按干燥状态（含水率小于0.5%）的堆积密度值作为计算值。可按下式计算

$$Q_S = \rho_{0干}(1+\beta) \tag{5.6}$$

式中　Q_S ——1m³ 砂浆中的砂子用量，kg，精确至 1kg；

$\rho_{0干}$ ——砂子在干燥状态下的堆积密度，kg/m³；

β —— 砂子的含水率，%。

6）1m³ 砂浆中的用水量，可根据砂浆稠度等要求选用 210～310kg。

在此说明：①混合砂浆中的用水量，不包括石灰膏中的水；②当采用细砂或粗砂时，用水量分别取上限或下限；③稠度小于 70mm 时，用水量可小于下限；④施工现场气候炎热或干燥季节，可酌量增加用水量。

（2）现场配制水泥砂浆的试配要求。

1）水泥砂浆的材料用量可按表 5.4 选用。

表 5.4　　每立方米水泥砂浆材料用量　　单位：kg/m³

强度等级	水　泥	砂	用水量
M5	200～230	砂的堆积密度值	270～330
M7.5	230～260		
M10	260～290		
M15	290～330		
M20	340～400		
M25	360～410		
M30	430～480		

注　1. M15 及 M15 以下强度等级水泥砂浆，水泥强度等级为 32.5 级；M15 以上强度等级水泥砂浆，水泥强度等级为 42.5 级。
2. 当采用细砂或粗砂时，用水量分别取上限或下限。
3. 稠度小于 70mm 时，用水量可小于下限。
4. 施工现场气候炎热或干燥季节，可酌量增加用水量。
5. 试配强度应按式（5.1）计算。

2）水泥粉煤灰砂浆材料用量可按表 5.5 选用。

表 5.5　　每立方米水泥粉煤灰砂浆材料用量　　单位：kg/m³

强度等级	水泥和粉煤灰总量	粉煤灰	砂	用水量
M5	210～240	粉煤灰掺量可占胶凝材料总量的 15%～25%	砂的堆积密度	270～330
M7.5	240～270			
M10	270～300			
M15	300～330			

注　1. 表中水泥强度等级为 32.5 级。
2. 当采用细砂或粗砂时，用水量分别取上限或下限。
3. 稠度小于 70mm 时，用水量可小于下限。
4. 施工现场气候炎热或干燥季节，可酌量增加用水量。
5. 试配强度应按式（5.3）计算。

2. 预拌砌筑砂浆的试配要求

（1）预拌砌筑砂浆应满足下列规定：

1）在确定湿拌砌筑砂浆稠度时，应考虑砂浆在运输和储存过程中的稠度损失。

2）湿拌砌筑砂浆应根据凝结时间要求确定外加剂掺量。

3）干混砌筑砂浆应明确拌制时的加水量范围。

4）预拌砌筑砂浆的搅拌、运输、储存等应符合《预拌砂浆》（JG/T 230—2007）的规定。

5）预拌砌筑砂浆性能应符合 JG/T 230—2007 的规定。

（2）预拌砌筑砂浆的试配应符合下列规定：

1）预拌砌筑砂浆生产前应进行试配，试配强度应按式（5.3）计算确定，试配时稠度取 70～80mm。

2）预拌砌筑砂浆中可掺入保水增稠材料、外加剂等，掺量应经试配后确定。

3. 砌筑砂浆配合比试配、调整与确定

（1）按计算或查表所得配合比进行试拌时，应按 JGJ/T 70—2009 测定砌筑砂浆拌合物的稠度和保水率。当稠度和保水率不能满足要求时，应调整材料用量，直到符合要求为止，然后确定为试配时的砂浆基准配合比。

（2）试配时至少应采用三个不同的配合比，其中一个为基准配合比，其他两个配合比的水泥用量应按基准配合比分别增加或减少 10%。在保证稠度、保水率合格的条件下，可将用水量、石灰膏、保水增稠材料或粉煤灰等活性掺合料用量作相应调整。

（3）砌筑砂浆试配时稠度应满足施工要求，应按 JGJ/T 70—2009 分别测定不同的配合比砂浆的表观密度及强度，并应选定符合试配强度及和易性要求、水泥用量最低的配合比作为砂浆的试配配合比。

（4）砌筑砂浆试配配合比应按下列步骤进行校正：

1）应根据上述内容确定的砂浆配合比材料用量，按下式计算砂浆的理论表观密度值

$$\rho_t = Q_c + Q_D + Q_S + Q_W \tag{5.7}$$

式中　ρ_t——砂浆的理论表观密度值，kg/m^3，精确到 $10kg/m^3$。

2）计算砂浆配合比校正系数 δ。

$$\delta = \frac{\rho_c}{\rho_t} \tag{5.8}$$

式中　ρ_c——砂浆的理实测表观密度值，kg/m^3，精确到 $10kg/m^3$。

3）当砂浆的实测表观密度值与理论表观密度值之差的绝对值不超过理论值的 2%时，则将试配配合比确定为砂浆设计配合比；当超过 2%时，应将试配配合比中每项材料用量均乘以校正系数 δ 后，确定为砂浆试件配合比。

（5）预拌砌筑砂浆生产前应进行试配、调整和确定，并应符合 JG/T 230—2007 的规定。

5.2 抹面砂浆

抹面砂浆常用于桥涵圬工砌体和地下物的表面。一般对抹面砂浆的强度要求不高，但

要求保水性好，与基底的黏附性好。

抹面砂浆以薄层抹在构（建）筑物表面，既能起到保护构（建）筑物，又能起到装饰构（建）筑物的作用。抹面砂浆按用途可分为普通抹面砂浆、防水砂浆等。

抹面砂浆的组成材料与砌筑砂浆基本相同。但为了防止砂浆层开裂有时需加入一些纤维材料（如麻刀、纸筋、有机纤维等）；有时为了强化其功能，需加入特殊的集料（如膨胀珍珠岩、陶砂等）或掺合料（如粉煤灰等）。

5.2.1 普通抹面砂浆

普通抹面砂浆是路桥工程中普遍使用的砂浆。它可以保护构（建）筑物不受风、雨、雪等有害介质的侵蚀，提高构（建）筑物的耐久性，同时使构（建）筑物表面获得平整、光洁、美观的效果。

为了保证抹灰质量及表面平整，避免裂缝、脱落，一般分两层或三层进行施工。底层抹灰的作用使砂浆与基面牢固黏结，要求砂浆具有较好的和易性与黏结力，尤其要有良好的保水性，以免水分被基面材料吸收而影响胶结效果。中层抹灰主要是为了找平，砂浆稠度应适当小些，有时这一工序可省掉。面层的主要作用是装饰，要求平整、光洁、美观，一般要求砂浆细腻抗裂，应使用较细的砂拌制。

常用的普通抹面砂浆的稠度及砂的最大粒径见表5.6。

表5.6　　普通抹面砂浆的稠度及砂的最大粒径

抹灰层名称	稠度（mm）（人工抹灰）	砂的最大粒径（mm）
底层	100～120	2.5
中层	70～90	2.5
面层	70～80	1.2

5.2.2 防水砂浆

用于制作防水层（刚性防水）的砂浆称为防水砂浆。它一般适用于隧洞、地下工程等不受振动和具有一定刚度的混凝土或砖石砌体的工程表面。对于变形较大或可能发生不均匀沉降的构（建）筑物不宜使用。防水砂浆通常有掺防水剂砂浆防水和五层砂浆防水两种。

掺防水剂防水的砂浆，常用的防水剂有金属皂类防水剂及氯化物金属盐类防水剂。但在钢筋混凝土工程中，不宜采用氯化物金属盐类防水剂，以防止氯离子腐蚀钢筋。防水剂掺入砂浆后，水泥在凝结硬化中生成的不透水复盐，可使得结构进一步密实，提高砂浆的抗渗性。

防水砂浆的抗渗效果在很大程度上取决于施工质量。五层砂浆防水是用水泥砂浆和素灰分层交叉抹面所形成的防水层。其中一、三层为水灰比0.55～0.6的素灰，是主要的防水层；二、四层为水灰比0.4～0.5、灰砂比1∶1.5～1∶2.5的水泥砂浆，起着保护素灰的作用；五层为水泥净浆。涂抹时，每层厚度约为5mm，共20～30mm厚，每层在初凝前要用木抹子压实一遍，最后一层要压光；抹完后一定要加强养护，防止干裂。

5.2.3 装饰抹面砂浆

装饰砂浆是指涂抹在建筑物内外墙表面，具有美观装饰效果的抹面砂浆。

装饰砂浆的底层和中层抹灰与普通抹面砂浆基本相同，但是其面层要选用具有一定颜色的胶凝材料和集料或者经各种加工处理，使得建筑物表面呈现各种不同的色彩、线条和花纹等装饰效果。

1. 装饰砂浆的组成材料

(1) 胶凝材料。装饰砂浆所用胶结材料与普通抹面砂浆基本相同，只是灰浆类饰面更多地采用白色水泥或彩色水泥。

(2) 集料。装饰砂浆所用集料，除普通天然砂外，石碴类饰面常使用石英砂、彩釉砂、着色砂、彩色石碴等。

(3) 颜料。装饰砂浆中的颜料，应采用耐碱和耐光晒的矿物颜料。

2. 装饰砂浆主要饰面方式

装饰砂浆饰面方式可分为灰浆类饰面和石碴类饰面两大类。

(1) 灰浆类饰面。主要通过水泥砂浆的着色或对水泥砂浆表面进行艺术加工，从而获得具有特殊色彩、线条、纹理等质感的饰面。其主要优点是材料来源广泛，施工操作简便，造价比较低廉，而且通过不同的工艺加工，可以创造不同的装饰效果。常用的灰浆类饰面有以下几种：拉毛灰、甩毛灰、仿面砖、拉条、喷涂、弹涂等。

(2) 石碴类饰面。是用水泥（普通水泥、白水泥或彩色水泥)、石碴、水拌成石碴浆，同时采用不同的加工手段除去表面水泥浆皮，使石碴呈现不同的外露形式以及水泥浆与石碴的色泽对比，构成不同的装饰效果。常用的石碴类饰面有以下几种：水刷石、干黏石、斩假石、水磨石等。

5.3 特 种 砂 浆

1. 隔热砂浆

隔热砂浆采用水泥等胶凝材料以及膨胀珍珠岩、膨胀蛭石、陶粒砂等轻质多孔集料，按照一定比例配制的砂浆。其具有质量轻、保温隔热性能好［导热系数一般为0.07～0.10W/(m·K)］等特点，主要用于屋面、墙体绝热层和热水、空调管道的绝热层。

常用的隔热砂浆有：水泥膨胀珍珠岩砂浆、水泥膨胀蛭石砂浆、水泥石灰膨胀蛭石砂浆等。

2. 吸声砂浆

吸声砂浆一般采用轻质多孔集料拌制成，由于其集料内部孔隙率大，因此吸声性能也十分优良。吸声砂浆还可以在砂浆中掺入锯末、玻璃纤维、矿物棉等材料拌制而成。主要用于室内吸声墙面和顶面。

3. 耐腐蚀砂浆

(1) 水玻璃类耐酸砂浆。一般采用水玻璃作为胶凝材料拌制而成，常常掺入氟硅酸钠作为促硬剂。耐酸砂浆主要作为衬砌材料、耐酸地面或内壁防护层等。

(2) 耐碱砂浆。使用42.5强度等级以上的普通硅酸盐水泥(水泥熟料中铝酸三钙含量应小于9%),细集料可采用耐碱、密实的石灰岩类(石灰岩、白云岩、大理岩等)、火成岩类(辉绿岩、花岗岩等)制成的砂和粉料,也可采用石英质的普通砂。耐碱砂浆可耐一定温度和浓度下的氢氧化钠和铝酸钠溶液的腐蚀,以及任何浓度的氨水、碳酸钠、碱性气体和粉尘等的腐蚀。

(3) 硫黄砂浆。以硫黄为胶结料,加入填料、增韧剂,经加热熬制而成的砂浆。采用石英粉、辉绿岩粉、安山岩粉作为耐酸粉料和细集料。硫黄砂浆具有良好的耐腐蚀性能,几乎能耐大部分有机酸、无机酸,中性和酸性盐的腐蚀,对乳酸也有很强的耐蚀能力。

4. 防辐射砂浆

防辐射砂浆可采用重水泥(钡水泥、锶水泥)或重质集料(黄铁矿、重晶石、硼砂等)拌制而成,可防止各类辐射的砂浆,主要用于射线防护工程。

5. 聚合物砂浆

聚合物砂浆是在水泥砂浆中加入有机聚合物乳液配制而成,具有黏结力强、干缩率小、脆性低、耐蚀性好等特性,用于修补和防护工程。常用的聚合物乳液有氯丁胶乳液、丁苯橡胶乳液、丙烯酸树脂乳液等。

复习思考题与习题

1. 新拌砂浆的和易性包括哪些要求?如何测定?砂浆和易性不良对工程应用有何影响?

2. 影响砌筑砂浆强度的主要因素有哪些?

3. 何谓混合砂浆?为什么一般砌筑工程多采用混合砂浆?

4. 试述影响混凝土强度的主要因素及提高强度的主要措施。

5. 装饰砂浆的主要饰面型式有哪些?

6. 观察身边的建筑,想一想哪些地方都采用了那些砂浆?效果如何?

7. 某多层住宅楼工程,要求配制强度等级为M10的水泥石灰混合砂浆,其原材料供应情况为:水泥,P·O32.5,实测强度35.2MPa;砂,中砂,级配良好,含水率=2%,$\rho_{0干}=1500kg/m^3$;石灰膏,稠度为120mm。

施工水平一般,试设计初步配合比。

第6章 墙 体 材 料

【内容概述】

本章主要对墙体三大材料——烧结砖、砌块和墙体板材的组成、分类、规格、质量要求、工程应用作了详细阐述，同时对各种墙体材料在国内外的发展状况也进行了简要说明。

【学习目标】

掌握各种烧结砖、砌块和墙体板材的主要品种、技术指标等；理解常用墙体材料的质量检验方法；了解各种墙体材料的应用和发展，能根据工程要求合理选用墙体材料。

砖石是最古老、最传统的建筑材料，砖石结构应用已有几千年的历史，我国墙体材料95%以上仍为如烧结类砖、非烧结类砖、混凝土小型空心砌块等这类材料。墙体在建筑中起承重、围护、分隔作用，对建筑物的功能、自重、成本、工期及建筑能耗有直接的影响。墙体材料是用来砌筑、拼装或用其他方法构成承重墙、非承重墙的材料，如砌墙用的砖、石、砌块，拼墙用的各种墙板，浇筑墙用的混凝土。据统计，在一般的房屋建筑中，墙体占整个建筑物质量的1/2、人工量的1/3、造价的1/3，因此，墙体材料是建筑工程中十分重要的建筑材料。

6.1 烧 结 砖

砌墙砖是性能非常优异的既古老而又现代的墙体材料，以黏土、工业废料或其他地方材料为主要原料，以不同生产工艺制造的、用于砌筑承重和非承重墙体的墙砖。经焙烧制成的砖为烧结砖，经炭化或蒸汽（压）养护硬化而成的砖为非烧结砖。按照孔洞率的大小，砌墙砖分为实心砖、多孔砖和空心砖。实心砖是没有孔洞或孔洞率小于15%的砖；孔洞率大于等于15%、孔的尺寸小而数量多的砖称为多孔砖；孔洞率大于等于15%、孔的尺寸大而数量少的砖称为空心砖。

6.1.1 烧结普通砖

烧结普通砖是以黏土、页岩、煤矸石、粉煤灰为主要原料，经焙烧而成的普通砖。

6.1.1.1 分类

烧结普通砖按所用的主要原料分为烧结黏土砖（N）、烧结页岩砖（Y）、烧结粉煤灰砖（F）和烧结煤矸石砖（M）。

1. 烧结黏土砖（N）

烧结黏土砖又称为黏土砖，是以黏土为主要原料，经配料、制坯、干燥、焙烧而成的烧结普通砖。当砖坯焙烧过程中砖窑内为氧化气体时，黏土中所含铁的化合物成分被氧化成高价氧化铁（Fe_2O_3），从而得到红砖。此时如果减少窑内空气的供给，同时加入少量水分，使砖窑形成还原气体，坯体在这种环境下继续焙烧，使高价氧化铁（Fe_2O_3）还原成青灰色的低价氧化铁（FeO），即可制得青砖。一般认为青砖较红砖结实，耐碱、耐久，但青砖只能在土窑中制得，价格较贵。

2. 烧结页岩砖（Y）

烧结页岩砖是页岩经破碎、粉磨、配料、成型、干燥和焙烧等工艺制成的砖。由于页岩磨细的程度不及黏土，故制坯所需的用水量比黏土少，所以砖坯干燥的速度快，而且成品的体积收缩小。作为一种新型建筑节能墙体材料，烧结页岩砖既可用于砌筑承重墙，又具有良好的热工性能，减少施工过程中的损耗，提高工作效率。

3. 烧结粉煤灰砖（F）

烧结粉煤灰砖是以电厂排出的粉煤灰作为烧砖的主要原料，可部分代替黏土。在烧制过程中，为改善粉煤灰的可塑性可适量的掺入黏土，两者（粉煤灰与黏土）的体积比为1∶1～1∶1.25。烧结粉煤灰砖的颜色一般呈淡红色至深红色，可代替黏土砖用于一般的工业与民用建筑中。

4. 烧结煤矸石砖（M）

烧结煤矸石砖是以煤矿的废料煤矸石为原料，经粉碎后，根据其含炭量及可塑性进行适当配料，即可制砖，由于煤矸石是采煤时的副产品，所以在烧制过程中一般不需额外加煤，不但消耗了大量的废渣，同时节约了能源。烧结煤矸石砖的颜色较普通砖略深，色泽均匀，声音清脆。烧结煤矸石砖可以完全代替普通黏土砖用于一般工业与民用建筑中。

6.1.1.2 质量等级、规格

1. 质量等级

根据《烧结普通砖》（GB 5101－2003）规定，烧结普通砖的抗压强度分为MU30、MU25、MU20、MU15、MU10等五个强度等级。同时，强度、抗风化性能和放射性物质合格的砖，根据砖的尺寸偏差、外观质量、泛霜和石灰爆裂的程度将其分为优等品（A）、一等品（B）和合格品（C）三个质量等级。注意，优等品的砖适用于清水墙和装饰墙，而一等品、合格品的砖可用于混水墙，中等泛霜的砖不能用于潮湿的部位。

2. 规格

烧结普通砖的外形为直角六面体，其公称尺寸为：240mm×115mm×53mm，加上10mm厚的砌筑灰缝，则4块砖长、8块砖宽、16块砖厚形成一个长宽高分别为1m的立方体。$1m^3$的砖砌体需砖数为4×8×16＝512（块），以方便计算工程量。

6.1.1.3 主要技术要求

1. 外观要求

普通烧结砖的外观标准直接影响砖体的外观和强度，所以规范中对尺寸偏差、两条面的高度差、弯曲程度、裂纹、颜色情况等都给出相应的规定。要求各等级烧结普通砖的尺寸偏差和外观质量符合表6.1和表6.2的要求。

表 6.1 **烧结普通砖的尺寸允许偏差（GB5101－2003）** 单位：mm

公称尺寸	优等品		一等品		合格品	
	样本平均偏差	样本极差≤	样本平均偏差	样本极差≤	样本平均偏差	样本极差≤
240（长）	±2.0	6	±2.5	7	±3.0	8
115（宽）	±1.5	6	±2.0	6	±2.5	7
53（高）	±1.5	4	±1.6	5	±2.0	6

表 6.2 **烧结普通砖的尺寸允许偏差（GB5101－2003）** 单位：mm

项　目		优等品	一等品	合格品
（1）两条面高度差，不大于		2	3	4
（2）弯曲，不大于		2	3	4
（3）杂质凸出高度，不大于		2	3	4
（4）缺棱掉角的三个破坏尺寸，不得同时大于		5	20	30
（5）裂纹长度，不大于	大面上宽度方向及其延伸至条面的长度	30	60	80
	大面上长度方向及其延伸至顶面的长度或条顶面上水平裂纹的长度	50	80	100
（6）完整面，不得少于		两条面和两顶面	一条面和一顶面	
（7）颜色		基本一致		

注 1. 为装饰而施加的色差、凹凸纹、拉毛、压花等不算作缺陷。

2. 凡有下列缺陷之一者，不得称为完整面：

（1）缺损在条面或顶面上造成的破坏面尺寸同时大于 10mm×10mm。

（2）条面或顶面上裂纹宽度大于 1mm，其长度超过 30mm。

（3）压陷、黏底、焦花在条面或顶面上的缺陷或凸出超过 2mm，区域尺寸同时大于 10mm×10mm。

2. 强度等级

烧结普通砖的强度等级分为五个等级，通过抗压强度试验，计算 10 块砖样的抗压强度平均值和标准值方法或抗压强度平均值和最小值方法，从而评定此砖的强度等级。各等级应满足表 6.3 中列出的各强度指标。

表 6.3 **烧结普通砖的强度等级（GB5101－2003）** 单位：MPa

强度等级	抗压强度平均值 $\overline{f}\geqslant$	变异系数 $\delta\leqslant 0.21$	变异系数 $\delta>0.21$
		强度标准值 $f_k\geqslant$	单块最小抗压强度值 $f_{min}\geqslant$
MU30	30.0	22.0	25.0
MU25	25.0	18.0	22.0
MU20	20.0	14.0	16.0
MU15	15.0	10.0	12.0
MU10	10.0	6.5	7.5

表 6.3 中变异系数 δ 和强度标准值 f_k 可参照下式计算

$$\delta = \frac{s}{\overline{f}} \tag{6.1}$$

$$s=\sqrt{\frac{1}{9}\sum_{i=1}^{10}(f_i-\overline{f})^2} \tag{6.2}$$

$$f_k=\overline{f}-1.8s \tag{6.3}$$

式中　δ——砖强度变异系数；

s——10 块砖样的抗压强度标准差，MPa；

f_i——单块砖样抗压强度测定值，MPa；

$\overline{f}$——10 块砖样抗压强度平均值，MPa；

f_k——抗压强度标准值，MPa。

3. 耐久性

（1）抗风化性能。抗风化性能即烧结普通砖抵抗自然风化作用的能力，是指砖在干湿变化、温度变化、冻融变化等物理因素作用下不被破坏并保持原有性质的能力。它是烧结普通砖耐久性的重要指标。由于自然风化作用程度与地区有关，通常按照风化指数将我国各省市划分为严重风化区和非严重风化区，见表 6.4。

表 6.4　　风化区的划分（GB 5101－2003）

严重风化区		非严重风化区	
1. 黑龙江省	11. 河北省	1. 山东省	11. 福建省
2. 吉林省	12. 北京市	2. 河南省	12. 台湾省
3. 辽宁省	13. 天津市	3. 安徽省	13. 广东省
4. 内蒙古自治区		4. 江苏省	14. 广西壮族自治区
5. 新疆维吾尔自治区		5. 湖北省	15. 海南省
6. 宁夏回族自治区		6. 江西省	16. 云南省
7. 甘肃省		7. 浙江省	17. 西藏自治区
8. 青海省		8. 四川省	18. 上海市
9. 陕西省		9. 贵州省	19. 重庆市
10. 山西省		10. 湖南省	

风化指数是指日气温从正温降至负温或从负温升至正温的每年平均天数，与每年从霜冻之日起至消失霜冻之日止，这一期间降雨总量（以 mm 计）的平均值的乘积。风化指数不小于 12700 为严重风化区，风化指数小于 12700 为非严重风化区。

严重风化区的砖必须进行冻融试验。冻融试验时取五块吸水饱和试件进行 15 次冻融循环，之后每块砖样不允许出现裂纹、分层、掉皮、缺棱、掉角等冻坏现象，且每块砖样的质量损失不得大于 2%。其他地区的砖，如果其抗风化性能（吸水率和饱和系数指标）能达到表 6.5 的要求，可不再进行冻融试验，但是若有一项指标达不到要求时，则必须进行冻融试验。

表 6.5　　烧结普通砖的吸水率、饱和系数（GB 5101－2003）

砖种类	严重风化区				非严重风化区			
	5h 沸煮吸水率（%）≤		饱和系数≤		5h 沸煮吸水率（%）≤		饱和系数≤	
	平均值	单块最大值	平均值	单块最大值	平均值	单块最大值	平均值	单块最大值
黏土砖	18	20	0.85	0.87	19	20	0.88	0.90
粉煤灰砖	21	23			23	35		

续表

砖种类	严重风化区				非严重风化区			
	5h沸煮吸水率（%）≤		饱和系数≤		5h沸煮吸水率（%）≤		饱和系数≤	
	平均值	单块最大值	平均值	单块最大值	平均值	单块最大值	平均值	单块最大值
页岩砖	16	18	0.74	0.77	18	20	0.78	0.80
煤矸石砖								

注 粉煤灰掺入量（体积比）小于30%时，按黏土砖规定判别。

（2）泛霜。泛霜是一种砖或砖砌体外部的直观现象，呈白色粉末，白色絮状物，严重时呈现鱼鳞状的剥离、脱落、粉化。砖块的泛霜是由于砖内含有可溶性硫酸盐，遇水潮解，随着砖体吸收水量的不断增加，溶解度由大逐渐变小。当外部环境发生变化时，砖内水分向外部扩散，作为可溶性的硫酸盐，也随之向外移动，待水分消失后，可溶性的硫酸盐形成晶体，集聚在砖的表面呈白色，称为白霜，出现白霜的现象称为泛霜。煤矸石空心砖的白霜是以 $MgSO_4$ 为主，白霜不仅影响建筑物的美观，而且由于结晶膨胀会使砖体分层和松散，直接关系到建筑物的寿命。因此国家标准严格规定烧结制品中优等产品不允许出现泛霜，一等产品不允许出现中等泛霜，合格产品不允许出现严重泛霜。

（3）石灰爆裂。当烧制砖块时原料中夹杂着石灰质物质，焙烧过程中生成生石灰，砖块在使用过程中吸水使生石灰转变为熟石灰，其体积会增大一倍左右，从而导致砖块爆裂的现象，称为石灰爆裂。

石灰爆裂的程度直接影响烧结砖的使用，较轻的造成砖块表面破坏及墙体面层脱落，严重的会直接破坏砖块及墙体结构，造成砖块及墙体强度损失，甚至崩溃。因此，国家标准对烧结砖石灰爆裂做了如下严格控制：①优等品，不允许出现最大破坏尺寸大于2mm的爆裂区域；②一等品，最大破坏尺寸大于2mm且小于等于10mm的爆裂区域，每组砖样不得多于15处，不允许出现最大破坏尺寸大于10mm的爆裂区域；③合格品，最大破坏尺寸大于2mm且不大于15mm的爆裂区域，每组砖样不得多于15处，其中大于10mm的不得多于7处，不允许出现最大破坏尺寸大于15mm的爆裂区域。

6.1.1.4 应用

烧结普通砖具有一定的强度及良好的绝热性和耐久性，且原料广泛，工艺简单，因而可用作墙体材料，用于制造基础、柱、拱、烟囱、铺砌地面等，有时也用于小型水利工程，如闸墩、涵管、渡槽、挡土墙等，但需要注意的是，由于砖的吸水率大，一般为15%～20%，在砌筑前，必须预先将砖进行吸水润湿，否则会降低砌筑砂浆的黏结强度。

但是随着建筑业的迅猛发展，传统烧结黏土砖的弊端日益突出，烧结黏土砖的生产毁田取土量大、能耗高、自重大、施工中工人劳动强度大、工效低等。为保护土地资源和生产环境，有效节约能源，至2003年6月1日全国170个城市取缔烧结黏土砖的使用，并于2005年全面禁止生产、经营、使用黏土砖，取而代之的是广泛推广使用利用工业废料制成的新型墙体材料。

6.1.2 烧结多孔砖

烧结多孔砖是以黏土、页岩、煤矸石或粉煤灰为主要原料，经焙烧而成、孔洞率不小于25%，孔的尺寸小而数量多，主要用于六层以下建筑物承重部位的砖，简称多孔砖。

6.1.2.1 分类

烧结多孔砖的分类与烧结普通砖类似，也是按主要原料进行划分，例如，黏土砖（N）、页岩砖（Y）、煤矸石砖（M）和粉煤灰砖（F）。

6.1.2.2 规格与质量等级

1. 规格

目前烧结多孔砖分为P型砖和M型砖，其外形为直角六面体，长、宽、高尺寸为P型（240mm ×115mm× 90mm）和M型（190mm ×190mm× 90mm），如图6.1、图6.2所示。

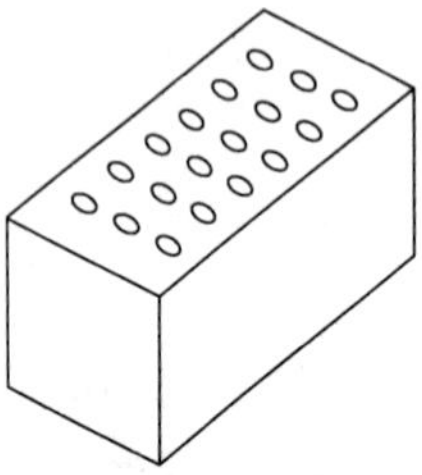

图6.1 P型砖

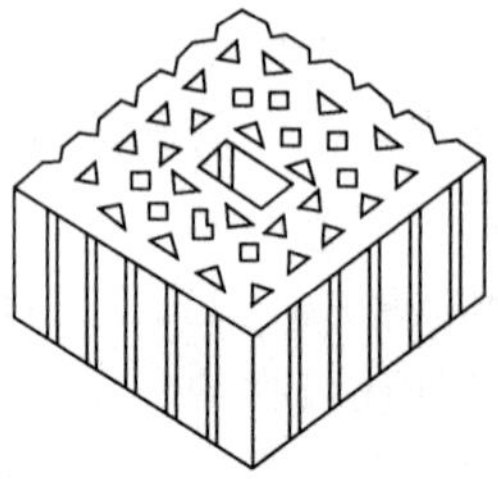

图6.2 M型砖

2. 质量等级

根据《烧结多孔砖》（GB 13544—2000）的规定，烧结多孔砖根据抗压强度分为：MU30、MU25、MU20、MU15、MU10等五个强度等级。

强度和抗风化性能合格的烧结多孔砖，根据尺寸偏差、外观质量、孔形及孔洞排列、泛霜、石灰爆裂等分为优等品（A）、一等品（B）和合格品（C）三个质量等级。

6.1.2.3 主要技术要求

1. 尺寸允许偏差和外观要求

烧结多孔砖的尺寸允许偏差应符合表6.6的规定，外观要求符合表6.7的规定。

表6.6 烧结多孔砖的尺寸偏差（GB 13544—2000） 单位：mm

尺 寸	优等品		一等品		合格品	
	样本平均偏差	样本极差≤	样本平均偏差	样本极差≤	样本平均偏差	样本极差≤
290、240	±2.0	6	±2.5	7	±3.0	8
190、180、175、140、115	±1.5	5	±2.0	6	±2.5	7
90	±1.5	4	±1.7	5	±2.0	6

表6.7 烧结多孔砖外观质量（GB 13544—2000） 单位：mm

项 目	优等品	一等品	合格品
（1）颜色（一条面和一顶面）	一致	基本一致	
（2）完整面不得少于	一条面和一顶面	一条面和一顶面	
（3）缺棱掉角的三个破坏尺寸不得同时大于	15	20	30

续表

项目		优等品	一等品	合格品
（4）裂纹长度不大于	1）大面上深入孔壁 15mm 以上，宽度方向及其延伸到条面的长度	60	80	100
	2）大面上深入孔壁 15mm 以上，长度方向及其延伸到顶面的长度	60	100	120
	3）条、顶面上的水平裂纹	80	100	120
（5）杂质在砖面上造成的凸出高度不大于		3	4	5

注 1. 为装饰而施加的色差、凹凸纹、拉毛、压花等不算缺陷。

2. 凡有下列缺陷之一者，不能称为完整面：

（1）缺损在条面或顶面上造成的破坏尺寸同时大于 20mm× 30mm。

（2）条面或顶面上裂纹宽度大于 1mm，其长度超过 70mm。

（3）压陷、焦花、黏底在条面或顶面上的凹陷或凸出超过 2mm，区域尺寸同时大于 20mm× 30mm。

2. 强度等级和耐久性

烧结多孔砖的强度等级和评定方法与烧结普通砖完全相同，其具体指标参见表 6.3。

烧结多孔砖的耐久性要求还包括泛霜、石灰爆裂和抗风化性能，这些指标的规定与烧结普通砖完全相同。

6.1.3 烧结空心砖

烧结空心砖是以黏土、页岩、煤矸石为主要原料，经焙烧而成的孔洞率不小于 40%，孔的尺寸大而数量少的砖。

6.1.3.1 烧结空心砖的分类

烧结空心砖的分类与烧结普通砖类似，仍然是按主要原料进行划分。如黏土砖（N）、页岩砖（Y）、煤矸石砖（M）和粉煤灰砖（F）。

烧结空心砖尺寸应满足长度 $L \leqslant 390$mm，宽度 $b \leqslant 240$mm，高度 $d \leqslant 140$mm，壁厚不小于 10mm，肋厚不小于 7mm。为方便砌筑，在大面和条面上应设深 1～2mm 的凹线槽。如图 6.3 所示。

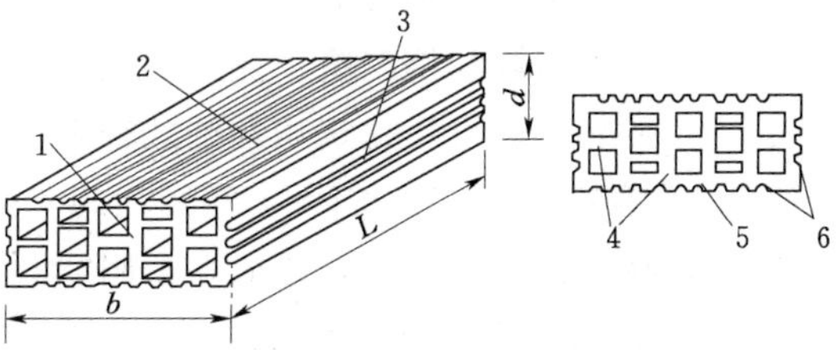

图 6.3 烧结空心砖示意图

1—顶面；2—大面；3—条面；4—肋；5—凹线槽；6—壁；

L—长度；b—宽度；d—高度

由于孔洞垂直于顶面，平行于大面且使用时大面受压，所以烧结空心砖多用作非承重墙，如多层建筑物的内隔墙或框架结构的填充墙等。

6.1.3.2 烧结空心砖的规格

根据《烧结空心砖和空心砌块》（GB 13545—2003）的规定，烧结空心砖的外形为直角六面体，其长宽高均应符合以下尺寸组合：390mm、290mm、240mm、190mm、180（175）mm、140mm、115mm、90mm，如 290mm×190mm×90mm、190mm×190mm×90mm 和 240mm×180mm×115mm 等。

6.1.3.3 烧结空心砖的主要技术性质

1. 强度等级

烧结空心砖的抗压强度分为 MU10.0、MU7.5、MU5.0、MU3.5 、MU2.5 等五个等级，如表 6.8 所示。

表 6.8 烧结空心砖的强度等级（GBl3545—2003）

强度等级	抗压强度（MPa）			密度等级范围（kg/m^3）
	抗压强度平均值 $\overline{f}\geqslant$	变异系数 $\delta\leqslant0.21$	变异系数 $\delta>0.21$	
		强度标准值 $f_k\geqslant$	单块最小抗压强度值 $f_{min}\geqslant$	
MU10.0	10.0	7.0	8.0	≤1100
MU7.5	7.5	5.0	5.8	
MU5.0	5.0	3.5	4.0	
MU3.5	3.5	2.5	2.8	
MU2.5	2.5	1.6	1.8	≤800

2. 质量等级

每个密度级别强度、密度、抗风化性能和放射性物质合格的砖，根据孔洞及其排数、尺寸偏差、外观质量、强度等级和物理性能分为优等品（A）、一等品（B）和合格品（C）三个质量等级。

6.1.4 烧结多孔砖和烧结空心砖的应用

现在国内建筑施工主要采用烧结空心砖和烧结多孔砖作为实心黏土砖的替代产品，烧结空心砖主要应用于非承重的建筑内隔墙和填充墙，烧结多孔砖主要应用于砖混结构承重墙体。用烧结多孔砖或空心砖代替实心砖可使建筑物自重减轻 1/3 左右，节约原料 20%～30%，节省燃料 10%～20%，且烧成率高，造价降低 20%，施工效率提高 40%，保温隔热性能和吸声性能有较大提高，在相同的热工性能要求下，用空心砖砌筑的墙体厚度可减薄半砖左右。一些较发达国家多孔砖占砖总产量的 70%～90%，我国目前也正在大力推广，而且发展很快。

6.2 砌 块

砌块是利用混凝土，工业废料（炉渣，粉煤灰等）或地方材料制成的人造块材，外形尺寸比砖大，通常外形为直角六面体，长度大于 365mm 或宽度大于 240mm 或高度大于

115mm，且高度不大于长度或宽度的六倍，长度不超过高度的三倍。

砌块有设备简单、砌筑速度快的优点，符合建筑工业化发展中墙体改革的要求。由于其尺寸较大，施工效率较高，故在土木工程中应用越来越广泛，尤其是采用混凝土制作的各种砌块，具有不毁农田、能耗低、利用工业废料、强度高、耐久性好等优点，已成为我国增长最快、产量最多、应用最广的砌块材料。

砌块按产品规格分为小型砌块（115mm＜h＜380mm）、中型砌块（390mm＜h＜980mm）、大型砌块（980mm＜h），使用中以中小型砌块居多；按外观形状可以分为实心砌块（空心率小于25%）和空心砌块（空心率大于25%），空心砌块又有单排方孔、单排圆孔和多排扁孔三种形式，其中多排扁孔对保温较有利；按原材料分为普通混凝土小型空心砌块、轻集料混凝土小型空心砌块、蒸压加气混凝土砌块、粉煤灰砌块和石膏砌块等；按砌块在组砌中的位置与作用可以分为主砌块和各种辅助砌块；按用途分为承重砌块和非承重砌块等。本节对常用的几种砌块作简要介绍。

6.2.1 普通混凝土小型空心砌块

普通混凝土小型砌块（代号NHB）是以水泥为胶结材料，砂、碎石或卵石为集料，加水搅拌，振动加压成型，养护而成的并有一定空心率的砌筑块材。

6.2.1.1 强度等级

混凝土小型空心砌块按强度等级分为MU3.5、MU5.0、MU7.5、MU10.0、MU15.0、MU20.0，产品强度应符合表6.9规定；按其尺寸偏差，外观质量分为优等品（A）、一等品（B）及合格品（C）。

表6.9　混凝土小型空心砌块的等级（GB8239—1997）　单位：MPa

强度等级	砌块抗压强度	
	平均值≥	单块最小值≥
MU3.5	3.5	2.8
MU5.0	5.0	4.0
MU7.5	7.5	6.0
MU10.0	10.0	8.0
MU15.0	15.0	12.0
MU20.0	20.0	16.0

6.2.1.2 规格和外观质量

混凝土小型空心砌块的主规格尺寸为390mm×190mm×190mm，其他规格尺寸可由供需双方协商，即可组成墙用砌块基本系列。砌块各部位的名称如图6.4所示，其中最小外壁厚度应不小于30mm，最小肋厚应不小于25mm，空心率应不小于25%。尺寸允许偏差应符合表6.10规定。

混凝土小型空心砌块的外观质量包括弯曲程度、缺棱掉角的情况以及裂纹延伸的投影尺寸累计等三方面，产品外观质量应符合表6.11的要求。

表 6.10 普通混凝土小型砌块的尺寸偏差（GB8239—1997） 单位，mm

项目名称	优等品（A）	一等品（B）	合格品（C）
长度	±2	±3	±3
宽度	±2	±3	±3
高度	±2	±3	+3、-4

表 6.11 普通混凝土小型砌块的外观质量（GB8239—1997）

项目名称		优等品（A）	一等品（B）	合格品（C）
弯曲（mm）≤		2	2	3
缺棱掉角	个数（个）≤	0	2	2
	三个方向投影尺寸最小值（mm）≤	0	20	30
裂纹延伸的投影尺寸累计（mm）≤		0	20	30

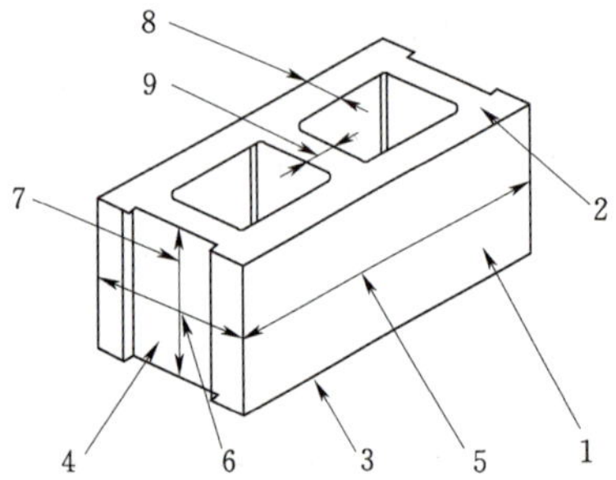

图 6.4 普通混凝土小型空心砌块

1—条面；2—坐浆面；3—铺浆面；4—顶面；5—长度；6—宽度；7—高度；8—壁；9—肋

6.2.1.3 相对含水率和抗冻性

《普通混凝土小型空心砌块》（GB 8239—1997）要求混凝土小型空心砌块的相对含水率：潮湿地区不大于45%；中等潮湿地区不大于40%；干燥地区不大于35%。对于非采暖地区抗冻性不做规定，采暖地区强度损失不大于25%，质量损失不大于5%，其中一般环境抗冻等级应达到F15，干湿交替环境抗冻等级应达到F25。

普通混凝土小型空心砌块具有节能、节地、减少环境污染、保持生态平衡的优点，符合我国建筑节能政策和资源可持续发展战略，已被列入国家墙体材料革新和建筑节能工作重点发展的墙体材料之一。

6.2.2 蒸压加气混凝土砌块

蒸压加气混凝土砌块（简称加气混凝土砌块，代号ACB），是由硅质材料（砂）和钙质材料（水泥石灰），加入适量调节剂、发泡剂，按一定比例配合，经混合搅拌、浇筑、发泡、坯体静停、切割、高温高压蒸养等工序制成，因产品本身具有无数微小封闭、独立、分布均匀的气孔结构，具有轻质、高强、耐久、隔热、保温、吸音、隔音、防水、防火、抗震、施工快捷（比黏土砖省工）、可加工性强等多种功能，是一种优良的新型墙体材料。

6.2.2.1 规格与等级

1. 规格

蒸压加气混凝土砌块规格尺寸应符合表6.12规定。

表 6.12　　蒸压加气混凝土砌块的规格尺寸（GB/11968—2006）　　单位：mm

长　度	宽　度	高　度
600	100、120、125、150、180、200、240、250、300	200、240、250、300

2. 等级

砌块按抗压强度分为 A1.0、A2.0、A2.5、A3.5、A5.0、A7.5、A10.0 等七个强度级别，各级别的立方体抗压强度值应符合表 6.13 规定。

表 6.13　　蒸压加气混凝土砌块的立方体抗压强度（GB/11968—2006）　　单位：MPa

强　度　等　级	立方体抗压强度	
	平均值≥	单块最小值≥
A1.0	1.0	0.8
A2.0	2.0	1.6
A2.5	2.5	2.0
A3.5	3.5	2.8
A5.0	5.0	4.0
A7.5	7.5	6.0
A10.0	10.0	8.0

6.2.2.2　应用

蒸压加气混凝土砌块质量轻，表观密度约为黏土砖的 1/3，适用于低层建筑的承重墙、多层建筑的间隔墙和高层框架结构的填充墙，也可用于一般工业建筑的围护墙，作为保温隔热材料也可用于复合墙板和屋面结构中，广泛应用于工业及民用建筑、多层和高层建筑及建筑物加层等，可减轻建筑物自重，增加建筑物的使用面积，降低综合造价，同时由于墙体轻、结构自重减少，大大提高了建筑自身的抗震能力。因此，在建筑工程中使用蒸压加气混凝土砌块是最佳的砌块之一。

6.2.3　粉煤灰砌块

粉煤灰砌块（代号 FB）是硅酸盐砌块中常用品种之一，是以粉煤灰、石灰、炉渣、石膏等为主要原料，加水拌匀，经振动成型、蒸汽养护而成的一种砌块。

6.2.3.1　规格与等级

1. 规格

粉煤灰砌块的主要规格尺寸为 880mm×380mm×240mm 和 880mm×430mm×240mm 两种，如生产其他规格砌块，可由供需双方协商确定。砌块端面应加灌浆槽，坐浆面宜设抗剪槽，砌块各部位名称如图 6.5 所示。

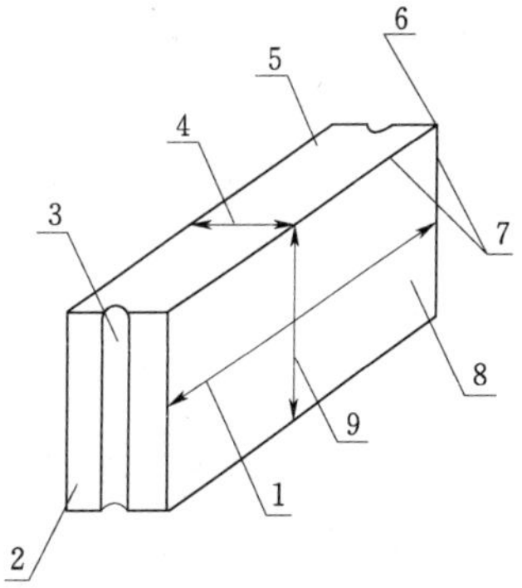

图 6.5　粉煤灰砌块

1—长度；2—断面；3—灌浆槽；4—宽度；5—坐浆面（铺浆面）；6—角；7—棱；8—侧面；9—高度

2. 等级

粉煤灰砌块的强度等级按立方体抗压强度分为 10 和 13 两个强度等级。按其外观质量、尺寸偏差和干缩性能分为一等品（B）和合格品（C）。砌块的立方体抗压强度、碳化后强度、抗冻性能和密度及干缩值应符合表6.14的要求。

表6.14　粉煤灰砌块立方体抗压强度、碳化后强度、抗冻性能和密度及干缩值

项　目	10　级	13　级
抗压强度（（MPa）	3块试件平均值不小于10.0MPa，单块最小值不小于8.0MPa	3块试件平均值不小于13.0MPa，单块最小值不小于10.5MPa
人工碳化后强度（MPa）	不小于6.0MPa	不小于7.5MPa
抗冻性	冻融循环结束后，外观无明显疏松、剥落或裂缝，强度损失不大于20%	
密度（kg/m^3）	不超过设计密度的10%	
干缩值（mm/m）	一等品≤0.75，合格品≤0.90	

6.2.3.2　应用

粉煤灰砌块的干缩值比水泥混凝土大，弹性模量低于同强度的水泥混凝土制品，适用于工业和民用建筑的承重、非承重墙体和基础，但不适用于有酸性介质侵蚀、长期受高温影响和经受较大振动影响的建筑物。

砌块是一种新型墙体材料，可以充分利用地方资源和工业废渣，并可节省黏土资源和改善环境。符合可持续发展的要求；其生产工艺简单、生产周期短、砌块规格较大，可提高砌筑效率、降低施工过程中的劳动强度、减轻房屋自重、改善墙体功能、降低工程造价，推广使用各种砌块是墙体材料改革的一条有效途径。

6.3　墙　体　板　材

随着建筑结构体系改革和大开间多功能框架结构的发展，各种轻质和复合板材作为墙体材料已成为发展的必然趋势。以板材为围护墙体的建筑体系，具有质量轻、节能、施工速度快、使用面积大、开间方便布置等优点，具有良好的发展前景。

6.3.1　水泥类墙用板材

水泥类墙用板材具有较好的力学性能和耐久性，生产技术成熟，产品质量可靠，可用于承重墙、外墙和复合墙板的外层。其主要缺点是表观密度大、抗拉强度低。生产中可用作预应力空心板材，以减轻自重和改善隔音隔热性能，也可制作以纤维等增强的薄型板材，还可在水泥类板材上制作成具有装饰效果的表面层（如花纹线条装饰、露集料装饰、着色装饰等）。

1. 预应力混凝土空心墙板

预应力混凝土空心板具有施工工艺简单、施工速度快、墙体坚固、美观、保温性、耐久性能好等优点，提高了工程质量。使用时可按要求配以保温层、外饰面层和防水层等。该类板的长度为长度为1000～1900mm，宽度为600～1200mm，总厚度为200～480 mm。可用于承重或非承重外墙板、内墙板、楼板、屋面板、雨罩和阳台板等。

2. 蒸压加气混凝土板

蒸压加气混凝土板（NALC板）是以水泥、石膏、石灰、硅砂等为主要原料，根据结

构要求添加不同数量经防腐处理的钢筋网片而组成的一种轻质多孔新型建筑材料。具有良好保温、吸声、隔音效果，且自重轻、强度高、延性好、承载能力好、抗震能力强，所以在钢结构工程围护结构中得到广泛应用。

3. 玻璃纤维增强水泥轻质多孔隔墙条板

GRC轻质多孔条板（GRC空心条板）是一种新型墙体材料，是以快凝低碱度硫铝酸盐水泥、抗碱玻璃纤维或其网格布为增强材料，配以轻质无机保温、隔热复合材料为填充集料（膨胀珍珠岩、炉渣、粉煤灰），用高新技术向混合体中加入空气，制成无数发泡微孔，使墙板内形成面包蜂窝状。其主要规格为：长度（L）为2500～3000mm，宽度（B）为600mm，厚度（T）为60mm、70mm、80mm、90mm。

GRC空心轻质条板的优点是质轻、强度高、隔热、隔声、不燃、可钉、可钻，施工方便且效率高等，主要用于工业和民用建筑的内隔墙及复合墙体的外墙面。近年来发展较快、应用量较大，是我国住房和城乡建设部重点推荐的“建筑节能轻质墙体材料”。

4. 纤维增强低碱度水泥建筑平板

纤维增强低碱度水泥建筑平板是以低碱度硫铝酸盐水泥为胶结材料、耐碱玻璃纤维（直径为15μm左右、长度为15～25mm）、温石棉为主要增强材料，加水混合成浆，经制坯、压制、蒸养而成的薄型平板。其长度为1200～2800mm，宽度为800～1200mm，厚度为4mm、5mm和6mm。

掺石棉纤维增强低碱度水泥建筑平板代号为TK，无石棉纤维增强低碱度水泥建筑平板代号为NTK。纤维增强低碱度水泥建筑平板的质量轻、强度高、防潮、放火、不易变形，可加工性（可锯、钻、钉及表面装饰等）好。适用于各类建筑物的复合外墙和内隔墙，特别是高层建筑有防火、防潮要求的隔墙。其与各种材质的龙骨、填充料复合后，可用作多层框架结构体系、高层建筑、室内内隔墙或吊顶等。

5. 水泥木丝板

水泥木丝板是以木材下脚料经机器刨切成均匀木丝，加入水泥、无毒性化学添加物（水玻璃）等经成型、冷压、养护、干燥而成的薄型建筑平板。它结合两种主要材质——水泥与木材的优点，木丝水泥板如木材般质轻、有弹性、保温、隔音、隔热、施工方便；又具有水泥板坚固、防火、防潮、防霉、防蚁的优点，主要用于建筑物的内外墙板、大花板、壁橱板等。

6.3.2 石膏类墙用板材

石膏类墙用板材是以熟石膏为胶凝材料制成的板材。它是一种质量轻、强度较高、厚度较薄、加工方便、隔音绝热和防火等性能较好的建筑材料，是当前着重发展的新型轻质板材之一。石膏板已广泛用于住宅、办公楼、商店、旅馆和工业厂房等各种建筑物的内隔墙、墙体覆面板（代替墙面抹灰层）、天花板、吸音板、地面基层板和各种装饰板等。

1. 石膏空心板

石膏空心板以熟石膏为胶凝材料，加入膨胀珍珠岩、膨胀蛭石等各种轻质集料和矿渣、粉煤灰、石灰、外加剂等改性材料，经搅拌、振动成型、抽芯模、干燥而成。其规格尺寸：长度为2500～3000mm，宽度为500～600mm，厚度为60～90mm。

石膏空心板具有质轻、比强度高、隔热、隔声、防火、可加工件好等优点，且安装方便，适用于各类建筑的非承重内隔墙，但若用丁相对湿度大于75%的环境（如卫生间等）中，则板材表面应作防水等相应处理。

2. 石膏纤维板

石膏纤维板（又称石膏刨花板）是以熟石膏为胶凝材料，木质、竹材刨花（木质、竹材或农作物纤维）为增强材料，以及添加剂经过配合、搅拌、铺装、冷压成型制成的新型环保墙体材料，且集建筑功能与节能功能于一体，被认为是一种很有发展前途的无污染、节能型建筑材料。广泛应用于建筑内隔墙、分隔墙、地板、天花板、室内装修、壁橱、高层建筑复合墙体等，具有自重轻、施工快、使用灵活、防火、隔热、隔音效果好、使用寿命长，并且在使用中无污染、尺寸稳定性好等优异性能。

3. 纸面石膏板

纸面石膏板是以熟石膏为主要原料，掺入适量添加剂与纤维做板芯，以特制的板纸为护面，经加工制成的一种绿色环保板材。分为普通型（P）、耐水型（S）和耐火型（H）三种。普通纸面石膏板可作为内隔墙板、复合外墙板的内壁板、天花板等，耐水性板可用于相对湿度较大的环境（如卫生间、浴室等），耐火型纸面石膏板主要用于对防火要求较高的房屋建筑中。其主要规格尺寸：长度为1800～3600mm，宽度为900mm、1200mm，厚度为9.5～25.0mm。

由于纸面石膏板具有质轻、防火、隔音、保温、隔热、加工性强良好（可刨、可钉、可锯）、施工方便、可拆装性能好，增大使用面积、可调节室内空气温、湿度以及装饰效果好等优点，因此广泛用于各种工业建筑、民用建筑，尤其是在高层建筑中可作为内墙材料和装饰装修材料。如用于柜架结构中的非承重墙、室内贴面板、吊顶等，目前在我国主要用于公共建筑和高层建筑。

4. 装饰石膏板

装饰石膏板是以熟石膏为主要原料，掺加少量纤维材料和外加剂，与水一起搅拌成均匀料浆，经浇注成型，干燥而成的有多种图案、花饰的板材，如石膏印花板、穿孔吊顶板、石膏浮雕吊顶板、纸面石膏饰面装饰板等规格尺寸有500mm×500mm×9mm和600mm×600mm×11mm两种。装饰石膏板主要用于工业与民用建筑室内墙壁装饰和吊顶装饰，以及非承重内隔墙，具有轻质、防火、防潮、易加工、安装简单等特点。

6.3.3 植物纤维类墙用板材

随着农业的发展，农作物的废弃物（如稻草、麦秸、玉米秆，甘蔗渣等）随之增多，但这些废弃物如进行加工，不但可以变废为宝，而且制成的各种板材可用于建筑结构，纸面草板就是其中的一种产品。

纸面草板是以稻草天然稻草（麦秸）、合成树脂为主要原料，经热压成型、外表粘贴面纸等工序制成的一种轻型建筑平板。根据原料种类不同，可分为纸面稻草板（D）和纸面麦秸（草）板（M）两大类。它具有轻质、高强、密度小和良好的隔热、保温、隔声等性能，其生产工艺简单，并可进行锯、胶、钉、漆，施工方便，因此广泛用于各种建筑物的内隔墙、天花板、外墙内衬；与其他材料组合后，可用于多层非承重墙和单层承重外墙。纸面草板利用可再生资源来生产建筑板材，有其独特的优势，并逐步得到推广和应用。

6.3.4 复台墙板

普通墙体板材因材料本身的局限性而使其应用受到限制，例如，水泥混凝土类板材强度和耐久性，但其自重太大；石膏板等虽然质量较轻，但其强度又较低。为了克服普通墙体板材功能单一的缺点，达到一板多用的目的，通常将不同材料经过加工组合成新的复合墙板，以满足工程的需要。

1. 钢丝网架水泥夹芯板

钢丝网架水泥夹芯板包括以阻燃型泡沫塑料板条或半硬质岩棉板做芯材的钢丝网架夹心板。该板具有重量轻、保温、隔热性能好，安全方便等优点。主要用于房屋建筑的内隔板、围护外墙、保温复合外墙、楼面、屋面及建筑加层等。

钢丝网架水泥夹心板通常包括舒乐舍板、泰柏板等板材。

(1) 舒乐舍板。是以阻燃型聚苯乙烯泡沫塑料板为整体芯板，双面或单面覆以冷拔钢丝网片，双向斜插钢丝焊接而成的一种新型墙体材料。在舒乐舍板两侧喷抹水泥砂浆后，墙板的整体刚性好、强度高、自重轻、保温隔热好和隔声、防火等特点，适用于建筑的内外墙，以及框架结构的围护墙和轻质内墙等。

(2) 泰柏板。是以钢丝焊接而成的三维笼为构架，阻燃聚苯乙烯（EPS）泡沫塑料芯材组成的另一种钢丝网架水泥夹心板，是目前取代轻质墙体最理想的材料。其具有较高节能，质量轻、强度高、防火、抗震、隔热、隔音、抗风化，耐腐蚀的优良性能，并有组合性强、易于搬运，适用面广，施工简便等特点，广泛用于建筑业装饰业的内隔墙、围护墙、保温复合外墙和双轻体系（轻板、轻框架）的承重墙，以用楼面、屋面、吊顶和新旧楼房加层、卫生间隔墙等。

2. 轻型夹心板

轻型夹心板是以轻质高强的薄板为外层，中间以轻质的保温隔热材料为芯材组成的复合板，用于外墙面的外层薄板有不锈钢板、彩色镀锌钢板、铝合金板、纤维增强水泥薄板等，芯材有岩棉毡、玻璃棉毡、阻燃型发泡聚苯乙烯、发泡聚氨酯等，用于内侧的外层薄板可根据需要选用石膏类板、植物纤维类板、塑料类板材等。由于具有强度高、质量轻、较高的绝热性、施工方便快捷、可多次拆卸重复安装、有较高的耐久性等主要优点。因此，轻型夹心板普遍用于冷库、仓库、工厂车间、仓储式超市、商场、办公楼、洁净室、旧楼房加层、展览馆、体育场馆等的建筑物。

6.3.5 其他墙板

目前我国墙体板材品种较多，除上述列出的板材以外，还有许多其他类型的板材，如混凝土大型墙板、铝塑复合墙板、混凝土夹心板、炉渣混凝土空心板等等，这些板材在建筑工程都有应用。

我国这几年墙体材料虽然有了长足的进步，但与发达国家相比，目前无论是在产品结构上，还是在产品质量上，都有很大差距。资料显示，美国混凝土砌块占墙材总量的34%，板材约占47%；日本混凝土砌块占墙材总量的33%，板材约占41%；德国混凝土砌块占墙材总量的39.8%，板材约占41%；而我国混凝土砌块只占10%；板材只占2%左右。产品结构上的差距显而易见。另外，我国新型墙材的质量、功能和档次与国外相比也有很大差距。如我国承重多孔砖多为圆孔，25%的孔洞率尚难普遍达到，而国外空心砖的孔洞率为40%～47%，有的甚至达到53%，强度可达25～35MPa；国外空心砖和多孔砖普遍作为带饰面的清水墙，而我国基本上达不到这一要求；我国板材占有率低，主要是由于轻质内隔墙板质量不尽人意，工程应用中容易出现问题。因此，我们必须密切跟踪世界墙体材料发展的趋势，通过改进生产工艺提升施工技术扩大砌块应用范围，发展轻质隔墙板，继续节约建筑能耗，减少环境污染，从而实现我国墙体材料的进步。

复习思考题与习题

1. 目前所用的墙体材料有哪几类？各有哪些优缺点？
2. 墙体材料在工程有哪些应用？
3. 什么是烧结普通砖的泛霜、石灰爆裂？各有什么危害？
4. 烧结普通砖在砌筑前为什么要浇水使其达到一定的含水率？
5. 烧结空心砖的产品等级如何划分？
6. 为什么推广多孔砖、空心砖、砌块？有什么意义？
7. 什么是砌块？怎样划分？常用的有哪些？
8. 常用墙用板材是什么？在工程中怎样应用？
9. 有烧结普通砖一批，经抽样10块作抗压强度试验（每块砖的受压面积以120mm×115mm计）结果见表6.15。确定该砖的强度等级。

表6.15　　抗压强度试验结果

砖编号	1	2	3	4	5	6	7	8	9	10
破坏荷载（kN）	235	226	216	220	257	256	181	282	268	252
抗压强度（MPa）										

第7章　防　水　材　料

【内容概述】

本章主要介绍了防水材料中的沥青防水材料、改性沥青防水材料、合成高分子防水材料、刚性防水材料的技术性质、组成材料和质量控制。

【学习目标】

掌握防水材料的组成、主要技术性能及其影响因素、应用范围；掌握防水材料的种类等内容。

防水材料是能够防止雨水、地下水、工业和民用的给排水、腐蚀性液体以及空气中的湿气、蒸汽等浸入或透过建筑物的各种材料，是建筑工程中不可缺少的主要建筑材料之一。建筑物或构筑物采用防水材料的主要目的是为了防潮、防渗、防漏，尤其是为了防漏。建筑物一般均由屋面、墙面、基础构成外壳，这些部位是建筑防水的重要部位。防水就是防止建筑物各部位由于各种因素产生的裂缝或构件的接缝之间出现渗水。建筑防水材料的性能、质量、品种和规格直接影响到建筑工程的结构型式和施工方法，许多建筑物和构筑物的质量在很大程度上取决于建筑防水材料的正确选择和合理使用。

防水材料的主要特征是自身致密、孔隙率小，或具有憎水性，或能够填塞、封闭建筑缝隙或隔断其他材料内部孔隙使其达到防渗止水的目的。建筑工程对防水材料的主要要求是：具有良好的耐候性，对光、热、臭氧等应具有一定的承受能力；具有抗水渗和耐酸碱性能；具有适宜的强度及耐久性，整体性好，既能保持自身的黏结性，又能与基层牢固黏结。对柔韧性防水材料还要求有较好的塑性，能承受温差变化以及各种外力与基层伸缩、开裂所引起的变形。

自我国20世纪50年代开始应用沥青油毡以来，该类防水材料一直是我国建筑防水材料的主导产品。随着现代科学技术的发展，防水材料的品种、数量越来越多，性能各异。目前建筑防水材料除了传统的沥青类防水材料外，已向高聚物改性沥青防水材料、合成高分子防水材料的方向发展，其产品结构开始发生变化。高聚物改性沥青防水材料主要有：APP、SBS（APAO）等高聚物做改性材料的改性沥青防水卷材，CR、SBS、再生胶、PVC等做改性材料的改性沥青防水涂料。高分子防水材料主要有聚氯乙烯及氯化聚乙烯卷材，三元乙丙橡胶、氯丁橡胶、丁基橡胶、氯磺化聚乙烯橡胶以及它们的混用胶等防水卷材，聚氨酯、丙烯酸酯、有机硅以及聚合物水泥等防水涂料，聚硫橡胶、有机硅、聚氨酯、丙烯酸酯、丁基橡胶、氯丁橡胶、氯磺化聚乙烯橡胶等高分子密封材料；在防水砂浆、防水混凝土等刚性材料和止水堵漏材料中亦引入了大量的高分子材料。

依据防水材料的组成不同，可分为沥青防水材料、改性沥青防水材料、合成高分子防水材料等。

依据防水材料的外观形态，一般可将防水材料分为防水卷材、防水涂材、密封材料、刚性防水及堵漏材料四大系列。其分类情况参见表7.1。

表7.1　防水材料的分类

防水材料	防水卷材	沥青类防水卷材
		改性沥青防水卷材
		合成高分子防水卷材
	防水涂料	乳化沥青类防水涂料
		改性沥青类防水涂料
		合成高分子类防水涂料
		水泥类防水涂料
	密封材料	非定形密封材料
		定形密封材料
	刚性防水及堵漏材料	防水砂浆
		防水混凝土
		外加剂（防水剂、减水剂、膨胀剂）
		堵漏材料

此外，防水材料还有近年来发展起来的粉状憎水材料、水泥密封防水剂等多种防水材料。

7.1　概　　述

7.1.1　防水卷材

防水卷材是建筑工程中最常用的柔性防水材料，是一种可卷曲的片状防水材料。

防水卷材的品种很多。常按其组成材料不同分为沥青防水卷材、高聚物改性沥青防水卷材和合成高分子防水卷材三大类；按卷材的结构不同又可分为有胎卷材及无胎卷材两种。

有胎卷材是用纸、玻璃布、棉麻织品、聚酯毡或玻璃丝毡（无纺布）、塑料薄膜或编织物等增强材料做胎料，将石油沥青、煤沥青及高聚物改性沥青、高分子材料等浸渍或涂覆在胎料上所制成的片状防水卷材。无胎卷材是将沥青、塑料或橡胶与填充料、添加剂等经配料、混炼压延（或挤出）、硫化、冷却等工艺而制成的防水卷材。

常用的防水卷材按照材料的组成不同一般分为沥青防水卷材、高聚物改性沥青防水卷材、高分子防水卷材三大系列。

7.1.2　防水涂料

防水涂料是一种流态或半流态物质，主要组成材料一般包括成膜物质、溶剂及催干剂，有时也加入增塑剂及硬化剂等。涂布于基材表面后，经溶剂或水分挥发或各组分间的化学反应，而形成具有一定厚度的弹性连续薄膜（固化成膜），使基材与水隔绝，起到防水、防潮的作用。

防水涂料特别适合于结构复杂、不规则部位的防水，并能形成无接缝的完整防水层。它大多采用冷施工，减少了环境污染、改善了劳动条件。防水涂料可人工涂刷或喷涂施工，操作简单、进度快、便于维修。但是防水涂料为薄层防水，且防水层厚度很难保持均匀一致，致使防水效果受到限制。防水涂料适用于普通工业与民用建筑的屋面防水、地下室防水和地面防潮、防渗等防水工程，也用于水利工程师渡槽、渠道等混凝土面板的防渗处理。

为满足防水工程的要求，防水涂料必须具备以下性能：

(1) 固体含量。系指涂料中所含固体比例。涂料涂刷后，固体成分将形成涂膜。因此，固体含量多少与成膜厚度及涂膜质量密切相关。

(2) 耐热性。系指成膜后的防水涂料薄膜在高温下不发生软化变形、流淌的性能。

(3) 柔性。柔性也称低温柔性，系指成膜后的防水涂料薄膜在低温下保持柔韧的性能。它反映防水涂料低温下的使用性能。

(4) 不透水性。系指防水涂膜在一定水压和一定时间内不出现渗漏的性能，是防水涂料的主要质量指标之一。

(5) 延伸性。系指防水涂膜适应基层变形的能力，防水涂料成膜后必须具有一定的延伸性，以适应基层可能发生的变形，保证涂层的防水效果。

7.1.3 密封材料

密封材料是指能承受建筑物接缝位移以达到气密、水密的目的，而嵌入结构接缝中的定形和非定形材料。定形密封材料是具有一定形状和尺寸的密封材料，如止水带、密封条、密封垫等。非定形密封材料，又称密封胶、密封膏，是溶剂型、乳剂型或化学反应型等黏稠状的密封材料，如沥青嵌缝油膏、聚氯乙烯建筑防水接缝材料、建筑窗用弹性密封剂等。

密封材料按其嵌入接缝后的性能分为弹性密封材料和塑性密封材料。弹性密封材料嵌入接缝后呈现明显弹性，当接缝位移时，在密封材料中引起的应力值几乎与应变量成正比；塑性密封材料嵌入接缝后呈现塑性，当接缝位移时，在密封材料中发生塑性变形，其残余应力迅速消失。密封材料按使用时的组分分为单组分密封材料和多组分密封材料；按组成材料分为改性沥青密封材料和合成高分子密封材料。

7.1.3.1 建筑防水密封膏

建筑防水密封膏属非定形密封材料，一般由气密性和不透水性良好的材料组成。为了保证结构密封防水效果，所用材料应具有良好的弹塑性、延伸率、变形恢复率、耐热性及低温柔性；在大气中的耐候性及在侵蚀介质环境下的化学稳定性、抵抗拉—压循环作用的耐久性；与基体材料间有良好的黏结性；易于挤出、易于充满缝隙，在竖直缝内不流淌、不下坠、易于施工操作等性能。所用材料主要有改性沥青材料和合成高分子材料两类。传统使用的沥青胶及油灰等嵌缝材料弹塑性差，属于低等级密封材料，只适用于普通或临时建筑填缝。

目前，常用的建筑防水密封膏有建筑防水沥青嵌缝油膏、硅酮建筑密封膏、聚氨酯建筑密封膏、聚氯乙烯建筑防水接缝材料及窗用弹性密封剂等。

7.1.3.2 合成高分子止水带（条）

合成高分子止水带属定形建筑密封材料，是将具有气密和水密性能的橡胶或塑料制成一定形状（带状、条状、片状等），嵌入到建筑物接缝、伸缩缝、沉降缝等结构缝内的密封防水材料。主要用于工业及民用建筑工程的地下及屋顶结构缝防水工程；闸坝、桥梁、隧洞、溢洪道等建筑物（构筑物）变形缝的防漏止水；闸门、管道的密封止水等。

目前，常用的合成高分子止水材料有橡胶止水带、止水橡皮、塑料止水带及遇水膨胀型止水条等。

7.1.4 刚性防水及堵漏材料

刚性防水材料是指以水泥、砂、石为原材料或在其内掺入少量外加剂、高分子聚合物等材料，通过调整配合比抑制或减少空隙率改变空隙特征，增加各原材料界面间的密实性等方法，配制成的具有一定抗渗透能力的水泥砂浆混凝土类防水材料。

堵漏材料包括抹面防水工程渗漏水堵漏材料和灌浆堵漏材料等。

目前，常用的刚性防水堵漏材料有砂浆防水剂、混凝土防水剂、无机防水堵漏材料等。

7.1.5 防水粉

防水粉是一种粉状的防水材料。它是利用矿物粉或其他粉料与有机憎水剂、抗老化剂和其他助剂等采用机械力化学原理，使基料中的有效成分与添加剂经过表面化学反应和物理吸附作用，生成链状或网状结构的挡水膜，包裹在粉料的表面，使粉料由亲水材料变成憎水材料，达到防水效果。

防水粉主要有两种类型：一种以轻质碳酸钙为基料，通过与脂肪酸盐作用形成长链憎水膜包裹在粉料表面；另一种是以工业废渣（炉渣、矿渣、粉煤灰等）为基料，利用其中有效成分与添加剂发生的反应，生成网状挡水膜，包裹其表面。

防水粉施工时是将其以一定厚度均匀铺洒于屋面，利用颗粒本身的憎水性和粉体的反毛细管压力，达到防水的目的，再覆盖隔离层和保护层即可组成松散型防水体系。这种防水体系具有三维自由变形的特点，不会发生其他防水材料由于变形引起本身开裂而丧失抗渗性能的现象。

防水粉具有松散、应力分散、透气不透水、不燃、抗老化、性能稳定等特点，适用于屋面防水、地面防潮、地铁工程防潮、抗渗等。但也有不足，如露天风力过大时，施工困难，建筑节点处理较难，立面防水不好解决等。

7.2 沥青及沥青防水制品

7.2.1 沥青

沥青材料是一种有机胶凝材料。它是由高分子碳氢化合物及其非金属（氧、硫、氮等）衍生物组成的复杂混合物。常温下，沥青呈褐色的固体、半固体或液体状态。

沥青是憎水性材料，几乎完全不溶于水，而与矿物材料有较强的黏结力，结构致密、不透水、不导电，耐酸碱侵蚀，并有受热软化、冷后变硬的特点。因此，沥青广泛用于工业与民用建筑的防水、防腐、防潮，以及道路和水利工程。

沥青防水材料是目前应用较多的防水材料，但是其使用寿命较短。近年来，防水材料已向橡胶基和树脂基防水材料或高聚物改性沥青系列发展；油毡的胎体由纸胎向玻纤胎或化纤胎方向发展；防水涂料由低塑性的产品向高弹性、高耐久性产品的方向发展；施工方法则由热熔法向冷粘法发展。

沥青按产源可分为地沥青（天然沥青、石油沥青）和焦油沥青（煤沥青、页岩沥青）。目前工程中常用的主要是石油沥青，另外还使用少量的煤沥青。

天然沥青，是将自然界中的沥青矿经提炼加工后得到的沥青产品。石油沥青，是将原油经蒸馏等提炼出各种轻油（汽油、柴油）及润滑油以后的一种褐色或黑褐色的残留物，经过再加工而得的产品。建筑上使用的主要是由建筑石油沥青制成的各种防水制品，道路工程使用的主要是道路石油沥青。

7.2.1.1 石油沥青

1. 石油沥青的组分

石油沥青是由多种复杂的碳氢化合物及其非金属衍生物所组成的混合物。因为沥青的化学组成复杂，对组成进行分析很困难，而且化学组成也不能反映出沥青性质的差异，所以一般不作沥青的化学分析。通常是将沥青中化学成分和物理力学性质相近、具有一些共同研究特征的部分划分为若干个组，称为“组分”。《公路工程沥青与沥青混合料试验规程》（JTJ 052－2000）中规定可采用三组分和四组分两种分析法。

（1）三组分分析法。

1）油分。油分系指沥青中较轻的组分，呈淡黄至红褐色，密度为 0.7～1.0g/cm^3。在 170℃以下较长时间加热可以挥发。它能溶于丙酮、苯、三氯甲烷等大多数有机溶剂，但不溶于酒精。油分在石油沥青中的含量为 40%～60%，使得沥青具有流动性。

2）树脂。树脂的密度略大于 1，颜色为黑褐色或红褐色黏物质。在石油沥青中含量为 15%～30%，使得石油沥青具有塑性与黏结性。

3）沥青质。沥青质为密度大于 1 的黑色固体物质。在石油沥青中的含量为 10%～30%，它能提高石油沥青的温度稳定性和黏性，其含量越多，石油沥青的黏性越大，但塑性降低。

此外，石油沥青中常含有一定量的固体石蜡，它会降低沥青的黏性、塑性、温度稳定性和耐热性。由于存在于沥青油分中的蜡是有害成分，故对于多蜡沥青常采用高温吹氧、溶剂脱蜡等方法处理，使多蜡石油沥青的性质得到改善。

（2）四组分分析法。四组分分析法是将沥青分离为如下四种成分。

1）沥青质。沥青中不溶于正庚烷而溶于甲苯的物质。

2）饱和分。亦称饱和烃，沥青中溶于正庚烷、吸附于 Al_2O_3 谱柱下，能为正庚烷或石油醚溶解脱附的物质。

3）环烷芳香分。亦称芳香烃，沥青经上一步骤处理后，为甲苯所溶解脱附的物质。

4）极性芳香分。亦称胶质，沥青经上一步骤处理后能为苯—甲醇所溶解脱附的物质。

2. 石油沥青的组成结构

沥青中的油分和树脂质可以互溶，树脂质能浸润沥青质颗粒而在其表面形成薄膜，从而构成以沥青质为核心，周围吸附部分树脂质和油分的互溶物胶团，而无数胶团分散在油分中形成胶体结构。依据沥青中各组分含量的不同，沥青一般有三种胶体状态。

(1) 溶胶型结构。当沥青中沥青质含量较少，油分及树脂质含量较多时，胶团在胶体结构中运动较为自由，此时的石油沥青具有黏滞性小、流动性大、塑性好、稳定性较差的性能。

(2) 溶—凝胶型结构。若沥青质含量适当，胶团之间的距离和引力介于溶胶型和凝胶型之间的结构状态时，胶团间有一定的吸引力，在常温下变形的最初阶段呈现出明显的弹性效应，当变形增大到一定数值后，则变为有阻力的黏性流动。大多数优质石油沥青属于这种结构状态，具有黏弹性和触变性，故也称弹性溶胶。

(3) 凝胶型结构。当沥青质含量较高，油分与树脂质含量较少时，沥青质胶团间的吸引力增大，且移动较困难，这种凝胶型结构的石油沥青具有弹性和黏性较高、温度敏感性较小、流动性和塑性较低的性能。

溶胶型、溶—凝胶型、凝胶型结构如图 7.1 所示。

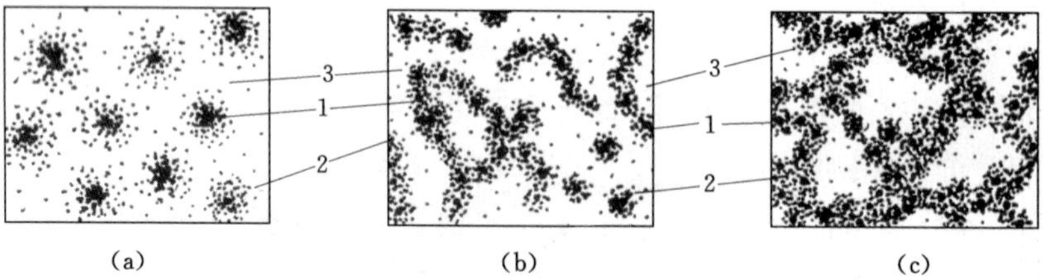

图 7.1　石油沥青胶体结构示意图

(a) 溶胶型；(b) 溶—凝胶型；(c) 凝胶型

1—沥青质；2—胶质；3—油分

3. 石油沥青的技术性质

(1) 黏滞性。石油沥青的黏滞性又称黏性，它是反映沥青材料内部阻碍其相对流动的一种特性，是沥青材料软硬、稀稠程度的反映。各种石油沥青的黏滞性变化范围很大，黏滞性的大小与其组分及温度有关。当沥青质含量较高，同时又有适量树脂，油分含量较少时，则黏滞性较大；在一定温度范围内，当温度升高时，则黏滞性随之降低，反之则增大。

黏滞性是与沥青路面力学性质联系最密切的一种性质。工程中常用相对黏度（条件黏度）来表示黏滞性。测定沥青相对黏度的方法主要有针入度法和黏滞度法。

1）黏滞度法。黏滞度法适用于液体石油沥青（图 7.2）。这种方法是将一定量的液体沥青在（25℃或 60℃）温度下经规定直径（35mm 或 10mm）的小孔流出，漏下 50mL 所需的时间，以 s 表示。流出的时间越长，表示沥青的黏度越大。

2）针入度法。针入度法适用于固体或半固体的石油沥青（图 7.3）。这种方法是在规定温度（25℃）条件下，以规定质量（100g）的标准针，在规定时间（5s）内贯入试样中的深度（0.1mm 为 1 度）表示。针入度值越小，表明黏度越大。

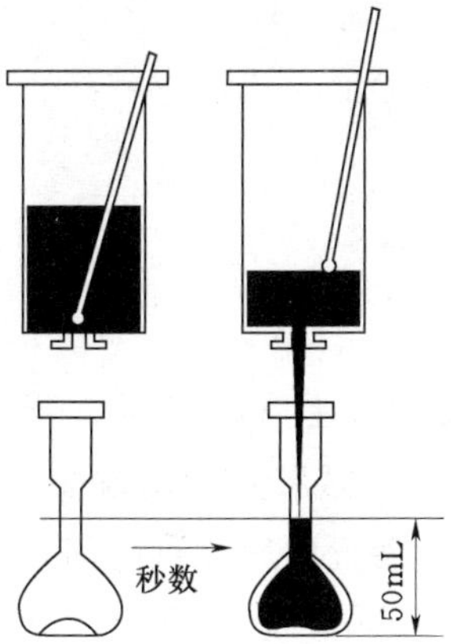

图 7.2 标准黏度测定示意图

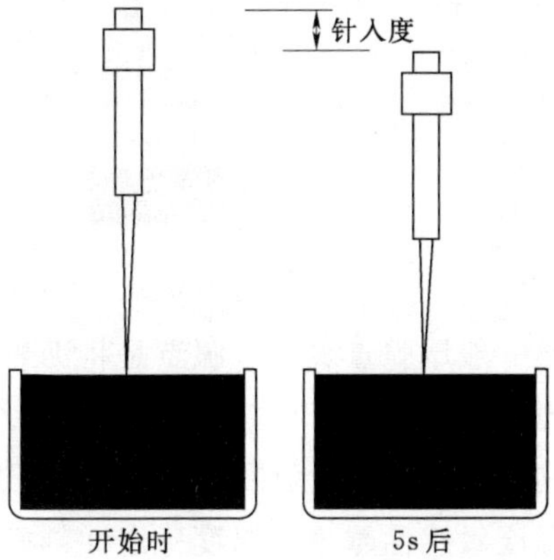

图 7.3 针入度测定示意图

（2）塑性。指石油沥青在外力作用下产生变形而不破坏，除去外力后仍能保持变形后形状的性质。塑性表达沥青开裂后的自愈能力及受机械应力作用后变形而不破坏的能力。石油沥青之所以能配制成性能良好的柔性防水材料，很大程度上决定于沥青的塑性。

石油沥青的塑性用延伸度表示。延度越大，塑性越好。延度测定是把沥青制成“8”字形标准试件，在规定温度（25℃或 15℃）和规定拉伸速度（5cm/min）下拉断时的伸长度来表示，单位用“cm”计（图 7.4）。延伸度也是石油沥青的重要技术指标之一。

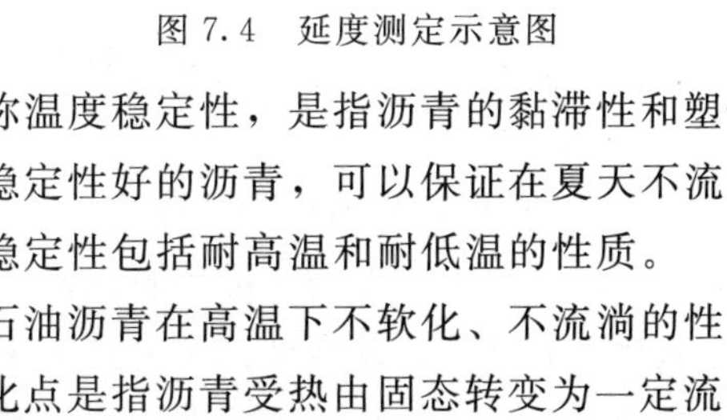

图 7.4 延度测定示意图

（3）温度敏感性。也称温度稳定性，是指沥青的黏滞性和塑性在温度变化时不产生较大变化的性能。使用温度稳定性好的沥青，可以保证在夏天不流淌、冬天不脆裂，保持良好的工程应用性能。温度稳定性包括耐高温和耐低温的性质。

耐高温即耐热性是指石油沥青在高温下不软化、不流淌的性能。固态、半固态沥青的耐热性用软化点表示。软化点是指沥青受热由固态转变为一定流动状态时的温度。软化点越高，表示沥青的耐热性越好。

软化点通常用环球法测定，如图 7.5 所示，是将熔化的沥青注入标准铜环内制成试件，冷却后表面放置标准小钢球，然后在水或甘油中按标准试验方法加热升温，使沥青软化而下垂，当沥青下垂至与底板接触时的温度（℃），即为软化点。

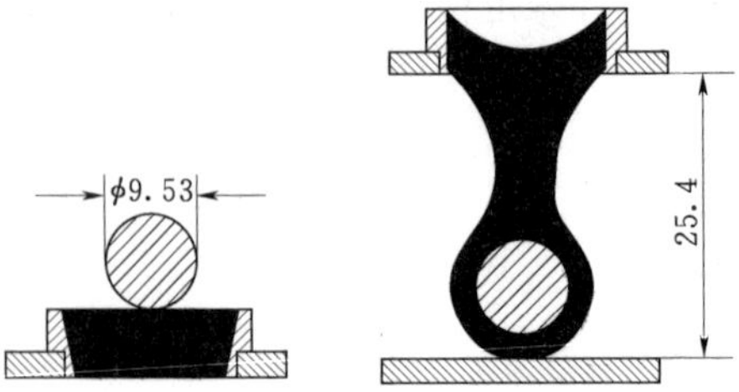

图 7.5 软化点测定示意图（mm）

耐低温一般用脆点表示。脆点是将沥青涂在一标准金属片上（厚度约 0.5mm），将金属片放在脆点仪中，边降温边将金属片反复弯曲，直至沥青薄层开始出现裂缝时的温度（℃）称为脆点。寒冷地区使用的沥青应考虑沥青的脆点。沥青的软化点越高、脆点越低，则沥青的温度敏感性越小，温度稳定性越好。

（4）大气稳定性。是指石油沥青在热、阳光、氧气和潮湿等大气因素的长期综合作用下抵抗老化的性能，它反映沥青的耐久性。在阳光、空气、水等外界因素的综合作用下，石油沥青中低分子组分向高分子组分转化，即油分和树脂逐渐减少、地沥青质逐渐增多，这一演变过程称为沥青的老化。一般情况下，树脂转变为地沥青比油分转变为树脂的速度快得多，因此，石油沥青随着时间的进展，流动性和塑性将逐渐减小，硬脆性逐渐增大，从而变硬，直至脆裂乃至松散，使沥青失去防水、防腐效能。

JTJ 052—2000 规定，石油沥青的老化性以蒸发损失百分率、蒸发后针入度比和老化后延伸度来评定。蒸发损失率越小，针入度比越大，则表示沥青的大气稳定性越好。

以上四种性质是石油沥青材料的主要性质。此外，沥青材料受热后会产生易燃气体，与空气混合遇火发生闪火现象。开始出现闪火的温度叫闪点，它是沥青施工加热时不能越过的最高温度。

4. 石油沥青的技术标准及应用

石油沥青按用途为建筑石油沥青、道路石油沥青和普通石油沥青三种。在土木工程中使用的主要是建筑石油沥青和道路石油沥青。

（1）石油沥青的技术标准。

1）建筑石油沥青。建筑石油沥青按针入度划分牌号，每一牌号的沥青还应保证相应的延度、软化点、溶解度、蒸发损失率、蒸发后针入度比和闪点等。建筑石油沥青的技术要求列于表 7.2 中。

2）道路石油沥青。道路石油沥青各牌号沥青的延度、软化点、溶解度、蒸发损失率、蒸发后针入度比和闪点等都有不同的要求。在同一品种石油沥青中，牌号越大，则沥青越软、针入度与延伸度越大、软化点越低。道路石油沥青的技术要求列于表 7.2 中。道路沥青的牌号较多，使用时应根据地区气候条件、施工季节气温、路面类型、施工方法等按有关标准选用。道路石油沥青还可做密封材料、黏结剂以及沥青涂料等。

表 7.2　道路石油沥青、建筑石油沥青和普通石油沥青的技术标准

项　目		道路石油沥青							建筑石油沥青			普通石油沥青（SY1665—88）		
		200	180	140	100 甲	100 乙	60 甲	60 乙	40	30	10	75	65	55
针入度（25℃）（1/10mm）		201～300	161～200	121～160	91～120	81～120	51～80	41～80	36～50	25～40	10～25	75	65	55
延伸度（25℃）（cm）（≥）		—	100	100	90	60	70	40	3.5	3	1.5	2	1.5	1
软化点（环球法）（℃）		30～45	35～45	38～48	42～52	42～52	45～55	45～55	60	70	95	60	80	100
溶解度（%）（≥）	三氯乙烯，三氯甲烷或苯	99.0	99.0	99.0	99.0	99.0	99.0	99.0	—	—	—	—	—	—
	三氯乙烷、三氯乙烯、四氯化碳或苯	—	—	—	—	—	—	—	99.5	99.5	99.5	98	98	98
蒸发损失（163℃，5h）（%）（≤）		1	1	1	1	1	1	1	1	1	1	—	—	—
蒸发后针入度比（%）（≥）		50	60	60	65	65	70	70	65	65	65	—	—	—
闪点（开口）（℃）（≥）		180	200	230	230	230	230	230	230	230	230	230	230	230

（2）石油沥青的应用。选用沥青材料时，应根据工程性质（房屋、道路、防腐）及当地气候条件、所处工程部位（屋面、地下）来选用不同品种和牌号的沥青。

1）道路石油沥青。通常情况下，道路石油沥青主要用于道路路面或车间地面等工程，多用于拌制成沥青混凝土和沥青砂浆等。道路石油沥青还可做密封材料、黏结剂及沥青涂料等，此适宜选用黏性较大和软化点较高的道路石油沥青。

2）建筑石油沥青。建筑石油沥青黏性较大，耐热性较好，但塑性较小，主要用作制造油毡、油纸、防水涂料和沥青胶等防水材料。它们绝大部分用于屋面及地下防水、沟槽防水、防腐蚀及管道防腐等工程。为避免夏季流淌，屋面用沥青材料的软化点应比当地气温下屋面可能达到的最高温度高25～30℃。但软化点也不宜选择过高，否则冬季低温易发生硬脆甚至开裂。对一些不易受温度影响的部位，可选用牌号较大的沥青。

5. 石油沥青的掺配

当单独使用一种牌号沥青不能满足工程的要求时，可采用两种或三种牌号的石油沥青掺配使用。掺配量按式（7.1）和式（7.2）计算

$$B_g = \frac{t - t_2}{t_1 - t_2} \times 100 \tag{7.1}$$

$$B_d = 100 - B_g \tag{7.2}$$

式中 B_g——高软化点的石油沥青含量，%；

B_d——低软化点的石油沥青含量，%；

t——掺配沥青所需的软化点，℃；

t_1——高软化点石油沥青的软化点，℃；

t_2——低软化点石油沥青的软化点，℃。

7.2.1.2 煤沥青

煤沥青是烟煤焦炭或制煤气时，将干馏挥发物中冷凝得到的煤焦油继续蒸馏出轻油、中油、重油后所剩的残渣，称作煤沥青。煤沥青又分软煤沥青和硬煤沥青两种。软煤沥青中含有较多的油分，呈黏稠状或固体状。硬煤沥青是蒸馏出全部油分后的固体残渣，质硬脆，性能不稳定。建筑上采用的煤沥青多为黏稠或半固体的软煤沥青。

1. 煤沥青的技术特性

煤沥青是芳香族碳氢化合物及氧、硫和氮等衍生物的混合物。煤沥青的主要化学组分为油分、脂胶、游离碳等。与石油沥青相比，煤沥青有以下主要技术特性：

（1）煤沥青因含可溶性树脂多，由固体变为液态的温度范围较窄，受热易软化，受冷易脆裂，故其温度稳定性差。

（2）煤沥青中不饱和碳氢化合物含量较多，易老化变质，故大气稳定性差。

（3）煤沥青因含有较多的游离碳，使用时易变形、开裂，塑性差。

（4）煤沥青中含有酸、碱物质均为表面活性物质，所以能与矿物表面很好地黏结。

（5）煤沥青因含酚、蒽等有毒物质，防腐蚀能力较强，故适用于木材的防腐处理。但因酚易溶于水，故防水性不如石油沥青。

2. 煤沥青与石油沥青的鉴别

由于煤沥青与石油沥青的外观和颜色大体相同，但两种沥青不能随意掺和使用，使用中必

须用简易的鉴别方法加以区分，防止混淆用错。可参考表7.3所示的简易方法进行鉴别。

表7.3 石油沥青与煤沥青简易鉴别方法

鉴别方法	石油沥青	煤沥青
密度法	密度近似于1.0g/cm³	大于1.1g/cm³
锤击法	声哑、有弹性、韧性较好	声脆、韧性差
燃烧法	烟无色、无刺激性臭味	烟呈黄色、有刺激性臭味
溶液比色法	用30～50倍汽油或煤油溶解后，将溶液滴于滤纸上，斑点呈棕色	溶解方法同左，斑点分内外两圈，内黑外棕

3. 煤沥青的应用

煤沥青具有很好的防腐能力、良好的黏结能力，因此可用于木材防腐、铺设路面、配制防腐涂料、胶黏剂、防水涂料，油膏以及制作油毡等。

7.2.2 沥青防水卷材

沥青防水卷材有石油沥青防水卷材和煤沥青防水卷材两种，一般生产和使用的多为石油沥青防水卷材。石油沥青防水卷材有纸胎油毡、油纸、玻璃布或玻璃毡胎石油沥青油毡等。

7.2.2.1 石油沥青纸胎油毡、油纸

采用低软化点沥青浸渍原纸所制成的无涂撒隔离物的纸胎卷材称为油纸。然后用高软化点沥青涂盖油纸两面并撒布隔离材料，则称为油毡。所用隔离物为粉状材料（如滑石粉、石灰石粉）时为粉毡；用片状材料（如云母片）时为片毡。按《石油沥青纸胎油毡》（GB 326—2007）的规定：油毡按原纸1m^{2}的质量克数，油毡分为200、350和500三种标号，油纸分为200和350两种标号。按物理性能分为合格品、一等品和优等品三个等级；其中200号石油沥青油毡适用于简易防水、临时性建筑防水、建筑防潮及包装等；350号和500号油毡适用于屋面、地下、水利等工程的多层防水。油纸用于建筑防潮和包装，也可用作多层防水层的下层。

纸胎基油毡防水卷材存在一定缺点，如抗拉强度及塑性较低，吸水率较大，不透水性较差，并且原纸由植物纤维制成，易腐烂、耐久性较差，此外原纸的原料来源也较困难。目前已经大量用玻璃布及玻纤毡为胎基生产沥青卷材。

7.2.2.2 有胎沥青防水卷材

有胎沥青防水卷材主要有麻布油毡、石棉布油毡、玻璃纤维布油毡、合成纤维布油毡等。这些油毡的制法与纸胎油毡相同，但抗拉强度、耐久性等都比纸胎油毡好得多，适用于防水性、耐久性和防腐性要求较高的工程。

7.2.2.3 铝箔塑胶防水卷材

铝箔面防水卷材采用玻纤毡为胎基，浸涂氧化沥青，其表面用压纹铝箔贴面，底面撒以细颗粒矿物料或覆盖聚乙烯膜，所制成的一种具有热反射和装饰功能的新型防水卷材。该防水卷材幅宽1000mm，按每卷质量（kg）分为30号、40号两种标号；按物理性能分为优等品、一等品、合格品三个等级。30号适用于多层防水工程的面层，40号适用于单层或多层防水工程的面层。

7.2.3 沥青基防水涂料

沥青基防水涂料有溶剂型和水乳型两类。溶剂型涂料即液体沥青（冷底子油），水乳

型涂料即乳化沥青。根据《水性沥青基防水涂料》(JC 408—1991)，按所用乳化剂、成品外观和施工工艺的不同分为厚质防水涂料（用矿物乳化剂，代号 AE—1）和薄质防水涂料（用化学乳化剂，代号 AE—2）两类。各类水性沥青基涂料的性能应满足表 7.4 的要求。

表 7.4　　水性沥青基防水涂料质量标准

项目		AE—1类		AE—2类	
		一等品	合格品	一等品	合格品
固体含量（%）		≥50		≥43	
延伸性（mm）	无处理	≥5.5	≥4.0	≥6.0	≥4.5
	处理后	≥4.0	≥3.0	≥4.5	≥3.5
柔韧性		5℃±1℃	10℃±1℃	−15℃±1℃	−10℃±1℃
		无裂纹，断裂			
耐热度（80℃、45°）		5h无流淌，起泡和滑动			
黏结性（MPa）		≥0.20			
不透水性		不渗水			
抗冻性		20次无开裂			

沥青基防水涂料主要用于Ⅲ、Ⅳ级防水等级的屋面防水工程以及道路、水利等工程中的辅助性防水工程。

7.3 改性沥青防水材料

7.3.1 改性沥青

建筑上使用的沥青应具备的特点为：在低温下有较好的柔韧性；在高温下有足够的稳定性；在加工和使用条件下具有抗“老化”的能力；对各种材料有较好的黏附力等。但石油沥青往往不能满足这些要求，为此常采用措施对沥青进行改性，如提高其低温下的韧性、塑性、变形性，高温下的热稳定性和机械强度，使沥青的性质得到不同程度的改善，经改善后的沥青称为改性沥青。改性沥青可分为以下几种。

1. *矿物填料改性沥青*

在沥青中加入一定量的矿物填充料，可以提高沥青的黏性和耐热性，减小沥青的温度敏感性，同时也减少了沥青的耗用量，主要用于生产沥青胶。常用的矿物填充料有滑石粉、石灰粉、云母粉、石棉粉等。

2. *树脂改性沥青*

用树脂改性沥青，可以提高改性沥青的耐寒性、耐热性、黏结性和不透水性。在生产卷材和防水涂料产品时均需应用。常用的树脂有聚乙烯（PE）、聚丙烯（PP）等。

（1）聚乙烯树脂改性沥青。沥青中聚乙烯树脂掺量一般为 7%～10%，将沥青加热熔化脱水，加入聚乙烯，不断搅拌 30min，温度保持在 140℃左右，即可得聚乙烯树脂改性沥青。

（2）环氧树脂改性沥青。环氧树脂具有热固性材料性质，加入沥青后，使得石油沥青的强度和黏结力大大提高，但对延伸性改变不大，环氧树脂改性沥青可用于屋面和厕所、浴室的修补。

(3) 古马隆树脂改性沥青。将沥青加热熔化脱水，在150～160℃下，把古马隆树脂放入熔化的沥青中，将温度升到185～190℃，保持一定的时间，使之充分混合，即为古马隆树脂改性沥青。此沥青黏性大，可和SBS一起用于黏结油毡。

3. 橡胶改性沥青

橡胶与石油沥青有很好的混溶性，用橡胶改性沥青，能使沥青具有橡胶的很多优点，如高温变形性小，低温韧性好，有较高的强度、延伸率和耐老化性等。常用的橡胶改性沥青有氯丁橡胶改性沥青、丁基橡胶改性沥青、热塑性丁苯橡胶改性沥青等。

(1) 氯丁橡胶改性沥青。将氯丁橡胶溶于一定的溶剂（如甲苯）中形成溶液，然后掺入液态沥青中混合均匀。石油沥青中掺入氯丁橡胶后，可使其气密性、低温柔性、耐腐蚀、耐光、耐候、耐燃等性能得到大大改善。

(2) 再生橡胶改性沥青。将废旧橡胶加工成1.5mm以下的颗粒，然后与沥青混合，经加热搅拌脱硫，即得弹性、塑性和黏结性都较好的再生橡胶改性沥青。再生橡胶改性沥青掺入沥青中，同样可大大提高沥青的气密性、低温柔性，耐光、耐热和臭氧性。可用于制防水卷材、密封材料、胶黏剂和涂料等。

(3) SBS改性沥青。SBS是以丁二烯、苯乙烯为单体，加溶剂、引发剂、活化剂，以阴离子聚合反应生成的共原物。SBS改性沥青具有塑性好、抗老化性能好、热不黏冷不脆的特性，主要用于制作防水卷材，掺量一般为5%～10%，是目前应用最广的改性沥青材料之一。

4. 橡胶和树脂共混改性沥青

同时用橡胶和树脂来对石油沥青进行改性，可使沥青兼具橡胶和树脂的特性，并获得较好的技术效果。配制时采用的原材料品种、配比制作工艺不同，可以得到多种性能各异的产品，主要有防水卷材、密封材料、胶黏剂和涂料等。

7.3.2 高聚物改性沥青防水卷材

高聚物改性沥青防水卷材是以合成高分子聚合物改性沥青为涂盖层，以纤维织物或纤维毡为胎体，以粉状、粒状、片状或薄膜材料为覆面材料制成的可卷曲防水材料。

高聚物改性沥青防水卷材按涂盖层材料分为弹性体改性沥青防水卷材、塑性体改性沥青防水卷材及橡塑共混体改性沥青防水卷材三类。胎体材料有聚酯毡、玻纤毡、聚乙烯膜及麻布等。高聚物改性沥青防水卷材属中、高档防水卷材。常用的有SBS改性沥青防水卷材、APP改性沥青防水卷材、改性沥青聚乙烯膜胎防水卷材及再生胶油毡等。

1. SBS弹性体改性防水卷材

SBS是对沥青改性后效果很好的高聚物，它是一种热塑性弹性体，是塑料、沥青等脆性材料的增韧剂，加入到沥青中的SBS（添加量一般为沥青的10%～15%）与沥青相互作用，使沥青产生吸收、膨胀，形成分子键牢固的沥青混合物，从而显著改善了沥青的弹性、延伸率、高温稳定性、低温柔韧性、耐疲劳性和耐老化等性能。SBS改性沥青防水卷材是以玻纤毡、聚酯毡等增强材料为胎体，以SBS改性沥青为浸渍盖层，以塑料薄膜为防粘隔离层，经过选材、配料、共熔、浸渍、复合、卷曲加工而成。

SBS改性防水卷材适用于一般工业与民用建筑防水，尤其适用于高级和高层建筑物的屋面、地下室、卫生间等的防水防潮，以及桥梁、停车场、屋顶花园、游泳池、蓄水池、隧道等建筑的防水。由于该卷材具有良好的低温柔韧性和极高的弹性、延伸性，更适合于北方寒冷地区和结构易变形建筑物的防水。

2. 丁苯橡胶改性防水卷材

丁苯橡胶改性防水卷材是采用低软化点氧化石油沥青浸渍原纸，将催化剂和丁苯橡胶改性沥青加填料涂盖两面，再撒以撒布料所制成的防水卷材。该类卷材适用于屋面、水塔、水池、水坝等建筑物的防水、防潮保护层，具有施工温度范围广的特点，在－15℃以上均可施工。

3. 塑性体APP改性防水卷材

石油沥青中加入25%～35%的APP可以大幅度提高沥青的软化点，并能明显改善其低温柔韧性。APP改性防水卷材是以玻纤毡或聚酯毡为胎体，以APP改性沥青为浸渍覆盖层，上撒隔离材料，下层覆盖聚乙烯薄膜或撒布细砂制成的沥青改性防水卷材。该类卷材的特点是抗拉强度高、延伸率大，具有良好的耐热性和耐老化性能，温度适应范围为－15～130℃，耐腐蚀性好，自燃点较高（265℃），所以非常适用于高温或有强烈太阳辐照地区，广泛用于工业与民用建筑的屋面、地下室、卫生间等的防水防潮，以及桥梁、停车场、游泳池、蓄水池、隧道等建筑的防水。

4. 再生胶改性防水卷材

再生胶改性防水卷材是由再生橡胶粉掺入适量的石油沥青和化学助剂进行高温高压处理后，再填入一定量的填料经混练、压延而制成的无胎体防水卷材。该卷材具有延伸率大、低温柔韧性好、耐腐蚀性强、耐水性好及热稳定性等特点，适用于屋面及地下接缝和满铺防水层，尤其适用于有保护层的层面或基层沉降较大的建筑物变形缝处的防水。

7.3.3 高聚物改性沥青防水涂料

采用橡胶、树脂等高聚物对沥青进行改性处理，可提高沥青的低温柔性、延伸率、耐老化性及弹性等。高聚物改性沥青防水涂料一般是采用再生橡胶、合成橡胶（如氯丁橡胶、丁基橡胶、顺丁橡胶等）或SBS聚合物对沥青进行改性，制成水乳型或溶剂型防水涂料。

高聚物改性沥青防水涂料的质量与沥青基防水涂料相比较，其低温柔性和抗裂性均显著提高。常用的高聚物改性沥青防水涂料的技术性能见表7.5。

表7.5 高聚物改性沥青防水涂料技术性能

项　目	再生橡胶改性		氯丁橡胶改性		SBS聚合物改性水乳型沥青涂料
	溶剂型	水乳型	溶剂型	水乳型	
固体含量，不小于	—	45%	—	43%	50%
耐热度（45℃）	80℃，5h 无变化	80℃，5h 无变化	85℃，5h 无变化	80℃，5h 无变化	80℃，5h 无变化
低温柔性	－10～－28℃绕 ϕ10mm无裂纹	－10℃，绕 ϕ10mm无裂纹	－40℃，绕 ϕ5mm无裂纹	－10～－15℃绕 ϕ10mm无裂纹	－20℃，绕 ϕ10mm无裂纹
不透水性（无渗漏）	0.2MPa水压 2h	0.1MPa水压 0.5h	0.2MPa水压 3h	0.1～0.2MPa 水压0.5h	0.1MPa水压 0.5h
耐裂性（基层裂纹宽）	0.2～0.4mm 涂膜不裂	≤2.0mm 涂膜不裂	≤0.8mm 涂膜不裂	≤2.0mm 涂膜不裂	≤1.0mm 涂膜不裂

高聚物改性沥青防水涂料，适用于Ⅰ、Ⅱ、Ⅲ级防水等级的工业与民用建筑工程的屋面防水工程、地下室和卫生间的防水工程，以及水利、道路等工程的一般防水处理。

7.3.4　建筑防水沥青嵌缝油膏

常用的沥青密封材料有建筑防水沥青嵌缝油膏。建筑防水沥青嵌缝油膏（简称油膏），是以石油沥青为基料，加入改性材料、稀释剂、填料等配制成的嵌缝材料。油膏外观为黑色均匀膏状物，常用的改性材料有废橡胶粉、硫化鱼油、桐油等。建材行业标准按油膏的耐热性及低温柔性将其分为702和801两个标号。其物理力学性能符合表7.6的规定。

表7.6　沥青嵌缝油膏的物理力学性能

项　目		建筑防水沥青嵌缝油膏	
		702	801
密度，产品说明书规定值（g/cm³）		±0.1	
施工度（mm）		≥22.0	≥20.0
耐热性	温度　（℃）	70	80
	下垂值　（mm）	≤4.0	
低温柔性	温度　（℃）	−20	−10
	黏结状态	无裂纹和剥离现象	
拉伸黏结性	最大延伸率（%）	≥125	
浸水后拉伸黏结性	最大延伸率（%）	≥125	
渗出性	渗出幅度　（mm）	≤5	
	渗出张数　（张）	≤4	
挥发性　（%）		≤2.8	

沥青嵌缝油膏主要用于冷施工型的屋面、墙面防水密封及桥梁、涵洞、输水洞及地下工程等的防水密封。

7.4　合成高分子防水材料

高分子材料，即以高分子化合物为基础的材料。按来源分为天然、半合成（改性天然高分子材料）和合成高分子材料。人类社会一开始就利用天然高分子材料作为生活资料和生产资料，并掌握了其加工技术。如利用蚕丝、棉、毛等织成织物，用木材、棉、麻造纸等。19世纪30年代末期，进入天然高分子化学改性阶段，出现半合成高分子材料。1907年出现合成高分子酚醛树脂，标志着人类应用合成高分子材料的开始。合成高分子材料包括橡胶、塑料、纤维、涂料、胶黏剂和高分子基复合材料。

7.4.1　合成高分子防水卷材

合成高分子防水卷材是以合成橡胶、合成树脂或两者的共混体为基料，加入适量的化学助剂和填充料等，经不同工序（混炼、压延或挤出等）加工而成的可卷曲的片状防水材料。

合成高分子防水卷材目前品种有橡胶系列（聚氨酯、三元乙丙橡胶、丁基橡胶等）防水卷材、塑料系列（聚乙烯、聚氯乙烯等）和橡胶塑料共混系列防水卷材三大类。

合成高分子防水卷材具有拉伸强度和抗撕裂强度高、断裂伸长率大、耐热性和低温柔性好、耐腐蚀、耐老化等一系列优异的性能，是新型高档防水卷材。该卷材多用于高级宾馆、大厦、游泳池等要求有良好防水性能的屋面、地下等防水工程。

1．三元乙丙橡胶（EPDM）防水卷材

三元乙丙橡胶（EPDM）防水卷材是以乙烯、丙烯和少量双环戊二烯三种单体共聚合成的三元乙丙橡胶为主要原料，掺入适量的丁基橡胶、硫化剂、促进剂、软化剂、补强剂和填充剂等，经密炼、拉片、过滤、挤出（或压延）成型、硫化加工制成。该卷材是目前耐老化性能较好的一种卷材，使用寿命达 20 年以上。它的耐候性、耐老化性好，化学稳定性、耐臭氧性、耐热性和低温柔性好，具有质量轻、弹性和抗拉强度高、延伸率大、耐酸碱腐蚀等特点，对基层材料的伸缩或开裂变形适应性强，可广泛用于防水要求高、耐用年限长的防水工程。三元乙丙橡胶防水卷材的物理性能应符合表 7.7 的要求。

表 7.7　　三元乙丙橡胶防水卷材的物理性能

<table>
<tr><th colspan="2">项　目</th><th>一等品</th><th>合格品</th></tr>
<tr><td rowspan="3">拉伸强度</td><td>常温</td><td>≥8</td><td>≥7</td></tr>
<tr><td>−20℃</td><td colspan="2">≤15</td></tr>
<tr><td>60℃</td><td colspan="2">≥2.5</td></tr>
<tr><td rowspan="3">直角形撕裂强度（N/cm）</td><td>常温</td><td>≥280</td><td>≥245</td></tr>
<tr><td>−20℃</td><td colspan="2">≤490</td></tr>
<tr><td>60℃</td><td colspan="2">≥74</td></tr>
<tr><td rowspan="2">扯断伸长度（%）</td><td>常温</td><td colspan="2">≥450</td></tr>
<tr><td>−20℃</td><td colspan="2">≥200</td></tr>
<tr><td rowspan="2">不透水性</td><td>0.3MPa，30min</td><td>合格</td><td>—</td></tr>
<tr><td>0.1MPa，30min</td><td>—</td><td>合格</td></tr>
<tr><td rowspan="2">加热变形（80℃，168h，mm）</td><td>伸长</td><td colspan="2"><2</td></tr>
<tr><td>收缩</td><td colspan="2"><4</td></tr>
<tr><td colspan="2">脆性温度（℃）</td><td>≤−45</td><td>≤−40</td></tr>
<tr><td rowspan="4">热空气老化 80℃×168h</td><td>拉伸强度变化率（%）</td><td>−20～+40</td><td>−20～+50</td></tr>
<tr><td>扯断伸长率，减小值（%）</td><td colspan="2">≤30</td></tr>
<tr><td>撕裂强度变化率（%）</td><td>−40～+40</td><td>−50～+50</td></tr>
<tr><td>定伸 100%</td><td colspan="2">无裂纹</td></tr>
<tr><td rowspan="3">黏合性能</td><td>无处理</td><td colspan="2">合格</td></tr>
<tr><td>热空气老化（80℃×168h）</td><td colspan="2">合格</td></tr>
<tr><td>耐碱</td><td colspan="2">合格</td></tr>
<tr><td rowspan="2">耐碱性 10%$Ca(OH)_2$168h</td><td>拉伸强度变化率（%）</td><td colspan="2">−20～+20</td></tr>
<tr><td>扯断伸长率，减小值（%）</td><td colspan="2">≤20</td></tr>
<tr><td rowspan="2">臭氧老化定伸 40%</td><td>500pphm，40℃，168h</td><td>无裂纹</td><td>—</td></tr>
<tr><td>100pphm，40℃，168h</td><td>—</td><td>无裂纹</td></tr>
</table>

注　1pphn 臭氧浓度相当于 1.01MPa 臭氧分压。

三元乙丙橡胶防水卷材根据其表面质量、拉伸强度、撕裂强度、不透水性和耐低温性等指标，分为一等品与合格品。

2. 聚氯乙烯（PVC）防水卷材

聚氯乙烯防水卷材是以聚氯乙烯树脂为主要原料，掺加填充料和适量的改性剂、增塑剂等，经混炼、压延或挤出成型、分卷包装而成的防水卷材。

PVC防水卷材根据基料的组分及其特性分为两种类型，即S型和P型。S型是以煤焦油与聚氯乙烯树脂混溶料为基料的柔性卷材，厚度为1.50mm、2.00mm、2.50mm等。P型防水卷材的基料是增塑的聚氯乙烯树脂，其厚度为1.20mm、1.50mm、2.00mm等。该卷材的特点是抗拉强度和断裂伸长率较高，对基层伸缩、开裂、变形的适应性强；低温柔韧性好，可在较低的温度下施工和应用。聚氯乙烯防水卷材适用于大型屋面板、空心板，并可用于地下室、水池、储水池及污水处理池的防渗等。PVC防水卷材的物理力学性能应符合表《聚氯乙烯防水材料》（GB 12952－2003）的规定。其性能见表7.8。

表7.8　　PVC防水卷材的物理力学性能

项　目	P 型			S 型	
	优等品	一等品	合格品	一等品	合格品
拉伸强度（MPa）不小于	15.0	10.0	7.0	5.0	2.0
断裂撕裂伸长率（%）不小于	250	200	150	200	120
热处理尺寸变化率（%）不小于	2.0	2.0	3.0	5.0	7.0
低温弯折性	－20℃无裂纹				
抗渗透性	不透水				
剪切状态下的黏合性	不透水、$\sigma>2.0$N/mm或在接缝处断裂				

3. 氯化聚乙烯防水卷材

氯化聚乙烯防水卷材是以含氯量为30%～40 %的氯化聚乙烯树脂为主要原料，配以大量填充料及适当的稳定剂、增塑剂等制成的非硫化型防水卷材。聚乙烯分子中引入氯原子后，破坏了聚乙烯的结晶性，使得氯化聚乙烯不仅具有合成树脂的热塑料性，还具有弹性、耐老化性、耐腐蚀性（其性能见表7.9）。氯化聚乙烯可以制成各种彩色防水卷材，既能起到装饰作用，又能达到隔热的效果。氯化聚乙烯防水卷材适用于屋面做单层外露防水、以及有保护层的屋面、地下室、水池等工程的防水，也可用于室内装饰材料，兼有防水与装饰双层效果。

4. 氯化聚乙烯-橡胶共混防水卷材

该卷材是以氯化聚乙烯树脂和合成橡胶为主体，加入适量的硫化剂、促进剂、稳定剂、软化剂和填充剂等，经过素炼、混炼、过滤、压延（或挤出）成型、硫化等工序加工制成的高弹性防水卷材。它不仅具有氯化聚乙烯所特有的高强度和优异的耐臭氧、耐老化性能，而且具有橡胶类材料所特有的高弹性、高延伸性和良好的低温柔性，拉伸强度在

表 7.9　聚氯乙烯防水卷材及氯化聚乙烯防水卷材物理力学性能

项目		聚氯乙烯防水卷材					氯化聚乙烯防水卷材					
		P型			S型		Ⅰ型			Ⅱ型		
		优等品	一等品	合格品	一等品	合格品	优等品	一等品	合格品	优等品	一等品	合格品
拉伸强度（MPa）		≥15.0	≥10.0	≥7.0	≥5.0	≥2.0	≥12.0	≥8.0	≥5.0	≥12.0	≥8.0	≥5.0
断裂伸长率（%）		≥250	≥200	≥150	≥200	≥120	≥300	≥200	≥100	≥10		
热处理尺寸变化率（%）	纵	≤2.0	≤2.0	≤3.0	≤5.0	≤7.0	≤2.5	≤3.0		≤1.0		
	横						≤1.5					
低温弯折性		−20℃无裂纹					−20℃无裂纹					
抗渗性		不渗水					不渗水					
抗穿孔性		不渗水					不渗水					
剪切状态下黏合性　（N/mm）		≥2.0（或非接缝处断）					≥2.0					

试验室处理后卷材相对对于未处理的变化允许值

人工气候老化处理	拉伸强度相对变化率（%）	±20	±25	±25	±50～−30	±20	±50～−20		±20	±50～−20	
	断裂伸长率，变化率（%）						±50～−30			±50～−30	
	低温弯折性（无裂纹）（℃）	−20	−15	−20	−10	−20		−15	−20		−15
热老化处理	外观质量	无气泡、无黏结、无孔洞				无气泡、无黏结、无孔洞					
	拉伸强度变化率（%）	±20	±25	±25	±50～−30	±20	±50～−20		±	±50～−20	
	断裂伸长率，变化率（%）						±50～−30			±50～−30	
	低温弯折性（无裂纹）（℃）	−20	−15	−20	−10	−20		−15	−20		−15
水溶液处理	拉伸强度变化率（%）	±20	±25	±20	±25	±20		±30	±20		±30
	断裂伸长率，变化率（%）										
	低温弯折性（无裂纹）（℃）	−20	−15	−20	−10	−20		−15	−20		−15

7.5MPa以上，断裂伸长率在450%以上，脆性温度在−40℃以下，热老化保持率在80%以上（其性能见表7.10）。因此，该类卷材特别适用于寒冷地区或变形较大的建筑防水工程。

表7.10　　氯化聚乙烯-橡胶共混防水卷材

项目	指标		项目		指标	
	S型	N型			S型	N型
拉伸强度（MPa）	≥7.0	≥5.0	热老化保持率（80℃，168h）	拉伸强度（%）	≥80	
断裂伸长率（%）	≥400	≥250		断裂伸长率（%）	≥70	
直角形撕裂强度（kN/m）	≥24.5	≥20.0	黏结剥离强度	kN/m	≥2.0	
不透水性（30min，不透水压力）	0.3MPa	0.2MPa		浸水168h，保持（%）	≥70	
脆性温度（℃）	−40	−20	热处理尺寸变化率（%）		−2～+1	−4～+2
臭氧老化（500pphm，40℃，168h）	定伸40% 无裂纹	定伸20% 无裂纹				

7.4.2 合成高分子防水涂料

合成高分子防水涂料是指以合成橡胶或合成树脂为主要成膜物质的单组分或多组分防水涂料。这类涂料具有高弹性、高耐久性及优良的耐高低温性能。适用于Ⅰ、Ⅱ、Ⅲ级防水等级的屋面防水工程，地下室、水池及卫生间的防水工程，以及重要的水利、道路、化工等防水工程。

合成高分子防水涂料的主要品种有双组分反应型聚氨酯防水涂料、单组分水乳型硅橡胶防水涂料、单组分溶剂型及水乳型丙烯酸酯防水涂料、单组分水乳型聚氯乙烯防水涂料及单组分水乳型高性能橡胶（以三元乙丙橡胶为主的复合橡胶）防水涂料等。

合成高分子防水涂料的产品质量应符合表7.11的要求。

表7.11　　合成高分子防水涂料质量要求

项目		质量指标	
		Ⅰ类	Ⅱ类
固体含量（%）		≥94	≥65
拉伸强度（MPa）		≥1.65	≥0.5
断裂延伸率（%）		≥300	≥400
柔性		−30℃ 弯折无裂纹	−20℃ 弯折无裂纹
不透水性	压力（MPa）	≥0.3	≥0.3
	保持时间（min）	至少30min不渗透	至少30min不渗透

7.4.3 合成高分子密封防水材料

本节重点介绍常用建筑防水密封膏及合成高分子止水带。

1. 聚氯乙烯建筑防水接缝材料

聚氯乙烯防水接缝材料（简称PVC接缝材料），是以聚氯乙烯为原料，加入改性材料

（如煤焦油等）及其他助剂（如增塑剂、稳定剂）和填充料等配制而成的防水密封材料。按施工工艺分两种类型：J型是指按热塑法施工的产品，俗称聚氯乙烯胶泥，外观为均匀黏稠状物；G型是指按热熔法施工的产品，俗称塑料油膏，外观为黑色块状物。根据《聚氯乙烯建筑防水接缝材料》（JC/T 798—97）的规定，PVC接缝材料按耐热性及低温柔性将其分为801和802两个标号，其物理力学性能符合表7.12的规定。

表7.12　　聚氯乙烯接缝材料的物理性能

项目		聚氯乙烯建筑防水接缝材料	
		801	802
密度，产品说明书规定值（g/cm³）		±0.1	
耐热性	温度（℃）	80	80
	下垂值（mm）	≤4.0	
低温柔性	温度（℃）	−10	−20
	黏结状态	无裂缝	
拉伸黏结性	最大抗拉强度（MPa）	0.02～0.15	
	最大延伸率（%）	≥300	
浸水后拉伸黏结性	最大抗拉强度（MPa）	0.02～0.15	
	最大延伸率（%）	≥250	
挥发性（%）		≤3	
恢复率（%）		≥80	

聚氯乙烯胶泥（J型）有工厂生产的产品，也可现场配制，常用配比如表7.13所示。其配制方法是将煤焦油加热脱水，再将其他材料加入混溶，在130～140℃温度下保持5～10min，充分塑化后，即成胶泥。将熬好的胶泥趁热嵌入清洁的缝内，使之填注密实并与缝壁很好地粘接。冬季施工时，缝内应刷冷底子油。

表7.13　　聚氯乙烯胶泥配比

材料名称	煤焦油	聚氯乙烯	邻苯二甲酸二丁酯	硬脂酸钙	滑石粉
质量比例（%）	100	10～15	10～15	1	10～15

塑料油膏（G型）是在PVC胶泥的基础上，加入了适量的稀释剂等而形成的。使用时，加热熔化后即可灌缝、涂刷或粘贴油毡等。塑料油膏选用废PVC塑料代替PVC树脂为原料，可显著降低成本。

PVC接缝材料防水性能好，具有较好的弹性和较大的塑性变形性能，可适应较大的结构变形。适用于各种屋面嵌缝或表面涂布成防水层，也可用于大型墙板嵌缝、渠道、涵洞、管道等的接缝处理。

2. 硅酮建筑密封膏（有机硅密封材料）

硅酮密封膏是以聚硅氧烷为主要成分的单组分和双组分室温固化型建筑密封材料。其中，单组分应用较多，双组分应用较少。

单组分有机硅建筑密封膏是把硅氧烷聚合物和硫化剂、填料及其他助剂在隔绝空气条件下混合均匀，装于密闭筒中备用。施工时，将筒中密封膏嵌填于缝隙，然后它吸收空气中的水分进行交联反应，形成橡胶状弹性体。

双组分密封膏将主剂（聚硅氧烷）、助剂、填料等混合作为一个组分，将交联剂作为另一组分，分别包装。使用时，将两组分按比例混合均匀后嵌填于缝隙中，膏体进行交联反应形成橡胶状弹性体。

硅酮密封膏具有优良的耐热性、耐寒性、耐水性及耐候性、拉-压循环疲劳耐久性，并与多种材料（尤其是玻璃、陶瓷等）有很好的黏结性。根据《硅酮建筑密封膏》(GB/T 14683－93)，硅酮建筑密封膏按用途分为F类（用于建筑接缝密封）及G类（用于镶装玻璃）；按流动性分为N型（非下垂型）及L型（自流平型）。其物理性能符合表7.14的要求。

表7.14　　硅酮及聚氨酯建筑密封膏的物理性能

项目		硅酮建筑密封膏（GB/T 14682—93）				聚氨酯建筑密封膏（JC 482—92）		
		F		G				
		优等品	合格品	优等品	合格品	优等品	一等品	合格品
密度，按产品说明规定值　(g/cm³)		±0.1				±0.1		
挤出性　(mL/min)		≥80				—		
适用期（h）		≥3				≥3		
表干时间（h）		≤6				≤24	≤48	
渗出性指数		—				≤2		
流动性	下垂度（N型）(mm)	≤3				≤3		
	流平性（L型）	自流平		—		5℃自流平		
低温柔性（℃）		≥－40				≥－40	≥－30	
拉伸黏结性	最大抗拉强度（MPa）					≥0.2		
	最大伸长率（%）					≥400	≥200	
定伸性能	定伸黏结性	定伸200%	定伸160%	定伸160%	定伸125%	定伸200%	定伸160%	
		黏结和内聚破坏面积≤5%				黏结和内聚破坏面积≤5%		
	热-水循环后定伸黏结性	定伸200%	定伸160%	—		—		
		破坏面积≤5%						
	浸水光照后定伸黏结性	—		定伸160%	定伸125%	—		
				破坏面积≤5%				
剥离黏结性	剥离强度　(N/mm)					≥0.9	≥0.7	≥0.5
	黏结破坏面积（%）					≤25	≤25	≤40
恢复率（%）		定伸200%	定伸160%	定伸160%	定伸125%	定伸160%		
		≥90		≥90		≥95	≥90	85
拉伸-压缩循环性能级别		9030	8020	9030	8020	9030	8020	7020
		黏结和内聚破坏面积≤25%						

G类硅酮密封膏适用于玻璃幕墙的粘接密封及门窗等的密封。F类硅酮密封膏适用于

混凝土墙板、花岗岩外墙面板的接缝密封以及公路路面的接缝防水密封等。

3. 聚氨酯密封膏

聚氨酯密封膏是以聚氨基甲酸酯为主要成分的双组分反应型建筑密封材料。聚氨酯密封膏的特点是：①具有弹性模量低、高弹性、延伸率大、耐老化、耐低温、耐水、耐油、耐酸碱、耐疲劳等特性；②与水泥、木材、金属、玻璃、塑料等多种建筑材料有很强的黏结力；③固化速度较快，适用于要求快速施工的工程；④施工简便安全可靠。

根据《聚氨酯建筑密封膏》(JC 482—1992)，聚氨酯密封膏分为N型（非下垂型）和L型（自流平型）。其物理性能符合表7.14的规定。

聚氨酯密封膏价格适中，应用范围广泛。它适用于各种装配式建筑的屋面板、墙板、地面等部位的接缝密封；建筑物沉陷缝、伸缩缝的防水密封；桥梁、涵洞、管道、水池、厕浴间等工程的接缝防水密封；建筑物渗漏修补等。

4. 橡胶止水带和止水橡皮

橡胶止水带和止水胶皮是以天然橡胶及合成橡胶为主要原料，加入各种辅助剂和填充料，经塑炼、混炼成型或模压成型而得到的各种形状与尺寸的止水、封闭材料。常用的橡胶材料有天然橡胶、氯丁橡胶、三元乙丙橡胶、再生橡胶等。可单独使用，也可几种橡胶复合使用。止水橡胶的断面形状有P形、无孔P形、L形、U形等，埋入型止带有桥形，哑铃形，锯齿行等，如图7.6所示。橡胶止水带及止水橡胶皮的技术性能如表7.15所示。

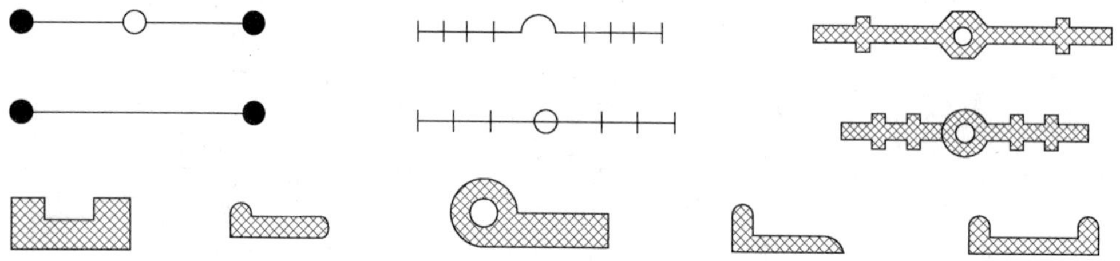

图7.6　止水带及止水橡皮断面形状

表7.15　橡胶止水带及止水橡皮的物理性能

项目		橡胶止水带（HG/T 2288—1992）		止水橡皮		
		天然橡胶	合成橡胶	防50	防100	氯丁止水
硬度（邵氏A）（度）		60±5	60±5	55±5	65±5	60±5
拉伸强度（MPa）		≥18	≥16	≥13	≥20	≥14
扯断伸长率（%）		≥450	≥400	≥500	≥500	≥500
定伸永久变形（%）		≤20	≤25	≤30	≤30	≤15
压缩永久变形（%）	70℃×24h	≤35		—		
	23℃×168h	≤20				
撕裂强度　(N/mm)		≥35				
脆性温度　(℃)		≤−45	≤−40	≤−40	≤−40	≤−25

续表

<table>
<tr><td colspan="3" rowspan="2">项　目</td><td colspan="2">橡胶止水带（HG/T 2288－1992）</td><td colspan="3">止水橡皮</td></tr>
<tr><td>天然橡胶</td><td>合成橡胶</td><td>防 50</td><td>防 100</td><td>氯丁止水</td></tr>
<tr><td colspan="3">回弹率（%）</td><td colspan="2"></td><td>≥45</td><td>≥43</td><td></td></tr>
<tr><td rowspan="6">热空气老化</td><td rowspan="3">70℃×72h</td><td>硬度变化</td><td>≤+8</td><td rowspan="3">—</td><td colspan="3">—</td></tr>
<tr><td>拉伸强度降低（%）</td><td>≤10</td><td>≤20</td><td>≤15</td><td>≤15</td></tr>
<tr><td>伸长率降低（%）</td><td>≤20</td><td>≤20</td><td>≤15</td><td>≤15</td></tr>
<tr><td rowspan="3">70℃×96h</td><td>硬度变化</td><td rowspan="3">—</td><td>≤+8</td><td colspan="3" rowspan="3"></td></tr>
<tr><td>拉伸强度降低（%）</td><td>≤10</td></tr>
<tr><td>伸长率降低（%）</td><td>≤20</td></tr>
<tr><td colspan="3">臭氧老化（50pphm，20%，48h）</td><td>2 级</td><td>0 级</td><td colspan="3">—</td></tr>
</table>

5. 塑料止水带

塑料止水带是用聚氯乙烯树脂、增塑剂、防老剂、填料等原料，经塑炼、挤出等工艺加工成型的止水密封材料，断面形状有桥形、哑铃形等（与橡胶止水带相似）。塑料止水带强度高、耐老化，各项物理性能虽然较橡胶止水带稍差，但均能满足工程要求。塑料止水带用热熔法连接，施工方便，成本低廉，可节约大量橡胶及紫铜片等贵重材料，应用广泛。

6. 遇水膨胀型橡胶止水条

遇水膨胀型橡胶止水条是用改性橡胶制得的一种新型橡胶止水条。将无机或有机吸水材料及高黏性树脂的材料作为改性剂，掺入合成橡胶可制得遇水膨胀的改性橡胶。这种橡胶既保留原有橡胶的弹性、延伸性等，又具有遇水膨胀的特性。将遇水膨胀橡胶止水条嵌在地下混凝土管或衬砌的缝隙更为严密，即可达到完全不漏的目的。常用的吸水性材料有膨润土，（无机）及亲水性聚氯酯树脂等。

（1）SPJ 型遇水膨胀橡胶条。它是用亲水性聚氯酯及合成橡胶（丁氯橡胶）为原料所制成的止水条。能长期阻止水分及化学溶液的渗透；遇水膨胀后在低温下仍具有弹性和良好的防水性能；干燥时已膨胀的橡胶可释放出水分，体积得到恢复，防水性能不变；在淡水及含盐的海水中具有相同的遇水膨胀性，可用于各种环境的止水工程。SPJ 遇水膨胀橡胶条能扯断强度不小于 4.0MPa；静水膨胀率不小于 200%；在膨胀 100%的情况下扯断强度不小于 0.5MPa。

（2）BW 型遇水膨胀橡胶止水条。它是用橡胶、膨润土、高黏性树脂等料加工制得的自黏性遇水膨胀型橡胶止水条，具有自黏性，可粘贴在混凝土基面上，施工方便；遇水后几十分钟内即可逐渐膨胀，吸水率高达 300%～500%；耐腐蚀、耐老化，具有良好的耐久性；使用温度范围宽，在 150℃温度时不流淌，在－20℃温度下不发脆。

复习思考题与习题

1. 试举例说明防水材料的类别及特点。

2. 试述石油沥青的三大组分及其特性，石油沥青的组分与其性质有何关系？

3. 石油沥青的主要技术性质是什么？各用什么指标表示？影响这些性质的主要因素有哪些？

4. 如何划分石油沥青的牌号？牌号的大小与沥青性质关系如何？

5. 如何鉴别煤沥青与石油沥青？

6. 什么是改性沥青？有哪几种？各具有哪些特点？

7. 防水卷材可分为几大类？请分别举出每一类中几个代表品种。

8. 改性沥青防水卷材、高分子防水卷材与传统沥青防水油毡相比有何突出的优点？

9. 试述SBS改性沥青防水卷材和APP改性沥青防水卷材的特点和适用范围。

10. 防水涂料的常用品种及组成、特性和应用如何？

11. 何谓建筑密封材料？建筑工程常用的密封材料有哪几种？

12. 某沥青胶用软化点为50℃和100℃两种沥青和占沥青总量25%的滑石粉配制，所需沥青的软化点为80℃，试计算每吨沥青胶所需材料用量。

第8章 建 筑 钢 材

【内容概述】

本章重点介绍了钢材的力学性能（抗拉性能、冷弯性能及冲击韧性）与工艺性能；钢材强化及连接、常用钢材的技术标准及选用；还介绍了一些钢材的冶炼和分类、及建筑钢材的锈蚀和防护。

【学习目标】

重点掌握钢材的分类和主要性能，为钢结构和钢筋混凝土结构设计打下基础，同时必须重视钢材的防火问题；结合钢材的实际性能，了解钢材的化学成分对其性能的影响；结合工程的实际重点掌握钢材的主要性能指标和钢材的分类及使用场合。

建筑钢材是指建筑工程中所使用的各种钢材，主要包括钢结构中使用的各种型钢、钢板、钢管以及钢筋混凝土结构所用的各种钢筋、钢丝和钢绞线。此外，门窗和建筑五金等也使用大量的钢材。

钢材是在严格的技术控制下生产的材料，与非金属材料相比，其质量均匀，强度高，有一定的塑性和韧性，且能承受冲击荷载和振动荷载的作用。钢材还具有良好的可加工性能，可以铸造、锻压、焊铆接和切割，装配施工方便。采用各种型钢和钢板制作的钢结构，具有质量轻、安全度高的特点，适用于大跨度结构、多层及高层结构、受动力荷载的结构和重型工业厂房结构，建筑钢材也广泛用于钢筋混凝土之中。因此，建筑钢材已成为最重要的建筑结构材料。钢材主要的缺点是易锈蚀、维护费用大、耐火性差、生产能耗大、造价高等。

由于建筑钢材主要用作结构材料，钢材的性能往往对结构的安全起着决定性的作用，因 此，应对各种钢材的性能有充分的了解，以便在结构设计和施工中合理地选用和使用。

8.1 钢的冶炼与分类

8.1.1 钢的冶炼

炼钢的目的就是把熔融的生铁进行加工，使其碳的含量降到2%以下，其他杂质的含量也控制在规定允许范围之内。根据炼钢设备的不同，目前国内炼钢方法主要有平炉炼钢法、转炉炼钢法（空气转炉炼钢法和氧气转炉炼钢法）、电弧炉炼钢法三种。

（1）平炉炼钢法。利用火焰的氧化作用除去杂质。平炉钢质量较好，但能耗高，生产效率低，成本高，现已基本被淘汰。

（2）氧气转炉炼钢法。氧气转炉炼钢法已成为现代炼钢法的主要方法。根据风口位置分底吹、顶吹、侧吹三种；根据所鼓风的不同分空气转炉和氧气转炉。

（3）电弧炉炼钢法。分电弧炉、感应炉、电渣炉三种。用电热进行高温冶炼，温度易控制，钢的质量最好，但成本高，多炼制合金钢。电炉也分酸性和碱性两种。

8.1.2 钢的分类

1．按化学成分分类

（1）碳素钢。含碳量为0.02％～2.06％的铁碳合金称为碳素钢，也称碳钢。其主要成分是铁和碳，还有少量的硅、锰、磷、硫、氧、氮等。碳素钢中的含碳量较多，且对钢的性质影响较大，故又称碳素钢。根据含碳量的不同，碳素钢又分为三种：低碳钢，含碳量小于0.25％；中碳钢，含碳量为0.25％～0.6％；高碳钢，含碳量大于0.6％。其中低碳钢在建筑工程中应用最多。

（2）合金钢。是指在炼钢过程中，有意识地加入一种或多种能改善钢材性能的合金元素而制的钢种。钢中除含有铁、碳和少量不可避免的硅、磷、硫外，还含有一定量（有意加入的）硅、锰、铁、钛、钒等一种或多种合金元素。其目的是改善钢的性能或使其获得某些特殊性能。合金钢按合金元素总含量分为三种：低合金钢，合金元素总含量小于5％；中合金钢，合金元素总含量为5％～10％；高合金钢，合金元素总含量大于10％。

建筑上所用的钢材主要是碳素钢中的低碳钢和合金钢中的低合金钢。

2．按冶炼方法分类

（1）氧气转炉钢。是向转炉中熔融的铁水中吹入氧气而制成的钢。向转炉中吹入氧气能有效地除去磷、硫等杂质，而且可避免由空气带入钢中杂质，故质量较好。目前我国多采用此法生产碳素钢和合金钢。

（2）平炉钢。以固态或液态铁、铁矿石或废钢铁为原料，煤气或重油为燃料，在平炉中炼制的钢称为平炉钢。平炉钢的冶炼时间长，有足够的时间调整和控制其成分，杂质和气体的去除较彻底，因此，钢的质量较好。但因其设备投资大，燃料热效率不高，冶炼时间又长，故成本较高。

（3）电炉钢。电炉钢是利用电流效应产生的高温炼制的钢。热效率高，去除杂质充分，适合冶炼优质钢和特种钢。

3．按冶炼时脱氧程度分类

冶炼时脱氧程度不同，钢的质量差别很大，通常可分为以下四种：

（1）沸腾钢。炼钢时仅加入锰铁进行脱氧，脱氧不完全。这种钢水浇入锭模时，有大量的CO气体从钢水中外逸，引起钢水呈沸腾状，所以称为沸腾钢，代号为“F”。沸腾钢组织不够致密，成分不太均匀，硫、磷等杂质偏析较严重，故质量较差。但因其成本低，产量高，所以被广泛用于一般建筑工程。

（2）镇静钢。炼钢时采用锰铁、硅铁和铝锭等做脱氧剂，脱氧完全，且同时能起去硫作用。这种钢水浇入锭模时镇静不沸腾故称镇静钢，代号为“Z”。镇静钢虽成本较高，但其组织致密，成分均匀，性能稳定，故质量好。适用于预应力混凝土等重要的结构工程。

（3）半镇静钢。脱氧程度介于沸腾钢和镇静钢之间，为质量较好的钢，代号为“B”。

（4）特殊镇静钢。特殊镇静钢的脱氧程度比镇静钢还要充分彻底，其质量最好，适用于特别重要的结构，代号为“TZ”。

4. 按有害杂质含量分类

按钢中有害杂质磷、硫含量的多少，钢材可分为以下四类：

（1）普通钢。磷含量不大于0.045%；硫含量不大于0.050%。

（2）优质钢。磷含量不大于0.035%；硫含量不大于0.035%。

（3）高级优质钢。磷含量不大于0.030%；硫含量不大于0.030%。

（4）特级优质钢。磷含量不大于0.025%；硫含量不大于0.020%。

5. 按用途分类

（1）结构钢。主要用于做工程结构构件及机械零件的钢。

（2）工具钢。主要用于各种刀具、量具及模具的钢。

（3）特殊钢。具有特殊物理、化学或机械性能的钢，如不锈钢、耐热钢、耐酸钢、耐磨钢、磁性钢等。

上述冶炼、轧制加工对钢材质量的影响，必然要反映到钢材标准和有关规范中去。例如，由于热轧加工的影响，在普通碳素结构钢标准中对不同尺寸的钢材，分别规定了不同的强度要求。

建筑工程所用钢材的主要钢种是普通碳素钢和合金钢中的普通低合金钢。

8.2　建筑钢材的主要技术性质

建筑工程用钢材的技术性能主要有力学性能和工艺性能。其中力学性能是钢材最重要的使用性能，包括强度、弹性、塑性和耐疲劳性能等，工艺性能表示钢材在各种加工过程中的行为，包括冷变形性能、热处理和可焊接性等。

8.2.1　力学性能

1. 抗拉性能

钢材有较高的抗拉性能，抗拉性能是土木工程用钢材的重要性能。由拉力试验测得的屈服点、抗拉强度和伸长率是钢材的重要技术指标。

建筑工程用钢材的抗拉性能，可由低碳钢（也称软钢）受拉的应力—应变图来说明（图8.1）。图8.1中*OABCD*曲线上的任一点都表示在一定荷载作用下，钢材的应力σ和应变ε的关系 由图8.1可知，低碳钢的受拉过程明显地划分为四个阶段。

（1）弹性阶段。应力—应变曲线在*OA*段为一直线。在*OA*范围内应力和应变保持正比例关系，卸去外力，试件恢复原状，无残余变形，这一阶段称为弹性阶段。曲线上和*A*点对应的应力称为弹性极限，常用σ_p表示。弹性阶段所产生的变形称为弹性变形。在*OA*线上任一点的主力与应变的比值为一常数，称为弹性模量，用*E*表示，即$\varepsilon=\sigma/\varepsilon$。弹性模量说明产生单位变时所需应力的大小，弹性模量反映钢材的刚度，是钢材计算结构受力变形的重要指标。工程中常用的Q235钢的弹性极限σ_p为180～200MPa，弹性模量*E*为2.0×10^5～2.1×10^5MPa。

（2）屈服阶段。当应力超过*A*点以后，应力和应变失去线性关系，*AB*是一条复杂的

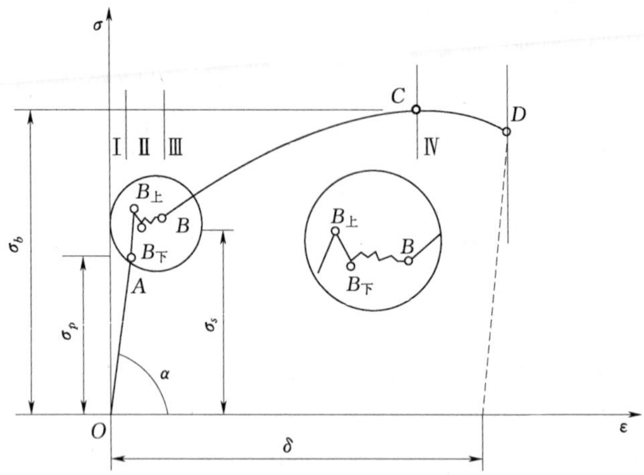

图 8.1　低碳钢受拉的应力—应变图

曲线，由图 8.1 看到，当应力达到 $B_上$ 点时，钢材暂时失去对外力的抵抗作用，在应力不增长（在不大的范围内波动）的情况下，应变迅速增加，钢材内部发生“屈服”现象，直到 B 点为止。曲线上的 $B_上$ 点称为屈服上限，$B_下$ 点称为屈服下限。由于 $B_下$ 比较稳定，且较易测定，故一般以 $B_下$ 所对应的应力作为屈服点（又称屈服极限），用 σ_z 表示。Q235 钢的 σ_z 为 210～240MPa。

屈服阶段表示钢材的性质由弹性转变为以塑性为主，这在实际应用上有重要意义。因为钢材受力达到屈服点以后，塑性变形即迅速增长，尽管钢材尚未破坏，但因变形过大已不能满足使用要求。所以 σ_z 是钢材在工作状态下允许达到的应力值，即应力不超过 σ_z，钢材不会发生较大的塑性变形，故结构设计中一般以 σ_z 作为强度取值的依据。

（3）强化阶段。应力超过 B 点后，由于钢材内部组织的变化，经过应力重分布以后，其抵抗塑性变形的能力又加强了，BC 曲线呈上升趋势，故称为强化阶段。对应于最高点 C 的应力称为抗拉强度（又称极限强度），用 σ_b 表示，它是钢材所承受的最大拉应力。Q235 钢的 σ_b 为 380～470MPa。

抗拉强度在设计中虽然不像屈服点那样作为强度取值的依据，但屈服点与抗拉强度的比（即屈强比 σ_s/σ_b）却能反映钢材的利用率和安全可靠程度。屈强比小，反映钢材在受力超过屈服点工作时的可靠程度大，因而结构的安全度高。但屈强比太小，钢材可利用的应力值小，钢材利用率低，造成钢材浪费；反之，若屈强比过大，虽然提高了钢材的利用率，但其安全度却降低了。实际工程中选用钢材时，应在保证结构安全可靠的情况下，尽量选用大的屈强比，提高钢材的利用率。

（4）颈缩阶段。应力超过 C 点以后，钢材抵抗塑性变形的能力大大降低，塑性变形急剧增加。在薄弱处断面显著减小，出现颈缩现象而断裂。

2. 冲击韧性

钢材在瞬间动载作用下，抵抗破坏的能力称为冲击韧性。冲击韧性的大小是用带有 V 形刻槽的标准试件的弯曲冲击韧性试验确定的（图 8.2）。以摆锤打击试件时，于刻槽处试件被打断，试件单位截面积（cm^2）上所消耗的功，即为钢材的冲击韧性指标，以冲击功

（也称冲击值）α_k 表示。α_k 值越大，表示冲断试件时消耗的功越多，钢材的冲击韧性越好。钢材的冲击韧性受其化学成分、组织状态、轧制与焊接质量、环境温度以及时间等因素的影响。

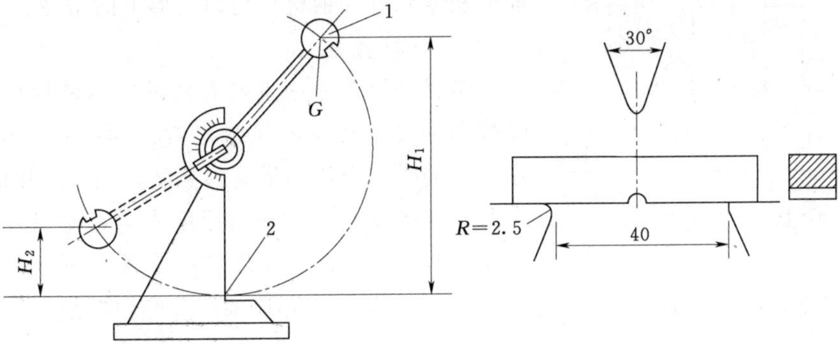

图 8.2 冲击韧性试验示意图

1—摆锤；2—试件

钢材的冲击韧性受其化学成分、组织状态、轧制与焊接质量、环境温度以及时间等因素的影响。

（1）化学成分。当钢中的硫、磷含量较高，且存在偏析及非金属夹杂物时，α_k 值下降。

（2）轧制与焊接质量。试验时沿轧制方向取样比沿垂直于轧制方向取样的 α_k 值高。焊接件中形成的热裂纹及晶体组织的不均匀分布，将使 α_k 值显著降低。

（3）冷作及时效。钢材经冷加工及时效后，冲击韧性降低。

钢材的时效是指随时间的延长，钢材强度逐渐提高而塑性、韧性不断降低的现象。

（4）环境温度。钢材的冲击韧性受环境温度的影响很大。其规律是冲击韧性随温度的下降而降低；温度较高时，α_k 值下降较少，破坏呈韧性断裂。当温度下降至某一范围时 α_k 值突然大幅度下降，钢材开始呈脆性断裂，这种性质称为钢材的冷脆性。

3. 耐疲劳性

受交变荷载反复作用时，钢材常常在远低于其屈服点应力作用下突然破坏，这种破坏称疲劳破坏。

若发生破坏时的危险应力是在规定周期（交变荷载反复作用次数）内的最大应力，则称其为疲劳极限或疲劳强度。此时规定的周期 N 称为钢材的疲劳寿命。

8.2.2 工艺性能

土木工程用钢材不仅应有优良的力学性能，而且应有良好的工艺性能，以满足施工工艺的要求。其中冷弯性能和焊接性能是钢材的重要工艺性能。

1. 冷弯性能

钢材在常温下承受弯曲变形的能力称为冷弯性能。钢材冷弯性能指标用试件在常温下所承受的弯曲程度表示。

弯曲程度可以通过试件被弯曲的角度和弯心直径对试件厚度（或直径）的比值来表示，如图 8.3 所示。试验时，采用的弯曲角度越大，弯心直径对试件厚度的比值越小，表明冷弯性能越好。按规定的弯曲角度和弯心直径进行试验，试件的弯曲处不产生裂缝、起层或断裂，即为冷弯性能合格。

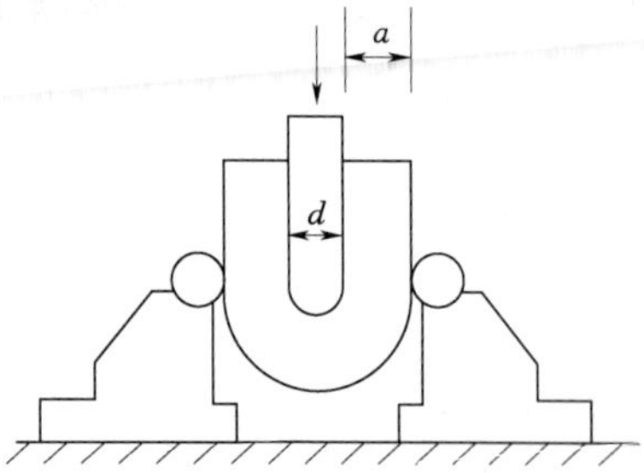

图 8.3 碳素钢冷弯示意图

弯曲程度和伸长率一样，都反映钢材在静载下的塑性。但冷弯是钢材局部发生的不均匀变形下的塑性，而伸长率则反映钢材在均匀变形下的塑性。

2. 焊接性能

钢材的焊接方法主要有两种：钢结构焊接用的电弧焊和钢筋连接用的接触对焊。焊接过程的特点是：在很短的时间内达到很高的温度；钢件熔化的体积小；由于钢件传热快，冷却的速度也快，所以存在剧烈的膨胀和收缩。因此，在焊件中常发生复杂的、不均匀的反应和变化，使焊件易产生变形、内应力组织的变化和局部硬脆倾向等缺陷。

8.2.3 钢材的化学成分对钢材性能的影响

化学成分对钢材性能的影响主要是通过其固溶于铁素体或形成化合物或改变晶粒大小等来实现的。现对经冶炼后存在于钢中的各种化学元素对钢的性质产生不同的影响分述如下。

1. 硅

当硅含量小于1%时，可提高钢的强度，但对塑性和韧性无明显影响，且可提高其抗腐蚀能力。硅是我国钢筋用钢的主要合金元素，其主要作用是改善其机械性能。

2. 锰

锰可使有害的氧化铁和硫化铁分别形成氧化锰和硫化锰而进入钢渣被排除，削弱了硫所引起的热脆性，改善钢材的热加工性。同时，锰还能提高钢的强度和硬度，但含量较高时，将显著降低钢的焊接性能。因此，碳素钢的含锰量控制在0.9%以下。锰是我国低合金结构钢和钢筋用钢的主加合金元素，一般其含量控制为1%～2%，主要作用是提高钢的强度。

3. 钛

钛是强脱氧剂，且能使晶粒细化，故可以显著提高钢的强度，而塑性略有降低。同时，可改善钢的韧性，还能提高可焊性和抗大气腐蚀性，因此钛是常用的合金元素。

4. 钒

钒是弱脱氧剂，它加入钢中能削弱碳和氮的不利影响。能提高强度和改善韧性，并能减少时效倾向，但钒将增大焊接时的硬脆倾向而使可焊性降低。

5. 碳

碳是铁碳合金的主要元素之一，对钢的性能有重要影响，对于含碳量不大于0.8%的碳素钢，随着含碳量的增加，钢的抗拉强度和硬度提高，而塑性和冲击韧性则降低，强度以含碳量为0.8%左右为最高。但当含碳量大于1%时，强度开始下降，钢中含碳量的增加，焊接时焊缝附近容易出现局部硬脆倾向，使钢的可焊性降低，当含碳量超过0.25%时，钢的可焊性将显著下降。含碳量增大，将增加钢的冷脆性和时效倾向，而且降低抵抗大气腐蚀的能力。

6. 磷

磷是碳素钢的有害杂质，主要来源于炼钢用的原料。钢的含磷量提高时，钢的强度提高，塑性和韧性显著下降。温度越低，对塑性和韧性的影响越大。此外，磷还将使钢的冷脆性显著增大，焊接时容易产生冷裂纹，使钢的可焊性显著降低。因此，在碳素钢中对磷的含量有严格要求。

7. 硫

硫也是钢的有害杂质，来源于炼钢原料，能降低钢的各种力学性能。

8. 氮、氧、氢

这三种气体元素也是钢中的有害杂质，它们在固态钢中溶解度极小，偏析严重，使钢的塑性、韧性显著降低，甚至会造成微裂纹事故。钢的强度越高，其危害性越大，所以应严格限制氮、氧、氢的含量。

8.2.4 钢材的冷加工及热加工

1. 冷加工强化

将钢材在常温下进行冷拉、冷拔或冷轧，使之产生塑性变形，从而提高其机械强度，相应降低塑性和韧性的过程，称为冷加工强化或冷加工硬化处理。冷加工强化的方法有以下三种。

(1) 冷拉。是将钢筋拉至其 $\sigma-\varepsilon$ 曲线的强化阶段内任一点 K 处，然后缓慢卸去荷载，则当再度加荷时，其屈服强度将有所提高，而其塑性变形能力将有所降低。冷拉一般可控制冷拉率。钢筋经冷拉后，一般屈服点可提高 20%～25%。

(2) 冷拔。是将光圆钢筋通过硬质合金拔丝模孔强行拉拔。冷拔作用比纯拉伸作用强烈，钢筋不仅受拉，同时也受到挤压作用。经过一次或多次的冷拉后得到的冷拔低碳钢丝，其屈服点 可提高 40%～60%，但失去软钢的塑性和韧性而具有硬钢的特点。

(3) 冷轧。是将圆钢在冷轧机上轧制成一定截面形状的钢筋，可提高其强度以及与混凝土的黏结力。钢筋在冷轧时，纵向与横向同时产生变形，因而能较好地保持其塑性和内部结构的均匀性。

建筑工程中大量采用冷加工强化具有明显的经济效益。经过冷加工的钢材，可适当减小钢筋混凝土结构设计截面或减少混凝土中配筋数量，从而达到节约钢材的目的。

2. 时效处理

将经过冷拉的钢筋在常温下存放 15～20d 或加热到 10～200℃保持 2～3h，其屈服点将进一步提高，抗拉强度稍有增长，塑性和韧性继续降低，这个过程称为时效处理。前者为自然时效，后者则为人工时效。由于时效过程中内应力的削减，故其弹性模量可基本恢复。

冷拉及时效处理后钢筋性能的变化规律如图 8.4 所示的拉力试验的应力—应变图。

图 8.4 中 $OBCD$ 为未经冷拉和时效处理试件的应力—应变曲线。若将试件拉伸至超过屈服点后的任意一点 K，然后卸载，由于试件已产生塑性变形，故卸载曲线就将沿着 KO' 下降，KO' 大致与 BO 平行。若卸载后立即再拉伸，则新的屈服点将高达 K 点。以后的应力—应变关系将与原曲线 KCD 相似。这表明钢筋经冷拉后，其屈服点将提高。若在 K 点

卸载后，不立即拉伸，而是对试件进行时效处理，然后再拉伸，则其屈服点将升高至 K_1 点。继续拉伸，曲线将沿图 8.4 钢筋经冷拉时效后 $K_1C_1D_1$ 发展。这说明钢筋经冷拉时效处理以后，屈服点和抗拉强应力—应变图的变化度都得到提高，塑性和韧性则相应降低。

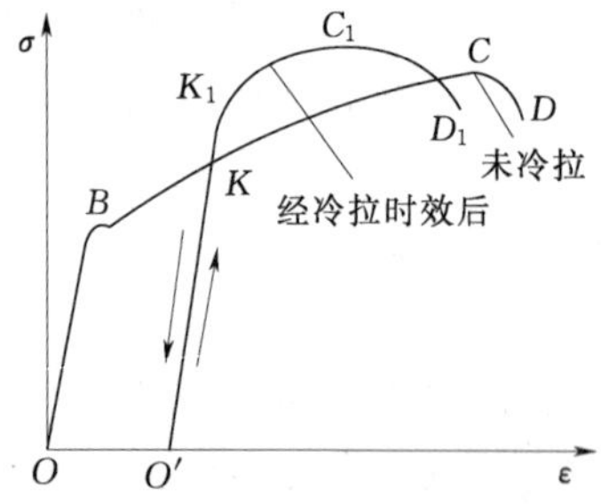

图 8.4 钢筋经冷拉时效后应力—应变图的变化

钢筋冷拉后，不仅可以提高屈服点和抗拉强度 20%～25%，而且还可以简化施工工艺。

一般土木工程中，应通过试验选择合理的冷拉应力和时效处理措施。强度较低的钢筋可采用自然时效，而强度较高的钢筋则应采用人工时效。

3. 热处理

热处理是将钢材按规定的温度进行加热、保温和冷却处理，以改变其组织，得到所需性能的一种工艺。热处理包括淬火、回火、退火和正火。

(1) 淬火。是将钢材加热到 723℃以上，保持一段时间，然后将钢材置于水火油中冷却。淬火可提高钢材的强度和硬度，但使塑性和韧性明显降低。

(2) 回火。将比较硬脆、存在内应力的钢加热到 150～650℃，保温后按规定冷却到适温的热处理方法称回火。回火后的钢材，内应力消除，硬度降低，塑性和韧性得到改善。

(3) 退火。将钢材加热到 723℃以上，适当保温后缓慢冷却，以消除内应力，减少缺陷和晶格畸变，使钢材的塑性和韧性得到改善。

(4) 正火。将钢材加热到 723℃以上，然后在空气中冷却使晶格细化，钢材的强度提高塑性有所降低。

8.3 建筑钢材的标准与选用

建筑工程用钢材主要分为钢结构用钢和钢筋混凝土结构用钢筋及钢丝两大类。

8.3.1 建筑工程常用钢种

我国建筑工程中常用钢种主要有碳素结构钢和合金钢两大类。其中合金钢中使用较多的是普通低合金结构钢。

1. 碳素结构钢

(1) 牌号及其表示方法。根据《碳素结构钢 》(GB/T 700—2006) 中的规定，钢的牌号由代表屈服强度的字母、屈服强度数值、质量等级符号、脱氧方法符号四个部分按顺序组成，其中，以“Q”代表屈服强度；屈服强度数值共分 195MPa、215MPa、235MPa 和 275MPa 四种；质量等级以硫、磷等杂质含量由多到少，分别由 A、B、C，D 符号表示；脱氧方法以 F 代表沸腾钢、Z 和 TZ 分别表示镇静钢和特殊镇静钢，Z 和 TZ 在钢的牌号中予以省略。例如，Q235 - A · F 表示屈服点为 235MPa 的 A 级沸腾钢；Q215 - B 表示屈服点为 215MPa 的 B 级镇静钢。

国家标准将碳素结构钢分为四个牌号，每个牌号又分为不同的质量等级。牌号数值越大，含碳量越高，其强度、硬度也越高，但塑性、韧性降低。冷弯性能逐渐变差。同一钢材的质量等级越高，钢材的质量越好。平炉钢和氧气转炉钢质量均较好。特殊镇静钢、镇静钢质量优于沸腾钢。碳素结构钢的质量等级主要取决于钢材内硫、磷的含量。硫、磷的含量越低，钢的质量越好，其焊接性能和低温冲击性能都能得到提高。

（2）技术性能。碳素结构钢的技术要求有化学成分、力学性能、冶炼方法、交货状态及表面质量五方面。各牌号钢的化学成分、力学性质和工艺性质应分别符合表 8.1 和表 8.3 的规定。

表 8.1　　碳素结构钢的化学成分

牌号	等级	化学成分（%）					脱氧方法
		C	Mn	Si	S	P	
				≤			
Q195	—	0.06～0.12	0.25～0.50	0.30	0.050	0.045	F、b、Z
Q215	A	0.09～0.15	0.25～0.55	0.30	0.050	0.045	F、b、Z
	B				0.045		
Q235	A	0.14～0.22	0.30～0.65	0.30	0.050	0.045	F、b、Z
	B	0.12～0.20	0.30～0.70		0.045		
	C	≤0.18	0.35～0.80		0.040	0.040	Z
	D	≤0.17			0.035	0.035	TZ
Q275	—	0.28～0.38	0.50～0.80	0.35	0.050	0.045	b、Z

表 8.2　　碳素结构钢的力学性质

牌号	等级	拉伸试验													冲击试验	
		屈服点 σ_s（N/mm²）						抗拉强度 σ_b（N/mm²）	伸长率 δ（%）						温度（℃）	V 型冲击功（纵向）
		钢材厚度（直径）（mm）							钢材厚度（直径）（mm）							
		≤16	16～40	40～60	40～100	100～140	＞150		≤16	16～40	40～60	40～100	100～140	＞150		
		≥							≥							≥
Q195	—	195	185	—	—	—	—	315～430	33	32	—	—	—	—	—	—
Q215	A	215	205	195	185	175	165	335～450	31	30	29	28	27	26	—	—
	B														20	27
Q235	A	235	225	215	205	195	185	375～500	26	25	24	23	22	21	—	27
	B														20	
	C														—	
	D														20	
Q275	—	275	265	255	245	235	225	490～630	20	19	18	17	16	15	—	—

表 8.3　　　碳素结构钢的工艺性质

牌　号	试样方向	钢材厚度（直径）冷弯试验 $B=2a$，180°/mm		
		60	>60～100	>100～200
		弯心直径 d		
Q195	纵	0	—	—
	横	0.5a		
Q215	纵	0.5a	1.5a	2a
	横	a	2a	2.5a
Q235	纵	a	2a	2.5a
	横	1.5a	2.5a	a
Q275	—	3a	2a	4.5a

（3）碳素钢的选用。钢材的选用一方面要根据钢材的质量、性能及相应的标准，另一方面要根据工程使用条件对钢材性能的要求。

1）Q195 和 Q215 这两个牌号的钢材虽然强度不高，但具有较大的伸长率和韧性，冷弯性能较好，易于冷弯加工，常用作钢钉、铆钉、螺栓及铁丝等。

2）Q235 具有较高的强度和良好的塑性及加工性能，能满足一般钢结构和钢筋混凝土结构要求，可制作低碳热轧圆盘条等土木工程用钢材，应用范围广泛，其中 C 、D 质量等级可作为重要焊接结构用。

3）Q275 强度更高，硬而脆，适于制作耐磨构件、机械零件和工具。也可以用于钢结构构件。

工程结构的荷载类型、焊接情况及环境温度等条件对钢材性能有不同的要求，选用钢材时必须满足。一般情况下，沸腾钢在下述情况下是限制使用的：①直接承受动荷载的焊接结构；②非焊接结构而计算温度等于或低于－20℃时；③受静荷载及间接动荷载作用，而计算温度等于或低于－30℃时的焊接结构。

2. 低合金高强度结构钢

低合金高强度结构钢是一种在碳素钢的基础上添加总量小于 5％的一种或多种合金元素的钢材。所加的合金元素主要有锰、硅、钡、钛、铬、镍等及稀土元素等。

（1）牌号的表示方法

根据《低合金高强度结构钢》(GB/T 1591—1994）规定，低合金高强度结构钢共有五个牌号：Q295、Q345、Q390、Q420 和 Q460。其牌号的表示方法是由屈服点字母 Q、屈服点数值、质量等级（分 A、B、C、D、E 五级）三个部分组成。

（2）标准与性能。低合金高强度钢的含碳量一般都较低，以便于钢材的加工和焊接要求。其强度的提高主要是靠加入的合金元素结晶强化和固溶强化来达到。采用低合金高强度钢的主要目的是减轻结构质量，延长使用寿命。这类钢具有较高的屈服点和抗拉强度、良好的塑性和冲击韧性，具有耐锈蚀、耐低温性能，综合性能好。低合金高强度结构钢的力学性能如表 8.4 所示。

表 8.4　　低合金高强度结构钢的力学性能

牌号	质量等级	屈服点 σ_s（MPa） 厚度（直径、边长）（mm） ≤16	16~35	35~50	50~100	抗拉强度（MPa）	伸长率 δ_s（%）	冲击功（纵向）（J） 20℃	0℃	−20℃	−40℃	180°弯曲试验 弯心直径 d 试件厚度 a 钢材厚度[直径（mm）] ≤16	16~100
		≥					≥						
Q295	A	295	275	255	235	390~570	23	—	—	—	—	$d=2a$	$d=3a$
	B							34					
Q345	A	345	325	295	275	470~630	21	—				$d=2a$	$d=3a$
	B						21	34					
	C						21		34				
	D						22			34			
	E						22				27		
Q390	A	390	370	350	330	490~650	19	—				$d=2a$	$d=3a$
	B						19	34					
	C						20		34				
	D						20			34			
	E						20				27		

8.3.2 建筑工程常用钢材

土木工程中常用的钢筋混凝土结构及预应力混凝土结构钢筋，根据生产工艺、性能和用途的不同，主要品种有热轧钢筋、冷拉热轧钢筋、冷轧带肋钢筋、热处理钢筋、冷拔低碳钢丝、预应力混凝土用钢丝及钢绞线等。钢结构构件一般直接选用型钢。

1. 钢筋与钢丝

直径为 5mm 以上的称为钢筋，直径为 5m 及 5mm 以下的称为钢丝。

（1）热轧钢筋。热轧钢筋是钢筋混凝土和预应力钢筋混凝土的主要组成材料之一，不仅要求有较高的强度，而且应有良好的塑性、韧性和可焊性能。热轧钢筋主要有 Q235 轧制的光圆钢筋和由合金钢轧制的带肋钢筋两类。

热轧光圆钢筋按照强度等级分类为 I 级钢筋，其强度等级代号为 HPB235，用 Q235 碳素结构钢轧制而成。它的强度较低，但具有塑性好、伸长率高、便于弯曲成型、容易焊接等特点，其技术要求如表 8.5 所示。

表 8.5　　热轧光圆钢筋技术要求

表面形状	钢筋级别	强度等级代号	公称直径（mm）	屈服点 σ_s（MPa）	抗拉强度 σ_b（MPa）	伸长率 δ_s（%）	冷弯
				≥			
光圆	1	HPB235	8~20	235	370	25	180°，$d=a$

热轧带肋钢筋是采用低合金钢热轧而成，横截面通常为圆形，且表面带有两条纵肋和

沿长度方向均匀分布的横肋。其含碳量为0.1%～0.25%，其牌号有HRB335、HRB400、HRB500三种，其中HRB335、HRB400是采用普通质量低合金镇静钢，HRB500是采用优质低合金镇静钢轧制而成的。其主要力学性能如表8.6所示。

表8.6 热轧带肋钢筋的力学性能和工艺性能

牌 号	公称直径（mm）	σ_s 或 $\sigma_{0.2}$（MPa）≥	σ_b（MPa）≥	σ_s（%）	冷弯试验弯心直径 d
HRB335	6～25	335	490	16	$3a$
	28～50				$4a$
HRB400	6～25	400	570	14	$4a$
	28～50				$5a$
HRB500	6～25	500	630	12	$6a$
	28～50				$7a$

注 公称直径为与钢筋公称横截面面积相等的圆的直径。

热轧带肋钢筋具有较高的强度，塑性和可焊性也较好。钢筋表面带有纵肋和横肋，从而增强了钢筋与混凝土之间的握裹力。可用于钢筋混凝土结构的受力钢筋以及预应力钢筋。

(2) 冷拉热轧钢筋。冷拉可使屈服点提高17%～27%，材料变脆、屈服阶段缩短，伸长率降低，冷拉时效后强度略有提高。实际操作中可将冷拉、除锈、调直、切断合并为一道工序，这样可以简化流程，提高效率。冷拉既可以节约钢材，又可以制作预应力钢筋，是钢筋加工的常用方法之一。

(3) 冷轧带肋钢筋。采用热轧圆盘条经冷轧而成，表面带有沿长度方向均匀分布的三面或两面的月牙肋。根据国家标准《冷轧带肋钢筋》(GB 13780—2008) 规定，冷轧带肋钢筋的牌号表示为CRB×。钢筋牌号共有CRB550、CRB650、CRB800、CRB970、CRB1170等五个牌号。

(4) 冷拔低碳钢丝。是用6.5～8mm的碳素结构钢Q235或Q215盘条，通过多次强力拔制而成的直径为3mm、4mm、5mm的钢丝。其屈服强度可提高40%～60%。但失去了低碳钢的性能，变得硬脆，属硬钢类钢丝。

(5) 热处理钢筋。预应力混凝土用热处理钢筋是用热轧带肋钢筋经淬火、回火调质处理的钢筋。通常有直径为6mm、8.2mm、10mm等三种规格。

(6) 预应力混凝土用钢丝及钢绞线。以优质高碳钢圆盘条经等温淬火并拔制而成。预应力钢丝的直径有3mm、4mm、5mm三种规格，抗拉强度可达1670MPa。

2. 型钢

钢结构构件一般应直接选用各种型钢。型钢之间可直接连接或附加连接钢板进行连接。连接方式可铆接、螺栓连接或焊接。钢结构所用钢主要是型钢和钢板。型钢有热轧（常用的有角钢、工字钢、槽钢、T形钢、H形钢、Z形钢等）及冷轧（常用的有角钢、槽钢及空心薄壁型等）两种，钢板也有热轧和冷轧两种。

8.4 建筑钢材的锈蚀及防止

8.4.1 钢材的锈蚀

钢材表面与其存在的环境接触，在一定条件下，可发生相互作用而使钢材表面产生腐蚀。钢材表面与其周围介质发生化学反应而遭到的破坏，称为钢材的锈蚀。锈蚀不仅使其截面减小，降低承载力，而且由于局部腐蚀造成应力集中，易导致结构破坏。若受到冲击荷载或反复荷载的作用，将产生锈蚀疲劳，使疲劳强度大大降低，甚至出现脆性断裂。根据锈蚀作用的机理，钢材的锈蚀可分为化学锈蚀和电化学锈蚀两种。钢材的锈蚀以电化学锈蚀为主。

1. 化学锈蚀

化学锈蚀是钢与干燥气体及非电解质液体的反应而产生的腐蚀。这种腐蚀通常为氧化作用，使钢被氧化形成疏松的氧化物（如氧化铁等）。在干燥环境中锈蚀进行得很慢，但在温度高和湿度较大时锈蚀速度较快。

2. 电化学锈蚀

钢材与电解质溶液接触而产生电流，形成微电池从而引起腐蚀。电化学锈蚀是钢材在使用及存放过程中发生腐蚀的主要形式。

影响钢材锈蚀的主要因素是水、氧及介质中所含的酸、碱、盐等。同时钢材本身的组织成分对锈蚀影响也很大。埋在混凝土中的钢筋，由于普通混凝土的 pH 值为 12 左右，处于碱性环境，使之表面形成一层碱性保护膜，它有较强的阻止锈蚀继续发展的能力，所以混凝土中的钢筋一般不易锈蚀。

8.4.2 钢材的保护措施

钢材的锈蚀既有内因（材质），又有外因（环境介质的作用），要防止或减少钢材的锈蚀可以从改变钢材本身的易腐蚀件、隔离环境中的侵蚀性介质或改变钢材表面的电化学过程三方面入手。在工程上，防止钢材锈蚀的主要措施有三种。

1. 保护层法

通常的方法是采用在表面施加保护层，使钢材与周围介质隔离。保护层可分为金属保护层和非金属保护层两类。

非金属保护层常用的是在钢材表面刷漆，常用底漆有红丹、环氧富锌漆、铁红环氧底漆等，面漆有调和漆、醇酸磁漆、酚醛磁漆等，该方法简单易行但不耐久。此外，还可以采用塑料保护层、沥青保护层、搪瓷保护层等。

金属保护层是用耐蚀性较好的金属，以电镀或喷镀的方法覆盖在钢材的表面，如镀锌、镀锡、镀铬等。薄壁钢材可采用热浸镀锌或镀锌后加涂塑料涂层等措施。

2. 电化学保护法（设置阳极或阴极保护）

对于不易涂敷保护层的钢结构，如地下管道、港口结构等，可采取阳极保护或阴极保护。阳极保护又称外加电流保护法，是在钢结构的附近埋设一些废钢铁，外加直流电源，将阴极接在被保护的钢结构上，阳极接在废钢上。通电后废钢铁成为阳极而被腐蚀，钢结构成为阴极而被保护。

阴极保护是在被保护的钢结构上连接一块比铁更为活泼的金属，如锌、镁，使锌、镁成为阳极而被腐蚀，钢结构成为阴极而被保护。

3. 制成合金钢

钢材的组织和化学成分是引起锈蚀的内因。通过调整钢的基本组织或加入某些合金元素，可有效地提高钢材的抗锈蚀能力。例如，在钢中加入一定量的合金元素铬、镍、钛等，制成不锈钢，可以提高耐锈蚀能力。

4. 掺入阻锈剂

在土木工程中大量应用的钢筋混凝土中的钢筋，由于水泥水化后产生大量的氢氧化钙，即混凝土的碱度较高（pH 值一般为 12 以上）。处于这种强碱性环境的钢筋，其表面产生一层钝化膜，对钢筋具有保护作用，因而实际上是不生锈的。但随着碳化的进行混凝土的 pH 值降低或氯离子侵蚀作用下把钢筋表面的钝化膜破坏，此时与腐蚀介质接触将会受到腐蚀。可通过提高密实度和掺入阻锈剂提高混凝土中钢筋的阻锈能力。

5. 钢材的防火

钢材是不燃性材料，但这并不表明钢材能够抵抗火灾。耐火试验与火灾案例表明：以失去支持能力为标准，无保护层时钢柱和钢屋架的耐火极限只有 0.25h，而裸露钢梁的耐火极限只有 0.15h。温度在 200℃以内，可以认为钢材的性能基本不变；超过 300℃以后，弹性模量、屈服点和极限强度均开始显著下降，应变急剧增大；达到 600℃时，已经失去承载能力，所以没有防火保护层的钢结构是不耐火的。

钢结构防火保护的基本原理是采用绝热或吸热材料，阻隔火焰和热量，推迟钢结构的升温速率。防火方法以包覆法为主，即以防火涂料、不燃性板材或混凝土和砂浆将钢构件包裹起来。

复习思考题与习题

1. 低碳钢的拉伸试验图划分为几个阶段？各阶段的应力—应变有何特点？指出弹性极限、屈服点和抗拉强度在图中的位置。

2. 何谓钢材的屈强比？其大小对使用性能有何影响？

3. 钢材的冷加工对钢的力学性能有何影响？从技术和经济两个方面说明低合金钢的优越性。

4. 试述钢中含碳量对各项力学性能的影响。

5. 对有抗震要求的框架，为什么不宜用强度等级较高的钢筋代替原设计中的钢筋？建筑工程中主要使用哪些钢材？

6. 钢材的牌号是如何确定的？

7. 钢筋混凝土用的热轧钢筋分为几级？其性能如何？

8. 钢筋的锈蚀是如何产生的？应如何防护？

第9章 常用建筑装饰材料

【内容概述】

本章讲述建筑装饰材料的定义、分类、作用、基本功能和选用原则；介绍常用装饰材料中的建筑玻璃、建筑饰面材料、建筑涂料、建筑陶瓷的技术性质及应用。

【学习目标】

重点掌握建筑装饰材料的功能和常用品种性能以及使用要点。

9.1 概 述

建筑装饰材料是在建筑施工中结构工程和水、电、暖管道安装等工程基本完成后，在最后装修阶段所使用的各种起装饰作用的材料。随着现代化建筑的发展，人们不单要求建筑物的功能良好，造型新颖大方，还要求立面丰富多彩。这就要求发展各种新型建筑材料来满足人们不同的审美要求。

9.1.1 建筑装饰材料分类

建筑装饰材料浩如烟海，品种花色繁多，分类的方式有多种。

(1) 按材质分类。有塑料、金属、陶瓷，玻璃、木材、无机矿物、涂料、纺织品、石材等种类

(2) 按功能分类。有吸声、隔热、防水、防潮、防火、防霉、耐酸碱、耐污染等种类。

(3) 按装饰部位分类。

1) 外墙装饰材料。包括外墙、阳台、台阶、雨篷等建筑物全部外露的外部结构装饰所用的材料，如玻璃制品、外墙涂料、彩色水泥、铝塑复合板、外墙面砖、花岗岩、装饰混凝土等。

2) 内墙装饰材料。包括内墙墙面、墙裙、踢脚线、隔断、花架等全部内部构造装饰所用的材料，如墙纸与墙布、内墙涂料、浮雕艺术装饰板、防火内墙装饰板、金属吸音板、复合制品等。

3) 天棚装饰材料。主要指室内顶棚装饰用材料，如塑料吊顶、铝合金吊顶、石膏装饰板、涂料、复合吊顶等。

4) 地面装饰材料。包括地面、楼面、楼梯等结构的全部装饰材料，如塑料地板、地面涂料、陶瓷地砖、花岗岩、木地板、地毯、彩色复合材料等。

5) 室内装饰用品及配套设备。包括门窗、龙骨、卫生洁具、装饰灯具、家具、空调

设备及厨房设备等。

6）其他。如街心、庭院小品及雕塑等。

建筑装饰材料是建筑装饰工程的物质基础。装饰工程的总体效果及功能的实现，无一不是通过运用装饰材料及其配套设备的形体、质感、图案、色彩、功能等所表现出来的。建筑装饰材料在整个建筑材料中占有重要的地位。据资料分析，一般在普通建筑物中，装饰材料的费用占其建筑材料成本的50%左右，而在豪华型建筑物中，装饰材料的费用要占到70%以上。

9.1.2　建筑装饰材料基本要求

建筑装饰材料除一般概念中的强度和耐久性要求外，主要还应具有装饰功能，保护功能及其他特殊功能。

1. 装饰功能

建筑装饰材料主要通过材料特有的装饰性能来装饰美化建筑物，提高建筑物的艺术效果。而装饰材料的装饰性能主要是通过材料的颜色、光泽、透明度、表面组织及形状尺寸等来体现的。

（1）材料的颜色、光泽、透明性。颜色是材料对光谱选择吸收的结果。不同的颜色给人以不同的感觉，如红、橙、黄色使人看了联想到太阳和火而感觉温暖，因此称为暖色；绿、蓝、紫罗兰色使人看了联想到大海、蓝天、森林而感到凉爽，因而称为冷色。材料颜色的表现不是本身所固有的，它与入射光谱成分及人们对光的敏感程度有关。

光泽是材料表面方向性反射光线的性质。材料表面越光滑，则光泽度越高。当为定向反射时，材料表面具有镜面特征，又称镜面反射。不同的光泽度，可改变材料表面的明暗程度，并可扩大视野或造成不同的虚实对比。

透明性是光线透过材料的性质。分为透明体（可透光、透视）、半透明体（透光，但不透视）、不透明体（不透光、不透视）。利用不同的透明度可隔断或调整光线的明暗，造成特殊的光学效果，也可使物像清晰或朦胧。

（2）花纹图案、形状、尺寸。在生产或加工材料时，利用不同的工艺将材料的表面作成各种不同的表面组织，如粗糙、平整、光滑、镜面、凸凹、麻点等；或将材料的表面制作成各种花纹图案（或拼镶成各种图案），如山水风景画、人物画、仿木花纹、陶瓷壁画、拼镶陶瓷锦砖等。

建筑装饰材料的形状和尺寸对装饰效果有很大的影响。改变装饰材料的形状和尺寸，并配合花纹、颜色、光泽等可拼镶出各种线型和图案，从而获得不同的装饰效果，以满足不同建筑型体和线型的需要，最大限度地发挥材料的装饰性。

（3）质感。质感是材料的表面组织结构、花纹图案、颜色、光泽、透明性等给人的一种综合感觉，如钢材、陶瓷、木材、玻璃、呢绒等材料在人的感官中的软硬、粗犷、细腻、冷暖等感觉。组成相同的材料可以有不同的质感，如普通玻璃与压花玻璃、镜面花岗岩板材与剁斧石。相同的表面处理形式往往具有相同或类似的质感，但有时并不完全相同，如人造花岗岩、仿木纹制品，一般均没有天然的花岗岩和木材给予人的那种亲切、真实感觉，而略显得单调呆板。

(4) 耐玷污性、易洁性与耐擦性。材料表面抵抗污物作用保持其原有颜色和光泽的性质称为材料的耐玷污性。

材料表面易于清洗洁净的性质称为材料的易洁性，它包括在风雨等作用下的易洁性（又称自洁性）以及在人工清洗作用下的易洁性。

良好的耐玷污和易洁性是建筑装饰材料经久常新，长期保持其装饰效果的重要保证。用于地面、台面、外墙以及卫生间、厨房等的装饰材料有时须考虑材料的耐玷污性和易洁性。

材料的耐擦性实质就是材料的耐磨性，分为干擦（称为耐干擦性）和湿擦（称为耐洗刷性）。耐擦性越高，则材料的使用寿命越长。内墙涂料常要求具有较高的耐擦性。

2. 保护功能

建筑物的墙体、楼板、屋顶均是建筑物的承重部分，除承担结构荷载，还要考虑遮挡风雨，保温隔热、防止噪音、防火、防渗漏、防风沙等诸多因素，即有一定的耐久性。这些要求，有的可以靠结构材料来满足，但有的需要作装饰面，靠装饰材料来满足。此外，装饰材料还可以弥补与改善结构的功能不足。总之，装饰材料可以保护结构，提高结构的耐久性，并可以降低维修费用。

3. 其他特殊功能

装饰材料除了有装饰和保护功能外，为了保证人们有良好的工作生活环境，室内环境必须清洁、明 亮、安静，而装饰材料自身具备的声、光、电、热性能可带来吸声、隔热、保温、隔音、反光、透气等物理性能，从而改善室内环境条件。如通过对光线的反射使远离窗口的墙面、地面不致太暗；吸热玻璃、热反射玻璃可吸收或反射太阳辐射热能起隔热作用；化纤地毯、纯毛地毯具有保温隔音的功能等。这些物理性能，使装饰材料在装饰美化环境、居室的同时，还可改善工作环境，满足舒适要求。

9.1.3 建筑装饰材料的选用原则

选用建筑装饰材料的原则是：好的装饰效果、良好的适应性、合理的耐久性和经济性。

要获得建筑物好的装饰效果，首先，应考虑到设计的环境、气氛。选用的装饰材料要运用美感的鉴别力和敏感性去着力表现材料的色泽，并且合理配置、充分表现装饰材料的质感和和谐，以达到优美的环境和舒适的气氛。其次，好的装饰效果还需要充分考虑材料的色彩。色彩是构造人造环境的重要内容。合理而艺术地运用色彩去选择装饰材料，可以把建筑物外部点缀得丰富多彩，情趣盎然，可以让室内舒适、美观、整洁。

选择装饰材料还应考虑到功能的需要，并且要充分发挥材料的特性。如外墙装饰材料必须具有足够的耐水性、耐污染性、自洁或耐洗刷性，室内墙面装饰材料应具有良好的吸声、防火和耐洗刷性，天棚是内墙的一部分，需要具有一定的防水、耐燃、轻质等功能，地面装饰材料需要具有良好的耐磨性、防滑等。

从经济角度考虑装饰材料的选择，应有一个总体观点。即不仅考虑到一次投资，也应考虑装饰材料的耐久性和维修费用。而且在关键性的问题上宁可加大投资，以延长使用年限，保证总体上的经济性。

9.2 建 筑 玻 璃

玻璃是现代建筑工程中重要的装饰材料。它的用途除采光、透视、隔声、隔热外，还有艺术装饰作用。特种玻璃还兼有吸热、保温、耐辐射、防爆等特殊功能。

9.2.1 玻璃的基本知识

玻璃是以石英砂、纯碱、石灰石和长石等为原料，于1550～1600℃高温下烧至熔融。成型、急冷而形成的一种无定形非晶态硅酸盐物质。其主要化学成分为 SiO_2、Na_2O、CaO 及 MgO，有时还有 K_2O，这些氧化物及其相对含量，对玻璃的性质影响很大。玻璃的主要性质如下：

（1）玻璃的密度为2.45～2.55 g/cm^3，其孔隙率接近于零。

（2）玻璃没有固定熔点，液态时有极大的黏性，冷却后形成非结晶体，其质点排列的特点是短程有序而长程无序，即宏观均匀，体现各向同性性质。

（3）普通玻璃的抗压强度一般为600～1200MPa，抗拉强度为40～80MPa。其弹性模量为 $6.0\times10^4\sim7.5\times10^4$MPa，脆性指数（弹性模量与抗拉强度之比）为1300～1500，玻璃是脆性较大的材料。

（4）玻璃的透光性良好。玻璃光透射比随厚度增加而降低，随入射角增大而减小。

（5）玻璃的折射率为1.50～1.52。玻璃对光波吸收有选择性，因此，内掺入少量着色剂，可使某些波长的光波被吸收而使玻璃着色。

（6）热物理性质。玻璃的比热与化学成分有关，在室温至100℃内，玻璃的比热为0.33～1.05kJ/(kg·K)，导热系数为0.40～0.82W/(m·K)，热膨胀系数为（9～15）$\times 10^6 K^{-1}$。玻璃的热稳定性差，原因是玻璃的热膨胀系数虽然不大，但玻璃的导热系数小，弹性模量高，所以，当产生热变形时，在玻璃中产生很大的应力，而导致炸裂。

（7）玻璃具有较高的化学稳定性，在通常情况下对水、酸、碱以及化学试剂或气体等具有较强的抵抗能力，能抵抗氢氟酸以外的各种酸类的侵蚀。但是长期遭受侵蚀性介质的腐蚀，也能导致变质和破坏，如玻璃的风化、发霉都会导致玻璃外观的破坏和透光能力的降低。

玻璃的种类很多，按其化学成分有钠钙玻璃、铝镁玻璃、钾玻璃、硼硅玻璃、铅玻璃和石英玻璃等。根据功能和用途，建筑玻璃可分为平板玻璃，安全玻璃，声、光、热控制玻璃，饰面玻璃等，玻璃是一种重要的建筑材料。

9.2.2 常用建筑玻璃

1. 平板玻璃

平板玻璃是建筑玻璃中用量最大的一种。习惯上将窗用玻璃、压花玻璃、磨砂玻璃、磨光玻璃、有色玻璃等统称为平板玻璃。

平板玻璃的生产方法有两种：一种是将玻璃液通过垂直引上或平拉、延压等方法而成，称为普通平板玻璃；另一种是将玻璃液漂浮在金属液（如锡液）面上，让其自由摊平，经牵引逐渐降温退火而成，称为浮法玻璃。浮法玻璃生产工艺先进，产量高，整个生产线可以实现自动化，玻璃表面特别平整、光滑，厚度非常均匀，其光学性能优于普通平板玻璃。

（1）平板玻璃的规格、质量标准。国家标准《平板玻璃》（GB 11614—2009）玻璃按公称厚度分为12规格：2mm、3mm、4mm、5mm、6mm、8mm、10mm、12mm、15mm、19mm、22mm、25mm。

平板玻璃的尺寸允许偏差、对角线差、厚度偏差、厚薄差、外观质量和弯曲度要求为强制性检验项目。

（2）各种平板玻璃的特点及用途。平板玻璃的用途为：一般建筑采光用玻璃多为3mm厚的普通平板玻璃；用作玻璃幕墙、采光屋面、商店橱窗或柜台等时，多采用厚度为5mm或6mm的钢化玻璃；公共建筑的大门、隔断或玻璃构件，玻璃则常用经钢化后的8mm以上的厚玻璃。

平板玻璃可用于另外的一个重要用途是作为钢化、夹层、镀膜、中空等深加工玻璃的原片，小量用作工艺玻璃。

（3）平板玻璃的运输与保管。玻璃属易碎品，故通常用木箱或集装箱包装。平板玻璃在储存、装卸和运输时，必须箱盖向上，垂直立放，不得歪斜与平放，不得受重压，并应按品种、规格、等级分别放在干燥、通风的库房里，并需注意防潮和防雨。并与碱性的或其他有害物质（如石灰、水泥、油脂、酒精等）分开。

玻璃保管不当，易破碎和受潮发霉。透明玻璃一旦受潮发霉，轻者出现白斑、白毛或红绿光，影响外观质量和透光度；重者发生粘片而难分开。

2. 饰面玻璃

饰面玻璃是指用于建筑物表面装饰的玻璃制品，包括板材和砖材。

（1）彩色玻璃。彩色玻璃有透明和不透明的两种。透明的彩色玻璃是在玻璃原料中加入一定量的金属氧化物而制成。不透明彩色玻璃又名釉面玻璃，它是以平板玻璃、磨光玻璃或玻璃砖等为基料，在玻璃表面涂敷一层易熔性色釉，加热到彩釉的熔融温度，使釉层与玻璃牢固结合在一起，再经退火或钢化而成。彩色玻璃的彩面也可用有机高分子涂料制得。

彩色玻璃的颜色有红、黄、蓝、黑、绿、灰色等十余种，可用以镶拼成各种图案花纹，并有耐蚀、抗冲刷，易清洗等特点，主要用于建筑物的内、外墙、门窗，及对光线有特殊要求的部位。有时在玻璃原料中加入乳浊剂（萤石等）可制得乳浊有色玻璃，这类玻璃透光而不透视，具有独特的装饰效果。

（2）玻璃贴面砖。它是以要求尺的平板玻璃为主要基材，在玻璃的一面喷涂釉液，再在喷涂液表面均匀地洒上一层玻璃碎屑，以形成毛面，然后经500～550℃热处理，使三者牢固地结合在一起制成。可用作内外墙的饰面材料。

（3）玻璃锦砖。玻璃锦砖又称玻璃马赛克，它含有未熔融的微小晶体（主要是石英）的乳浊状半透明玻璃质材料，是一种小规格的饰面玻璃制品。其一般尺寸为20mm×20mm、30mm×30mm、40mm×40mm，厚4～6mm，背面有槽纹，有利于与基面黏结。

为便于施工，出厂前将玻璃锦砖按设计图案反贴在牛皮纸上，贴成 305.5mm×305.5mm 见方，称为一联。

玻璃锦砖颜色绚丽，色泽众多，且有透明、半透明、不透明三种。它的化学稳定性、冷热稳定性好，能天雨自洗，经久常新，是一种良好的外墙装饰材料。

(4) 压花玻璃。压花玻璃是将熔融的玻璃液在急冷中通过带图案花纹的辊轴滚压而成的制品。可一面压花，也可两面压花。压花玻璃分普通压花玻璃、真空冷膜压花玻璃和彩色膜压花玻璃等三种，一般规格为 800mm×700mm×3mm。

压花玻璃具有透光不透视的特点，这是由于其表面凹凸不平，当光线通过时产生漫射，因此，从玻璃的一面看另一面物体时，物象模糊不清。压花玻璃表面有各种图案花纹，具一定艺术装饰效果。压花玻璃多用于办公室、会议室、浴室、卫生间以及公共场所分离室的门窗和隔断等处。使用时应将花纹朝向室内。

(5) 磨砂玻璃。磨砂玻璃又称毛玻璃，是将平板玻璃的表面经机械喷砂或手工研磨或氢氟酸溶蚀等方法处理成均匀的毛面。其特点是透光不透视，且光线不刺目，用于要求透光而不透视的部位。安装时应将毛面朝向室内。磨砂玻璃还可用作黑板。

(6) 镭射玻璃。镭射玻璃是以玻璃为基材的新一代建筑装饰材料，其特征在于经特种工艺处理，玻璃背面出现其他光栅，在阳光、月光、灯光等光源照射下，形成物理衍射分光而出现艳丽的七色光，且在同一感光点或感光面上会因光浅入射角的不同在而出现色彩变化，使被装饰物显得华贵高雅，富丽堂皇。镭射玻璃的颜色有银白、蓝、灰、紫、红等多种。按其结构有单层和夹层之分。镭射玻璃适用于酒店、宾馆、各种商业、文化、娱乐设施的装饰。

3. 控温、控声和控光玻璃

(1) 吸热玻璃。吸热玻璃是能吸收大量红外线辐射能、并保持较高可见光透过率的平板玻璃。生产吸热玻璃的方法有两种：一种是在普通钠钙硅酸盐玻璃的原料中加入一定量的有吸热性能的着色剂，如氧化铁、氧化镍、氧化钴以及硒等；另一种是在平板玻璃表面喷镀一层或多层金属或金属氧化物薄膜而制成。吸热玻璃的颜色有灰色、茶色、蓝色、绿色、古铜色、青铜色、粉红色和金黄色等。我国目前主要生产前三种颜色的吸热玻璃。厚度有 2mm、3mm、5mm 和 6mm 四种规格。吸热玻璃还可进一步加工制成磨光、钢化、夹层或中空玻璃。

吸热玻璃已广泛用于建筑物的门窗、外墙以及用作车、船挡风玻璃等，起到隔热、防眩、采光及装饰等作用。

(2) 热反射玻璃。热反射玻璃是有较高的热反射能力而又保持良好透光性的平板玻璃，它是采用热解法，真空蒸镀法、阴极溅射等方法，在玻璃表面涂以金、银、铝、铬、镍和铁等金属或金属氧化物薄膜，或采用电浮法等离子交换方法，以金属离子置换玻璃表层原有离子而形成热反射膜。热反射玻璃也称镜面玻璃，有金色、茶色、灰色、紫色、褐色、青铜色和浅蓝等各色。

热反射玻璃的热反射率高，如 6mm 厚浮法玻璃的总反射热仅为 16%，同样条件下，吸热玻璃的总反射热为 40%，而热反射玻璃则可达 61%，因而常用它制成中空玻璃或夹层玻璃以增加其绝热性能。镀金属膜的热反射玻璃还有单向透像的作用，即白天能在室内看到室外景物，而室外却看不到室内的景像。

热反射玻璃适用于有绝热要求的建筑物门窗、高层建筑物幕墙（玻璃幕墙）、汽车和轮船的玻璃窗等。

(3) 中空玻璃。中空玻璃是以同尺寸两片或多片平板玻璃、镀膜玻璃、彩色玻璃、压花玻璃、钢化玻璃等，四周用高强、高气密性黏结剂将其与铝合金框或橡皮条、玻璃条胶结密封而成，是一种很有发展前途的新型节能建筑装饰材料。

为获得更好的声控、光控和隔热等效果，中空玻璃还可充以各种能漫射光线的材料、电介质等。因此中空玻璃具有优良的绝热性、隔声性、露点低、重量轻，寿命可达 25 年以上，适用于室内温度不低于 15℃、室内相对湿度不超过 60%、室内外温差不大于 50℃、耐压差允许外界压力波动范围为±10kPa、需要采暖、空调、防噪声、防止结露，以及需要无直射阳光和特殊光的建筑物。

中空玻璃主要用于高级住宅、饭店、宾馆、学校、医院以及严寒地区及设有空调设施的建筑物玻璃窗。

4. 安全玻璃

安全玻璃指的是强度较高，抗冲击性能较好，被击碎时，其碎块不会飞溅伤人，并兼有防火功能和装饰效果。常用的品种有钢化玻璃、夹丝玻璃和夹层玻璃等。

(1) 钢化玻璃。也称强化玻璃。它是将平板玻璃经物理（淬火）钢化或化学钢化处理的玻璃。钢化处理可使玻璃中形成可缓解外力作用的均匀预应力，因而其产品的强度、抗冲击性、热稳定性大幅度提高。

钢化玻璃的抗弯强度比普通玻璃大 5～6 倍，抗弯强度可达 125MPa 以上，韧性提高约 5 倍，弹性好。这种玻璃破碎时形成的碎块不易飞射伤人。热稳定性离，最高安全温度为 288℃，能承受 204℃的温差变化，故可用来制造炉门上的观测窗、辐射式气体加热器、干燥器和弧光灯等。

钢化玻璃破坏时，碎片成分散小颗粒状，无尖锐棱角。因此在使用中较其他玻璃安全，故称安全玻璃。钢化玻璃不能切割磨削，边角不能碰击。厂方按照用户要求的尺寸和形状加工好，再经钢化处理后供应。钢化玻璃有平面钢化玻璃、曲面钢化玻璃两种。在建筑工程中，主要用于高层建筑门窗、车间天窗及高温车间的防护玻璃。

(2) 夹丝玻璃。也称防碎玻璃。是以压延法生产的玻璃，当玻璃经过两个压延辊的间隙成型时，加入预先加热处理的金属丝或金属网，使之压于玻璃板中加工而成。表面有压花的或平面的或彩色的。

夹丝玻璃强度大，不易破碎，即使破碎，碎片附着在金属丝网上，不易脱落，使用比较安全。夹丝玻璃受热炸裂后，仍能保持原形。当发生火灾时能起到隔绝火势的作用，故又称防火玻璃。

夹丝玻璃适用于有振动的工业厂房门窗、仓库的门窗、地下采光窗、防火门窗及其他要求安全、防盗、防震、防火之处。

(3) 夹层玻璃。是安全玻璃的一种。是在两片或多片平板玻璃、钢化玻璃、磨光玻璃或其他玻璃之间嵌夹透明的塑料薄片，经热压黏合而成。衬片多用聚乙烯醇缩丁醛、聚氨酯等塑料胶片。

夹层玻璃有平面夹层玻璃和曲面夹层玻璃两种。这种玻璃受到剧烈振动或撞击破坏时，由于衬片的黏合作用，玻璃裂而不碎，具有防弹、防震、防爆性能。在建筑工程中用于高层建筑的门窗、工业厂房的门窗、水下工程或银行、储蓄所柜台橱窗等处。

5. 结构玻璃

(1) 玻璃幕墙。所谓幕墙建筑，是用一种薄而轻的建筑材料把建筑物的四周围起来代替墙壁。作为幕墙的材料不承受建筑物荷载，只起围护作用，它悬挂或嵌入建筑物的金属框架内，目前多用玻璃作幕墙。玻璃幕墙是以铝合金型材为边框，玻璃为外敷面，内衬以绝热材料的复合墙体，并用结构胶进行密封。玻璃幕墙所用的玻璃已由浮法玻璃、钢化玻璃发展到用吸热玻璃、热反射玻璃、夹层玻璃、中空玻璃、镀膜玻璃等，其中热反射玻璃是玻璃幕墙采用的主要品种。

(2) 玻璃砖。有实心和空心的两类，它们均具有透光不透视的特点。空心玻璃砖又有单腔和双腔两种。空心玻璃砖具有较好的绝热、隔声效果，双腔玻璃砖的绝热隔声性能更佳，它在建筑上的应用更广泛。

实心玻璃砖用机械压制方法成型。空心玻璃砖则先用箱式模具压制成箱型玻璃元件，再将两块箱形玻璃加热熔接成整体的空心砖，中间充以干燥空气，再经退火、涂饰侧面而成。玻璃砖的形状和尺寸有多种，砖的内外表面可制成光面或凹凸花纹面，有无色透明或彩色的多种。形状有正方形、矩形以及各种异形砖，规格尺寸以 115mm、145mm、240mm、300mm 的正方形砖居多。

玻璃砖的透光率为 40%～80%。钢钙硅酸盐玻璃制成的玻璃砖，其热膨胀系数与烧结黏土砖和混凝土均不相同，因此砌筑时在玻璃砖与混凝土或黏土砖连接处应加弹性衬垫，起缓冲作用。砌筑玻璃砖可采用水泥砂浆，还可用钢筋作加筋材料埋入水泥砂浆砌缝内。

玻璃砖主要用作建筑物的透光墙体，如建筑物承重墙、隔墙、淋浴隔断、门厅、通道等。某些特殊建筑为了防火、或严格控制室内温度、湿度等要求，不允许开窗，使用玻璃砖既可满足上述要求，又解决了室内采光问题。

(3) 异形玻璃。是近 20 年来新发展起来的一种新型建筑玻璃，它是采用硅酸盐玻璃，通过压延法、浇筑法和辊压法等生产工艺制成，呈大型长条玻璃构件。

异型玻璃有无色的和彩色的、配筋的和不配筋的、表面带纹的和不带花纹的、夹丝的和不夹丝的以及涂层的等多种。就其外形分主要有槽、波形、箱形、肋形、三角形、Z 形和 V 形等品种。异形玻璃具有良好的透光、隔热、隔音和机械强度高等优良性能。主要用作建筑物外部竖向非承重的围护结构，也可用作内隔墙、天窗、透光屋面、阳台和走廊的围护屏壁以及月台、遮雨棚等。

(4) 仿石玻璃。采用玻璃原料可制成仿石玻璃制品。仿大理石玻璃的颜色、耐酸和抗压强度均已超过天然大理石，可以代替天然大理石作装饰材料和地坪。仿花岗石玻璃是将玻璃经过一定的加工后，烧成具有花岗石般花纹和性质的板材。产品的表面花纹、光泽、硬度和耐酸、碱性等指标与开然花岗岩相近，与水泥浆的黏结力超过天然花岗石，可用作装饰与地坪材料。

9.3 建筑饰面材料

建筑饰面材料是指建筑饰面工程中使用的材料，常用的材料有金属类装饰板和复合装饰板、塑料类饰面板材、木材类的饰面板材、石材类饰面板材、裱糊类的墙纸墙布、水泥类装饰混凝土和装饰砂浆等。

9.3.1 金属材料类装饰板材

金属是建筑装饰装修中不可缺少的重要材料之一。因为它有特殊的装饰性和质感，又有其优良的物理力学性能。金属材料中，作为装饰应用最多的是铝材，如铝合金门、窗、百叶窗帘及装饰板等。近年来，不锈钢的应用大大增加。同时，由于防蚀技术的发展，各种普通钢材的应用也逐渐增加。铜材在装饰材料中曾占有重要地位，但在近代竞争中，已被质高价廉的新型金属装饰材料取代，其主要用途为小五金类。

金属装饰材料的主要形式为各种板材，如花纹板、波纹板、压型板、冲孔板等。其中波纹板可增加强度，降低板材厚度，并具有其特殊形状风格。冲孔板主要为增加其吸声性能，大多用作顶棚装饰。

金属饰面板是建筑装饰中的中高档装饰材料，主要用于墙面的点缀，柱面的装饰。由于金属装饰板易于成型，能满足造型方面的要求，同时具有防火、耐磨、耐腐蚀等一系列优点，因而，在现代建筑装饰中，金属装饰板以独特的金属质感、丰富多变的色彩与图案、美满的造型而获得广泛应用。

1. 铝合金装饰板材

铝合金装饰板是一种中档次的装饰材料，装饰效果别具一格，价格便宜，易于成型，表面经阳极氧化和喷漆处理，可以获得不同色彩的氧化膜或漆膜。铝合金装饰板具有质量轻、经久耐用、刚度好、耐大气腐蚀等特点，可连续使用20～60年，适用于饭店、商场、体育馆、办公楼、高级宾馆等建筑的墙面和屋面装饰。建筑中常用的铝合金装饰板材主要有如下三种：

(1) 铝合金花纹板。是采用防锈铝合金坯料，用特殊的花纹轧辊轧制而成。花纹美观大方，筋高适中，不易磨损，防滑性好，防腐蚀性能强，便于冲洗，通过表面处理可以得到各种美丽的色彩。花纹板板材平整，裁剪尺寸精确，便于安装，广泛用于现代建筑的墙面装饰以及楼梯踏板等处。

铝合金浅花纹板是优良的建筑装饰材料之一，它的花纹精巧别致，色泽美观大方，除具有普通铝合金共有的优点外，刚度提高20%，抗污垢、抗划伤、抗擦伤能力均有所提高，它是我国所特有的建筑装饰产品。

铝合金浅花纹板对白光反射率达75%～90%，热反射率达85%～95%。在氨、硫、硫酸、磷酸、亚磷酸、浓硝酸、浓醋酸中耐腐蚀性良好。通过电解、电泳涂漆等表面处理，可以得到不同色彩的浅花纹板。

(2) 铝合金压型板。其质量轻，外形美，耐腐蚀，经久耐用，安装容易，施工快速，经表面处理可得各种优美的色彩，是目前广泛应用的一种新型建筑装修材料，主要用作墙面和屋面。该板也可作复合外墙板，用于工业与民用建筑的非承重外挂板。

（3）铝合金冲孔平板。是用各种铝合金平板经机械冲孔而成。孔型根据需要有圆孔方孔、长圆孔、长方孔、三角孔、大小组合孔等，这是近年来开发的一种降低噪音并兼有装饰作用的新产品。

铝合金冲孔板材质轻、耐高温、耐高压、耐腐蚀、防火、防潮、防震、化学稳定性好、造型美观、色泽幽雅、立体感强、装饰效果好、组装简单。可用于宾馆、饭店、剧场、影院、播音室等公共建筑和中、高级民用建筑以改善音质条件，也可作为降噪声措施用于各类车间厂房、机房、人防地下室等。

2. 装饰用钢板

装饰用不锈钢板主要是厚度小于 4mm 的薄板，用量最多的是厚度小于 2mm 的板材。平面钢板和凹凸钢板两类。前者通常是经研磨、抛光等工序制成，后者是在正常的研磨、抛光之后再经辊压、雕刻、特殊研磨等工序而制成。平面钢板又分为镜面板（板面反射率大于 90%）、有光板（反射率大于 70%）、亚光板（反射率小于 50%）三类。凹凸板也有浮雕花纹板、浅浮雕花纹板和网纹板三类。

（1）镜面不锈钢板。板光亮如镜，其反射率、变形率均与高级镜面相似，与玻璃镜有不同的装饰效果，该板耐火、耐潮、耐腐蚀，不会变形和破碎，安装施工方便。主要用于高级宾馆、饭店、舞厅、会议厅、展览馆、影剧院的墙面、柱面、造型面，以及门面、门厅的装饰。

镜面不锈钢板有普通镜面不锈钢板和彩色镜面不锈钢板两种，彩色不锈钢装饰板是在普通不锈钢板上进行技术和艺术加工，成为各种色彩绚丽的不锈钢板。常用颜色有蓝、灰、紫、红、青、绿、金黄、茶色等。

常用镜面不锈钢板规格有：1220mm×2440mm×0.8（1.0、1.2、1.5）mm 等。

（2）亚光不锈钢板。表面反光率在 50%以下者称为亚光板，其光线柔和，不刺眼，在室内装饰中有一种很柔和的艺术效果。亚光不锈钢板根据反射率不同，又分为多种级别。通常使用的钢板，反射率为 24%～28%，最低的反射率为 8%，比墙面壁纸反射率略高一点。

（3）浮雕不锈钢板。表面不仅具有光泽，而且还有立体感的浮雕装饰。它是经辊压、特研特磨、腐蚀或雕刻而成。一般腐蚀雕刻深度为 0.015～0.5mm，钢板在腐蚀雕刻前，必须先经过正常研磨和抛光，比较费工，所以价格也比较高。

由于不锈钢的高反射性及金属质地的强烈时代感，与周围环境中的各种色彩、景物交相辉映，对空间效应起到了强化、点缀和烘托的作用。

（4）彩色不锈钢板。是在不锈钢板上再进行技术和艺术加工，使其成为各种色彩绚丽的装饰板，其颜色有蓝、灰、紫、红、青、绿、金黄、茶色等。彩色不锈钢板不仅具有良好的抗腐蚀性，耐磨、耐高温（200℃）等特点，而且其彩色面层经久不退色，色泽随光照角度不同会产生色调变幻，增强了装饰效果。常用作厅堂墙板、顶棚、电梯厢板、外墙饰面等。

（5）彩色涂层钢板。为提高普通钢板的耐腐蚀性和装饰效果，近年来我国发展了各种彩色涂层钢板。钢板的涂层可分为有机、无机和复合涂层三大类，以有机涂层钢板发展最快。有机涂层可以配制成不同的颜色和花纹，因此称为彩色涂层钢板。这种钢板的原板通常为热轧钢板和镀锌钢板，钢板的有机涂层为聚氯乙烯，此外还有聚丙烯酸酯、环氧树脂、醇酸树脂等。涂层与钢板的结合有涂布法和贴膜法两种。涂布法是在经前处理的钢板两面涂底漆，经固化后涂以面层涂料，再经塑化、压花，冷却而成。贴膜法是在经前处理的钢板上用黏合剂在正反两面粘贴上聚氯乙烯薄膜后经冷却、干燥而成。

彩色涂层钢板具有耐污染性强，洗涤后表面光泽、色差不变，热稳定性好，装饰效果好，耐久、易加工及施工方便等优点。可用作外墙板、壁板、屋面板等。

不锈钢装饰，是近几年来较流行的一种建筑装饰方法，它已经从高档宾馆、大型百货商场、银行、证券公司、营业厅等高档场所的装饰，走向了中小型商店、娱乐场所的普通装饰中，从以前的柱面、橱窗、边框的装饰走向了更为细部的装饰，如大理石墙面、木装修墙面的分隔、灯箱的边框装饰等。

3. 铝塑板

铝塑板是由面板、核心、底板三部分组成。面板是在 0.2mm 铝片上，以聚酯作双重涂层结构（底漆＋面漆）经烤焗程序而成；核心是 2.6mm 无毒低密度聚乙烯材料；底板同样是涂透明保护光漆的 0.2mm 铝片。通过对芯材进行特殊工艺处理的铝塑板可达到 B1 级难燃材料等级。

常用的铝塑板分为外墙板和内墙板两种：内墙板是现代新型轻质防火装饰材料，具有色彩多样、质量轻、易加工、施工简便、耐污染、易清洗、耐腐蚀、耐粉化、耐衰变、色泽保持长久、保养容易等优异的性能；外墙板则比内墙板在弯曲强度、耐温差性、导热系数、隔音等物理特性上有更高要求。铝塑板面漆有亚克力、聚酯、氟碳。氟碳面漆铝塑板因其极佳的耐候性及耐腐蚀性，能长期抵御紫外光、风、雨、工业废气、酸雨及化学药品的侵蚀，并能长期保持不变色、不退色、不剥落、不爆裂、不粉化等特性，故大量地使用在室外。

铝塑板适用范围为高档室内及店面装修、大楼外墙帷幕墙板、天花板及隔间、电梯、阳台、包柱、柜台、广告招牌等。

金属材料与高分子材料的热压复合，使铝塑板综合具备了高强度、隔音、隔热、易成型、豪华美观等诸多特异性能，因此它也成为装饰建材的新潮流。

4. 镁铝曲面装饰板

镁铝曲面装饰板简称镁铝曲板，是由铝合金箔（或木纹皮面、塑胶皮面、镜面）、硬质纤维板、底层纸与胶黏剂贴合后经深刻等工艺加工的建筑装饰、装修材料。镁铝曲面装饰板有瓷白、银白、浅黄、橘黄、墨绿、金红、古铜、深咖啡等颜色。目前，生产的镁铝曲板有着色铝箔面、木纹皮面、塑胶皮面、镜面等品种，具有耐磨、防水、不积污垢、外形美观等特点。

镁铝曲板能够沿纵向卷曲，还可用墙纸刀分条切割，安装施工方便，可粘贴在弧面上。板面平直光亮，有金属光泽，有立体感，并可锯、钉、钻，但表面易被硬物划伤，施工时应注意保护。

可广泛用于室内装饰的墙面、柱面、造型面，以及各种商场、饭店的门面装饰。因该板可分条切开使用，故可当装饰条、压边条来使用

9.3.2 有机材料类装饰板材

1. 塑料装饰板材

(1) 聚氯乙烯(PVC)塑料装饰板。这种板是以PVC为基材，添加填料、稳定剂、色料等经捏和、混炼、拉片、切粒、挤出或压延而成的一种装饰板材。其特点是表面光滑，色泽鲜艳，防水，耐腐蚀，不变形，易清洗，可钉、可锯、可刨。可用于各种建筑物的室内装修、家具台面的铺设等。

(2) 塑料贴面装饰板。简称塑料贴面板，它是以酚醛树脂的纸质压层为基胎，表面用三聚氰胺树脂浸渍过的花纹纸为面层，经热压制成的一种装饰贴面材料，有镜面型和柔光型两种，它们均可覆盖于各种基材上。其厚度为0.8～1.0mm，幅面为(920～1230)mm×(1880～2450)mm。

塑料贴面板的图案、色调丰富多彩，耐磨、耐湿、耐烫、不易燃，平滑光亮、易清洗，装饰效果好，并可代替装饰木材，适用于室内、车船、飞机及家具等的表面装饰。

(3) 覆塑装饰板。是以塑料贴面板或塑料薄膜为面层，以胶合板、纤维板、刨花板等板材为基层，采用胶合剂热压而成的一种装饰板材。用胶合板作基层叫覆塑胶合板，用中密度纤维板作基层的叫覆塑中密度纤维板，用刨花板为基层的叫覆塑刨花板。

覆塑装饰板既有基层板的厚度、刚度，又具有塑料贴面板和薄膜的光洁、质感强、美观，装饰效果好，并具有耐磨、耐烫、不变形不开裂、易于清洗等优点，可用于汽车、火车、船舶、高级建筑的装修及家具、仪表、电器设备的外壳装修。

覆塑装饰板的产品有以下一些规格：

915mm×1830mm×(3～35)mm，1220mm×1835mm×(3～35)mm，915mm×1830mm×(5～6)mm，1220mm×1835mm×(5～6)mm等。

(4) 卡布隆板。又称阳光板，它的主要原料是高分子工程塑料。根据其采用的原材料的不同可分为以下三类。

1) 聚碳酸酯卡布隆。也称PC板，是由聚碳酸酯树脂为主要成分，采用共挤压技术而成的加工而成的板材，具有透明度高、质轻、抗冲击、强度高、隔音、隔热、难燃、耐候性好、柔性好等特点。同时可以着色，使之具有各种色彩以调节变换光线的颜色，改变室内环境气氛。除用于制作屋面的透光顶棚、顶罩外，还可加工成平板、曲面板、折板等，替代玻璃用于室内外的各种装饰。这种材料可制成尺寸很大的透明顶棚且不需支撑，适用于大面积的采光屋面。

2) 透明聚氯乙烯卡布隆。也称PVC板采用透明聚氯乙烯制成。光透射比较高，阻燃、耐候性较好，一般适用于尺寸较小者。

3) 玻璃钢卡布隆。通常采用不饱和聚酯玻璃钢，与其他透明材料相比，其光透射比较低，且不能透视，但耐候性好，强度高，适合于制作大尺寸装饰制品。

4) 聚甲基丙烯酸甲酯卡布隆。也称PMMA板具有透明度高，光透射比可达92%，抗冲击力、强度、耐候性较高，但耐磨性差，且具有可燃性。

卡布隆板是理想的建筑和装饰材料，它适用于车站、机场等候厅及通道的透明顶棚，商业建筑中的顶棚，园林、游艺场所奇异装饰及休息场所的廊亭、泳池、体育场馆顶棚，工业采光顶，温室、车库等各种高格调透光场合。

(5) 防火板。是用三层三聚氰胺树脂浸渍纸和十层酚醛树脂浸渍纸，经高温热压而成的热固性层积塑料。它是一种用于贴面的硬质薄板，具有耐磨、耐热、耐寒、耐溶剂、耐污染和耐腐蚀等优点。其质地牢固，使用寿命比油漆、蜡光等涂料长久得多，尤其是板面平整、光滑、洁净，有各种花纹图案，色调丰富多彩，表面硬度大，并易于清洗，是一种较好的防尘材料。

防火板可以加工成各种色彩和图案，花色品种多，既有各种柔和、鲜艳的彩色饰面板，又有各种名贵树种纹理、大理石、花岗岩纹理的饰面板，还有一些防火板表面有皮革和织物布纹的表面效果。防火板的表面分光洁面和亚光面两类，适用于各种环境下的装饰。国产防火板较脆，搬运和加工过程中，边缘易脆裂损伤，损伤处难以修补，因此在搬运和施工过程中必须采取一些保护措施。

该板可粘贴于木材面、木墙裙、木格栅、木造型体等木质基层的表面；餐桌、茶几、酒吧柜和各种家具的表面；柱面、吊顶局部等部位的表面。防火板一般用作装饰面板，粘贴在胶合板、刨花板、纤维板、细木工板等基层上，该板饰面效果较为高雅，色彩均匀，效果较好，属中高档饰面材料。

防火板常用规格有 2440mm×1220mm，厚度有 0.6 mm，0.8mm，1.0mm，1.2mm。

2. 木质饰面材料

(1) 木地板。分为条木地板和拼花木地板两种，其中条木地板更为普遍。

1) 条木地板具有弹性好、脚感舒适、木质感强等特点，原料可采用杉等软木，也可采用柞、榆、柚木等硬木材。条板宽度一般不超过 120mm，板厚 15～30mm，条木地板拼缝处可平头、企口或错口，适用于体育馆、舞台、住宅的地面装饰。

2) 拼花木地板主要采用阔叶树中水曲柳、柞木、核桃木、柚木等不易腐蚀的硬木材制作成条状小板条，施工时拼装成美观的图案花纹，如芦席纹、轻水墙纹、人字纹等，主要适用宾馆、饭店、会议室、展览室、体育馆等较高档的地面装饰。

(2) 胶合板。是一组单板（经刨切、锯制、旋切等方法生产的薄片状木材），按照相邻的单板木纹方向互相垂直组坯胶合而成的板材。单板的层数应为奇数，主要有 3 层、5 层、7 层、9 层、11 层，分别成为三合板、五合板等依次类推。

胶合板按照胶黏性能可分为Ⅰ类胶合板、Ⅱ类胶合板、Ⅲ类胶合板、Ⅳ类胶合板。其中Ⅰ类胶合板即耐气候胶合板，具有耐久、耐沸煮或蒸汽处理，能在室外使用；Ⅱ类胶合板即耐水胶合板，能在冷水中浸泡或短时间热水中浸泡，但不耐沸煮；Ⅲ类胶合板即耐潮胶合板，能耐短时间冷水浸泡；Ⅳ类胶合板即不耐潮胶合板，后三种胶合板主要在室内使用。按照表面加工分为砂光胶合板（板面经砂光机砂光）、刮光胶合板（板面经刮光机砂光）、预饰面胶合板（板面经过处理，使用时无须在修饰）和贴面胶合板（表面覆贴装饰单板，如木纹纸、树脂胶膜或金属薄片材料）。

胶合板最大的特点是改变了木材的各向异性，材质均匀、吸湿变形小、幅面大、不易翘曲，而且有着美丽的花纹，是使用非常广泛的装饰板材之一。

(3) 纤维板。采用植物纤维为主要原料，经过纤维分离、成型、干燥、热压等工艺制成的一种人造板材。主要原料包括树皮、刨花、树枝、稻草、秸秆、竹子等。

按照纤维板的表观密度不同可分为硬质纤维板（表观密度大于800kg/m^3）、软质纤维板（表观密度小于400kg/m^3）和中密度纤维板；按照原材料不同可分为木材纤维板和非木材纤维板。

硬质纤维板的强度高、耐磨性好，因而主要用于墙面、地面、家具等；半硬质纤维板主要用于隔断、隔墙和家具等；软质纤维板结构松软、强度低但保温隔热和吸声性好，因此主要用于吊顶和墙面吸声材料。

（4）木装饰线条。主要用于平面接合处、分界面、层次面、衔接口等的收边封口材料。线条在室内装饰材料中起着平面构成和线形构成的重要角色，可起固定、连接和加强装饰饰面的作用。

木线条主要选用质硬、木质细、耐磨、黏结性好、可加工性好的木材，经干燥处理后用机械加工或手工加工而成。

木装饰线条的品种规格繁多，从材质上可分为杂木木线、水曲柳木线、胡桃木木线、白木木线、榉木木线等；从功能上可分为压边线、压角线、墙腰线、柱角线、天花角线等；从款式上可分为外凸式、内凹式、凸凹结合式、嵌槽式等。

木装饰线条可作为墙腰饰线、护壁板和勒脚的压条线，门窗的镶边线等，增添室内古朴、高雅和亲切的美感。

（5）其他木材装饰材料。

1）细木工板是一种特殊的胶合板。其中板是用各种结构的拼板构成，两面胶结一层或二层单板，涂胶后将一定规格的单板配叠成规定的层次，相邻两层的木纹方向必须纵横相错，再经热压后制成的一种人造板材，广泛用于建筑装修工程及家具行业。

2）刨花板、木丝板、木屑板。是利用刨花碎片、短小废料加工刨制的木丝、木屑等，经干燥、拌以胶料、压制形成的板材，表观密度小、强度低，属于中低档装饰材料或作为保温吸声材料，主要用于吊顶、隔墙、家具等。

3）中密度纤维板。是一种仿木型人造板材，与普通纤维板相比，其表面光滑、材质细密、性能稳定、厚度较大，且板材表面的再装饰性好，广泛用于吊顶、隔断、隔墙、地板等不同的场合。

4）保丽板。是将在树脂中浸渍的基层板材与装饰胶纸一起在高温低压下塑化复合而成。它光泽柔和、耐热、耐水、耐磨，主要用于家具和室内装饰。同时可以调节生产工艺和掺入不同的添加剂生产高耐磨装饰板、浮雕装饰板和耐燃装饰板等。

5）涂饰人造板。其表面用涂料涂饰制成的装饰板材。主要品种有透明涂饰纤维板和不透明涂饰纤维板等。它生产工艺简单，板面美观平滑，立体感较强，主要用于中、低档家具及墙面、顶棚的装饰。

6）印刷纤维板。是以纤维板为基材和表面胶纸用酚醛树脂热压胶合在一起的板材。胶纸是先将一层装饰纸经照相版印刷之后与表层纸、底层纸一起进行树脂浸渍处理而制得。

7）塑料薄膜贴面装饰板。是将热塑性树脂薄膜贴在人造板上制成。薄膜经印刷并经模压处理后，图案花纹鲜明多样，有很好的装饰效果，但是表面硬度较低，主要用于中、低档家具及墙面、顶棚的装饰。

3. 玻璃钢装饰板

玻璃钢装饰板是以玻璃布为增强材料，不饱和聚酯树脂为胶结剂，在固化剂、催化剂的作用下加工而成。规格有 1850mm×850mm×0.5mm、2000mm×850mm×0.5mm 等多种规格。色彩多样，主要图案有木纹、石纹、花纹等，美观大方。漆膜亮、硬度高、耐磨、耐酸碱、耐高温，适用于粘贴在各种基层、板材表面，做建筑装修和家具饰面。

9.3.3 石材类装饰面材料

建筑用饰面石材大致可分为花岗石、大理石、砂石、板石、人造石材等五大类。这里只介绍花岗石、大理石、人造石材。

1. 花岗石

花岗石是花岗岩的俗称，它属于深成岩，是岩浆岩中分布最广的岩石，其主要矿物组成为长石、石英和少量云母及暗色矿物。

商业上所说的花岗石是以花岗岩为代表的一类装饰石材，包括各种岩浆岩和花岗岩的变质岩，如辉长岩、闪长岩、辉绿岩、玄武岩、安山岩、正长岩等，一般质地较硬。

天然花岗石板材是由天然花岗石荒料经锯切、研磨、抛光及切割而成的，其结构致密，抗压强度高，吸水率低，表面硬度大，化学稳定性好，耐久性强，但耐火性差。

花岗岩是一种优良的建筑石材，它常用于基础、桥墩、台阶、路面，也可用于砌筑房屋、围墙，尤其适用于修建有纪念性的建筑物，天安门前的人民英雄纪念碑就是由一整块 100t 的花岗岩琢磨而成的。在我国各大城市的大型建筑中，曾广泛采用花岗岩作为建筑物立面的主要材料。也可用于室内地面和立柱装饰，耐磨性要求高的台面和台阶踏步等。由于修琢和铺贴费工，因此是一种价格较高的装饰材料。在工业上，花岗岩常用作一种耐酸材料。

2. 大理石

大理石是大理岩的俗称，天然装饰石材中应用最多的是大理石，它因云南大理盛产而得名。商业上所说的大理石是指以大理岩为代表的一类装饰石材，包括碳酸盐岩和与其有关的变质岩，主要成分为碳酸盐，一般质地较软。

大理石的结晶主要由方解石或白云石组成，具有致密的隐晶结构。纯大理石为白色，称汉白玉，如在变质过程中混进其他杂质，就会出现不同的颜色与花纹、斑点。如含炭呈黑色；含氧化铁呈玫瑰色、橘红色；含氧化亚铁、铜、镍呈绿色；含锰呈紫色等。

中国的大理石资源丰富，分布甚广，品种也很多，可做饰面材料的就有 80 余种。

大理石装饰板材是由石场开采的大理石块称为荒料，经锯切、磨光后制成。大理石天然生成的致密结构和色彩、斑纹、斑块可以形成光洁细腻的天然纹理。大理石的主要成分为碳酸钙，空气和雨中所含酸性物质及盐类对它有腐蚀作用。纯大理石是白色的，当含有各种杂质时，则呈灰、黑、红、黄、绿等色，常常带有美丽的花纹。除少数高度致密均质的可加工成塑像或纪念碑并放置于露天外，绝大多数都用作室内装饰材料，如墙面、地面、柱面、窗台、楼梯、栏杆等。开采和加工中的废料，可再加工成工艺品，或经轧碎作为生产水磨石、人造大理石、水刷石、干黏石等的优质集料。

3. 人造石材饰面板

人造石材一般指人造大理石和人造花岗岩，以人造大理石的应用较为广泛。由于天然石材的加工成本高，现代建筑装饰业常采用人造石材。它具有质量轻、强度高、装饰性强、耐腐蚀、耐污染、生产工艺简单以及施工方便等优点，因而得到了广泛应用。

人造石材按照使用的原材料分为四类：水泥型人造石材、树脂型人造石材、复合型人造石材及烧结型人造石材。

人造大理石之所以能得到较快发展，是因为具有如下一些特点：①表观密度较天然石材小，一般为天然大理石和花岗石的80%，因此，其厚度一般仅为天然石材的40%，从而可大幅度降低建筑物质量，方便了运输与施工；②耐酸。天然大理石一般不耐酸，而人造大理石可广泛用于酸性介质场所；③制造容易，人造石生产工艺与设备不复杂，原料易得，色调与花纹可按需要设计，也可比较容易地制成形状复杂的制品。

（1）水泥型人造石材。水泥型人造石材是以水泥为黏结剂，砂为细骨料，碎大理石、花岗岩、工业废渣等为粗骨料，经配料、搅拌、成型、加压蒸养、磨光、抛光等工序而制成。通常所用的水泥为硅酸盐水泥，现在也用铝酸盐水泥作黏结剂，用它制成的人造大理石具有表面光泽度高、花纹耐久、抗风化、耐火性、防潮性都优于一般的人造大理石。这是因为铝酸盐水泥的主要矿物成分——铝酸一钙水化生成了氢氧化铝胶体，在凝结过程中，与光滑的模板表面接触，形成氢氧化铝凝胶层；与此同时，氢氧化铝胶体在硬化过程中不断填塞水泥石的毛细孔隙，形成致密结构。所以制品表面光滑，具有光泽且呈半透明状。

（2）树脂型人造石材。这种人造石材多是以不饱和聚酯为黏结剂，与石英砂、大理石、方解石粉等搅拌混合，浇铸成型，经固化、脱模、烘干、抛光等工序制成。目前，国内外人造大理石以聚酯型为多。这种树脂的黏度低，易成型，常温固化。其产品光泽性好，颜色鲜亮，可以调节。

（3）复合型人造石材。这种石材的黏结剂中既有无机材料，又有有机高分子材料。先将无机填料用无机胶黏剂胶结成型。养护后，再将坯体浸渍于有机单体中，使其在一定条件下聚合。板材制品的底材要采用无机材料，其性能稳定且价格较低；面层可采用聚酯和大理石粉制作，以获得最佳的装饰效果。无机胶结材料可用快硬水泥、白水泥、铝酸盐水泥以及半水石膏等。有机单体可以采用苯乙烯、甲基丙烯酸甲酯、醋酸乙烯、丙烯腈、二氯乙烯、丁二烯等，这些树脂可单独使用或组合起来使用，也可以与聚合物混合使用。

（4）烧结型人造石材。这种类型的人造石材的生产工艺与陶瓷的生产工艺相似，是将斜长石、石英、辉石、石粉及赤铁矿粉和高岭土等混合，一般用40%的黏土和60%的矿粉制成泥浆后，采用注浆法制成坯料，再用半干压法成型，经1000℃左右的高温焙烧而成。

9.3.4 石膏装饰材料

在装饰工程中，建筑石膏和高强石膏往往先加工成各种制品，然后镶贴、安装在基层或龙骨支架上。石膏装饰材料主要有装饰板、装饰吸声板、装饰线角、花饰、装饰浮雕壁画、建筑艺术造型等。

1. 纸面石膏板

纸面石膏板是以建筑石膏为主要原料，掺入纤维和外加剂构成芯材，并与护面纸牢固地结合在一起的轻质建筑板材。生产纸面石膏板是将拌好的石膏浆体浇注在行进中的下护面纸上，在铺浆成型后在覆以上护面纸，之后经凝结、切断、烘干、修边等工艺制成。纸面石膏板的物理力学性能参见国家规范《纸面石膏板》（GB 9775—2008）的要求。纸面石膏板可分为普通纸面石膏板、耐水纸面石膏板和耐火纸面石膏板。

（1）普通纸面石膏板（代号 P）。普通纸面石膏板是以建筑石膏为主要原料，掺入适量纤维增强材料和外加剂等，在与水搅拌后，浇注于护面纸与背纸之间，并与护面纸牢固地粘在一起的建筑板材。它具有质轻、抗弯和抗冲击性高、防火、保温隔热、抗震性好，并具有较好的隔声性和可调节室内湿度等优点，但是耐水性差，耐火极限也仅为 5～15min。普通纸面石膏板还具有可锯、可钉、可刨等良好的可加工性。板材易于安装，施工速度快，是目前广泛使用的轻质板材之一。

普通纸面石膏板适用于办公楼、影剧院、宾馆、候车室等建筑的室内墙面、顶棚装饰材料，但仅适用于干燥环境中，不宜用于厨房、卫生间以及空气湿度大于 70%的潮湿环境中。

（2）耐水纸面石膏板（代号 S）。普通纸面石膏板都是以建筑石膏为主要原料，掺入适量纤维增强材料和外加剂等，在与水搅拌后，浇注于耐水护面纸面纸与背纸之间，并与耐水护面纸牢固地粘在一起，旨在改善防水性能的建筑板材。耐水石膏板具有较好的耐水性，其他性能与普通纸面石膏板相同，适用于连续相对湿度不超过 95%的使用场所。

（3）耐火纸面石膏板（代号 H）。是以建筑石膏为主要原料，掺入适量纤维增强材料和外加剂等，在与水搅拌后，浇筑于耐水护面纸面纸与背纸之间，并与护面纸牢固地粘在一起，旨在提高防火性能的建筑板材。耐火纸面石膏板的遇火稳定性（即在高温明火下焚烧时不断裂的性质）用遇火稳定时间来表示。

2. 其他石膏板

装饰石膏板以建筑石膏为胶凝材料，加入适量的增强纤维、胶黏剂、改性剂等辅料，与水拌和成料浆，经成型、干燥而成的不带护面纸的装饰板材。装饰石膏板的表面细腻，花纹、图案丰富，立体感强，并且具有质轻、强度较高、保温、吸声、防火、可调节室内湿度的功能，广泛应用于各类建筑物的吊顶、墙面等。

（1）嵌装式装饰石膏板。是带有嵌装企口的装饰石膏板，性质和装饰石膏板类似，只是还可以具备各种色彩、浮雕图案、不同孔洞形式和排列方式，因而装饰性更强。同时，嵌装式装饰石膏板在安装时只需嵌固在龙骨上，不再需要另行固定，整个施工全部为装配化，并且任意部位的板材均可随意拆卸和更换，极大地方便了施工。

（2）吸声用穿孔石膏板。是以装饰石膏板、纸面石膏板为基板，在其上设置孔眼而成的轻质建筑板材。吸声用穿孔石膏板按基板的不同可分为普通板、防潮板、耐水板和耐火板等。板后可以贴有吸声材料（如岩棉、矿棉等）或背覆材料（贴于石膏板背面的透气性材料）。吸声用穿孔石膏板具有较高的吸声性能，平均吸声系数可达 0.11～0.65。吸声用穿孔石膏板主要用于播音室、音乐厅、影剧院、会议室等对音质要求高的或对噪声限制较严的场所，作为吊顶、墙面的吸声装饰材料。

3. 石膏浮雕装饰件

石膏浮雕装饰件主要包括装饰石膏线脚、花饰、造型等艺术石膏制品，它可划分为平板、浮雕板系列，浮雕饰件系列（阴型饰件和阳型饰件），艺术顶棚、灯圈、角花系列，艺术廊柱系列，浮雕壁画、画框系列、艺术花饰系列和人体造型系列等。

装饰石膏线脚多采用高强石膏或加筋建筑石膏制作，断面形状似为一字形或L形的长条状装饰部件，其表面呈现雕花形和弧线形，宽度多为45～300mm，长度多为1800～2300mm，主要在室内装修中使用。石膏壁画是集雕刻艺术和石膏制品于一体的饰品。整幅画面可达到1.8～4m，也可由多块预制件拼合而成。

9.3.5 壁纸和墙布

壁纸和墙布是使用广泛的室内墙面装饰材料。它图案多变、色泽丰富，通过压花、印花不仅适用于墙面，而且也适用于柱面，除有良好的装饰功能外，还有吸声、隔热、防火、防菌、防霉、耐水等功能，维护保养简单，用久后调换更新也容易，因而易于被人们接受。

我国近十几年来，随着人们生活水平的提高，壁纸、墙布的生产和应用正在迅速普及。目前，我国生产的壁纸主要有塑料壁纸、织物壁纸及其他壁纸。墙布有玻璃纤维墙布、无纺贴墙布、化纤装饰墙布、纯棉装饰墙布、锦锻墙布等。

1. 塑料壁纸

塑料壁纸是纸为基层，聚氯乙烯塑料薄膜为面层，经复合印花、压花等工序而制成的壁纸。在国际市场上，塑料壁纸大致可分为三类，即普通壁纸（也称纸基涂塑壁纸）、发泡壁纸、特种壁纸。每一类壁纸都有三四个品种，每一种又有若干花色。

（1）普通壁纸。有单色压花、印花压花、有光印花、平花印花四种。壁纸品种多，适用面广，价格低，一般住宅、公共建筑的内墙装饰均用这类壁纸。

（2）发泡壁纸。在纸基上涂布掺有发泡剂的糊状PVC树脂后，印花再加热发泡而成。有高发泡印花、低发泡印花、发泡印花压花等品种。发泡壁纸表面有凹凸花纹，美观大方，图样逼真，有立体感，并有弹性，适用于室内墙裙、客厅和内走廊装饰。

（3）特种壁纸。有耐水壁纸、防水壁纸、彩色砂粒壁纸等品种。耐水壁纸基材不用纸，而用不怕水的玻璃纤维毡，适用于卫生间、浴室墙面装饰。防火壁纸基材则用具有耐火性能的石棉纸，并在树脂内加阻燃剂，用于防火要求较高的建筑木材面装饰。彩色砂粒壁纸则在基材上散布彩色石英砂，再喷涂黏结剂加工而成，一般用于门厅、柱头、走廊等局部装饰。

2. 墙布

（1）纺织纤维墙布（无纺贴墙布）。是采用天然纤维（如棉、毛、麻、丝）或涤、腈等合成纤维，经无纺成型、上树脂、印制彩色花纹而成的一种新型贴墙布。这种墙布色泽柔和典雅，立体感强，吸声效果好，擦洗不退色，粘贴方便。特别是涤纶棉无纺贴墙布，除具有麻质无纺贴墙布的特点外，还具有质地细洁、光滑的优点，特别适用于高级宾馆、高级住宅的建筑物内墙装饰。

（2）玻璃纤维贴墙布。是在中碱玻璃纤维布上涂以合成树脂，经加热塑化，印上彩色图案而成。所用合成树脂主要为乳液法聚氯乙烯或氯乙烯—乙烯乙酸共聚物。该墙布防潮性好，可以刷洗、色泽鲜艳，不燃、无毒，粘贴方便。目前这种墙布已有几十个花色品种。玻璃纤维墙布适用于招待所、旅店、宾馆、会议室、餐厅、居民住宅的内墙装饰。

(3) 装饰墙布。是以纯棉布经预处理、印花、涂层制作而成。该墙布强度大，无光、无毒、无味，且色泽美观，适用于宾馆、饭店、较高级民用住宅内墙装饰，也适用于基层为砂浆墙面、混凝土墙、白灰浆墙、石膏板、胶合板等的粘贴和浮挂。

9.3.6 装饰混凝土与装饰砂浆

装饰混凝土是指具有一定色彩、线型、质感或饰面与结构结合的混凝土，是经过建筑艺术加工的饰面混凝土。它将装饰和功能结合为一体，也可制成仅有装饰功能的挂墙板。

目前常用装饰混凝土主要有清水装饰混凝土、露骨料混凝土、白色水泥和彩色水泥混凝土、彩色混凝土等多种。

1. 清水装饰混凝土

清水装饰混凝土是利用混凝土组成材料的结构线型或几何外形的处理而获得装饰性的。它具有简单、明快大方、自然的立面装饰效果。这类混凝土构件基本上保持了混凝土原有的外观质地，故称为清水装饰混凝土。其成型方法如下：

(1) 正打成型工艺。多用在大板建筑的墙板预制，它是在混凝土墙板浇筑完毕初凝前后，在混凝土表面进行压印，使之形成各种线条和花饰。根据其表面的加工工艺方法不同，可分为压印和挠刮两种。

压印工艺一般有凸纹和凹纹两种做法。凸纹是用刻有漏花图案的模具，在刚浇筑的壁板表面上印出的。模具一般采用较柔软、具有一定弹性、能反复使用的材料制作，模具的大小可按壁板立面适宜的分块情况而定。

凹纹是用钢筋焊接成设计图形，在新浇混凝土表面压出的。钢筋直径一般以 5～10mm 为宜。也可用硬塑料、玻璃钢等材料制作。

挠刮工艺是在新浇的混凝土壁板上，用硬毛刷等工具挠刮制作的，混凝土表面具有一定毛面质感。正打、压印、挠刮工艺制作简单，施工方便，但壁面形成的凹凸程度小、层次少，质感不丰富。

(2) 反打成型工艺。即在浇筑混凝土的底面模板上做出凹槽，或在底模上加垫具有一定花纹、图案的衬模，拆模后使混凝土表面具有线型或立体感。衬模材料有硬质、软质两种。硬质的有钢材、玻璃钢或硬塑料，软质的有橡胶、软塑料等。

(3) 立模工艺。正打反打均为预制条件下的成型工艺。立模工艺即在现浇混凝土墙面时做饰面处理，利用墙板升模工艺，在外模内侧安置衬模，脱模时使模板先平移，离开新浇筑混凝土墙面再提升，这样随着模板提升形成具有直条形纹理的装饰混凝土，立面效果别具一格。

2. 露骨料混凝土

露骨料混凝土是在混凝土硬化前或硬化后，通过一定工艺手段使混凝土骨料适当外露，以骨料的天然色泽和不规则的分布，达到一定的装饰效果。

露骨料混凝土的制作方法有水洗法、缓凝剂法、水磨法、喷砂法、抛丸法、火焰喷射法和劈裂法等。

(1) 水洗法就是在水泥硬化前冲刷水泥浆以暴露骨料的一种方法，该法适用于预制墙板正打工艺。

(2) 缓凝剂法是指在混凝土浇筑前将缓凝剂涂于模板上，使浇筑的混凝土表面水泥不硬化，待脱模后再冲洗，以达到露出骨料的装饰效果的一种施工方法。

(3) 水磨法也即制作水磨石的方法，所不同的是水磨露骨料工艺一般不抹水泥石碴浆，而是将抹平的混凝土表面磨至露出骨料。

(4) 抛丸法是指利用抛丸机抛出的铁丸将混凝土制品表面的水泥浆剥离，以露出骨料的一种方法。此方法能同时将骨料表皮打毛，故其装饰效果如花锤剁斧，自然逼真。

3. 白色水泥和彩色水泥混凝土

以白色水泥或彩色水泥为胶凝材料制作的混凝土即为白色水泥混凝土或彩色水泥混凝土，它是一种整体着色的装饰混凝土。

从建筑物的装饰功能出发，白水泥混凝土和彩色水泥混凝土所用的骨料与普通水泥混凝土有所不同。彩色水泥混凝土用的骨料，除了一般骨料外，还需使用价格较高的彩色骨料。

4. 彩色混凝土

目前我国白水泥和彩色水泥产量少，价格较高。实际上，整体着色的白水泥和彩色水泥混凝土应用较少，而更多的是在普通混凝土中掺入适量的着色剂，制作彩色混凝土。常用着色方式有化学着色剂、无机氧化物颜料、干撒着色硬化剂等多种。

水泥浆中掺入的着色剂的种类和数量决定了混凝土的最终颜色，但由于水泥水化产物在一定程度上影响混凝土颜色，所以实际上混凝土的最终颜色只能大致估计，而不能十分肯定。

在普通混凝土基材表面加工做饰面层，制成的面层彩色混凝土面砖已有广泛应用。不同的颜色的水泥混凝土花砖，按设计图案铺设，外形美观，色彩鲜艳，成本低，施工方便，用于园林、花园、庭院和人行道可获得良好的装饰效果。

5. 装饰砂浆

涂抹在建筑物的内外墙表面，具有美观装饰效果的抹面砂浆称为装饰砂浆。装饰砂浆的底层和中层抹灰与普通混凝土抹面砂浆基本相同。主要的是装饰面层，要选用具有一定颜色的胶凝材料和骨料及采用一定的特殊工艺，使表面呈现出不同的色彩、线条与花纹等装饰效果。

(1) 装饰砂浆的种类。装饰砂浆按其制作方法的不同可分为以下两类：

第一类是通过水泥砂浆的着色或水泥砂浆表面形态的艺术加工，获得一定的色彩、线条、纹理质感而达到装饰的目的。这类装饰砂浆称为灰浆类饰面。这种方法的主要特点是材料来源广泛，施工操作方便，造价较低，且可通过不同的工艺方法，形成不同的装饰效果，如搓毛、拉毛、喷毛、仿毛石等饰面。

第二类是在水泥中掺入各种彩色石碴，制得水泥石碴浆抹于墙体基层表面，然后用水洗、斧剁、水磨等手段除去表面水泥浆皮，露出石碴的颜色、质感。这种方法制作的饰面称为石碴类饰面。这类饰面的特点是色彩明亮，质感丰富，且不易退色，但工效较低，造价较高。

(2) 装饰砂浆的组成材料。

1) 胶凝材料。装饰砂浆所用的胶凝材料有普通水泥、矿渣水泥、火山灰水泥、白水泥、彩色水泥，或是在水泥中掺加耐碱矿物颜料配制两成的彩色水泥以及石灰、石膏等。

2) 骨料。装饰砂浆所用的骨料除普通砂外，还常用下列材料：

a. 石英砂。有天然砂和人工砂两种。人工石英砂是将石英岩或较纯净砂岩加以焙烧，经人工或机械破碎筛分而成。

b. 彩釉砂。由各种不同粒径的石英砂或白云石粒加颜料焙烧后，再经化学处理而制得。其特点是在−20～80℃温度范围内不变色，且具有防酸、耐碱性能。

c. 着色砂。是在石英砂或白云石细粒表面进行人工着色而制得。着色大多采用矿物颜料。人工着色的砂粒色彩鲜艳，耐久性好。

d. 石碴。也称石粒、石米等，是由天然大理石、白云石、方解石、花岗岩破碎而成，具有多种色彩，是石砂类装饰砂浆的主要原料。

e. 石屑：是比石粒更小的细骨料，主要用于配制外墙喷涂饰面用聚合物砂浆。常用的有松香石屑、白云石屑等。

其他具有色彩的陶瓷、玻璃碎粒也可用于檐口、腰线、外墙面、门头线、窗套等的砂浆饰面。

3) 颜料。在普通砂浆中掺入颜料可制成彩色砂浆，用于室外抹灰工程中，如假大理石、假面砖、喷涂、辊涂和彩色砂浆抹面。由于这些装饰面长期处于室外，易受周围环境介质的侵蚀和污染，因此选择合适的颜料是保证饰面质量、防止退色和变色、延长使用年限的关键。

所选颜料的品种要考虑其价格、砂浆种类、建筑物所处环境和设计要求等因素。建筑物处于受酸侵蚀的环境中时，要选用耐酸性好的颜料；受日光暴晒的部位，要选用耐光性好的颜料；碱度高的砂浆，要选用耐碱性好的颜料；设计要求颜色鲜艳，可选用色彩鲜艳的有机颜料。

9.4 建 筑 涂 料

9.4.1 建筑涂料的功能与品种

涂料是指涂敷于物体表面，并能与物体表面材料很好黏结形成连续性薄膜，从而对物体起到装饰、保护或使物体具有某些特殊功能的材料。涂料在物体表面干结形成的薄膜称之为涂膜，又称涂层。建筑涂料主要指用于建筑物表面的涂料，其主要功能是保护建筑物、美化环境及提供特种功能。近年来，建筑涂料工业发展十分迅速，新品种不断增加，色彩绚丽丰富，是装饰材料的最主要品种。

建筑涂料的品种很多，根据《涂料产品分类、命名和型号》(GB/T 2705—2003)，建筑涂料分类见表 9.1。

表 9.1　　建筑涂料分类

主要产品类型			主要成膜物类型
建筑涂料	墙面涂料	合成树脂乳液内墙涂料； 合成树脂乳液外墙涂料； 溶剂型外墙徐料； 其他墙面涂料	丙烯酸醋类及其改性共聚乳液； 醋酸乙烯及其改性共聚乳液； 聚氨酯、氟碳等树脂； 无机黏合剂等
	防水涂料	溶剂型树脂防水涂料； 聚合物乳液防水涂料； 其他防水涂料	EVA、丙烯酸脂类乳液； 聚氨酯、沥青、PVC胶泥或油青、聚丁二烯等树脂
	地坪涂料	水泥基等非木质地面用涂料	聚氨酯、环氧等树脂
	功能性建筑涂料	防火涂料； 防霉（藻）涂料； 保温隔热涂料； 其他功能性建筑涂料	聚氨酯、环氧、丙烯酸醋类、乙烯类、氟碳等树脂

注　主要成膜物类型中树脂类型包括水性溶刻型、无溶剂型等。

9.4.2　建筑涂料的组成

各种涂料组分虽不相同，但基本上由主要成膜物质、次要成膜物质和辅助成膜物质组成。

1. 主要成膜物质

主要成膜物质又称为基料、黏结剂或固着剂，在涂料中主要起到成膜及黏结填料和颜料的作用，使涂料在干燥或固化后能形成连续的涂层。主要分无机质和有机质两大类。

无机质涂料中的主要成膜物质包括水泥浆、硅溶胶系、磷酸盐系、硅酸酮系、无机聚合物系和碱金属硅酸盐系等，其中硅溶胶和水溶性硅酸钾、硅酸钠、硅酸钾钠系涂料的应用发展较快。

有机质涂料中的主要成膜物质为各种合成树脂。树脂是一种无定型状态存在的有机物，通常指高分子聚合物。过去，涂料使用天然树脂为成膜物质，现代则广泛应用合成树脂，如醋酸乙烯树脂系、醇酸树脂、丙烯酸树脂、丁基树脂、氯化橡胶树脂、环氧树脂等。

2. 次要成膜物质

次要成膜物质主要是指涂料中所用的颜料。它也是构成涂料的主要成分，但它不能离开主要成膜物质单独构成涂膜。在涂料中加入颜料，不仅能使涂膜具有各种颜色，增多涂料的品种，而且能增加涂膜强度，提高涂膜的耐久性和抵抗大气的老化作用。

颜料的品种很多。按其主要作用分为：

（1）着色颜料。主要作用是着色和遮盖物面。按它们在涂料中显示的色彩有红、黄、蓝、黑、白、金属光泽等。

(2) 体质颜料。又称填充颜料，主要作用是增加涂膜的厚度和体质，提高涂膜的耐磨性。主要品种有滑石粉、硫酸钡、碳酸钙和碳酸钡。

(3) 防锈颜料。主要作用是防止金属生锈。品种有红丹、锌铬黄、氧化铁红、铝粉等。

3. 辅助成膜物质

辅助成膜物质主要包括有机溶剂和水。有机溶剂主要起到溶解或分散主要成膜物质，改善涂料的施工性能，增加涂料的渗透能力，改善涂料和基层的黏结，保证涂料的施工质量等，施工结束后，溶剂逐渐挥发或蒸发，最终形成连续和均匀的涂膜。常用的有机溶剂有二甲苯、乙醇、正丁醇、丙酮、乙酸乙酯和溶剂油等。水也可作为溶剂，用于水溶性涂料和乳液型涂料。

辅助成膜物质虽然不是构成涂膜的材料，但它与涂膜质量和涂料的成本有很大的关系，选用溶剂一般要考虑其溶解能力、挥发率、易燃性和毒性等问题。

4. 助剂

为了提高涂料的综合性质，并赋予涂膜以某些特殊功能，在配制涂料时常常加入各种助剂。其中提高固化前涂料性质的有分散剂、乳化剂、消泡剂、增稠剂、防流挂剂、防沉降剂和防冻剂等。提高固化后涂膜性能的助剂有增塑剂、稳定剂、抗氧剂、紫外光吸收剂等。此外，尚有催化剂、固化剂、催干剂、中和剂、防霉剂、难燃剂等。

9.4.3 建筑涂料技术性质

建筑涂料的技术性质主要包括施工前涂料的性状及施工后涂膜的性能两个方面。施工前涂料的性状对涂膜的性能有很大的影响，施工条件及施工工艺操作对涂膜的质量影响也较大。

1. 施工前涂料的性能

施工前涂料的性能主要包括涂料在容器中的状态、施工操作性能、干燥时间、最低成膜温度和含固量等。容器中的状态主要指储存稳定性及均匀性。储存稳定性是指涂料在运输和存放过程中不产生分层离析、沉淀、结块、发霉、变色及改性等。均匀性，指每桶溶液内上、中、下三层的颜色、稠度及性能均匀性，以及桶与桶、批与批和不同存放时间因素的均匀性。这些性能的测试主要采用肉眼观察。包括低温（−5℃）、高温（50℃）和常温（23℃）储存稳定性。

施工操作性能主要包括涂料的开封、搅匀、提取方便与否、是否有流挂、油缩、拉丝、涂刷困难等现象，还包括便于重涂和补涂的性能。由于施工操作或其他原因，建筑物的某些部位（如阴阳角等）往往需要重涂或补涂，因此要求硬化涂膜与涂料具有很好的相溶性，形成良好的整体。这些性能主要与涂料的黏度有关。

干燥时间分为表干时间与实干时间。表干是指以手指轻触标准试样涂膜，如感到有些发黏，但无涂料粘在手指上，即认为表面干燥，时间一般不得超过 2h。实干时间一般要求不超过 24h。

涂料的最低成膜温度规定了涂料的施工作业最低温度，水性及乳液型涂料的最低成膜温度一般大于 0℃，否则水有可能结冰而难以挥发干燥。溶剂型涂料的最低成膜温度主要与溶剂的沸点及固化反应特性有关。

含固量指涂料在一定温度下加热挥发后余留部分的含量。它的大小对涂膜的厚度有直接影响，同时影响涂膜的致密性和其他性能。

此外，涂料的细度对涂膜的表面光洁度及耐污染性等有较大影响。有时还测定建筑涂料的 pH 值、保水性、吸水率以及易稀释性和施工安全性等。

2. 施工后涂膜的性能

(1) 遮盖力。反映涂料对基层颜色的遮盖能力。即把涂料均匀地涂刷在物体表面上，使其底色不再呈现的最小用料量。影响遮盖力的主要因素在于组成涂膜的各种材料对光线的吸收、折射和反射作用以及涂料的细度及涂膜的致密性。

(2) 涂膜外观质量。涂膜与标准样板相比较，观察其是否符合色差范围，表面是否平整光洁，有无结皮、皱纹、气泡及裂痕等现象。

(3) 附着力与黏结强度。附着力即为涂膜与基层材料的黏附能力，能与基层共同变形不至脱落。

影响附着力和黏结强度的主要因素有涂料及基层的渗透能力，涂料本身的分子结构以及基层的表面性状。涂料对基层的渗透主要与涂料的分子量、浸润性等有关，它直接影响机械啮合力的大小。涂料的分子结构将直接影响涂膜与基层的范德华力和化学键力。反应固化型涂料的这种性能通常比较好。基层的表面性状主要指清洁与否及表面粗糙度，它们均将影响黏结强度。此外，施工时的环境条件会影响成膜固化速度及涂膜质量并影响到黏结强度。一般来说，气温过低、过高，相对湿度过大、过小都是不利的。

(4) 耐磨损性。建筑涂料在使用过程中要受到风沙雨雪的磨损，尤其是地面涂料，摩擦作用更加强烈。一般采用漆膜耐磨仪在一定荷载下磨转一定次数后，以质量损失克数表示耐磨损性。

(5) 耐老化性。建筑涂料的耐老化性能直接影响到涂料的使用年限，即耐久性。老化因素主要来自涂料品种及质量、施工质量以及外界条件。如阳光照射紫外线、最低最高气温、风沙尘埃、有害液体或气体、霉菌虫害及各种水分（雨水、结露水、水蒸气、冰霜等）等外界因素对涂膜的使用耐久性有严重影响。涂膜老化的主要表现有光泽降低、粉化析白、污染、变色、退色、龟裂、起粉、磨损露底等。

9.4.4 常用建筑涂料

1. 常用外墙涂料

(1) 过氯乙烯外墙涂料。这种涂料的主要特性为干燥速度快，常温下 2h 全干；耐大气稳定性好；并具有良好的化学稳定性，在常温下能耐 25%的硫酸和硝酸、40%的烧碱以及酒精、润滑油等物质。但这种涂料的附着力较差；热分解温度低（一般应在 60℃以下使用）以及溶剂释放性差；此外，含固量较低，很难形成厚质涂层，且苯类溶剂的挥发污染环境、伤害人体。

(2) 氯化橡胶外墙涂料。又称橡胶水泥漆。它是以氯化橡胶为主要成膜物质，再辅以增塑剂、颜料、填料和溶剂经一定工艺制成。为了改善综合性能有时也加入少量其他树脂。这种涂料具有优良的耐碱、耐候性，且易于重涂维修。

(3) 聚氨酯系列外墙涂料。是以聚氨酯树脂或聚氨酯与其他树脂复合物为主要成膜物质的优质外墙涂料。一般为双组分或多组分涂料。固化后的涂膜具有近似橡胶的弹性，能与基层共同变形，有效地阻止开裂。这种涂料还具有许多优良性能，如耐酸碱性、耐水性、耐老化性、耐高温性等均十分优良，涂膜光泽度极好，呈瓷质感。

其他常用溶剂型外墙涂料还有苯乙烯焦油外墙涂料、聚乙烯醇缩丁醛外墙涂料、丙稀酸酯外墙涂料等。

(4) 苯—丙乳胶漆。由苯乙烯和丙烯酸酯类单体通过乳液聚合反应制得苯—丙共聚乳液。是目前质量较好的乳液型外墙涂料之一。

这种乳胶漆具有丙烯酸酯类的高耐光性、耐候性和不泛黄性等特点。而且耐水、耐酸碱、耐湿擦洗性能优良，外观细腻、色彩艳丽、质感好，与水泥混凝土等大多数建筑材料有良好的黏附力。

(5) 氯—偏共聚乳液厚涂料。是以氯乙烯—偏氯乙烯共聚乳液为主要成膜物质，添加其他高分子溶液（如聚乙烯醇水溶液）等混合物为基料制成。这类涂料产量大，价格低，使用十分广泛，常用于六层以下住宅建筑外墙装饰。耐光、耐候性较好，但耐水性较差，耐久性也较差，一般只有 2～3 年的装饰效果，容易玷污和脱落。

(6) 彩色砂壁状外墙涂料。简称彩砂涂料，是以合成树脂乳液（一般为苯一丙乳液或丙烯酸乳液）为主体制成。着色骨料一般采用高温烧结彩色砂料、彩色陶料或天然带色石屑。彩砂涂料可用不同的施工工艺做成仿大理石、仿花岗石质感和色彩的涂料，因此又成为仿石涂料、石艺漆、真石漆。涂层具有丰富的色彩和质感，保色性、耐水性、耐候性好，涂膜坚实，骨料不易脱落，使用寿命可达 10 年以上。

(7) 水乳型合成树脂乳液外墙涂料。是由合成树脂配以适量乳化剂、增调剂和水通过高速搅拌分散而成的稳定乳液为主要成膜物质配制而成。

其他乳液型外墙涂料品种还很多，如乙—顺乳胶漆、乙—丙乳胶漆、丙烯酸酯乳胶漆、乙—丙乳液厚涂料等。所有乳液型外墙涂料由于以水为分散介质，故无毒，不易发生火灾，环境污染少，对人体毒性小，施工方便，易于刷涂、滚涂、喷涂，并可以在潮湿的基面上施工，涂膜的透气性好。目前存在的主要问题是低温成膜性差，通常必须在 10℃ 以上施工才能保证质量，因而冬季施工一般不宜采用。

(8) 复层建筑涂料。是由两种以上涂层组成的复合涂料。复层建筑涂料一般由基层封闭涂料（底层涂料）、主层涂料、面层涂料所组成。复层建筑涂料按主涂层涂料主要成膜物质的不同，分为聚合物水泥系、硅酸盐系、合成树脂乳液系和反应固化型合成树脂乳液系四大类。

(9) 硅溶胶无机外墙涂料。是以胶体二氧化硅为主要成膜物质，加入多种助剂经搅拌、研磨调制而成的水溶性建筑涂料。涂膜的遮盖力强、细腻、颜色均匀明快、装饰效果好，而且涂膜致密性好，坚硬耐磨，可用水砂纸打磨抛光，不易吸附灰尘，对基层渗透力强，耐高温性及其他性能均十分优良。硅溶胶还可与某些有机高分子聚合物混溶硬化成膜，构成兼有无机和有机涂料的优点。

2. 内墙和顶棚涂料

(1) 乳胶漆。是由合成树脂乳液为主要成膜物质以水作为分散剂，随水分蒸发干燥成膜，涂膜的透气性好，无结露现象，且具有良好的耐水、耐碱和耐候性。常用的品种有醋酸乙烯乳胶漆和醋酸乙烯—丙烯酯有光内墙乳胶漆。后者价格较高。性能优于醋酸乙烯乳胶漆。

(2) 聚乙烯醇类水溶性内涂料。是以聚乙烯醇树脂及其衍生物为主要成膜物质，涂料资源丰富，生产工艺简单，具有一定装饰效果，且价格便宜，但涂层的耐水性、耐水洗刷性和耐久性差。是目前生产和应用较多的内墙顶棚涂料。

(3) 多彩内墙涂料。简称多彩涂料，是目前国内外流行的高档内墙涂料，它经一次喷涂即可获得多种色彩的立体涂膜的涂料。目前生产的主要是水包油型（水为分散介质，合成树脂为分散相）。分散相为各种基料、颜料和助剂等的混合物，分散介质为含有乳化剂、稳定剂等的水。不同基料间、基料和水间互相掺混而不互溶，即水中分散着肉眼可见的不同颜色的基料微粒。为获得理想的涂膜性能，常采用三种以上的树脂混合使用。

多彩涂料的色彩丰富，图案变化多样，立体感强，具有良好的耐水性、耐油性、耐碱性、耐洗刷性。多彩涂料宜在5～30℃下储存，且不宜超过半年。多彩涂料不宜在雨天或湿度高的环境中施工，否则易使涂膜泛白，且附着力也会降低。

3. 地面涂料

(1) 溶剂型地面涂料。是以合成树脂为基料，添加多种辅助材料制成。主要品种有过氯乙烯水泥地面涂料，苯乙烯水泥地面涂料，石油树脂地面涂料及聚酯地面涂料等。性能及生产工艺与溶剂型外墙涂料相似。所不同的是在选择填料及其他辅助材料时比较注重耐磨性和耐冲击性等。

(2) 合成树脂厚质地面涂料。实际上也属溶剂型涂料，由于它能形成厚质涂膜，且多为双组分反应固化型，故单独为一类。

1) 环氧树脂地面厚质涂料。以环氧树脂E44（6101）E42（634）为主要成膜物质的双组分常温固化型涂料。甲组分为环氧树脂主剂，乙组分为固化剂和助剂。为了改善涂膜的柔韧性，常掺入增塑剂。这种涂料固化后，涂膜坚硬，耐磨，且具有一定的冲击韧性。耐化学腐蚀、耐油、耐水性能好，与基层黏结力强，耐久性好，但施工操作较复杂。

2) 聚氨酯地面厚质涂料。聚氨酯地面涂料包括聚氨基甲酸酯薄质地面涂料和厚质弹性地面涂料两类。前者主要用于木地板或其他地面的罩面上光。后者主要适用于水泥地面涂刷，以聚氨酯预聚体（甲组分）为主要成膜物质，以固化剂、颜料、助剂及填料混合为乙组分，经化学反应固化交联成弹性彩色地面涂层。由于涂层具有弹性，故步感舒适，黏结性好，其他各项性能均十分优良。但目前价格较高，适用于高级住宅地面装饰。

4. 特种涂料

特种涂料是各种功能性涂料的总称。许多建筑物涂刷涂料除了一般的装饰要求外，往往还具有某些特殊功能，如防水功能、防火功能、防霉功能等。

(1) 防火涂料。主要涂刷在某些易燃材料的表面，以提高易燃材料的耐火能力，或减缓火焰蔓延传播速度，为人们灭火提供时间。

防火涂料阻燃的基本原理为：

1) 隔离火源与可燃物接触。如某些防火涂料的涂层在高温或火焰作用下能形成熔融的无机覆盖膜（如聚磷酸铵、硼酸等），把底材覆盖住，有效地隔绝底材与空气的接触。

2）降低环境及可燃物表面温度。某些涂料形成的涂层具有高热反射性能，及时辐射外部传来的热量。有些涂料的涂层在高温或火焰作用下能发生相变，吸收大量的热，从而达到降低温度的目的。

3）降低周围空气中氧气的浓度。某些涂料的涂层受热分解出 CO_2、NH_3、HCl、HBr 及水汽等不燃气体，达到延缓燃烧速度或窒息燃烧。

按照防火涂料的组成材料不同可分为非膨胀型和膨胀型防火涂料两类，前者采用含卤素、磷、氮等难燃性物质的高分子合成树脂为主要成膜物质。如卤化醇酸树脂、卤化聚酯、卤化酚醛、卤化环氧、氯化橡胶乳液、卤化聚丙烯酸酯乳液等。也可采用水玻璃、硅溶胶、磷酸盐等无机材料作为成膜物质。膨胀型防火涂料由难燃树脂、难燃剂、成碳剂、发泡剂（三聚氰胺）等组成。这类涂料的涂层在火焰或高温作用下会发生膨胀，形成比原来涂层厚几十倍的泡沫炭质层，有效地阻挡外部热源对底材的作用，从而阻止燃烧的发生。阻燃效果比非膨胀型防火涂料好。

（2）防水涂料。品种很多，在建筑工程中地位重要。详见本书第 7 章“防水材料”。装饰性的防水涂料主要有聚氨酯、丙烯酸防水涂料和有机硅憎水剂三种。聚氨酯防水涂料的弹性高、延伸率大，耐高低温性、耐腐蚀和耐油性好，能适应任何复杂形状的基层，使用寿命可达 15 年。丙烯酸防水涂料具有耐高低温性好、不透水性高、无毒等优点，但是延伸率较小，使用寿命 10 年以上。有机硅憎水剂在固化后形成一层肉眼觉察不到的透明薄膜，该薄膜具有优良的憎水性、透气性，可起到防水、抗风化、抗玷污的作用，使用寿命 3～7 年。

（3）防霉涂料。霉菌在一定的自然条件下大量存在，如黑曲霉、黄曲霉、变色曲霉、木霉、球毛壳霉、毛霉等，它们能在温度为 23～38℃，相对湿度 $RH=85\%\sim100\%$ 的适宜条件下大量繁殖，从而腐蚀建筑物的表面，即使普通的装饰涂料也会受霉菌不同程度的侵蚀。防霉涂料是在某些普通涂料中掺加适量相容性防霉剂制成。因而防霉涂料的类型与品种同普通涂料。常用的防霉剂有五氯酚钠、醋酸苯汞、多菌灵、百菌灵、防霉剂等。其中，前两种防霉剂毒性较大，使用时要多加注意。对防霉剂的基本要求是成膜后能保持抑制霉菌生长的效能，不改变涂料的装饰和使用效果。

（4）防腐蚀涂料。对建筑物的腐蚀主要来自两方面：一是空气、水汽、阳光、海水等自然因素；二是酸、碱、盐及各类有机腐蚀质等污染源引起的腐蚀。建筑物常用防腐涂料主要有环氧树脂系、聚氨酯系、橡胶树脂系和呋喃树脂系防腐涂料四大类。

其他特种涂料还有防雾涂料、防辐射涂料、防震涂料、杀虫涂料（灭蚊、防白蚁）、耐油涂料、隔热涂料（屋面热反射涂料、保温涂料）、隔声涂料（吸声或隔声）、香型涂料等。所有上述特种涂料，基本上是在普通涂料的生产工艺中掺入相应的特种外掺料制得，因而兼有普通涂料的性能。

9.5 建 筑 陶 瓷

我国建筑陶瓷源远流长，自古以来就作为建筑物的优良装饰材料之一。传统的陶瓷产品如日用陶瓷、建筑陶瓷、卫生陶瓷都是以黏土及其他天然矿物原料经配料、制坯、干燥、焙烧制成的产品。

陶瓷制品可分为陶质、瓷质和炻质三大类。陶的原料含杂质较多，烧结程度低，孔隙率较大，吸水率大（10%～22%），断面粗糙无光，不透明，敲击时声音粗哑。瓷是由较纯的瓷土烧成的，坯体致密，烧结程度高，基本不吸水（吸水率小于1%），断面有一定的半透明性，敲击时声音清脆。炻是介于陶和瓷之间的制品，其孔隙率比陶小（吸水率小于10%），但烧结程度和密实度不及瓷，坯体大多带有灰、黄或红等颜色，断面无半透明性，但其热稳定性好，成本较瓷低

陶、瓷通常又各分为精（细）、粗两类。建筑装饰陶瓷一般属于精陶、炻和粗瓷类的制品。建筑装饰陶瓷通常是指用于建筑物内外墙面、地面及卫生洁具的陶瓷材料和制品，另外还有在园林或仿古建筑中使用的琉璃制品。建筑装饰陶瓷具有强度高、耐久性好、耐腐蚀、耐磨、防水、防火、易清洗以及花色品种多、装饰性好等优点，因此在建筑装饰工程中得到了广泛的应用

9.5.1 陶瓷砖

陶瓷砖是指由黏土和其他无机非金属原材料制成的用于覆盖墙面和地面的薄板制品。陶瓷砖在室温下通过挤压、干压或其他方法成型，干燥后，在满足性能要求的温度下烧制而成。

挤压砖是将可塑性坯料经过挤压机挤出后，再将所成型的泥条按砖的预定尺寸进行切割。干压砖是将混合好的粉料置于模具中于一定压力下压制成型。其他方法成型的砖是用挤压或干压以外方法成型的陶瓷砖。

根据国家标准《陶瓷砖》（GB 4100—2006）的规定，按照砖的吸水率 E 可将陶瓷砖分为三类：低吸水率砖（$E \leqslant 3\%$）、中吸水率砖（$3\% < E \leqslant 6\%$）、高吸水率砖（$E > 6\%$）。

瓷质砖为吸水率不超过0.5%的陶瓷砖；炻瓷砖为吸水率大于0.5%，不超过3%的陶瓷砖；细炻砖为吸水率大于3%，不超过6%的陶瓷砖；炻质砖为吸水率大于6%，不超过10%的陶瓷砖；陶质砖为吸水率大于10%的陶瓷砖。陶瓷砖按成型方法和吸水率分类见表9.2。

表9.2　陶瓷砖按成型方法和吸水率分类

成型方法	Ⅰ类 ($E \leqslant 3\%$)	Ⅱa类 ($3\% < E \leqslant 6\%$)	Ⅱb类 ($6\% < E \leqslant 10\%$)	Ⅲ类 ($E > 10\%$)
A（挤压）	AⅠ类	AⅡa1类	AⅡb1类	AⅢ类
		AⅡa2类	AⅡb2类	
B（干压）	BⅠa类（$E \leqslant 0.5\%$）	BⅡa类	BⅡb类	BⅢ类
	BⅠb类（$0.5\% < E \leqslant 3\%$）			
C（其他）	CⅠ类	CⅡa类	CⅡb类	CⅢ类

各类陶瓷砖的尺寸、表面质量、物理性能和化学性能的技术要求应符合国家标准GB 4100—2006附录A～附录L的相应规定。对于不同用途的陶瓷砖规定了不同的性能要求，

如（$E\leqslant 3\%$，AⅠ）类陶瓷砖的尺寸、表面质量、物理性能和化学性能的技术要求应符合表 9.3 的规定。

表 9.3　（$E\leqslant 3\%$，AⅠ类）陶瓷砖技术要求

技术要求			
尺寸和表面质量		精细	普通
长度和宽度	每块砖（2 条或 4 条边）的平均尺寸相对于工作尺寸（W）的允许偏差（%）	±2.0%，最大±2 mm	±2.0%，最大±4 mm
长度和宽度	每块砖（2 条或 4 条边）的平均尺寸相对于 10 块砖（20 条或 40 条边）平均尺寸的允许偏差（%）	±1.5	±1.5
长度和宽度	制造商选择工作尺寸应满足以下要求： （1）模数砖名义尺寸连接宽度允许在 3～11mm 之间。 （2）非模数砖工作尺寸与名义尺寸之间的偏差不大于±3mm		
厚度	（1）厚度由制造商确定。 （2）厚度的平均值相对于工作尺寸，每块砖厚度的允许偏差(%)	±10	±10
边直度（正面）	相对于工作尺寸的最大允许偏差（%）	±0.5	±0.6
直角度	相对于工作尺寸的最大允许偏差（%）	±1.0	±1.0
表面平整度最大允许偏差（%）	(a) 相对于由工作尺寸计算的对角线的中心弯曲度	±0.5	±1.5
表面平整度最大允许偏差（%）	(b) 相对于工作尺寸的边弯曲度	±0.5	±1.5
表面平整度最大允许偏差（%）	(c) 相对于由工作尺寸计算的对角线的翘曲度	±0.8	±1.5
表面质量		至少 95%的砖主要区域无明显缺陷	
物理性能		精细	普通
吸水率（%）		平均值≤3 单值≤3.3	平均值≤3 单值≤3.3
破坏强度（N）		≥900	≥900
断裂棋数（N/mm^2）（MPa） 不适用于破坏强度≥3000N 的砖		平均值≥23 单值≥18	平均值≥23 单值≥18
耐磨性	无釉地砖耐磨损体积（mm^3）	≤275	≤275
耐磨性	有釉地砖表面耐磨性	报告陶瓷砖耐磨性级别和转数	
线性热膨胀系数	从环境温度到 100℃	见 GB 4100—2006 附录 Q	
抗热震性		见 GB 4100—2006 附录 Q	
有釉砖抗釉裂性		经试验应无釉裂	
抗冻性		见 GB 4100—2006 附录 Q	
地砖摩擦系数		制造商应报告陶瓷地砖的摩擦系数和试验方法	
湿膨胀（mm/m）		见 GB 4100—2006 附录 Q	
小色差		见 GB 4100—2006 附录 Q	
抗冲击性		见 GB 4100—2006 附录 Q	

续表

技 术 要 求			
化学性能		精细	普通
耐污染性	有釉砖	最低3级	
	无釉砖	见GB 4100—2006附录Q	
抗化学腐蚀性	耐低浓度酸和碱：①有釉砖；②无釉砖	制造商就报告耐化学腐蚀性等级	
	耐高浓度酸和碱	见GB 4100—2006附录Q	
	耐家庭化学试剂和游泳池盐类：①有釉砖；②无釉砖	不低于GB级	
铅和镉的溶出量		见GB 4100—2006附录Q	

对于不同用途的陶瓷砖规定了不同的性能要求。

陶瓷砖按用途分为外墙砖、内墙砖、地砖等。目前，家庭装修常用的是釉面砖（内墙砖）和瓷质砖（地砖）

9.5.2 常用陶瓷砖

常用建筑饰陶瓷砖有釉面内墙砖、墙地砖和陶瓷马赛克三大类。

1. *釉面内墙砖*

釉面内墙砖简称内墙砖或瓷砖。以烧结后成白色的耐火黏土、叶蜡石或高岭土等为原材料制成坯体，面层为釉料，经高温烧结而成。釉面砖是厨房、卫生间和公共卫生设施不可替代的装饰和护面材料。

（1）釉面砖的外观质量。釉面砖按釉面颜色分为单色（包括白色）、花色和图案色三种。按正面形状分为正方形、长方形和异形配件砖三类。为增强与基层的黏结力，釉面砖的背面均有凹槽纹，背纹深度一般不小于0.2mm。釉面砖的尺寸规格很多，有300mm×200mm×5mm、150mm×150mm×5mm、100mm×100mm×5mm、300mm×150mm×5mm等。异形配件砖的外形及规格尺寸更多，可根据需要选配。

（2）釉面砖的主要技术性能。釉面砖的主要技术性能应符合GB/T 4100—2006的有关规定，主要包括尺寸偏差、外观质量、物理化学性能几方面。

（3）釉面砖的应用。釉面砖色彩图案丰富，防污能力强、热稳定性好，防火、防潮、耐酸碱，表面光滑，易清洗，故常用于厨房、浴室、卫生间、实验室、医院等室内墙面、台面等的装饰。

釉面砖一般不宜用于室外，因为坯体吸水率较大、而面层釉料吸水率较小，当坯体吸水后产生的膨胀应力大于釉面抗拉强度时，会导致釉面层的开裂或剥落，严重影响装饰效果。

釉面砖在粘贴前通常要求浸水2h以上，取出晾干至表面干燥，才可进行粘贴。否则，因干坯吸走水泥浆中的大量水分，影响水泥浆的凝结硬化，降低黏结强度、造成空鼓、脱落等现象。另一方面，通常在水泥浆中掺入一定量的建筑胶水，以改善水泥浆的和易性、延缓水泥的凝结时间、提高铺贴质量、提高与基层的黏结强度。

2. 墙地砖

墙地砖包括建筑外墙装饰贴面砖和室内外地面装饰砖。由于这类材料通常可墙、地两用，故称为墙地砖。

墙地砖以优质陶土为原料，经半干压成型后在1100℃左右焙烧而成。墙地砖按表面是否施釉分为彩色釉面陶瓷地砖和无釉陶瓷同质墙地砖两类。

墙地砖表面形状有正方形和长方形两种，单边长100～400mm，厚度一般为8～12mm。表面质感可以通过配料和制作工艺制成多种多样。如平面、麻面、毛面、磨面、抛光面、纹点面、仿花岗石面、压花浮雕面、无光釉面、金属光泽面、防滑面和耐磨面等。且均可通过着色颜料制成各种色彩。

墙地砖主要技术性能应符合GB/T 4100—2006的有关规定，主要包括尺寸偏差、外观质量、物理化学性能等几方面。

新型墙地砖主要有劈离砖、彩胎砖、麻面砖、金属光泽釉面砖、玻化砖、陶瓷艺术砖、大型陶瓷装饰面板等。

(1) 劈离砖。是我国引进技术研制生产的一种新型陶瓷装饰制品，是将按一定配比的原料，经粉碎、炼泥、真空挤压成型、干燥、烧结而成。成型时两块砖背对背同时挤出，烧成后才“劈离”成单块，故而得名劈离砖。劈离砖色彩多样，自然柔和，表面形式有细质的或粗质的，有上釉的，也有无釉的。劈离砖坯体密实，强度高，其抗折强度大于30MPa，吸水率小于6%，表面硬度大，耐磨防滑，耐腐抗冻，耐急冷急热。劈离砖背面凹槽纹与砂浆形成楔形结合，黏结牢固。

劈离砖的品种有平面砖、踏步砖、阴角砖、阳角砖、彩色釉面或表面压花等形式。平面砖又分长方形、双联条形、方形等。劈离砖广泛用于地面、外墙装饰。用作外墙砖，表面不反光、无亮点，装饰的建筑物外观质感好，浑厚、质朴、大方，有石材的效果。

(2) 彩胎砖。是一种本色无釉瓷质饰面砖，它采用仿天然岩石的彩色颗粒土原料混合配料，压制成多彩坯体后，经高温一次烧成的陶瓷制品。彩胎砖富有天然花岗石的纹点，质地同花岗岩一样坚硬、耐久。有红、绿、黄、蓝、灰、棕等多种基色，多为浅色调，柔和、润泽，质朴高雅，主要规格有（200mm×200mm×8mm）～（800mm×800mm×12mm）等。

彩胎砖表面有平面和浮雕两种，平面的又分磨光和抛光两种。表面经抛光或高温瓷化处理的彩胎砖又称抛光砖或玻化砖。彩胎砖吸水率小于1%，抗折强度大于27MPa，其耐磨性和防滑性好，特别适用于人流大的商场、剧院、宾馆、酒楼等公共场所地面的铺贴和室内墙面装修，效果甚佳。

(3) 麻面砖。是采用仿天然花岗石的色彩配料，压制成表面凹凸不平的麻面坯体经焙烧而成。麻面砖表面酷似人工修凿过的天然花岗石，自然粗犷，有白、黄、灰等多种色彩。麻面砖吸水率小于1%，抗折强度大于20MPa。薄型砖适用于外墙饰面；厚型砖适用于广场、码头、停车场、人行道等铺设。麻面砖除正方形、长方形外，还有梯形和三角形的，可以拼贴成各种色彩和形状的地面图案，以增强地坪的艺术感。

墙地砖的特性和应用。墙地砖质地较致密，坚固耐磨、强度高、吸水率小、热稳定性好、抗冻性好、易清洗、防水、耐腐蚀等优点。主要用于室内外地面装饰和外墙装饰。用于室外铺装的墙地砖吸水率一般不宜大于6%，严寒地区，吸水率应更小。

墙地砖通过垂直或水平、错缝或齐缝、宽缝或密缝等不同排列组合，可获得各种不同的装饰效果。

(4) 通体砖。是将岩石碎屑经过高压压制而成的，正面和反面的材质和色泽一致。常见的通体砖产品有耐磨砖、抛光砖、仿古砖、广场砖、超市砖、外墙砖等，用于室内外墙面、地面的装饰。通体砖表面不施釉，装饰效果古香古色、高雅别致、纯朴自然，同时由于其表面粗糙，光线照射后产生漫反射，反光柔和不刺眼、对周边环境不会造成光污染。

通体砖有很多种分类：根据通体砖的原料配比，一般分为纯色通体砖、混色通体砖、颗粒布料通体砖；根据面状，分为平面、波纹面、劈开砖面、石纹面等；根据成型方法，分为挤出成型和干压成型等。

通体砖规格非常多，小规格有外砖，中规格有广场砖，大规格有耐磨砖抛光砖等，常用的主要规格（长×宽×厚）有45mm×45mm×5mm、45mm×95mm×5mm、108mm×108mm×13mm、200mm×200mm×13mm、300mm×300mm×5mm、400mm×400mm×6mm、500mm×500mm×6mm、600mm×600mm×8mm、800mm×800mm×10mm等。

通体砖主要技术性能应符合GB/T 4100—2006的有关规定，主要包括尺寸偏差、外观质量、物理化学性能几方面。

通体砖的破坏强度和断裂模数较高，吸水率较低，耐磨性好。玻化砖和抛光砖是经较高温度烧制的瓷质砖，玻化砖是所有瓷质砖中最硬的一种。抛光砖是将玻化砖表面抛光成镜面，呈现出缤纷多彩的花色。但是，抛光后砖的闭口微气孔成为开口孔，所以耐污染性相对较弱。

3. 陶瓷马赛克

陶瓷马赛克是由边长不大于50mm，具有多种几何形状的小瓷片组拼成不同的图案，用于地面或外墙面的铺饰。出厂前按设计图案反贴在牛皮纸上，每张大小约30cm^2，称为一联。按其表面性质分为无釉和有釉两大类，按其允许尺寸偏差和外观质量分为优等品和合格品两个等级。

陶瓷马赛克主要技术性质有尺寸偏差和色差、吸水率、抗压强度、耐急冷急热、耐酸碱性、成联性等均应符合《陶瓷马赛克》(JC/T 456—2005）标准要求。

陶瓷马赛克的特点和应用。陶瓷马赛克具有色泽明净、图案美观、质地坚硬、抗压强度高、耐污染、耐酸碱、耐磨、耐水、易清洗等优点，且造价便宜。主要用于车间、化验室、门厅、走廊、厨房、盥洗室等的地面装饰，用于外墙饰面，具有一定的自洁作用。还可用于镶拼壁画、文字及花边等。

9.5.3 建筑琉璃制品

建筑琉璃制品是以黏土为主要原料，经成型、施釉、烧成而制得的用于建筑物的瓦类、脊类、饰件类陶瓷制品。是一种具有中华民族文化特色和风格的传统建筑材料，它不仅适用于传统建筑物，也适用于具有民族风格的现代建筑物。

琉璃制品是用难熔黏土经制坯、干燥、素烧、施釉、釉烧而成。建筑琉璃制品分为瓦类（板瓦、滴水瓦、筒瓦、沟头等）、脊类（正脊筒瓦等）和饰件类（吻、兽、博古等）

三类。

《建筑琉璃制品》(JG/T 765—2006) 未对琉璃制品的规格尺寸作具体规定，而由供需双方商定，但是对尺寸偏差有具体规定。外观质量、尺寸偏差在允许范围，吸水率要求不大于12%；经10次冻融循环不出现裂纹或剥落；经10次耐急冷急热性循环不出现炸裂、剥落及裂纹延长现象；弯曲破坏荷重不低于1300N。

建筑琉璃制品的特点是质地致密、表面光滑、不易玷污，坚实耐久，色彩绚丽，造型古朴。常用颜色有金黄、翠绿、宝蓝、青、黑、紫色。主要用于具有民族特色的宫殿式建筑以及少数纪念性建筑物上，此外还用于建造园林的亭、台、楼阁、围墙等。

复习思考题与习题

1. 用于室外和室内的建筑装饰材料，对其要求的主要功能有何不同？
2. 装饰材料的选择原则是什么？
3. 玻璃的基本性质有哪些？
4. 吸热玻璃与热反射玻璃在性质和应用上的主要区别是什么？
5. 磨砂玻璃与普通压花玻璃的性质和用途有何异同？
6. 为什么釉面砖只适用于室内，而不宜用于室外？
7. 釉面砖在粘贴前为什么要浸水？
8. 墙地砖的主要物理力学性能指标有哪些？
9. 天然大理石与花岗岩主要性能有何区别？
10. 人造大理石的主要性能特点有哪些？
11. 涂料的主要组成材料是什么？
12. 施工前涂料的主要技术性能指标有哪些？
13. 施工后涂膜的主要技术性能指标有哪些？
14. 塑料墙纸的主要技术要求有哪些？
15. 常用装饰混凝土主要有哪些？是如何施工的？

第10章　合成高分子材料

【内容概述】

本章主要介绍高分子化合物、塑料、建筑胶黏剂的基本知识，通过学习建筑塑料、建筑胶黏剂的主要性质和性能，掌握它们在工程中的使用情况和应用特点。

【学习目标】

初步掌握高分子化合物的基本知识；熟悉合成高分子材料的分类和性能特点；了解常用建筑塑料制品和胶黏剂的种类、特性与应用。

10.1　高分子化合物的基本知识

10.1.1　高分子化合物的定义及反应类型

1. 定义

高分子化合物（也称聚合物）是由千万个原子彼此以共价键连接的大分子化合物，其分子量一般在 10^4 以上。虽然高分子化合物的分子量很大，但其化学组成都比较简单，一个大分子往往是由许多相同的、简单的结构单元通过共价键连接而成。

高分子化合物分为天然高分子化合物和合成高分子化合物两类。

2. 合成高分子化合物的反应类型

合成高分子化合物是由不饱和的低分子化合物（称为单体）聚合或含两个及两个以上官能团的分子间的缩合而成的。其反应类型有加聚反应和缩聚反应。

（1）加聚反应。是由许多相同或不同的低分子化合物，在加热或催化剂的作用下，相互加合成高聚物而不析出低分子副产物的反应。其生成物称为加聚物（也称加聚树脂），加聚物具有与单体类似的组成结构。例如：

$$nCH_2=CH_2 \longrightarrow \left[CH_2-CH_2\right]_n$$

其中 n 代表单体的数目，称为聚合度。n 值越大，聚合物分子量越大。

工程中常见的加聚物有聚乙烯、聚氯乙烯、聚丙烯、聚苯乙烯、聚甲基丙烯酸甲酯、聚四氟乙烯等。

（2）缩聚反应。是由许多相同或不同的低分子化合物，在加热或催化剂的作用下，相互结合成高聚物并析出水、氨、醇等低分子副产物的反应。其生成物称为缩聚物（也称缩合树脂）。缩聚物的组成与单体完全不同。例如，苯酚和甲醛两种单体经缩聚反应得到酚醛树脂。

$$(n+1)C_6H_5OH+nCH_2O \longrightarrow H[C_6H_3CH_2OH]\ nC_6H_4OH+nH_2O$$

工程中常用的缩聚物有酚醛树脂、脲醛树脂、环氧树脂、聚酯树脂、三聚氰胺甲醛树脂及有机硅树脂等。

10.1.2 高分子化合物的分类及主要性质

1. 高分子化合物的分类

高分子化合物的分类方法很多，常见的有以下几种：

(1) 按分子链的几何形状。高分子化合物按其链节（碳原子之间的结合形式）在空间排列的几何形状，可分为线型结构、支链型结构和体型结构（或称网状型结构）三种。

(2) 按合成方法。按合成高分子化合物的制备方法分为加聚树脂和缩合树脂两类。

(3) 按受热时的性质。高分子化合物按其在热作用下所表现出来的性质的不同，可分为热塑性聚合物和热固性聚合物两种。

1) 热塑性聚合物。一般为线型或支链型结构，在加热时分子活动能力增加，可以软化到具有一定的流动性或可塑性，在压力作用下可加工成各种形状的制品。冷却后分子重新“冻结”，成为一定形状的制品。这一过程可以反复进行，即热塑性聚合物制成的制品可重复利用、反复加工。这类聚合物的密度、熔点都较低，耐热性较低，刚度较小，抗冲击韧性较好。

2) 热固性聚合物。在成型前分子量较低，且为线型或支链型结构，具有可溶、可熔性，在成型时因受热或在催化剂、固化剂作用下，分子发生交联成为体型结构而固化。这一过程是不可逆的，并成为不溶不熔的物质，因而固化后的热固性聚合物是不能重新再加工。这类聚合物的密度、熔点都较高，耐热性较高，刚度较大，质地硬而脆。

2. 高分子化合物的主要性质

(1) 物理力学性质。高分子化合物的密度小，一般为 $0.8\sim2.2g/cm^3$，只有钢材的 $1/8\sim1/4$，混凝土的 1/3，铝的 1/2。而它的比强度高，多大于钢材和混凝土制品，是极好的轻质高强材料，但力学性质受温度变化的影响很大；它的导热性很小，是一种很好的轻质保温隔热材料；它的电绝缘性好，是极好的绝缘材料。由于它的减振、消声性好，一般可制成隔热、隔声和抗振材料。

(2) 化学及物理化学性质。

1) 老化。在光、热、大气作用下，高分子化合物的组成和结构发生变化，致使其性质变化如失去弹性、出现裂纹、变硬、变脆或变软、发黏失去原有的使用功能，这种现象称为老化。

2) 耐腐蚀性。一般的高分子化合物对侵蚀性化学物质（酸、碱、盐溶液）及蒸汽的作用具有较高的稳定性。但有些聚合物在有机溶液中会溶解或溶胀，使几何形状和尺寸改变，性能恶化，使用时应注意。

3) 可燃性及毒性。聚合物一般属于可燃的材料，但可燃性受其组成和结构的影响有很大差别。如聚苯乙烯遇明火会很快燃烧起来，而聚氯乙烯则有自熄性，离开火焰会自动熄灭。一般液态的聚合物几乎都有不同程度的毒性，而固化后的聚合物多半是无毒的。

10.2 建 筑 塑 料

10.2.1 塑料的基本知识

1. 塑料的概念及组成

塑料是指以合成树脂或天然树脂为主要原料，加入或不加入添加剂，在一定温度、压力下，经混炼、塑化、成型，且在常温下保持制品形状不变的材料。装饰塑料是指用于室内装饰装修工程的各种塑料及其制品。

塑料在装修装饰中的应用早在20世纪30年代，就有人开始用塑料（主要为酚醛树脂）来制造建筑小五金产品，如灯头开关、插座等。随着塑料工业的发展，塑料制品在建筑中的应用越来越广泛，几乎遍及建筑的各个部位。

2. 塑料的特点

（1）塑料的优点。塑料之所以在装饰装修中得到广泛地应用，是因为它具有如下优点：

1）加工特性好。塑料可以根据使用要求加工成多种形状的产品，且加工工艺简单，宜于采用机械化大规模生产。

2）表观密度小。塑料的密度为0.8～2.2g/cm^3，只有钢的1/3～1/4、铝的1/2、混凝土的1/3，与木材相近。塑料用于装饰装修工程，可以减轻施工强度和降低建筑物的自重。

3）比强度大。塑料的比强度远高于水泥混凝土，接近甚至超过了钢材，属于一种轻质高强的材料。

4）导热系数（热导率）小。塑料的热导率很小，为金属的1/500～1/600。泡沫塑料的热导率只有0.02～0.046W/(m·K)，约为金属的1/1500、水泥混凝土的1/40、普通黏土砖的1/20，是理想的绝热材料。

5）化学稳定性好。塑料对一般的酸、碱、盐及油脂有较好的耐腐蚀性，比金属材料和一些无机材料好得多。特别适合做化工厂的门窗、地面、墙体等。

6）电绝缘性好。一般塑料都是电的不良导体，其电绝缘性可与陶瓷、橡胶媲美。

7）设计性能好。塑料可通过改变配方、加工工艺，制成具有各种特殊性能的工程材料，如高强的碳纤维复合材料，隔声、保温复合板材，密封材料，防水材料等。

8）装饰性好。塑料可以制成透明的制品，也可制成各种颜色的制品，而且色泽美观、耐久，还可用先进的印刷、压花、电镀及烫金技术制成具有各种图案、花型和表面立体感、金属感的制品。

9）有利于建筑工业化。许多建筑塑料制品或配件都可以在工厂生产，然后现场装配，可大大提高施工的效率。

（2）塑料的缺点。

1）易老化。塑料制品的老化是指其在阳光、空气、热及环境介质中如酸、碱、盐等的作用下，分子结构产生递变，增塑剂等组分挥发，化合键产生断裂，从而带来机械性能变坏，甚至发生硬脆、破坏等现象。通过配方和加工技术等的改进，塑料制品的使用寿命可以大大延长，例如，塑料管至少可使用20～30年，最高可达50年，比铸铁管使用寿命还长。又如德国的塑料门窗实际使用30多年，仍完好无损。

2）易燃。塑料不仅可燃，而且在燃烧时发烟量大，甚至产生有毒气体。但通过改进配方，如加入阻燃剂、无机填料等，也可制成自熄、难燃的甚至不燃的产品，不过其防火性能仍比无机材料差，在使用中应予以注意。在建筑物某些容易蔓延火焰的部位可考虑不使用塑料制品。

3）耐热性差。塑料一般都具有受热变形，甚至产生分解的问题，在使用中要注意其限制温度。

4）刚度小。塑料是一种黏弹性材料，弹性模量低，只有钢材的1/10～1/20，且在荷载的长期作用下易产生蠕变，即随着时间的延续变形增大。而且温度越高，变形增大越快。因此，塑料用作承重结构应慎重。但塑料用纤维增强制成复合材料以及某些高性能的工程塑料，其强度可大大提高，甚至可超过钢材的强度。

3. 塑料的组成

塑料按组成成分的多少可分为单组分塑料和多组分塑料。单组分塑料仅含合成树脂，如有机玻璃就是由一种被称为聚甲基丙烯酸甲酯的合成树脂组成。多组分塑料除含有合成树脂外，还含有填充料、增塑剂、固化剂、着色剂、稳定剂及其他添加剂。建筑装饰上常用的塑料制品一般都属于多组分塑料。

（1）树脂。树脂是塑料的基本组成材料，树脂在塑料中主要起胶结作用，把填充料等其他组分胶结成一个整体。因此，树脂是决定塑料性质的最主要因素。

（2）填充料。填充料又称填充剂或填料。填充料是为了改善塑料制品某些性质如提高塑料制品的强度、硬度和耐热性以及降低成本等而在塑料制品中加入的一些材料。填料在塑料组成材料中约占40%～70%。常用的填料有木粉、滑石粉、硅藻土、石灰石粉、铝粉、炭黑、云母、二硫化钼、石棉、玻璃纤维等。常用填料中纤维填料可提高塑料的结构强度；石棉填料可改善塑料的耐热性；云母填料能增强塑料的电绝缘性；石墨、二硫化钼填料可改善塑料的耐磨性能等。此外，由于填料一般都比合成树脂便宜，故填料的加入能降低塑料的成本。

（3）增塑剂。为了提高塑料在加工时的可塑性和其制品的柔韧性、弹性等，在塑料制品的生产、加工时要加入少量的增塑剂。增塑剂通常是具有低蒸汽压、不易挥发的分子量较低的固体或液体有机化合物。增塑剂主要为酯类和酮类，常用的有邻苯二甲酸二丁酯、邻苯二甲酸二辛酯、磷酸二辛酯、磷酸二甲苯酯、己二酸酯、二苯甲酮等。

（4）固化剂。固化剂又称硬化剂或熟化剂，其主要作用是使某些合成树脂的线型结构交联成体型结构，从而使树脂具有热固性。不同品种的树脂应采用不同品种的固化剂，如酚醛树脂常用六亚甲基四胺；环氧树脂常用胺类、酚酐类和高分子类；聚酯树脂常用过氧化物等。

（5）稳定剂。许多塑料制品在成型加工和使用过程中，由于受热、光、氧的作用，过早地发生降解、氧化、断链、交联等现象，使材料性能变坏。为了稳定塑料制品的质量，延长其使用寿命，通常要加入各种稳定剂，如抗氧剂（酚类化合物等）、光屏蔽剂（炭黑等)、紫外线吸收剂羟基二苯甲酮、水杨酸苯酯等、热稳定剂（硬脂酸铝、三盐基亚磷酸铅等)。

(6) 着色剂。为使塑料制品具有特定的色彩和光泽，可加入着色剂。着色剂按其在着色介质中的溶解性可分为染料和颜料。染料皆为有机化合物，可溶于被着色的树脂中；颜料一般为无机化合物，不溶于被着色介质，其着色性是通过本身的高分散性颗粒分散于被染介质而实现的，其折射率与基体差别大，吸收一部分光，而又反射另一部分光线。颜料不仅对塑料具有着色性，同时兼有填料和稳定剂的作用。

此外，根据建筑塑料的使用及成型加工中的需要，有时还加入润滑剂、抗静电剂、发泡剂、阻燃剂及防霉剂等。

10.2.2 塑料的分类

1. 按使用性能和用途分类

塑料按使用性能和用途可分为通用塑料及工程塑料两类。通用塑料指一般用途的塑料，其用途广泛，产量大，价格较低，是建筑中应用较多的塑料。工程塑料是指具有较高机械强度和其他特殊性能的聚合物。

2. 按塑料的热性能分类

塑料按热性能不同可分为热塑性塑料和热固性塑料两类。两者在受热时所发生的变化不同，其耐热性、强度、刚度也不同。

热塑性塑料受热时软化或熔化，冷却后硬化、定型。热塑性塑料在受冷受热过程中不发生化学变化，且不论加热和冷却重复多少次，均保持这种性能，因而加工成型较简便且具有较高的机械性能，但耐热性及刚性较差。热塑性塑料中的树脂都为线型分子结构，包括全部聚合树脂和部分缩合树脂，其典型品种有聚乙烯、聚丙烯、聚苯乙烯、聚氯乙烯、聚甲基丙烯酸甲酯、聚酰胺、聚甲醛、聚碳酸酯、聚苯醚等。

热固性塑料在加工过程中，受热先软化，然后固化成型，变硬后不能再软化。热固性塑料在加工过程中发生化学变化，相邻的分子互相交联成体型结构而硬化成为不溶的物质，其耐热性及刚度均好，但机械强度较低。大多数缩合树脂制得的塑料是热固性的，如酚醛、环氧、氨基树脂、不饱和聚酯及聚硅醚树脂等制得的塑料。

3. 按塑料制品的形态分类

塑料按其制品的形态可分为薄膜制品类，主要用作壁纸、印刷饰面薄膜、防水材料及隔离层等；薄板类，包括装饰板材、门面板、铺地板、彩色有机玻璃等；异型板材类，包括玻璃钢屋面板、内外墙板等；管材类，主要用作给排水管道系统；型材类，主要用作塑料门窗及楼梯扶手等；泡沫类，主要用作绝热材料；模制品类，主要用作建筑五金、卫生洁具及管道配件；复合板类，主要用作墙体、屋面、吊顶材料；盒子结构类，主要由塑料部件及装饰面层组合而成，用作卫生间、厨房或移动式房屋；溶液或乳液，主要用作胶黏剂、建筑涂料等。

10.2.3 常用塑料品种

1. 聚氯乙烯塑料（PVC）

PVC是建筑塑料的主要材料，通过加入改性剂可以制成软质PVC塑料、半硬质PVC

塑料、硬质PVC塑料，其制品有板材、卷材、管材、门窗型材、装饰线脚和花饰等。塑料的耐燃性好，由于其含有氯，因此具有自熄性，不助燃。PVC燃烧时放出有毒的氯化氢气体，火焰呈黄绿色。

聚氯乙烯塑料机械强度较高，电绝缘性能优良，耐酸碱，化学稳定性好，其缺点是热软化点低。聚氯乙烯塑料是家具与室内装饰中用量最大的塑料品种，软质材料用于装饰膜及封边材料；硬质材料用于各种板材、管材、异型材和门窗；半硬质、发泡和复合材料用于地板、天花板、壁纸等。

2. 聚乙烯塑料（PE）

PE是聚烯类塑料的一种，根据密度不同可分为三类：高密度聚乙烯，密度为0.941～0.965g/cm^3；中密度聚乙烯，密度为0.926～0.940g/cm^3；低密度聚乙烯，密度为0.910～0.925g/cm^3。PE的柔性好，耐低温，抗冲击性良好，在常温下耐溶剂侵蚀性好，但PE易燃烧，燃烧时火焰呈淡蓝色并且熔融滴落，这会导致火焰的蔓延。作为建筑装饰材料的PE制品中通常加入阻燃剂改善其易燃性。

聚乙烯塑料常用于制造防渗防潮薄膜、给排水管道，在装修工程中，可用于制作组装式散光格栅、拉手件等。

3. 聚丙烯塑料（PP）

PP是塑料中表观密度最小的，它的燃烧性与PE相近，耐热性优于PE，在100℃还能保持常温时抗拉强度的50%。PP机械性能优于PE，耐溶剂性也很好，其缺点是耐低温性较差，有一定的脆性。PE和PP可用来生产管材、卫生洁具、化纤地毯等。

4. 聚酰胺（PA）

PA俗称“尼龙”，常用品种有尼龙6、尼龙66、尼龙610及尼龙1010等。聚酰胺坚韧耐磨，抗拉强度高，抗冲击韧性好，有润滑性，并有较好的耐腐蚀性能。

聚酰胺可用于制作各种建筑小五金、家具脚轮、轴承及非润滑的静摩擦部件等，还可喷涂于建筑五金表面起到保护装饰作用。

5. ABS塑料

ABS是橡胶改性处理的塑料，也称为三元共聚物塑料，其中A代表丙烯腈，B代表丁二烯，S代表苯乙烯。ABS为不透明的塑料，呈浅象牙色，具有良好的综合机械性能，有抗冲击、耐热、耐低温、耐化学侵蚀、尺寸稳定、易加工成型、表面可镀铬等优点。利用调整三种成分的比例，可获得各种性能的制品，可制成带花纹图案的装饰板。ABS泡沫塑料可代替木材，是一种较好的建筑装饰材料，其缺点是不耐高温，耐热温度为96～116℃，易燃、耐候性差，通过改性处理可使其缺点得到改善。

6. 聚甲基丙烯酸甲酯（PMMA）

PMMA俗称有机玻璃，是透光率最高的一种塑料，透光率达92%，但它的表面硬度比无机玻璃差得多，容易被划伤。它具有优良的耐候性，处于热带气候下曝晒多年，它的透明度和色泽变化很小，易溶于有机溶剂中。

PMMA塑料在建筑中大量用作窗玻璃的代用品，用在容易破碎的场合，同时可以用作室内墙板，中、高档灯具等。

7. 酚醛塑料（PF）

PF是一种硬而脆的热固性塑料，是在苯酚和甲醛聚合而成的热固性树脂中加入各种添加剂混合而成的材料。酚醛塑料具有很好的绝缘性、化学稳定性和黏附性，在加热时即使炭化也不熔融。酚醛塑料的主要缺点为色深，装饰性差，抗冲击强度小。

酚醛塑料主要用于生产层压制品及配制黏结剂和涂料等，其塑料粉又称电木粉，是制造电器绝缘板、件等的原料。酚醛塑料内夹玻璃布可制成层压板。

8. 氨基塑料

氨基塑料有脲醛塑料和三聚氰胺甲醛塑料等，是热固性塑料中使用最多的品种。三聚氰胺甲醛树脂坚硬，耐划伤，无色半透明，可用作热固性树脂层压装饰板的面层材料，也可用作一些浅色装饰模压件。脲醛树脂价格低廉，是木材胶黏剂中使用量最大的一类，但黏结强度较低，也可制作浅色装饰模压配件。

9. 不饱和聚酯塑料（UP）

UP是一种热固性塑料。它可在室温下固化，加工容易，耐热性好，隔声、隔热，但不耐浓酸和碱，其耐候性取决于配方。

不饱和聚酯树脂是交联网状或体型结构，是不溶不熔的物质。液态不饱和聚酯树脂用作涂料和胶黏剂，也可以用来制造玻璃钢和人造大理石等树脂型混凝土。固化后的不饱和聚酯树脂具有优良的装饰性能和耐溶剂性能。

10. 聚苯乙烯塑料（PS）

PS是透明的塑料，透光率可达80%～92%，能溶于甲苯等芳香族溶剂。PS中加入泡沫剂可制成聚苯乙烯泡沫塑料，是优良的保温材料。其主要优点是表观密度小，耐水、耐光、耐化学侵蚀，有极好的电绝缘性；缺点是耐热性太低（只有80℃），不耐沸水；性脆不耐冲击，制品易老化出现裂纹；易燃烧，燃烧时会冒出大量黑烟，有特殊气味。

聚苯乙烯的透光性仅次于有机玻璃，大量用于低档灯具、灯格板及各种透明、半透明装饰件。硬质聚苯乙烯泡沫塑料大量用于轻质板材芯层和泡沫包装材料。

11. 环氧树脂塑料（EP）

EP是一种热固性塑料，未固化前为高黏度液体，易溶于丙酮和二甲苯等溶剂。加入固化剂后可在室温或高温下固化。室温固化剂为二乙烯三胺、三乙烯四胺等；高温固化剂为邻二甲酸酐、液体酸酐等。EP的突出性能是与各种材料具有很强的黏结力，它在固化时的收缩率很小，而且在发生最大收缩时树脂还处于凝胶态，有一定的流动性，因此不会产生内应力。EP可用作胶黏剂、涂料黏结料、配置腻子、生产玻璃钢等。

12. 玻璃纤维增强塑料（GRP）

GRP又称为玻璃钢，它是用玻璃纤维制品（纱、布、短切纤维、毡、无纺布等）增强UP、EP等树脂而得到的一类热固性塑料。GRP是一种复合材料，通过玻璃纤维的增强，得到机械强度很高的增强塑料，其比强度甚至高于钢材。GRP可用于制作门窗、板材、管材、异型材、车船内衬、家具等。

10.2.4　常见建筑塑料制品

1. 塑料装饰板材

塑料装饰板是用于建筑装修的塑料板。原料为树脂板、表层纸与底层纸、装饰纸、覆盖纸、脱模纸等。将表层纸、装饰纸（图 10.1）、覆盖纸、底层纸分别浸渍树脂后，经干燥后组坯，经热压后即为贴面装饰板（图 10.2）。

图 10.1　装饰纸

图 10.2　贴面装饰板

（1）塑料贴面装饰板。又称塑料贴面板。它是以酚醛树脂的纸质压层为胎基，表面用三聚氰胺树脂浸渍过的印花纸为面层，经热压制成并可覆盖于各种基材上的一种装饰贴面材料。

塑料贴面板的图案，色调丰富多彩，耐湿，耐磨，耐燃烧，耐一定酸、碱、油脂及酒精等溶剂的侵蚀，平滑光亮，极易清洗。粘贴在板材的表面，较木材耐久，装饰效果好，是节约优质木材的好材料。适用于各种建筑室内、车船、飞机及家具等表面装饰。

（2）覆塑装饰板。是以塑料贴面板或塑料薄膜为面层，以胶合板、纤维板、刨花板等板材为基层，采用胶合剂热压而成的一种装饰板材。用胶合板作基层叫覆塑胶合板，用中密度纤维板作基层的叫覆塑中密度纤维板，用刨花板为基层的叫覆塑刨花板。

覆塑装饰板既有基层板的厚度、刚度，又具有塑料贴面板和薄膜的光洁、质感强，美观，装饰效果好，并具有耐磨、耐烫、不变形不开裂、易于清洗等优点，可用于汽车、火车船舶、高级建筑的装修及家具、仪表、电器设备的外壳装修。

（3）有机玻璃板材。俗称有机玻璃。它是一种具有极好透光率的热塑性塑料。是以甲基丙烯酸甲酯为主要基料，加入引发剂、增塑剂等聚合而成。

有机玻璃的透光性极好，可透过光线的 99%，并能透过紫外线的 73.5%；机械强度较高；耐热性、抗寒性及耐候性都较好；耐腐蚀性及绝缘性良好；在一定条件下，尺寸稳定、容易加工。有机玻璃的缺点是质地较脆，易溶于有机溶剂，表面硬度不大，易擦毛等。有机玻璃在建筑上主要用作室内高级装饰材料及特殊的吸顶灯具或室内隔断及透明防护材料等。

2. 塑钢门窗

塑钢门窗是以聚氯乙烯（UPVC）树脂为主要原料，加上一定比例的稳定剂、着色剂、填充剂、紫外线吸收剂等，经挤出成型材，然后通过切割、焊接或螺接的方式制成门窗框扇，配装上密封胶条、毛条、五金件等，同时为增强型材的刚性，超过一定长度的型材空腔内需要填加钢衬（加强筋），这样制成的门户窗，称之为塑钢门窗。

塑钢门窗的性能及优点如下：

（1）塑钢门窗保温性好。铝塑复合型材中的塑料导热系数低，隔热效果比铝材优 1250 倍，加上有良好的气密性，在寒冷的地区尽管室外零下几十度，室内却是另一个世界。

（2）塑钢门窗隔音性好。其结构经精心设计，接缝严密，试验结果，隔音 30dB，符合相关标准。

（3）塑钢门窗耐冲击。由于铝塑复合型材外表面为铝合金，因此，它比塑钢窗型材的耐冲击性强大得多。

(4) 塑钢门窗气密性好。铝塑复合窗各隙缝处均装多道密封毛条或胶条，气密性为一级，可充分发挥空调交应，并节约50%能源。

(5) 水密性好。门窗设计有防雨水结构，将雨水完全隔绝于室外，水密性符合国家相关标准。

(6) 塑钢门窗防火性好。铝合金为金属材料，不燃烧。

(7) 塑钢门窗防盗性好。铝塑复合窗，配置优良五金配件及高级装饰锁，盗贼束手无策。

(8) 免维护。铝塑复合型材不易受酸碱侵蚀，不会变黄退色，几乎不必保养。脏污时可用水加清洗剂擦洗，清洗后洁净如初。

(9) 最佳设计。铝塑复合窗是经过科学设计，采用合理的节能型材，因此得到国家权威部门的认可和好评，可为建筑增光添彩。

3. 塑料管材

塑料管材在我国推广应用有十几年历史，特别是20世纪90年代末期以来，我国对于塑料环保建材发展高度关注，给予了大力支持，颁布了一系列的政策法规。根据《国家化学建材产业"十五"计划和2010年发展规划纲要》(简称《纲要》)，塑料管道的推广应用将大力发展，重点品种以PVC和PE管为主。《纲要》提出塑料管道发展目标：到2010年，全国新建、改建、扩建工程中，建筑排水管道80%采用塑料管，建筑雨水排水管70%采用塑料管，作为一种新型的管道材料和传统的金属管相比，其具有独特的优良性能，如质量轻，生产成本低，施工方便，耐各种化学腐蚀和抗电，内壁光滑耐磨，不易结垢等，因此得到了广泛应用。目前，新型管材品种有PVC管、PE管、PAP管、PE—X管、PP—R管、PB管、PVC—C管、ABS管、铜塑复合管、钢塑复合管、玻璃钢夹砂管等。

(1) 管材的标识。

色泽和色标统称为标识。

1) 色泽。采用管材表面的整体颜色表示管材用途的信息。目前，我国建筑用塑料管常用的色泽见表10.1。

表10.1　管材色泽常用颜色

管材＼颜色	蓝色	橙红色或红色	灰色	白色	黄色	黑色	绿色
冷水给水管	○	×	△	△	×	△	×
热水给水管	×	○	△	△	×	△	×
埋地排水管	×	×	○	△	×	△	×
排水管	×	×	○	△	×	△	×
雨落水管	×	×	×	○	×	×	×
燃气管	×	×	×	×	○	△	×
电工套管	×	×	×	△	×	△	○

注　1. 表中"○"符号表示规定的颜色。

2. 表中"△"符号表示必须添加规定颜色的色泽。

3. 表中"×"符号表示禁用的颜色。

2）色标。采用管材表面的颜色线条或线条加文字表示管材的用途信息。当以色标方式来表示管材的用途时，色标的颜色应符合表 10.2 的规定。

表 10.2 色 标 的 颜 色

颜色 管材	蓝色	橙红色或红色	灰色	黄色	绿色
冷水给水管	○				
热水给水管		○			
埋地排水管			○		
排水管			○		
雨落水管					
燃气管				○	
电工套管					○

色标的线条可采用实线或虚线，应沿轴向延伸。色标的线条数量不得少于 1 条，多条线条宜沿轴向均匀布置。当采用文字加线条表示色标时，文字和线条必须为相同颜色。

（2）管材规格、性能参数。

1）规格。钢管用“公称外径×公称壁厚”的毫米数表示。

塑料管材和各种复合管材规格表示方法在我国新标准中采用 ISO 国际标准方法，即管材规格用“管系列 S，公称外径 d_n×公称壁厚 e_n”表示。例如，管系列 S8，公称外径 d_n 为 50mm，公称壁厚 e_n 为 3.0mm，则表示为：S8，50×3.0。

2）性能参数。

a. 弹性模量。弹性模量是指材料在弹性范围内应力—应变的关系。材料在弹性范围内，应力和应变成正比，比例系数即为 E。弹性模量 E 的物理意义表示材料在弹性范围内应力和应变之比，表明材料本身在外力作用下抵抗弹性变性的能力。

b. 拉伸强度。管材拉伸强度是指管材在拉伸试验中材料在断裂前所能承受的纵向应力最大值，单位为 MPa。

c. 硬度。硬度是指材料抵抗比它更硬的物体压入其表面的能力。材料越硬，受压后的压痕越小。根据试验方法不同，常用的有布氏硬度和洛氏硬度两种表示方法。布氏硬度用 HB 表示，洛氏硬度因压头上的荷载不同分为 A、B、C 三种，所以，洛氏硬度用 HRA、HRB、HRC 表示。

d. 维卡软化温度（维卡软化点）。维卡软化是评价热塑性塑料管材高温变形趋势的一种试验方法。该方法是在等速升温条件下，用一根带有规定荷载、截面积为 $1mm^2$ 的平顶针放在试样上，当平顶针刺入试样 1mm 时的温度即为该试样所测得的维卡软化温度。该温度反映了当一种材料在升温装置中使用时期望的软化点。

e. 交联。高分子交联反应是将分子间的范德华力吸引转变成化学键的结合，交联的结果是将线性分子材料转变成三维网状结构，从而大大改善材料的性能。交联是提高塑料管材机械性能和热性能的最为有效的手段。

f. 共混。将不同类型的高分子材料通过物理或化学的方法混合在一起的方法称为共混。它是塑料管材改性的一种极为有效的手段。一般来说，单一组分的聚合物往往有些性能不够理想，通过共混，将两种或两种以上性能各异、甚至不完全相容的聚合物混合在一起，则可得到与其中各种均聚物都大不相同的性能。

10.3 胶 黏 剂

10.3.1 胶黏剂的基本知识

胶黏剂是指具有良好的黏结性能，能在两个物体表面间形成薄膜并把他们牢固地黏结在一起的材料。与焊接、铆接、螺纹连接等连接方式相比，胶结具有很多突出的优越性：如黏结为面际连接，应力分布均匀，耐疲劳性好；不受胶结物的形状、材质等限制；胶结后具有良好的密封性能；几乎不增加黏结物的质量；胶结方法简单等。随着胶黏剂与胶结技术的快速发展，胶黏剂越来越广泛地应用于建筑构件、木质、金属材料等的连接及各种装饰材料的粘贴。胶黏剂黏结具有密封性良好，胶结方法简便、均匀，不增加胶黏物的重量，耐腐蚀性好的优点，成为工程上不可缺少的重要的配套材料。

1. 胶黏剂的组成

胶黏剂是一种多组分的材料，它一般由黏结物质、固化剂、增韧剂、填料、稀释剂和改性剂等组分配制而成。

(1) 黏结物质。黏结物质也称为黏料，它是胶黏剂中的基本组分，起黏结作用，其性质决定了胶黏剂的性能、用途和使用条件。一般多用各种树脂、橡胶类及天然高分子化合物作为黏结物质。

(2) 固化剂。固化剂是促使黏结物质通过化学反应加快固化的组分，它可以增加胶层的内聚强度。有的胶黏剂中的树脂（如环氧树脂），若不加固化剂，本身不能变成坚硬的固体。固化剂也是胶黏剂的主要成分，其性质和用量对胶黏剂的性能起着重要的作用。

(3) 增韧剂。增韧剂用于提高胶黏剂硬化后黏结层的韧性，提高其抗冲击强度的组分。常用的有邻苯二甲酸二丁酯和邻苯二甲酸二辛酯等。

(4) 稀释剂。稀释剂又称溶剂，主要是起降低胶黏剂黏度的作用，以便于操作，提高胶黏剂的湿润性和流动性。常用的有机溶剂有丙酮、苯、甲苯等。

(5) 填料。填料一般在胶黏剂中不发生化学反应，它能使胶黏剂的稠度增加，降低热膨胀系数，减少收缩性，提高胶黏剂的抗冲击韧性和机械强度。常用的品种有滑石粉、石棉粉、铝粉等。

(6) 改性剂。改性剂是为了改善胶黏剂的某一方面性能，以满足特殊要求而加入的一些组分。如为增加胶结强度，可加入偶联剂，还可以分别加入防老化剂、防腐剂、防霉剂、阻燃剂、稳定剂等。

2. 胶黏剂的分类

胶黏剂的品种繁多，组成各异，分类方法也各不相同，一般可按黏结物质的性质、胶黏剂的强度特性及固化条件来划分。

(1) 按黏结物质的性质分类。具体分类见表 10.3。

表 10.3　　　黏胶剂按黏结物质的性质分类

<table>
<tr><td rowspan="10">胶黏剂</td><td rowspan="9">有机类</td><td rowspan="4">合成类</td><td rowspan="2">树脂型</td><td>热固性：酚醛树脂、环氧树脂、不饱和聚酯、聚氨酯、脲醛树脂等</td></tr>
<tr><td>热塑性：聚醋酸乙烯酯、聚氯乙烯一醋酸乙烯酯、聚丙烯酸酯、聚苯乙烯、聚酰胺、乙烯酸树脂、纤维素、饱和聚酯等</td></tr>
<tr><td colspan="2">橡胶型：再生橡胶、丁苯橡胶、丁基橡胶、氯丁橡胶、聚硫橡胶等</td></tr>
<tr><td colspan="2">混合型：酚醛聚乙烯醇缩醛、酚醛氯丁橡胶、环氧酚醛、环氧聚硫橡胶等</td></tr>
<tr><td rowspan="4">天然类</td><td colspan="2">葡萄糖衍生物：淀粉、町溶性淀粉、糊精、阿拉伯树胶、海藻酸钠等</td></tr>
<tr><td colspan="2">氨基酸衍生物：植物蛋白、酪元、血蛋白、骨胶、鱼胶</td></tr>
<tr><td colspan="2">天然树脂：木质素、单宁、松香、虫胶、生漆</td></tr>
<tr><td colspan="2">沥青、沥青胶</td></tr>
<tr><td colspan="4">无机类：硅酸盐、磷酸盐类、硼酸盐、硫黄胶、硅溶胶</td></tr>
</table>

(2) 按强度特性分类。

1) 结构胶黏剂。结构胶黏剂的胶结强度较高，至少与被胶结物本身的材料强度相当，同时对耐油、耐热和耐水性等都有较高的要求。

2) 非结构胶黏剂。非结构胶黏剂要求有一定的强度，但不承受较大的力。只起定位作用。

3) 次结构胶黏剂。次结构胶黏剂又称准结构胶黏剂，其物理力学性能介于结构型与非结构型胶黏剂之间。

(3) 按固化条件分类。

1) 溶剂型胶黏剂。溶剂型胶黏剂中的溶剂从黏合端面挥发或者被吸收，形成黏合膜而发挥结合力。溶剂型胶黏剂有聚苯乙烯、丁苯等。

2) 反应型胶黏剂。反应型胶黏剂的固化是由不可逆的化学变化而引起的。按照配方及固化条件，反应型可分为单组分、双组分甚至三组分的室温固化型、加热固化型等多种形式。反应型胶黏剂有环氧树脂、酚醛、聚氨酯和硅橡胶等。

3) 热熔型胶黏剂。热熔型胶黏剂以热塑性的高聚物为主要成分，是不含水或溶剂的固化聚合物，通过热熔融黏合，随后冷却、固化，发挥黏合力。热熔型胶黏剂有醋酸乙烯、丁基橡胶、松香、虫胶和石蜡等。

3. 胶黏剂性能和用途

建筑上常用胶黏剂的性能及应用见表 10.4。

表 10.4 建筑上常用胶黏剂的性能及应用

种类		性能	主要用途
热塑性合成树脂胶黏剂	聚乙烯醇缩甲醛类胶黏剂	黏结强度较高，耐水性、耐油性、耐磨性及抗老化性较好	粘贴壁纸、墙布、瓷砖等，可用于涂料的主要成膜物质，或用于拌制水泥砂浆，能增强砂浆层的黏结力
	聚醋酸乙烯酯类胶黏剂	常温固化快，黏结强度高，黏结层的韧性和耐久性好，不易老化，无毒、无味、不易燃爆，价格低，但耐水性	广泛用于粘贴壁纸、玻璃、陶瓷、塑料、纤维织物、石材、混凝土等各种非金属材料，也可作为水泥增强剂
	聚乙烯醇胶黏剂（胶水）	水溶性胶黏剂，无毒，使用方便，黏结强度不高	可用于胶合板、壁纸、纸张等的胶接
热固性合成树脂胶黏剂	环氧树脂类胶黏剂	黏结强度高，收缩率小，耐腐蚀，电绝缘性好，耐水、耐油	黏结金属制品、玻璃、陶瓷、木材、塑料、皮革、水泥制品、纤维制品等
	醛树脂类胶黏剂	黏结强度高，耐疲劳，耐热，耐气候老化	用于黏结金属、陶瓷、玻璃、塑料和其他非金属材料制品
	聚氨酯类胶黏剂	黏附性好，耐疲劳，耐油，耐水、耐酸、韧性好，耐低温性能优异，可室温固化，但耐热差	适于胶结塑料、木材、皮革等，特别适用于防水、耐酸、耐碱等工程中
合成橡胶胶黏剂	丁腈橡胶胶黏剂	弹性及耐候性良好，耐疲劳、耐油、耐溶剂性好，耐热，有良好的混溶性，但黏着性差，成膜缓慢	适用于耐油部件中橡胶与橡胶、橡胶与金属、织物等的胶结。尤其适用于黏结软质聚氯乙烯材料
	氯丁橡胶胶黏剂	黏附力、内聚强度高，耐燃、耐油、耐溶剂性好。储存稳定性差	用于结构黏结或不同材料的黏结。如橡胶、木材、陶瓷、石棉等不同材料的黏结
	聚硫橡胶胶黏剂	很好的弹性、黏附性。耐油、耐候性好，对气体和蒸汽不渗透，防老化性好	作密封胶及用于路面、地坪、混凝土的修补、表面密封和防滑。用于海港、码头及水下建筑物的密封
	硅橡胶胶黏剂	良好的耐紫外线、耐老化性，耐热、耐腐蚀性，黏附性好，防水防震	用于金属、陶瓷、混凝土、部分塑料的黏结。尤其适用于门窗玻璃的安装以及隧道、地铁等地下建筑中瓷砖、岩石接缝间的密封

4. 胶黏剂的选择原则

(1) 了解黏结材料的品种和特性。根据被粘材料的物理性质和化学性质选择合适的胶黏剂。

(2) 了解黏结材料的使用要求和应用环境。即黏结部位的受力情况、使用温度、耐介质及耐老化性、耐酸碱性等。

(3) 了解黏结工艺性。即根据黏结结构的类型采用适宜的接工艺。了解胶黏剂组分的毒性。

(4) 了解胶黏剂的价格和来源难易。在满足使用性能要求的条件下，尽可能选用价廉的、来源容易的、通用性强的胶黏剂。

为了提高胶黏剂在工程中的黏结强度，满足工程需要，使用胶黏剂黏结时应注意：

(1) 黏结界面要清洗干净，彻底清除被黏结物表面上的水分、油污、锈蚀和漆皮等附着物。

(2) 胶层要匀薄。大多数胶黏剂的胶结强度随胶层厚度增加而降低。胶层薄，胶面上的黏附力起主要作用，而黏附力往往大于黏聚力，同时胶层产生裂纹和缺陷的概率变小，胶结强度就高。但胶层过薄，易产生缺胶，更影响胶结强度。

(3) 晾置时间要充分。对含有稀释剂的胶黏剂，胶结前一定要晾置，使稀释剂充分挥发，否则在胶层内会产生气孔和疏松现象，影响胶结强度。

(4) 固化要完全。胶黏剂中的固化一般需要一定压力、温度和时间。加一定的压力有利于胶液的流动和湿润，保证胶层的均匀和致密，使气泡从胶层中挤出。温度是固化的主要条件，适当提高固化温度有利于分子间的渗透和扩散，有助于气泡的逸出和增加胶液的流动性，温度越高，固化越快。但温度过高会使胶黏剂发生分解，影响黏结强度。

5. 几种常用的胶黏剂的应用

在建筑装饰工程中应用的胶黏剂种类很多，主要介绍几种胶黏剂。

(1) 酚醛树脂类胶黏剂

1) 铁锚 206 胶。适用于木材、纤维板、胶合板、硬质泡沫塑料等多孔性材料的黏结。

2) E—5 胶、FN—301 胶、FN—302 胶。适用于黏结金属、陶瓷、玻璃、塑料和其他非金属材料制品。

(2) 环氧树脂类胶黏剂

1) 6202 建筑胶黏剂。适用于建筑五金的固定，电器安装等。对不适合打钉的水泥墙面用 6202 建筑胶黏剂更为合适。

2) XY—507 胶。适用于硬质塑料、金属、玻璃、陶瓷等的黏结，特别适用于经常受潮和地下水位较高的场所。

3) HN—605 胶。适用于各种塑料、金属、橡胶、陶瓷等材料的黏结。

4) EE—3 建筑胶黏剂。适用于各类建筑的厨房、浴室、洗脸间、厕所及地下室的墙面、地面、顶棚的装饰。

(3) 聚醋酸乙烯酯类胶黏剂

1) 白乳胶。此胶是用量最大的胶黏剂之一。它是由醋酸乙烯经乳液聚合而制得的一种乳白色的、带酯类芳香的乳胶状液体，其特点是：

a. 胶液呈酸性，pH 值为 4～6，一般含固量 50%。

b. 具有较强的亲水性，湿润能力较强。

c. 使用方便，既可以湿粘，也可以干粘。

d. 流动性好，有利于多孔材料的黏结。

e. 黏结强度不很高，主要用于承受力不太大的胶结中，如纸张、木材、纤维等。

f. 使用时温度不应低于 5℃，也不应高于 80℃，否则影响其胶结强度。

g. 耐水性差，不能用于湿度较大的环境。

2) 水性 10 号塑料地板胶黏剂。水性 10 号塑料地板胶黏剂是一种单组分的水溶性胶液，适用于聚氯乙烯地板、木质地板与水泥地面的黏结。

3）4115建筑胶黏剂。4115建筑胶黏剂是常温固化单组分胶黏剂，对于多种微孔建筑材料，有良好的黏结性能，适用于木材、水泥制件、陶瓷、石棉板、纸面石膏板、矿棉板、刨花水泥板、玻璃纤维水泥增强石膏板、钙塑板的黏结。

4）CCR－803建筑胶黏剂。对混凝土、木材、陶瓷、石材、水泥刨花板、石棉板等有良好的黏结性。

5）SG791建筑装修胶黏剂。可适用于在混凝土、砖、石青板、石材等墙面上黏结木条、木门窗框、木挂镜线、窗帘盒、瓷砖，同时还可以在墙面上黏结钢、铝等金属件。

6）601建筑装修胶黏剂。适用于混凝土、木材、陶瓷、石膏板、钙塑板、聚苯乙烯泡沫板、水泥刨花板等各种微孔材料的黏结。

（4）聚氨酯类胶黏剂

1）405胶。405胶常用于胶结塑料、木材、皮革等以及特别需要防水、耐酸碱的工程。

2）CH－201胶。适用于地下室、宾馆走廊以及使用腐蚀性化工原料的车间等潮湿环境和经常用水冲洗的地面黏结用。也适用于黏结与水泥地面、木材、钢板等。

（5）橡胶类胶黏剂。

橡胶类胶黏剂主要品种有801强力胶、氯丁胶黏剂。

1）801强力胶。801强力胶适用于塑料、木材、纸张、皮革、橡胶等材料的黏结。801强力胶含有机溶剂，属易燃品，应隔离火源，放在阴凉处。

2）氯丁胶黏剂。氯丁胶黏剂适用于地毯、纤维制品和部分塑料的黏结。

复习思考题与习题

1. 合成高分子化合物如何制备？
2. 塑料的组分有哪些？它们在塑料中所起的作用如何？
3. 建筑塑料有何优缺点？工程中常用的建筑塑料有哪些？
4. 胶结具有哪些突出的优越性？
5. 胶黏剂的基本组成材料有哪些？
6. 按强度特性的不同，胶黏剂可分为哪几类？
7. 如何才能提高黏胶剂在工程中的黏结程度？
8. 应如何选用建筑胶黏剂？

第11章 绝热材料与吸声材料

【内容概述】

本章主要介绍了绝热材料与吸声材料的工作原理以及常用的绝热与吸声材料的种类。同时对影响绝热与吸声材料的因素作了简要介绍。

【学习目标】

掌握常用绝热与吸声材料的种类及其特点；明确其工作原理，能根据不同环境合理选择绝热与吸声材料。

11.1 绝热材料

在工程中，习惯上把控制室内热量外流的材料称为保温材料，把防止室外热量进入室内的材料称为隔热材料。保温材料和隔热材料统称为绝热材料。合理地采用绝热材料，能提高建筑物的使用效能，保证正常的生产、工作和生活。在采暖、空调、冷藏等建筑物中采用必要的绝热材料，能减少热损失，节约能源，降低成本。据统计，绝热良好的建筑，其能源消耗可节省25%～50%，因此，在建筑工程中，合理地使用绝热材料具有重要意义。

11.1.1 绝热材料的基本特性

绝热材料最基本的性能要求是导热性低。建筑工程中使用的绝热材料，一般要求其导热系数不大于0.23W/（m·K），表观密度不大于600kg/m^3，抗压强度不小于0.3MPa。在具体选用时，除考虑上述基本要求外，还应了解材料在耐久性、耐火性、耐侵蚀性等方面是否符合要求。

导热系数（λ）是材料导热特性的一个物理指标。当材料厚度、受热面积和温差相同时，导热系数值主要决定于材料本身的结构与性质。因此，导热系数是衡量绝热材料性能优劣的主要指标。λ值越小，则通过材料传送的热量就越少，其绝热性能也越好。材料的导热系数决定于材料的组分、内部结构、表观密度；也决定于传热时的环境温度和材料的含水量。通常，表观密度小的材料其孔隙率大，因此导热系数小。孔隙率相同时，孔隙尺寸大，导热系数就大；孔隙相互连通比相互不连通（封闭）者的导热系数大。对于松散纤维制品，当纤维之间压实至某一表观密度时，其λ值最小，则该表观密度为最佳表观密度。纤维制品的表观密度小于最佳表观密度时，表明制品中纤维之间的空隙过大，易引起空气对流，因而其λ值反而增大。绝热材料受潮后，其λ值增加，因为水的λ值［0.58W/（m·K）］远大于密闭空气的导热系数［0.023W/（m·K）］。当受潮的绝热材料受到冰冻时，其导热系数会进一步增加，因为冰的λ值为2.33W/（m·K），比水大。因此，绝热材料应特别注意防潮。常用建筑材料导热系数见表 11.1。

表 11.1　　常用建筑材料导热系数

材料	导热系数 [W/(m·K)]	材料	导热系数 [W/(m·K)]	材料	导热系数 [W/(m·K)]
铁	50	软木	0.13	普通烧结砖	0.55
不锈钢	17	有机玻璃	0.18	普通混凝土	1.80
铜	180	刚性 PVC	0.17	膨胀珍珠岩	0.04
水	0.58	冰	2.3	空气	0.029

当材料处在 0～50℃范围内时，其 λ 值基本不变。在高温时，材料的 λ 值随温度的升高而增大。对各向异性材料（如木材等），当热流平行于纤维延伸方向时，热流受到的阻力小，其 λ 值较大；而热流垂直于纤维延伸方向时，受到的阻力大，其 λ 值就较小。

11.1.2　常用的绝热材料

常用的绝热材料按其成分可分为有机和无机两大类。无机绝热材料是用矿物质原料做成的呈松散状、纤维状或多孔状的材料，可加工成板、卷材或套管等形式的制品。有机绝热材料是用有机原料（如各种树脂、软木、木丝、刨花等）制成。有机绝热材料的密度一般小于无机绝热材料。无机绝热材料不腐烂、不燃，有些材料还能抵抗高温，但密度较大。有机绝热材料吸湿性大，易受潮、腐烂，高温下易分解变质或燃烧，一般温度高于 120℃时就不宜使用，但堆积密度小，原料来源广，成本较低。

1. 无机纤维状绝热材料

这是一类由连续的气相与无机纤维状固相组成的材料。常用的无机纤维有矿棉、石棉、玻璃棉等，可制成板或筒状制品。由于不燃、吸音、耐久、价格便宜、施工简便，因而广泛用于住宅建筑和热工设备的表面。

（1）玻璃棉及其制品。玻璃棉属于玻璃纤维中的一个类别，是一种人造无机纤维。玻璃棉是将熔融玻璃纤维化，形成棉状的材料，化学成分属玻璃类，是一种无机质纤维，具有成型好、体积密度小、热导系数小、保温绝热、吸音性能好、耐腐蚀、化学性能稳定等特点。一般的堆积密度为 40～150kg/m^3，价格与矿棉制品相近，可制成沥青玻璃棉毡、板及酚醛玻璃棉毡和板，使用方便，因此是广泛用在温度较低的热力设备和房屋建筑中的保温隔热材料，还是优质的吸声材料。

（2）石棉及其制品。石棉是一种具有高耐化学和热侵蚀、电绝缘和具有可纺性的硅酸盐类矿物产品。也是一种纤维状无机结晶材料。石棉具有耐火、耐酸碱、绝热、防腐、隔音等特性。通常以石棉为主要原料生产的保温隔热制品有石棉粉、石棉涂料、石棉板、石棉毡等制品，用于建筑工程的高效能保温及防火覆盖等。

（3）矿棉及其制品。矿棉一般包括矿渣棉和岩石棉。矿渣棉所用原料有高炉硬矿渣、铜矿渣和其他矿渣等，另加一些调整原料（含氧化钙、氧化硅的原料）。岩石棉的主要原料是天然岩石，经熔融后吹制而成的纤维状（棉状）产品。

矿棉具有轻质、不燃、绝热和电绝缘等性能，且原料来源丰富，成本较低，可制成矿棉板、矿棉防水毡及管套等。可用作建筑物的墙壁、屋顶、顶棚等处的保温隔热和吸声。

2. 无机散粒状绝热材料

无机散粒状绝热材料是一类由连续的气相与无机颗粒状固相组成的材料。常用的固相材料有膨胀蛭石和珍珠岩等。

(1) 膨胀蛭石及其制品。膨胀蛭石是由天然矿物蛭石经烘干、破碎、焙烧（800～1000℃），在短时间内体积急剧膨胀（6～20 倍）而成的一种金黄色或灰白色的颗粒状材料。

膨胀蛭石的主要特性是表观密度 80～900kg/m^3，导热系数 0.046～0.070W/(m·K)，可在 1000～1100℃温度下使用，不蛀、不腐，但吸水性较大。膨胀蛭石可以呈松散状铺设于墙壁、楼板、屋面等夹层中，作为绝热、隔声之用。使用时应注意防潮，以免吸水后影响绝热效果。

膨胀蛭石也可与水泥、水玻璃等胶凝材料配合，浇制成板，用于墙、楼板和屋面板等构件的绝热。

(2) 膨胀珍珠岩及其制品。膨胀珍珠岩是由天然珍珠岩煅烧而成的，呈蜂窝泡沫状的白色或灰白色颗粒，是一种高效能的绝热材料。其堆积密度为 40～500kg/m^3，导热系数为 0.047～0.070W/(m·K)，最高使用温度可达 800℃，最低使用温度为－200℃。具有吸湿小、无毒、不燃、抗菌、耐腐、施工方便等特点。建筑上广泛用于围护结构、低温及超低温保冷设备、热工设备等处的隔热保温材料，也可用于制作吸声制品。

膨胀珍珠岩制品是以膨胀珍珠岩为主，配合适量胶凝材料（水泥、水玻璃、磷酸盐、沥青等），经拌和、成型、养护（或干燥、或固化）后而制成的具有一定形状的板、块、管壳等制品。

3. 无机多孔类绝热材料

多孔类材料是由固相和孔隙良好地分散材料组成的，主要有泡沫类和发气类产品。

(1) 泡沫混凝土。是由水泥、水、松香泡沫剂混合后经搅拌、成型、养护而成的一种多孔、轻质、保温、隔热、吸声材料。也可用粉煤灰、石灰、石膏和泡沫剂制成粉煤灰泡沫混凝土。泡沫混凝土的表观密度为 300～500kg/m^3，导热系数为 0.082～0.186W/(m·K)。

(2) 加气混凝土。是由水泥、石灰、粉煤灰和发气剂（铝粉）配制而成的一种保温隔热性能良好的轻质材料。由于加气混凝土的表观密度小（500～700kg/m^3），导热系数值为［0.093～0.164W/(m·K)］比黏土砖小，因此 24cm 厚的加气混凝土墙体，其保温隔热效果优于 37cm 厚的砖墙。此外，加气混凝土的耐火性能良好。

(3) 硅藻土。由水生硅藻类生物的残骸堆积而成。导热系数约为 0.060W/(m·K)，其孔隙率为 50%～80%，因此具有很好的绝热性能，可用作填充料。

(4) 微孔硅酸钙。由硅藻土或硅石与石灰等经配料、拌和、成型及水热处理制成。以托贝莫来石为主要水化产物的微孔硅酸钙，表观密度约为 200kg/m^3，导热系数约为 0.047W/(m·K)，最高使用温度约 650℃。以硬硅钙石为主要水化产物的微孔硅酸钙，其表观密度约为 230kg/m^3，导热系数约为 0.056W/(m·K)，最高使用温度可达 1000℃。

(5) 泡沫玻璃。由玻璃粉和发泡剂等经配料、烧制而成。气孔率达 80%～95%，气孔直径为 0.1～5mm，且大量为封闭而孤立的小气泡。其表观密度为 150～600kg/m^3，导热系数为 0.058～0.128W/(m·K)，抗压强度为 0.8～15MPa。采用普通玻璃粉制成的泡沫玻璃最高使用温度为 300～400℃，若用无碱玻璃粉生产时，则最高使用温度可达 800～1000℃。耐久性好、易加工，可满足多种绝热需要。

4. 有机绝热材料

（1）泡沫塑料。是以各种树脂为基料，加入一定剂量的发泡剂、催化剂、稳定剂等辅助材料，经加热发泡而制成的一种具有轻质、绝热、吸声、防震性能的材料。泡沫塑料具有表观密度小、隔音性能好等特点。目前我国生产的有聚苯乙烯泡沫塑料，其表观密度为 20～50kg/m^3，导热系数为 0.038～0.047W/(m·K)，最高使用温度约 70℃。聚氯乙烯泡沫塑料，其表观密度为 12～75kg/m^3，导热系数为 0.031～0.045W/(m·K)。聚氨酯泡沫塑料，其表观密度为 30～65kg/m^3，导热系数为 0.035～0.042W/(m·K)，最高使用温度可达 120℃，最低使用温度为－60℃。此外，还有脲醛泡沫塑料及制品等。该类绝热材料可用作复合墙板及屋面板的夹心层及冷藏和包装等绝热需要。

（2）植物纤维类绝热板。可用稻草、木质纤维、麦秸、甘蔗渣等为原料经加工而成。其表观密度为 200～1200kg/m^3，导热系数为 0.058～0.307W/(m·K)，可用于墙体、地板、顶棚等。

（3）窗用绝热薄膜。又名新型防热片，其厚度为 12～50μm，用于建筑物窗户的绝热，可以遮蔽阳光，防止室内陈设物褪色，降低冬季热量损失，节约能源，增加美感。使用时，将特制的防热片（薄膜）贴在玻璃上，其功能是将透过玻璃的大部分阳光反射出去，反射率高达 80%。防热片能减少紫外线的透过率，减轻紫外线对室内家具和织物的有害作用，减弱室内的温度变化程度，也可避免玻璃碎片伤人。

11.2 吸声材料

对空气中传播的声能有较大程度吸收作用的材料称为吸声材料。吸声材料多为蓬松状材料，它的穿孔透气作用设计使它具有很好的吸声性能，吸声材料在音乐厅、影剧院、录音室、演播厅等公众场所中大量使用，不仅可以减少环境噪声污染，而且能适当地改善音质，获得良好的音质效果。

11.2.1 材料吸声的原理及其技术指标

1. 材料吸声的作用原理

声音起源于物体的振动，它迫使邻近的空气跟着振动而成为声波，并在空气介质中向四周传播。声音沿发射的方向最响，称为声音的方向性。

声音在传播过程中，一部分由于声能随着距离的增大而扩散，另一部分则因空气分子的吸收而减弱。声能的这种减弱现象，在室外空旷处颇为明显，但在室内如果房间的体积并不太大，上述的这种声能减弱就不起主要作用，而主要是室内墙壁、天花板、地板等材料表面对声能的吸收。

2. 材料吸声的评价指标

当声波遇到材料表面时，一部分被反射，另一部分穿透材料，其余的部分则传递给材料，在材料的孔隙中引起空气分子与孔壁的摩擦和黏滞阻力，其间相当一部分声能转化为热能而被吸收掉。这些被吸收的能量（E）（包括部分穿透材料的声能在内）与传递给材料的全部声能（E_0）之比，是评定材料吸声性能好坏的主要指标，称为吸声系数。

吸声系数越大，说明材料的吸声效果越好。吸声系数与声音的频率及声音的入射方向有关。因此吸声系数用声音从各方向入射的吸收平均值表示，并应指出是对哪一频率的吸收。通常采用六个频率：125Hz、250Hz、500Hz、1000Hz、2000Hz、4000Hz。任何材料对声音都能吸收，只是吸收程度有很大的不同。通常是将对上述六个频率的平均吸声系数大于 0.2 的材料，称为吸声材料。

11.2.2 影响多孔性材料吸声性能的因素

1. 材料的表观密度

对同一种多孔材料（例如，超细玻璃纤维）而言，当其表观密度增大时（即孔隙率减小时），对低频的吸声效果有所提高，而对高频的吸声效果则有所降低。因此在一定条件下，材料密度存在一个最佳值。

2. 材料的厚度

增加多孔材料的厚度，可提高对低频的吸声效果，而对高频则没有大的影响。

3. 材料的孔隙特征

孔隙越多越细小，吸声效果越好。如果材料中的孔隙大部分为单独的封闭气泡（如聚氯乙烯泡沫塑料），则因声波不能进入，从吸声机理上来讲，就不属多孔性吸声材料。当多孔材料表面涂刷油漆或材料吸湿时，则因材料的孔隙被水分或涂料所堵塞，其吸声效果亦将大大降低。

4. 材料背后的空气层

材料背后的空气层，相当于增大了材料的有效厚度，因此，它的吸声性能一般来说随空气层厚度增加而提高，特别是改善对低频的吸收，它比增加材料厚度来提高低频的吸声效果更有效。通常将吸声材料安装在离墙一定距离处，调整材料距离墙面的安装距离（即空气层厚度）为 1/4 波长的奇数倍时，可获得最好的吸声效果。

11.2.3 工程中常用吸声材料

1. 多孔类吸声材料

多孔类吸声材料是最常用的吸声材料之一，其主要是靠大量内外连通的微孔吸声。声波进入材料内部互相贯通的孔隙，空气分子受到摩擦和黏滞阻力，使空气产生振动，从而使声能转化为机械能，最后因摩擦而转变为热能被吸收。这类多孔材料的吸声系数，一般从低频到高频逐渐增大，所以对中频和高频的声音吸收效果较好。此类材料可分为纤维材料、颗粒材料和泡沫材料。

2. 膨胀珍珠岩装饰吸声制品

膨胀珍珠岩装饰吸声制品是以膨胀珍珠岩为集料，配合适量的胶结剂，并加入其他辅料制成的板块材料。按所用的胶黏剂及辅料不同，可分为水玻璃珍珠岩板、石膏珍珠岩板、水泥珍珠岩板、沥青珍珠岩板、磷酸盐珍珠岩板等多种。膨胀珍珠岩板具有质轻、不燃、吸声、施工方便等优点，多用于墙面或顶棚装饰与吸声工程。

膨胀珍珠岩吸声砖是以适当粒径的膨胀珍珠岩为集料，加入胶黏剂，按一定配比，经搅拌、成型、干燥、焙烧或养护而成。该砖材吸声隔热，可锯、可钉，施工方便，常用于消声砌体工程。

3. 矿棉装饰吸声板

矿棉装饰吸声板是以矿渣棉、岩棉或玻璃棉为基料，加入适量的胶黏剂、防潮剂、防腐剂，经过加压和烘干制成的板状材料，该吸声板具有质轻、不燃、吸声效果好、保温、隔热、装饰效果好等优异性能，适用于宾馆、会议大厅、写字楼、影剧院等公共建筑吊顶和墙面吸声装饰。

4. 泡沫塑料

泡沫塑料有聚苯乙烯泡沫塑料、聚氯乙烯泡沫塑料、聚氨酯泡沫塑料和脲醛泡沫塑料等多种。泡沫塑料的孔型以封闭为主，所以吸声性能不够稳定，软质泡沫塑料具有一定程度的弹性，可导致声波衰减，常作为柔性吸声材料。

5. 钙塑泡沫装饰吸声板

钙塑泡沫装饰吸声板是以聚乙烯树脂和无机填料，经混炼模压、发泡、成型制成。该板一般规格为 500mm×500mm×6mm，有多种颜色，可制成凹凸图案、打孔图案。钙塑泡沫装饰吸声板质轻、耐水、吸声、隔热、施工方便，常用于吊顶和内墙面。

6. 穿孔板和吸声薄板

将铝合金板或不锈钢板穿孔加工制成金属穿孔吸声装饰板。由于其强度高，可制得较大穿孔率的微孔板背衬多孔材料使用。金属穿孔吸声装饰板主要起饰面作用。吸声薄板有胶合板、石膏板、石棉水泥板、硬质纤维板等。通常是将它们的四周固定在龙骨上，背后有适当空气层形成的空腔组成共振吸声结构。若在其空腔内填入多孔材料，可在很宽的频率范围内提高吸声系数。

7. 悬挂空间吸声体

由于声波与吸声材料的两个或两个以上的表面相接触，增加了有效的吸声面积，产生边缘效应，加上声波的衍射作用，大大提高了实际的吸声效果。空间吸声体具有用料少、质量轻、投资省、吸声效率高布置灵活等特点。实际使用时，可根据不同的使用地点和要求，设计成各种形式的悬挂在顶棚下的空间吸声体。空间吸声体有平板形、球形、方块形、圆锥形、棱锥形等多种形式。

11.2.4　隔声材料

能减弱或隔断声波传递的材料称为隔声材料。人们要隔绝的声音按传播的途径可分为空气声（由于空气的振动）和固体声（由于固体的撞击或振动）两种。必须指出：吸声性能好的材料，不能简单地就把它们作为隔声材料来使用。

对隔空气声，根据声学中的“质量定律”，墙或板传声的大小，主要取决于其单位面积质量，质量越大，越不易振动，则隔声效果越好，故必须选用密实、沉重的材料（如黏土砖、钢板、钢筋混凝土）作为隔声材料，而吸声性能好的材料，一般为轻质、疏松、多孔材料，不宜作为隔声材料。

对隔固体声最有效的措施是采用不连续的结构处理，即在墙壁和承重梁之间、房屋的框架和隔墙及楼板之间加弹性衬垫，如毛毡、软木、橡皮、设置空气隔离层或在楼板上加弹性地毯等，以阻止或减弱固体声波的连续传播。

复习思考题与习题

1. 什么是绝热材料？绝热材料有哪些基本要求？
2. 影响材料导热系数的主要因素有哪些？
3. 为什么在使用绝热材料时要防潮？
4. 什么是吸声材料？吸声系数有何物理意义？
5. 影响吸声的主要因素有哪些？
6. 绝热材料在选用时有哪些方面的性能要求？应考虑的问题是什么？
7. 绝热材料与吸声材料在孔隙结构上有何区别？为什么？

第12章　建筑材料性能检测

【内容概述】

建筑材料性能检测是本课程重要的实践性教学环节。本章内容按照高等职业教育教学大纲的要求进行选材，包括建筑材料的基本性质检测，水泥性能检测，混凝土用砂、石性能检测，普通混凝土性能检测，建筑砂浆性能检测，砌墙砖性能检测，石油沥青性能检测，弹（塑）性体改性沥青防水卷材性能检测和钢筋性能检测。

【学习目标】

通过性能检测，进一步了解主要建筑材料的性状，巩固和加深理解所学的理论知识，了解常用的试验仪器，掌握常用建筑材料性能的检验和评定；掌握各技术指标的检测方法、检测仪器的操作、试验数据的处理与报告的填写；培养学生严谨认真的科学态度，提高学生分析和解决问题的能力；了解本章介绍之外的其他的检测方法和新仪器、新设备的发展方向，了解试验所使用的国家标准。

12.1　建筑材料的基本性质检测

12.1.1　密度试验

1. 试验目的

测定材料的密度。

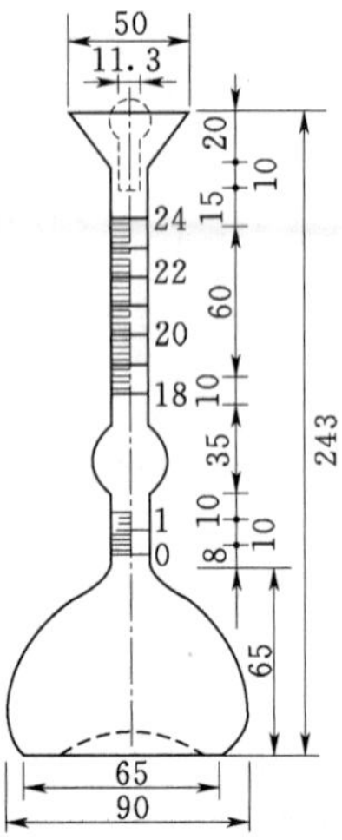

图12.1　李氏瓶
（单位：mm）

2. 主要仪器设备

密度瓶（图12.1）又名李氏瓶、筛子（900孔/cm^2）、量筒、烘箱、干燥器、天平（500g，感量0.01g）、温度计、盛水容器、漏斗和小勺等。

3. 试验步骤

（1）试样制备将试样研磨后，用筛子筛分，除去筛余物，放在105～110℃的烘箱中烘至恒量，再放入干燥器中冷却至室温备用。

（2）在密度瓶中注入与试样不发生化学反应的液体至突颈下部刻度线处。将李氏瓶放在盛水的容器中，调整水温到20℃，记录刻度示值V_0。

（3）用天平称取60～90g试样，精确到0.01g。用小勺和漏斗小心地将试样徐徐送入密度瓶中，直至液面上升到20mL刻度左右为止。再称剩余的试样质量，计算出装入瓶内的试样质量m。

（4）用瓶内的液体将黏附在瓶颈和瓶壁上的试样冲洗入瓶内液体

中，转动密度瓶，使液体中的气泡排出，记下液面刻度 V_1，根据前后两次液面读数，算出液面上升的体积，即为瓶内试样所占的绝对体积 $V(V=V_1-V_0)$。

在此需注意的是试验过程中始终保持盛水容器中的水温为20℃。

4. 试验数据计算与评定

按下式计算材料密度 ρ

$$\rho=\frac{m}{V} \tag{12.1}$$

式中　ρ——材料的密度，g/cm^3（精确至 $0.01g/cm^3$）；

m——装入瓶中试样的质量，g；

V——装入瓶中试样的绝对体积，cm^3。

密度试验用两个试样平行进行，以其计算结果的算术平均值作为最后结果。但两个试验结果之差不应大于 $0.02g/cm^3$，否则应重新测试。

12.1.2　表观密度试验

1. 试验目的

测定材料的表观密度，评定材料的质量。

2. 主要仪器设备

游标卡尺（精度0.1mm）、天平（感量0.1g）、烘箱、干燥器、漏斗、直尺等。

3. 试验步骤

(1) 将形状规则的欲测材料试件放入105～110℃烘箱中烘至恒量，取出置入干燥器中，冷却至室温备用。

(2) 用直尺或游标卡尺量出试件尺寸，并计算出试件的体积 V_0，再用天平称试样质量 m。

注意：①当试件为平行六面体时，则应在每边的上、中、下三个位置分别测量，以三次所测的算术平均值作为试件尺寸计算体积。当试件为圆柱体时，按两个互相垂直的方向测其直径，各方向上、中、下各测量三次，以六次数据的平均值作为试件直径；再在互相垂直的两直径与圆周交界的四点上量其高度，取四次测量的平均值作为试件的高度。②对形状不规则的材料，可用排液法或水中称重法测量其体积 V_0，但在测定前，待测材料表面应用薄蜡层密封，以免测液进入材料内部开口孔隙而影响测定值。

4. 试验数据计算与评定

按下式计算材料的表观密度

$$\rho_0=\frac{m}{V_0} \tag{12.2}$$

式中　ρ_0——材料的表观密度，g/cm^3；

m——材料的质量，g；

V_0——试件的体积，(包括材料在绝对密实状态下的体积加上开口孔隙体积再加上闭口孔隙体积)，cm^3。

以五次试验结果的平均值为最后结果，精确至 $10kg/m^3$。

12.1.3 堆积密度试验

1. 试验目的

测定材料的堆积密度，计算材料的空隙率。

2. 主要仪器设备

标准容器（容积为1L）、天平（感量1g）、烘箱、干燥器、漏斗、料勺、直尺等。

3. 试验步骤

(1) 试样制备。将试样放在105～110℃的烘箱中，烘至恒量，再放入干燥器中冷却至室温。

(2) 松散堆积密度的测定。称标准容器的质量 m_1，用标准漏斗和料勺将试样徐徐地装入容器内，漏斗出料口距容器口为5cm，待容器顶上形成锥形，将多余的材料用直尺沿容器口中心线向两个相反方向刮平，称容器和材料总质量 m_2。

(3) 紧密堆积密度的测定。称标准容器的质量 m_1，将试样分两层装入标准容器内，装完一层后，在筒底垫放一根 $\phi 10$ mm 钢筋，用手扶住标准容器，左右交替颠击地面各25下；再装第二层，将垫着的钢筋转动90°，同法颠击。再加料至试样超出容器口，用直尺沿容器中心线向两个相反方向刮平，称其总质量 m_2。

注意 每次称量时，精确至1g。

4. 试验数据计算与评定

堆积密度按下式计算

$$\rho_0' = \frac{m_2 - m_1}{V_0'} \tag{12.3}$$

式中 m_1——标准容器的质量，kg；

m_2——容器和试样总质量，kg；

ρ_0'——材料的堆积密度，kg/m³；

V_0'——容器的容积，m³。

以两次试验结果的算术平均值作为堆积密度测定的结果。

注意：容量筒的校准方法：将温度为20℃±2℃的饮用水装满容量筒，用一块玻璃沿筒推移，使其紧贴水面。擦干筒外壁水分，然后称出其质量，精确至1g。容量筒容积按下式计算，精确至1mL。

$$V = G_1 - G_2 \tag{12.4}$$

式中 V——容量筒容积，mL；

G_1——容量筒、玻璃板和水的总质量，g；

G_2——容量筒和玻璃板的总质量，g。

12.1.4 吸水率试验

1. 试验目的

测定材料的吸水率，评定材料的质量。

2. 主要仪器设备

天平（称量1000g，感量0.1g）、水槽、烘箱等。

3. 试验步骤

(1) 将试件置于温度不超过110℃的烘箱中烘至恒量，称其质量 m。

(2) 将试件放入水槽中，并在槽底放置玻璃垫条，使试样底面与槽底不至紧贴，使水能自由进入。

(3) 在水槽中加水至试件高度的1/4处，2h后加水至试件高度的1/2处，隔2h再加水至试件高度的3/4处，又隔2h加水至高出试件1～2cm，再经1d后取出试件。

注意： 这样逐次加水的目的在于使试件孔隙中的空气能够逐渐逸出。

(4) 取出试件后，用拧干的湿毛巾轻轻抹去试件表面的水分（不得来回擦拭），称其质量，称量后仍放回槽中浸水。

以后每隔1昼夜用同样方法称取试样质量，直至试件浸水至恒定质量为止（质量相差不超过0.05g），此时称得的试件质量为 m_1。

4. 试验数据计算与评定

分别按式（12.5）和式（12.6）计算质量吸水率 $W_{质}$ 及体积吸水率 $W_{体}$。

$$W_{质} = \frac{m_1 - m}{m} \times 100\% \tag{12.5}$$

$$W_{体} = \frac{V_1}{V_0} \times 100\% = \frac{m_1 - m}{m} \frac{\rho_0}{\rho_{H_2O}} \times 100\% = W_{质}\,\rho_0 \tag{12.6}$$

式中 m——材料在干燥状态下的质量，g；

m_1——材料在吸水饱和状态下的质量，g；

V_1——材料吸水饱和状态下吸收水分的体积，cm^3；

V_0——干燥材料自然状态下的体积，cm^3；

ρ_0——试样的表观密度，g/cm^3；

ρ_{H_2O}——水的密度，常温时 $\rho_{H_2O} = 1g/cm^3$。

材料的吸水率应用三个试样平行进行，并以三个试样吸水率的算术平均值作为测试结果。

12.2 水泥技术性能检测

12.2.1 一般规定

1. 取样方法

袋装水泥以同品种、同强度等级、同出厂编号的水泥200t为一取样单位，不足200t仍作为一取样单位。散装水泥以同一出厂编号的500t为一取样单位，取样应具有代表性，可连续取样，也可随机在20个以上不同部位抽取等量样品，样品总量至少12kg。

2. 试验条件

(1) 试样制备。取得的水泥试样应充分混合均匀，分成两等份，一份进行试验另一份密封保存3个月，供仲裁检验时使用。

试验前，应将水泥试样用0.9mm方孔筛过筛，并记录筛余量。

当试验水泥从取样至试验要持续24h以上时，应把它储存在基本装满和气密的容器里，该容器应不与水泥起反应。

试验用水必须是洁净的饮用水，有争议时应以蒸馏水为准。

(2) 检测环境。试验室的温度应保持在20℃±2℃，相对湿度应不低于50%；水泥试样、标准砂、拌和用水及试模等仪器用具的温度应与试验室温度相同。

湿气养护箱的温度应保持在20℃±1℃，相对湿度应不低于90%，水泥试体养护池的水温应控制在20℃±1℃内。

12.2.2　水泥细度测定（筛析法）

水泥细度是将水泥试样通过80μm或45μm方孔筛，筛分后用筛网上筛余物的质量与试样原始质量分数来表示水泥样品的细度。水泥细度常用检测方法有负压筛法、水筛法和干筛法。当有争议时，以负压筛法为准。

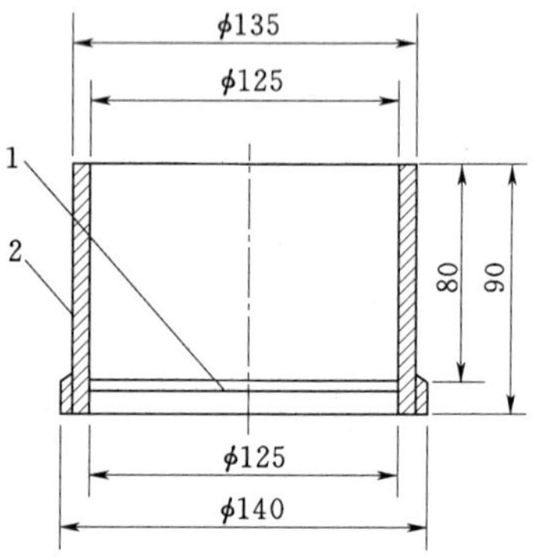

图12.2　试验筛（单位：mm）
1—筛网；2—筛框

1. 试验目的

检验水泥颗粒的粗细程度，以它作为评定水泥质量的依据之一。

2. 主要仪器设备

(1) 试验筛（图12.2）。试验筛有80μm或45μm方孔筛，分负压筛、水筛和干筛三种。负压筛应附有透明筛盖，并与筛上口有良好的密封性。试验筛每使用100次后需重新标定。

(2) 负压筛析仪（图12.3）。负压筛析仪由筛座、负压筛、负压源及吸尘器组成。筛座由转速为30r/min±2r/min的喷气嘴、负压表、电机及机壳组成。

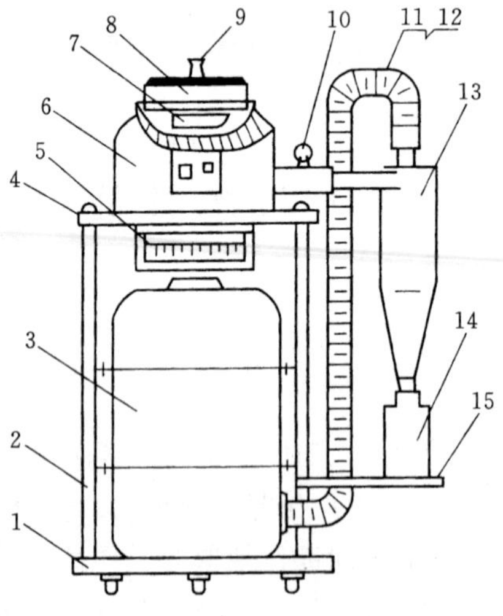

图12.3　负压筛析仪示意图

1—底座；2—立柱；3—吸尘器；4—面板；5—真空负压筛；6—筛析仪；7—喷嘴；8—试验筛；9—筛盖；10—气压接头；11—吸法软管；12—气压调节阀；13—收尘筒；14—收集容器；15—把座

(3) 水筛架和喷头 (图 12.4)。水筛架上筛座内径 140^{+0}_{-3} mm，下部有叶轮可在水流作用时使筛座旋转。喷头直径 55mm，面上均匀分布 90 个孔，孔径 0.5～0.7mm。

(4) 天平。感量应不大于 0.01g。

3. 试验步骤

(1) 负压筛法。

1) 仪器设备检查。置负压筛于筛座上并盖上筛盖，接通电源，调节负压至 4～6kPa，检查控制系统。

2) 筛分。称取试样 25g 置于洁净的负压筛中，盖上筛盖，开动负压筛析仪，连续筛析 2min。筛毕，称量筛余物 R_S。

注意：①筛分中，如有试样附在筛壁筛盖上，应轻敲筛盖使试样下落；②筛析过程中，负压应保持在 4～6kPa 之间。

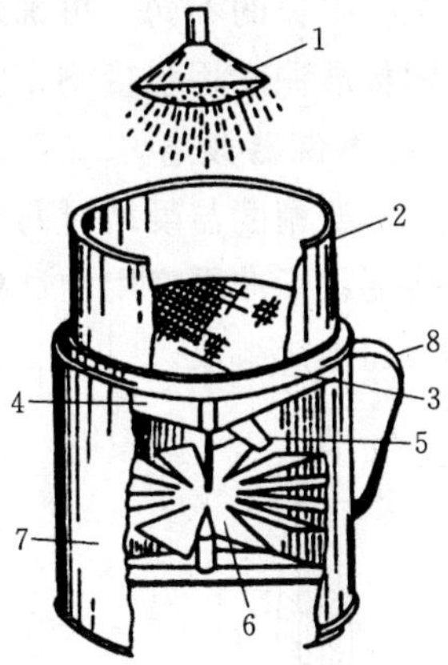

图 12.4 水筛法装置系统图

1—喷头；2—标准筛；3—旋转托架；4—集水斗；5—出水口；6—叶轮；7—外筒；8—把手

(2) 水筛法。

1) 仪器设备检查。检查水中有无泥沙，调整水压 (0.05MPa) 及水筛架的位置，使其能正常运转。喷头底面距筛网 35～70mm。

2) 筛分。称取试样 50g，置于洁净水筛中，立即用洁净淡水冲洗至大部分细粉通过后，再将水筛置于水筛架上，打开喷头连续冲洗 3min。筛毕，用少量水将筛余物冲至蒸发皿中，沉淀后，小心倒出清水，烘干后，称量筛余物 R_S。

(3) 干筛法。

1) 仪器检查。筛框有效直径 150mm、高 50mm，并附有筛盖、筛底。

2) 筛分。称取水泥试样 50g 倒入干筛内，用一只手执筛往复摇动，另一只手轻轻拍打，拍打速度每分钟 120 次，每 40 次向同一方向转动 60°，直至每分钟通过试样量不超过 0.03g 为止，称量筛余物 R_S。

4. 试验数据计算与评定

按下式计算水泥筛余百分率

$$F = \frac{R_S}{m} \times 100\% \tag{12.7}$$

式中 F——水泥试样的筛余百分数；

R_S——水泥筛余物的质量，g；

m——水泥试样的质量，g。

评定被测水泥是否合格时，每个样品应称取两个试样分别筛析，取筛余平均值作为结果。若两次筛余结果绝对误差大于 0.5%时 (筛余值大于 5.0%时可放至 1.0%)，须再做一次试验，取两次相近结果的算术平均值，作为最终结果。

12.2.3 水泥标准稠度用水量测定

1. 试验目的及原理

通过试验测定水泥净浆达到标准稠度的需水量，作为水泥凝结时间、安定性试验的用水量标准。

水泥净浆对标准试杆（或试锥）的沉入具有一定阻力，通过试验含有不同水量的水泥净浆对试杆阻力的不同，可确定水泥净浆达到标准稠度时所需的水量。

水泥标准稠度用水量测定方法有：标准法和代用法。有争议时，以标准法为准。

2. 主要仪器设备

（1）标准稠度与凝结时间测定仪（图 12.5）：由铁座、可以自由滑动的金属滑杆（下部可旋接测定标准稠度用的试杆、试锥和试针，滑动部分的总质量为 300g±1g）、松紧螺丝、标尺和指针组成。

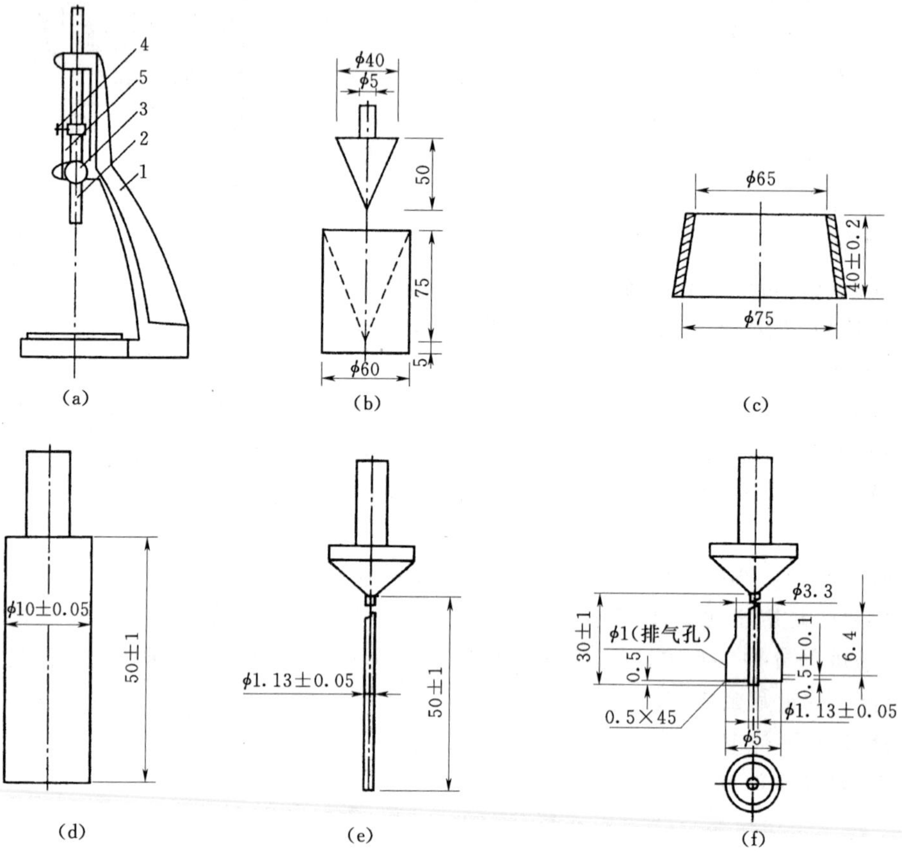

图 12.5　标准稠度与凝结时间测定仪（单位：mm）

（a）维卡仪；（b）试锥和锥模；（c）圆模；（d）标准稠度试杆；（e）初凝用试针；（f）终凝用试针

1—铁座；2—金属滑杆；3—松紧螺丝；4—指针；5—标尺

（2）圆模（图 12.5）。圆模由耐腐蚀、有足够硬度的金属制成，每个圆模应配备一个大于圆模并且厚度不小于 2.5mm 的平板玻璃底板。

（3）水泥净浆搅拌机（图 12.6）。该机由搅拌锅、搅拌锅座、搅拌叶片、电机和控制系统组成。搅拌锅座可以在垂直方向升降，控制系统具有自动控制和手动控制两种功能。

（4）其他。天平（最大称量不小于 1000g，分度值不大于 1g）、量筒（最小刻度为 0.1mL 精度 1%）等。

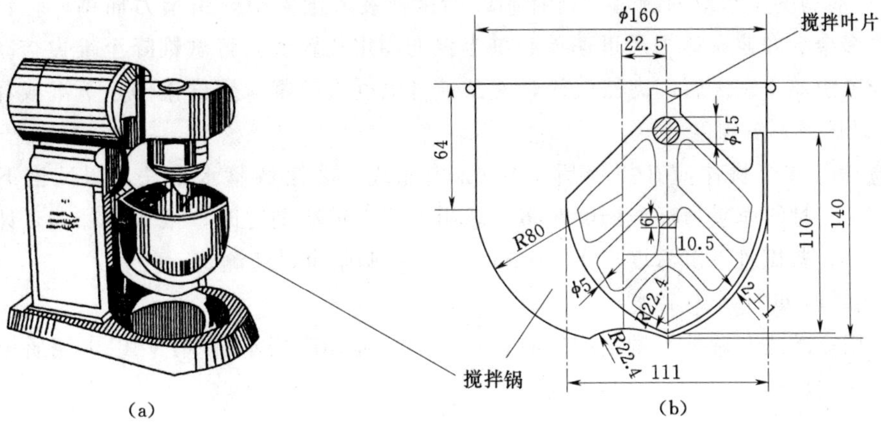

图 12.6 水泥净浆搅拌机示意图（单位：mm）

(a) 水泥净浆搅拌机；(b) 搅拌锅与搅拌叶片

3. 试验步骤

(1) 标准法。

1) 仪器设备检查。

a. 维卡仪的金属滑杆能靠自重自由下落，不得有紧涩和晃动现象。

b. 搅拌机运行正常。

c. 将标准稠度试杆旋接在金属滑杆下部，调整滑杆，使试杆接触玻璃板时指针对准零点。

2) 水泥净浆拌制。用湿抹布润湿水泥浆将要接触的仪器表面及用具，将拌和用水（水量按经验确定）倒入搅拌锅中，在5～10s内将称好的500g水泥加入水中，放置在搅拌机锅座上，升至搅拌位置，启动搅拌机，低速搅120s，停15s，高速搅120s，停机。

注意：在搅拌机停用的15s中，可将叶片和锅壁上的水泥浆刮入锅内。

3) 标准稠度用水量的测定。将拌制好的试样，装入已置于玻璃板上的圆模中，用小刀插捣并轻轻振动数次，刮去多余净浆抹平，迅速移到维卡仪上，并将其中心位于试杆下方。降低试杆使其底端与净浆表面接触，拧紧螺丝1～2s后，突然放松，使试杆自由沉入。在试杆停止沉入或释放试杆30s时记录试杆距底板间的距离。以试杆沉入净浆并距底板6mm±1mm的水泥净浆为标准稠度净浆。其拌和用水量为该水泥的标准稠度用水量（P），以水泥质量的百分比计。

注意：整个操作应在1.5min内完成。

(2) 代用法（分为调整水量法和不变水量法）

1) 仪器设备检查。

a. 维卡仪的金属滑杆能自由滑动。

b. 将试锥旋接在金属滑杆下部，调整滑杆使锥尖接触锥模顶面时指针对准零点。

c. 搅拌机运行正常。

2) 水泥净浆拌制。采用调整水量法，水量按经验确定；采用不变水量法，拌和用水量为142.5mL。拌制过程同标准法。

3）标准稠度用水量的测定。将拌制好的试样装入锥模中，用小刀插捣，轻轻振动数次，刮去多余的净浆；抹平后迅速放到维卡仪的固定位置上。将试锥降至锥尖与净浆表面接触，拧紧螺丝1～2s后，突然放松，使试锥自由沉入净浆。到试锥停止下沉或释放试锥30s时记录试锥下沉深度 S。

注意：①整个操作应在搅拌后1.5min内完成；②用调整水量法，以试锥下沉深度28mm±2mm时的净浆为标准稠度净浆。③用不变水量法则定时，按式（12.9）计算标准稠度用水量，若试锥下沉深度小于13mm，应改用调整水量法测定。

4. 试验数据计算与评定

（1）用标准法和调整水量法测定时，水泥的标准稠度用水量（P）以水泥质量的百分数计，按下式计算

$$P = \frac{m_1}{m_2} \times 100\% \qquad (12.8)$$

式中 P——标准稠度用水量；

m_1——水泥净浆达到标准稠度时的拌和用水量，g；

m_2——水泥试样质量，g。

（2）用不变水量法测定时，按下式计算标准稠度用水量 P（%）

$$P = 33.4 - 0.185S \qquad (12.9)$$

式中 P——标准稠度用水量，%；

S——试锥下沉深度，mm。

12.2.4 水泥净浆凝结时间试验

1. 试验目的及原理

测定水泥初凝及终凝时间，评定水泥质量。

凝结时间以试针沉入水泥标准稠度净浆至一定深度所需的时间表示。

2. 主要仪器设备

（1）湿气养护箱。温度控制在20℃±1℃，相对湿度不低于90%。

（2）其他。同标准稠度用水量测定试验。

3. 试验步骤

（1）仪器检查。将维卡仪金属滑杆下部旋接的试杆改为试针，调整试针高度，当试针尖接触玻璃板时，指针对准标尺零点。将圆模内侧少许涂一层机油，放在玻璃板上。

（2）试件制备。以标准稠度需水量的水，制成标准稠度净浆后，立即一次装入圆模，振动数次后刮平，立即放入湿气养护箱内。

注意：①记录水泥全部加入水中的时刻作为凝结时间的起始时刻（T_0）；②从加水30min后开始第一次测定。

（3）测定指针读数。从养护箱中取出圆模放在试针下方，调节试针高度使试针尖与净浆表面接触，拧紧螺丝，然后突然放松，试针自由沉入，观察试针停止下沉或放松30s时指针的读数。

（4）初凝时间测定。最初测定时应轻轻扶持试针上部的滑杆，以防试针撞弯，但初凝

时间仍必须以自由降落的指针读数为准。当临近初凝时，再隔 5min 测定一次指针读数，当试针尖沉入距底板 4mm±1mm 时，为水泥达到初凝状态，记录初凝时刻 T_1。

（5）终凝时间测定。初凝时间测定后，立即将带浆圆模平移出玻璃板，翻转 180°（直径大端向上），放在玻璃板上，继续养护。安装终凝针在仪器上，测定指针读数。当临近终凝时，再隔 15min 测定一次指针读数。当试针尖沉入距净浆表面 0.5mm 时，水泥浆达到终凝状态，记录终凝时刻 T_2（图 12.7）。

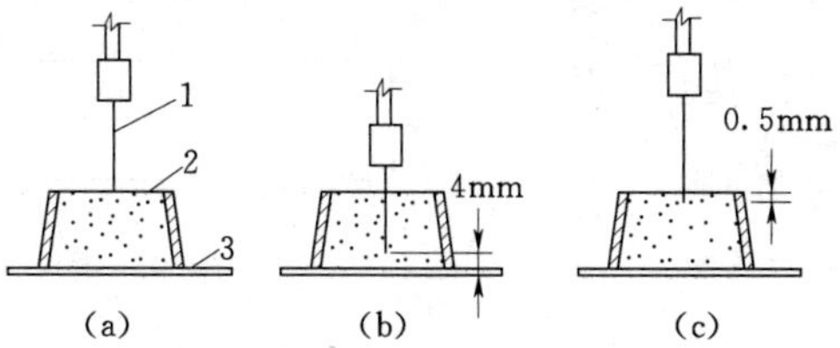

图 12.7 水泥凝结时间测定示意图

（a）开始时；（b）初凝状态；（c）终凝状态

1—试针；2—净浆面；3—玻璃板面

注意：①当达到初凝或终凝状态时，应立即重复测定一次，以两次相同的结果为准；②试针沉入的位置至少要距试模内壁 10mm，并且每次试针不得落入原有针孔；③每次测试完毕，须将试针擦净，并将试模放回养护箱内。整个过程中，圆模不得受到振动；④定期检查试针有无弯曲。

4. 试验数据计算与评定

凝结时间按式（12.10）、式（12.11）计算。

初凝时间：
$$T_{初} = T_1 - T_0 \tag{12.10}$$

终凝时间：
$$T_{终} = T_2 - T_0 \tag{12.11}$$

式中 $T_{初}$——水泥初凝时间；

$T_{终}$——水泥终凝时间；

T_1——水泥初凝时刻；

T_2——水泥终凝时刻；

T_0——起始时刻（水泥全部加入水中时）。

12.2.5 水泥安定性试验

1. 试验目的

检验水泥在硬化过程中体积变化是否均匀，用以评定水泥质量。

水泥安定性的测定方法有雷氏法和试饼法两种，有争议时以雷氏法为准。

2. 主要仪器设备

（1）雷氏沸煮箱（图 12.8）。箱内能保证试验用水在 30min±5min 内由室温升到沸腾，并能始终保持沸腾状态 3h 以上，整个试验过程中无须增加水量，箱内各部位温度应一致。

（2）雷氏夹（图 12.9）。

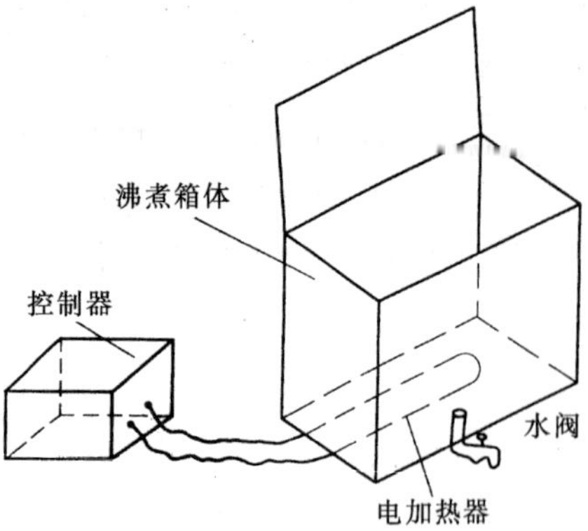

图 12.8 雷氏沸煮箱示意图

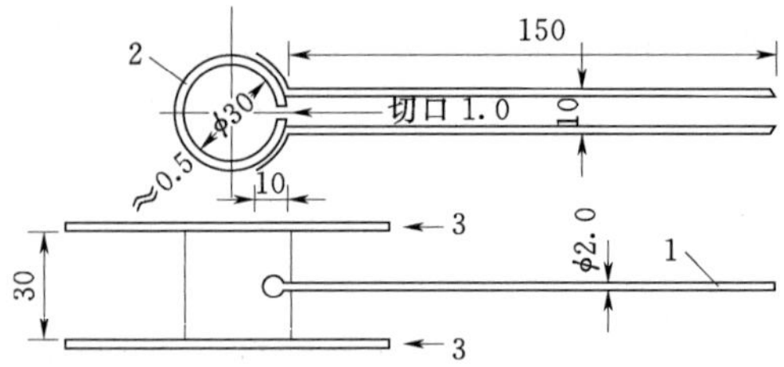

图 12.9 雷氏夹（单位：mm）

1—指针；2—环模；3—玻璃板

（3）雷氏夹膨胀值测量仪（图 12.10）。

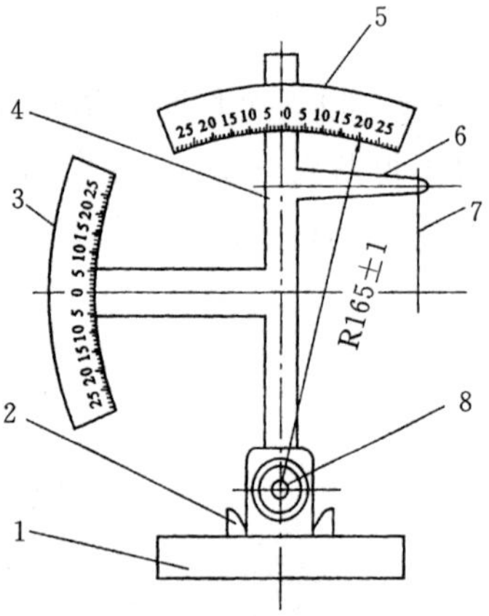

图 12.10 雷氏夹膨胀值测量仪（单位：mm）

1—底座；2—模子座；3—测弹性标尺；4—立柱；5—测膨胀值标尺；6—悬臂；7—悬丝；8—弹簧顶钮

（4）其他。水泥净浆搅拌机、湿气养护箱等。

3. 试验步骤

（1）仪器设备检查。检查沸煮箱能否正常工作，雷氏夹弹性满足要求。

（2）试饼法试件的制备。按该水泥的标准稠度用水量，拌制 500g 水泥的水泥净浆。取水泥净浆 150g，分成两份使之成球形，放在预先准备好的涂抹少许机油的玻璃板上，然后轻轻振动玻璃板，并用被湿布擦过的小刀由边缘向中央抹动，做成直径 70～80mm，中心厚约 10mm，边缘渐薄，表面光滑的试饼。接着将试饼放入湿气养护箱内，养护 24h±2h。

（3）雷氏夹试件的制备。将雷氏夹放在已稍擦油的玻璃板上，将已制好的标准稠度净浆装满试模。用宽约 10mm 的小刀插捣 15 次左右，抹平、盖上稍涂油的玻璃板，立即将试模移至湿气养护箱内养护 24h±2h。

注意：雷氏夹装浆时，应用手轻扶雷氏夹，抹平不要用力，防止装浆过量，影响检测结果。

（4）沸煮。将养护好的试饼脱去玻璃板，检查试饼无缺陷的情况下，将试饼放在沸煮箱的水中篦板上；当采用雷氏法时，先测量雷氏夹指针尖端间的距离 A（精确到 0.5mm），然后将试件放入水中篦板上，指针向上，试件之间互不交叉。调整好沸煮箱内的水位，在 30min±5min 内加热至水沸，并恒沸 3h±5min。煮毕将热水放出，打开箱盖，待冷却到室温时，取出试件。测量煮后雷氏夹指针尖端间距离 C。

4. 试验数据计算与评定

试饼法：煮后目测未发现裂缝，钢直尺检查没有弯曲的试饼为安定性合格；反之为不合格（图 12.11）。当两试饼判定结果，有矛盾时，亦不合格。

雷氏法：两个试件沸煮后增加距离（$C-A$）值相差超过 4.0mm 时应重做，再如此，则判定该水泥安定性为不合格。

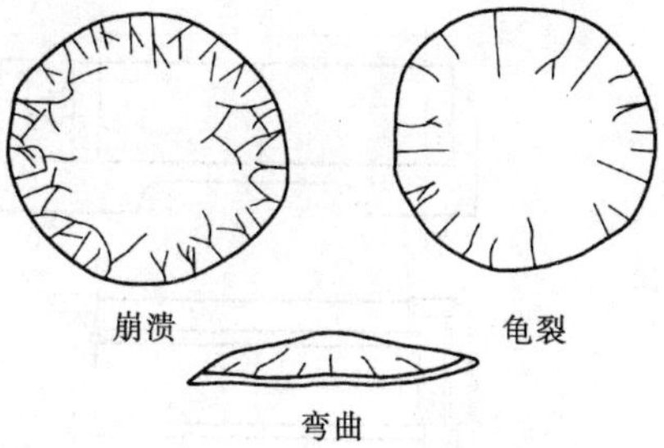

图 12.11　安定性不合格的试样

12.2.6　水泥胶砂强度试验（ISO 法）

1. 试验目的

检验水泥各龄期强度，以确定强度等级；或已知水泥强度等级，检验其水泥强度是否满足水泥标准要求。水泥胶砂强度检验主要是水泥强度抗折和抗压强度的检验。

2. 主要仪器设备

（1）水泥胶砂搅拌机（图 12.12），由搅拌锅、搅拌叶片及相应机构组成。

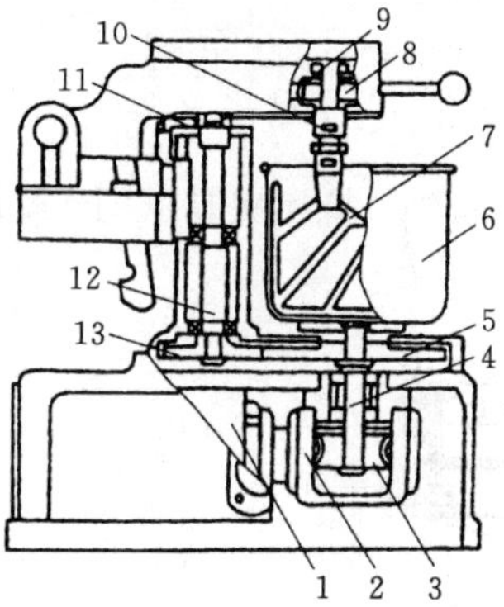

图 12.12　胶砂搅拌机构造示意图

1—电机；2—蜗杆；3—涡轮；4—涡轮轴；5—齿轮；6—搅拌锅；7—搅拌机；8—齿轮带；9—齿形带；10—搅拌轴；11—传动轴；12—主轴；13—齿轮

（2）水泥胶砂振实台（图 12.13），由可以跳动的台盘和使其跳动的凸轮等组成。

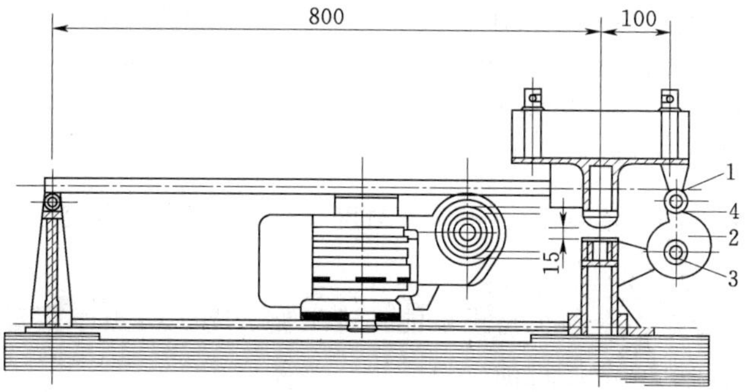

图 12.13　水泥胶砂振实台（单位：mm）

1—突头；2—凸轮；3—止动器；4—随动轮

（3）试模（图 12.14），为可装卸的三联模、由隔板、端板和底座组成。

（4）下料漏斗（图 12.15），由漏斗和套模组成。

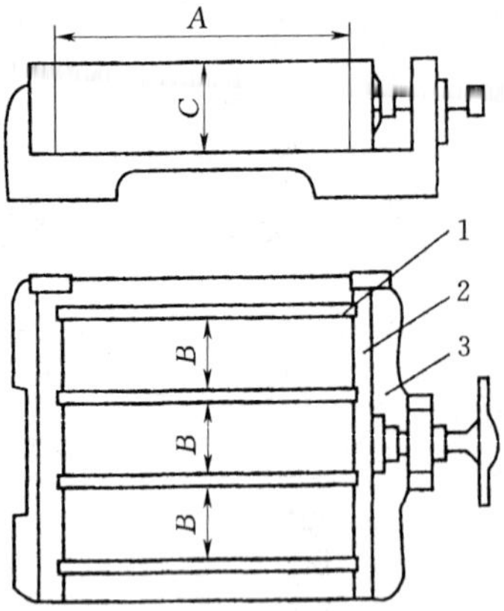

图 12.14　试模

1—隔板；2—端板；3—底座；

（A：160mm；B：40mm；C：40mm）

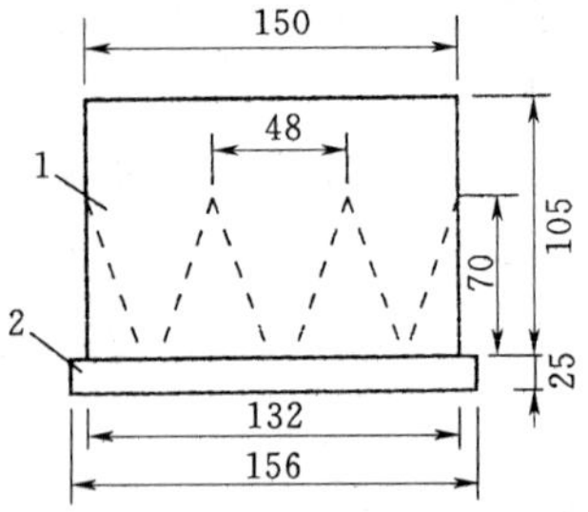

图 12.15　下料漏斗（单位：mm）

1—漏斗；2—套模

（5）抗折强度试验机（图 12.16）。

（6）抗压强度试验机（图 12.17）、抗压夹具（图 12.18）。

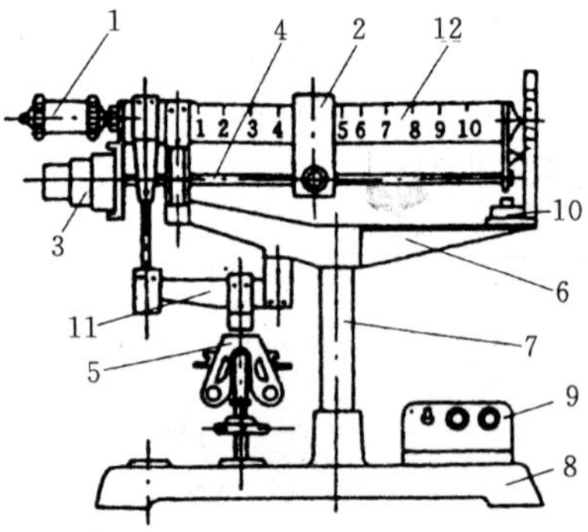

图 12.16　电动抗折试验机

1—平衡锤；2—游动砝码；3—电动机；

4—传动丝杠；5—抗折夹具；6—机架；

7—立柱；8—底座；9—电器控制箱；

10—启动开关；11—下杠杆；12—上杠杆

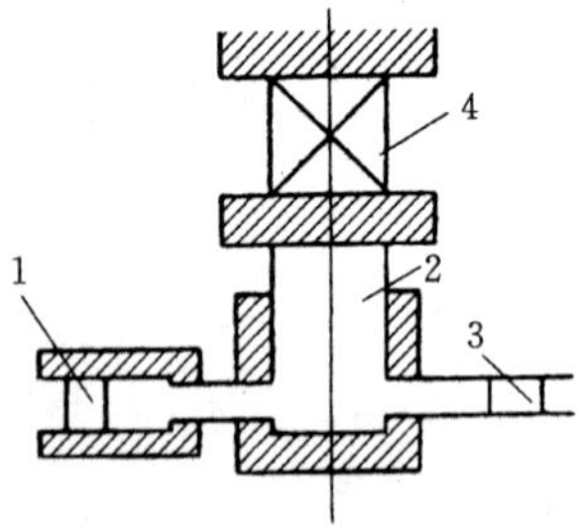

图 12.17　液压式压力机工作原理图

1—油泵柱塞；2—工作油缸；

3—测力活塞；4—试块

（7）其他。金属直尺、播料器、天平（精度±1g）、量筒（精度±1mL）等。

3. 试验步骤

（1）仪器设备检查。检查各仪器设备能正常工作。将试模擦净用黄油等密封材料涂覆试模的外接缝，内表面刷一薄层机油。

（2）试体成型。

1）胶砂组成材料。标准砂、水泥、水。标准砂的湿含量是在 105～110℃温度下用代表砂样烘 2h 的质量损失来测定，以干砂的质量分数来表示，其值应小于 0.2%。

标准砂可以单级分包装，也可以各级预配合以 1350g±5g 量的塑料袋混合包装。试验可用饮用水，有争议时用蒸馏水。按水泥试验的一般规定取得水泥。

胶砂的质量配合比应为（水泥∶标准砂∶水=1∶3∶0.5)。每锅材料成型三条试体，需要各材料质量为：水泥450g±2g、标准砂1350g±5g、水225g±1g。精确称量各种材料用量。

2）胶砂搅拌。先把水倒入搅拌锅内，再加水泥，把锅放在固定架上，上升至固定位置后立即开动搅拌机，低速搅拌30s后，在第二个30s开始的同时均匀地将标准砂加入。当各级分装时，从最粗粒级开始，依次将所需的每级砂量加完。再高速搅拌30s，停拌90s，(在停拌时间内可将锅壁和叶片上胶砂刮入锅内)，再继续搅拌60s。各搅拌阶段时间误差应在±1s以内。

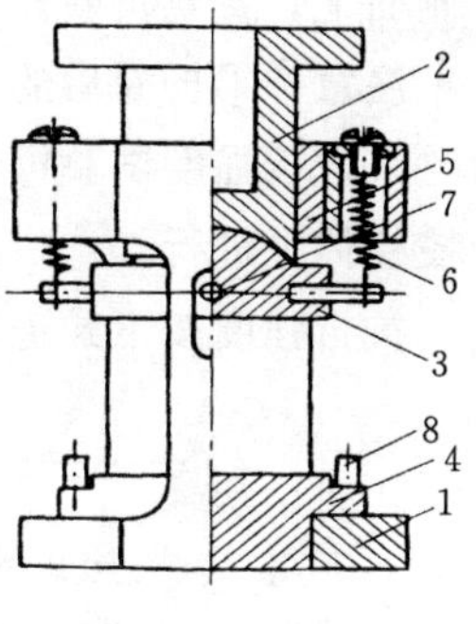

图12.18 抗压夹具

1—框架；2—传压柱；3—上压板和球座；4—下压板；5—铜套；6—吊簧；7—定向销；8—定位销

3）胶砂装模振实成型。胶砂制备后应立即成型。将空试模和模套固定在振实台上，再放上下料漏斗，用一个小勺从搅拌锅里将胶砂分两层装入试模，装第一层时，每个模里约放300g胶砂，用大播料器播平胶砂，接着振实60次，再装入第二层胶砂，播平、振实60次。移走漏斗模套，从振实台上取下试模，用金属直尺以近似90°的角度架在试模模顶的一端，然后沿试模长度方向，以横向锯割，动作慢慢向另一端移动，将超过试模的胶砂刮去，再用金属直尺在近似水平的情况下将试体表面抹平。

(3）试体养护。

1）试体编号、脱模。去掉试模四周的胶砂，在试模上作标记或用字条标明试体的编号。立即将做好标记的试模放入雾室或湿箱的水平架上养护，湿空气应能与试模各边接触。养护到规定的脱模时间时取出脱模，脱模前用防水墨汁或颜料笔对试体进行编号。若有两个以上龄期的试体，在编号时应将同一试模中的三条试体分在两个以上龄期内。

脱模时可用塑料锤、橡皮榔头或专门的脱模器小心脱掉模具。对于24h龄期的，应在破型试验前20min内脱模，对于24h以上龄期的，应在成型后20～24h之间脱模。

2）标准养护。将做好标记的试体立即水平或竖直放在20℃±1℃的水中养护，水平放置时，刮平面应朝上。养护期间应让水与试件六个面充分接触，试件之间的间隔和上表面水深不得小于5mm。

试件龄期从水泥加水搅拌，开始试验时算起，不同龄期的强度试验应在下列时间内进行：24h±15min、48h±30min、72h±45min、7d±2h、≥28d±8h。

注意：①每个养护池只能养护同类型的水泥试体；②最初用自来水装满养护池（或容器)，随后随时加水保持适当的恒定水位，不允许在养护期间完全换水；③除24h龄期或延长至48h脱模的试体外，任何到龄期的试体应在试验（破型）前15min从水中取出，抹去试体表面沉积物，并用湿布覆盖至强度试验。

(4）强度试验。

1）抗折强度试验。每龄期取出三条试体先做抗折强度试验（再做抗压强度试验)。试体放入前，应使杠杆成平衡状态。将试体长轴与支撑圆柱垂直并使两侧面与圆柱接触放入抗折夹具中。接通电源，圆柱以50N/s±10N/s的速度均匀地将荷载垂直地加在棱柱体相对侧面上，直至折断。

注意：①折断后的两个半截棱柱体用湿布包裹直至抗压试验。②当不需要抗折强度数值时，抗折强度试验可以省去。但抗压强度试验应在不使试件受有害应力情况下折断的两截棱柱体上进行。

抗折强度按下式进行计算

$$R_f = \frac{1.5F_tL}{b^3} \tag{12.12}$$

式中 R_f——单块抗折强度测定值，MPa（精确至 0.1MPa）；

F_t——折断时施加于棱柱体中部的荷载，N；

L——支撑圆柱之间的距离，mm；

b——棱柱体正方形截面的边长，mm。

以一组三个棱柱体抗折强度计算结果的平均值作为试验结果。当三个强度值中有超出平均值±10%时，应剔除后再取平均值作为抗折强度试验结果。

2）抗压强度试验。抗压强度试验是通过标准规定的仪器，在半截棱柱体的侧面上进行。

将抗折强度试验后的六个半截试体立即进行抗压试验。试验时，应使抗压夹具对准压力机压板中心，使试件的侧面为受压面，试件的底面靠紧夹具定位销，接通电源，试验机以 2400N/s±200N/s 的速率均匀加荷直至破坏。

单块抗压强度 R_c 按下式计算（精确至 0.1MPa）

$$R_c = \frac{F_c}{A} \tag{12.13}$$

式中 R_c——单块抗压强度测定值，MPa，精确至 0.1MPa；

F_c——破坏时的最大荷载，N；

A——受压面积，mm^2（$40mm \times 40mm = 1600mm^2$）。

以一组三个棱柱体上得到的六个抗压强度测定值的算术平均值作为试验结果。当六个测定值中有一个超出六个平均值的±10%时，应剔除这个结果，而以剩下五个测定值的平均值作为试验结果；如果五个测定值中再有超过五个平均值的±10%时，则此组试验结果作废。

12.3 混凝土用集料性能检测

12.3.1 一般规定

1. 取样方法

砂或石的验收应按同产地、同规格、同类别分批进行，每批总量不超过 $400m^3$ 或 600t。

在料堆上取料时，先将取样部位表面铲除，然后由均匀分布的各部位抽取大致相等的砂共 8 份，石子共 15 份组成一组样品；从皮带运输机上取样时，应在皮带运输机机尾的出料处用接料器定时抽取砂子 4 份，石子 8 份，组成一组样品；从火车、汽车、货船上取样时，应从不同部位深度抽取大致相等的砂子 8 份，石子 16 份，组成一组样品。每组样品的取样数量，对每一单项试验，应不小于表 12.1 所规定的最少取样数量。如果同一砂样需做几项试验时，若确能保证试样经一项试验后不致影响另一项试验的结果，可用同一试样进行几项不同的试验。

表 12.1　　单项试验的最少取样数量

试验项目 \ 集料种类	砂（kg）	碎石或卵石（kg）							
		集料最大粒径（mm）							
		9.5	16.0	19.0	26.5	31.5	37.5	63.0	75.0
颗粒级配	4.4	9.5	16.0	19.0	25.0	31.5	37.5	63.0	80.0
表观密度	2.6	8.0	8.0	8.0	8.0	12.0	16.0	24.0	24.0
堆积密度	5.0	40.0	40.0	40.0	40.0	80.0	80.0	120.0	120.0

砂样缩分可采用分料器法或人工四分法进行。

（1）分料器法。将样品拌和均匀，通过分料器，取接料斗中的其中一份再次通过分料器。重复以上过程，直至把样品缩分到试验所需数量为止。

（2）人工四分法。将所取样品置于平板上拌和均匀，并堆成厚度约为 20mm 的圆饼，于饼上画十字线，将其分成大致相等的四份，除去对角的两份，将其余两份照上述四分法缩分，如此持续进行，直到把样品缩分到试验所需数量为止。

石料缩分时，将所取样品置于平板上拌和均匀，并堆成锥体，于锥体上画十字线，将其分成大致相等的四份，除去对角两份，将其余两份照上述四分法缩分，如此持续进行，直到把样品缩分到试验所需数量为止。

2. 试验环境和试验用筛

试验室的温度应保持在 15～30℃，试验用筛采用规范规定的标准方孔筛。

12.3.2 砂的颗粒级配（筛分析）试验

1. 试验目的

测定砂子的颗粒级配和细度模数，为混凝土配合比设计提供依据。

2. 主要仪器设备

（1）试验筛孔径为 9.50mm、4.75mm、2.36mm、1.18mm、600μm、300μm、150μm 的方孔筛，并附有筛底和筛盖，筛框直径为 300mm 或 200mm。

（2）电动振筛机。

（3）烘箱。温度可控制在 105℃±5℃。

（4）其他。天平（称量 1000g，感量 1g）等。

3. 试验步骤

（1）仪器设备检查。检查试验筛各筛中有无残留砂子，各筛孔是否通畅，振筛机、烘箱工作是否正常。

（2）准备试样。用人工四分法将样品缩分至 1100g 试样。放在烘箱中，在 105℃±5℃下烘干至恒量（恒量是指试样在烘干 1～3h 的情况下，其前后质量之差不大于该项试验所要求的称量精度）。冷却至室温，筛去大于 9.5mm 颗粒（并计算出其筛余百分率）。

（3）筛分试样。称取试样 500g，将试样倒入按孔径大小从上到下组合的套筛（附筛底）最上层筛中，盖上筛盖，将套筛置于振筛机上，振 10min。取下套筛，去掉筛盖，从上到下逐个用手筛，筛至每分钟通过量小于试样总量的 0.1%为止。通过的砂子并入下一号筛中，并和下一号筛中试样一起过筛。重复以上过程，直到各号筛全部筛完为止。

（4）称出各号筛的筛余量，同时称取筛底质量（精确至 1g），并记录。

注意：①手筛过程中，不要将 500g 试样的砂粒丢失或添加；②如每号筛的筛余量与筛底的剩余量之和与原试样质量相对误差超过 1%时，须重新试验；③试样在各号筛上的筛余量不得超过按下式计算出的质量。

$$G=\frac{A\sqrt{d}}{200} \tag{12.14}$$

式中　G——某号筛上的筛余量，g；

A——筛面面积，mm^2；

d——筛孔尺寸，mm。

若筛余量超过式（12.14）计算出的质量应按下列方法之一处理：

方法 A：将该号筛上的试样分成小于按式（12.14）计算出的质量，分别筛分，并以各筛余量之和作为该号筛的筛余量。

方法 B：将该粒级以下各粒级的筛余混合均匀，称出其质量（精确至 1g），再用四分法缩分为大致相等的两份，取其中一份，称出其质量（精确至 1g），继续筛分。计算该粒级和以下各粒级的分计筛余量时，应根据缩分比例进行修正。

试验要求做两次，即试验步骤（3）、（4）须重复做一次。

4. 试验数据计算与评定

（1）计算分计筛余百分率。即为各号筛的筛余量与试样总量之比，精确至 0.1%。

（2）计算累计筛余百分率（A_i）。即为某号筛的筛余量百分率加上该号筛以上各筛余百分率之和，精确至 0.1%。

（3）按下式计算砂的细度模数 M_x（精确至 0.01）

$$M_x=\frac{(A_2+A_3+A_4+A_5+A_6)-5A_1}{100-A_1} \tag{12.15}$$

式中　M_x——细度模数；

A_1、A_2、A_3、A_4、A_5、A_6——4.75mm、2.36mm、1.18mm、600μm、300μm、150μm 筛的累计筛余百分率。

累计筛余取两次试验结果的算术平均值，精确至 1%。细度模数取两次试验结果的算术平均值，精确至 0.1。如两次试验的细度模数之差超过 0.20 时，须重新取样进行试验。

将砂的细度模数、各累计筛余百分率与相应规范对照检查，进行结果评定。

12.3.3　砂的表观密度试验

1. 试验目的

评定砂的质量，为混凝土配合比设计提供依据。

2. 主要仪器

（1）容量瓶。500mL。

（2）烘箱。能使温度控制在105℃±5℃。

（3）天平。称量1000g，感量1g。

（4）其他。干燥器、滴管、毛刷等

3. 试验步骤

（1）准备试样。将样品筛去大于9.5mm颗粒，四分法缩分至大约660g，在105℃烘箱中烘至恒量，冷却至室温后，分为大致相等的两份备用。

（2）称取烘干砂300g（G_0），精确至1g，装入容量瓶中，注入冷开水至接近500mL的刻度，用手旋转摇动容量瓶，使砂样充分摇动，排除气泡。塞紧瓶塞，静置24h。然后用滴管小心加水至容量瓶500mL刻度处，塞紧瓶塞，擦干瓶外水分，称其质量（G_1）精确至1g。

（3）倒出瓶内水和砂，洗净容量瓶，再向瓶内注冷开水至500mL刻度处，塞紧瓶塞，擦干瓶外水分，称出其质量（G_2），精确至1g。

注意：试验步骤（2）（3）步所用冷开水，水温应在15～25℃范围内，并且两次水温误差不超过2℃。

4. 试验数据计算与评定

砂的表观密度按下式计算（精确至10kg /m³）

$$\rho_0 = \left(\frac{G_0}{G_0 + G_2 - G_1}\right)\rho_{水} \tag{12.16}$$

式中 ρ_0——砂的表观密度，kg/m³；

$\rho_{水}$——水的密度，1000kg/ m³；

G_0——烘干后试样质量，g；

G_1——试样、水、容量瓶的总质量，g；

G_2——水及容量瓶的总质量，g。

表观密度取两次试验结果的算术平均值，精确至10kg/m³。如两次试验之差大于20kg/m³，须重新试验。

12.3.4 砂的堆积密度试验

1. 试验目的

测定砂的堆积密度，计算砂的空隙率，为混凝土配合比设计提供依据。

2. 主要仪器设备

（1）鼓风烘箱。能使温度控制在105℃±5℃。

（2）容量筒。圆柱形金属筒，内径108mm，净高109mm，容积为1L。

（3）天平。称量10g，感量1g。

（4）方孔筛1只，孔径为4.75mm。

（5）垫棒。直径10mm，长500mm的圆钢。

（6）其他。直尺、漏斗或料勺等。

3. 试验步骤

（1）用搪瓷盘按规定方法取样约3L，放在烘箱中于105℃±5℃下烘干至恒量，待冷却至室温后，筛除大于 4.75mm 的颗粒，分为大致相等的两份备用。

(2) 松散堆积密度的测定。取一份试样，用漏斗或料勺将试样从容量筒中心上方 50mm 处徐徐倒入（让试样以自由落体落下），当容量筒上部试样呈锥体，且容量筒四周溢满时，停止加料。然后用直尺沿筒中心线向两边刮平，称出试样和容量筒总质量 G_1，精确至 1g。

注意： 试验过程应防止触动容量筒。

(3) 紧密堆积密度的测定。取一份试样分两层装入容量筒。装完第一层后，在筒底垫一根直径为 10mm，长 50mm 的圆钢，将筒按住，左右交替击地面各 25 次，然后装入第二层，第二层装满后用同样方法颠实（但筒底所垫钢筋的方向与第一层时的方向垂直）后，再加试样直至超过筒口，然后用直尺沿筒口中心线向两边刮平，称出试样和容量筒总质量 G_1，精确至 1g。

4. 试验数据计算与评定

松散或紧密堆积密度按下式计算（精确至 $10kg/m^3$）

$$\rho_1 = \frac{G_1 - G_2}{V} \tag{12.17}$$

式中　ρ_1 ——松散堆积密度或紧密堆积密度，kg/m^3；

G_1 ——容量筒和试样总质量，g；

G_2 ——容量筒质量，g；

V——容量筒的容积，L。

堆积密度取两次试验结果的算术平均值，精确至 $10kg/m^3$。

12.3.5　石子颗粒级配（筛分析）试验

1. 试验目的

测定石子的颗粒级配，作为混凝土配合比设计的依据。

2. 主要仪器设备

(1) 方孔筛。孔径为 2.36mm、4.75mm、9.50mm、16.0mm、19.0mm、26.5mm、31.5mm、37.5mm、53.0mm、63.0mm、75.0mm 及 90mm 的筛各一只，并附有筛底和筛盖（筛框内径为 300mm）。

(2) 标准烘箱。能使温度控制在 105℃±5℃。

(3) 台秤。(称量 10kg，感量 1g)。

(4) 其他。振筛机等。

3. 试验步骤

(1) 检查振筛机、烘箱能否正常工作；方孔筛筛孔是否通畅。

(2) 按规定方法取样，并将试样缩分至略大于表 12.2 规定的数量，烘干或风干后备用。

表 12.2　　颗粒级配试验所需试样数量

最大粒径 (mm)	9.5	16.0	19.0	26.5	31.5	37.5	63.0	75.0
最少试样质量 (kg)	1.9	3.2	3.8	5.0	6.3	7.5	12.6	16.0

(3) 按规定称取试样一份，精确到 1g，将试样倒入按孔径大小从上到下组合的套筛

（附筛底）最上层筛中。

（4）将套筛置于摇筛机上，振10min；取下套筛，按筛孔大小顺序再逐个用手筛，筛至每分钟通过量小于试样总量0.1%为止。通过的颗粒并入下一号筛中，并和下一号筛中的试样一起过筛，按这样顺序进行，直至各号筛全部筛完为止。称量并记录号筛的筛余质量及筛底质量。

注意：①筛分过程中，试样在各筛上的筛余层厚度不得大于试样最大粒径。超过时应将该筛余试样分为两份，分别进行筛分，并以两份筛余量之和作为该号筛的筛余量。②当筛余颗粒的粒径大于19.0mm时，在筛分过程中，允许用手指拨动颗粒。③筛分后，如每号筛的筛余量与筛底的筛余量之和同原试样质量之差超过1%时，须重做试验。

4. 试验数据计算与评定

（1）计算分计筛余百分率。即为各号筛的筛余量与试样总质量之比，计算精确至0.1%。

（2）计算累计筛余百分率。即为某号筛的筛余百分率加上该号筛以上各分计筛余百分率之和，精确至1%。

（3）根据各号筛的累计筛余百分率，评定试样的颗粒级配。

12.3.6 石子表观密度试验

石子表观密度测定的方法有：液体密度天平法和广口瓶法两种

1. 试验目的

评定石子的质量，为混凝土配合比设计提供依据。

2. 液体密度天平法

（1）主要仪器设备。

1）鼓风烘箱。能使温度控制在105℃±5℃。

2）台秤。称量5kg、感量5g，其型号及尺寸应能将吊篮放在水中称量。

3）吊篮。由孔径为1～2mm的筛网或钻有2～3mm孔洞的耐锈蚀金属板制成。

4）方孔筛。孔径为4.75mm。

5）其他。盛水容器（有溢流孔）；天平（称量2kg，感量1g）；广口瓶（1000mL，磨口）带玻璃片；温度计、搪瓷盘、毛巾等。

（2）试验步骤。

1）准备试样。按规定方法取样，将样品筛去4.75mm以下的颗粒，并缩分至略大于表12.3规定的数量，洗刷干净，烘干后分为大致相等的两份备用。

表12.3　表观密度试验所需试样数量

最大粒径（mm）	<26.5	31.5	37.5	63.0	75.0
最少试样质量（kg）	2.0	3.0	4.0	6.0	6.0

2）将一份试样装入吊篮，并浸入盛水的容器内，液面至少高出试样表面50mm。浸水24h后，移放到称量用的盛水容器中，上下升降吊篮，排除气泡（试样不得露出水面）。吊篮升降一次时间约1s，升降高度为30～50mm。

3）测定水温后（此时吊篮应全浸在水中），准确称出吊篮及试样在水中的质量，精确至 5g。称量时盛水容器中水面的高度由容器的溢水孔控制。

4）提起吊篮，将试样倒入浅盘，然后放在烘箱中于 105℃±5℃下烘干至恒量，待冷却至室温时，称出其质量，精确至 5g。

5）称出吊篮在同样温度中的质量，精确至 5g。称量时盛水容器的水面高度仍由溢流孔控制。

注意：试验时各项称量可以在 15～25℃范围内进行，但从试样加水静止的 2h 起至试验结束，其温度变化不应超过 2℃。

（3）试验数据计算与评定。表观密度按下式计算

$$\rho_0 = \left(\frac{G_0}{G_0 + G_2 - G_1}\right)\rho_{水} \qquad (12.18)$$

式中　ρ_0——表观密度，kg/m³（精确至 10kg/m³）；

G_0——烘干后试样的质量，g；

G_1——吊篮及试样在水中的质量，g；

G_2——吊篮在水中的质量，g；

$\rho_{水}$——1000kg/m³。

表观密度取两次试验结果的算术平均值，两次试验结果之差大于 20kg/m³，须重做试验。对颗粒材质不均匀的试样，如两次试验结果之差超过 20kg/m³，可取四次试验结果的算术平均值。

3. 广口瓶法

本方法不宜用于测定最大粒径大于 37.5mm 的碎石或卵石的表观密度。

（1）主要仪器设备。

1）鼓风烘箱。能使温度控制在 105℃±5℃。

2）天平。称量 2kg，感量 1g。

3）广口瓶。1000mL，磨口，带玻璃片。

4）液体天平。称量 5kg，感量 5g。

5）其他。温度计 50℃±1℃；方孔筛（孔径为 4.75mm）一只；吊篮及盛水容器、搪瓷盘、毛巾等。

（2）试验步骤。

1）按规定方法取样，并缩分至略大于表 12.2 规定的数量，风干后筛除小于 4.75mm 的颗粒，然后洗刷干净，分为大致相等的两份备用。

2）将试样浸水 24h，然后装入广口瓶中（装试样时，广口瓶应倾斜放置），注入清水，上下左右摇晃广口瓶排除气泡。

3）向瓶中添加清水，直至水面凸出瓶口边缘。然后用玻璃片沿瓶口迅速滑行，使其紧贴瓶口水面。擦干瓶外水分后，称出试样、水、广口瓶和玻璃片总质量 G_1，精确至 1g。

4）将瓶中试样倒入浅盘，放在烘箱中于 105℃±5℃下烘干至恒量，待冷却至室温后，称出其质量 G_0，精确至 1g。

5）将瓶洗净并重新注入清水，直至水面凸出瓶口边缘，用玻璃片紧贴瓶口水面，擦干瓶外水分后，称出水、瓶和玻璃片总质量 G_2，精确至 1g。

注意：试验时各项称量可以在 15～25℃范围内进行，但从试样加水静止的 2h 起至试

验结束，其温度变化不应超过 2℃。

（3）试验数据计算与评定。表观密度按下式计算

$$\rho_0 = \left(\frac{G_0}{G_0 + G_2 - G_1} - \alpha_t\right)\rho_{水} \tag{12.19}$$

式中 ρ_0 ——石子的表观密度，kg/m³（精确至 10kg/m³）；

G_0 ——烘干后试样的质量，g；

G_1 ——试样、水、瓶和玻璃片的总质量，g；

G_2 ——水、瓶和玻璃片的总质量，g；

$\rho_{水}$ ——1000kg/m³；

α_t ——考虑称量时的水温对水相对密度影响的修正系数，取值见表 12.4。

表 12.4　　不同水温下石子的表观密度温度修正系数

水温（℃）	15	16	17	18	19	20	21	22	23	24	25
α_t	0.002	0.003		0.004		0.005		0.006		0.007	0.008

表观密度取两次试验结果的算术平均值，两次试验结果之差大于 20kg/m³，须重做试验。对颗粒材质不均匀的试样，如两次试验结果之差超过 20kg/m³，可取四次试验结果的算术平均值。

12.3.7 石子堆积密度试验

1. 试验目的

测定石子的堆积密度，作为混凝土配合比设计和一般使用的依据。

2. 主要仪器设备

（1）台秤。称量 10kg，感量 10g。

（2）磅秤。称量 50kg 或 100kg，感量 50g。

（3）容量筒。规格见表 12.5。

表 12.5　　容量筒的规格要求

最大粒径（mm）	容量筒容积（L）	容量筒规格		
		内径（mm）	净高（mm）	壁厚（mm）
9.5、16.0、19.0、26.5	10	208	294	2
31.5、37.5	20	294	294	3
53.0、63.0、75.0	30	360	294	4

（4）垫棒。直径 16mm，长 600mm 的圆钢。

（5）烘箱。温度可控制在 105℃±5℃。

（6）其他。平头铁锹（或小铲）、直尺等。

3. 试验步骤

按规定方法取样，烘干或风干后，拌匀并把试样分为大致相等两份备用。

（1）松散堆积密度。取试样一份，用铁锹将试样徐徐倒入容量筒，并使铁锹出口距容量筒上口保持在 50mm。让试样以自由落体落下，当容量筒上试样呈锥体，且容量筒四周

溢满时，即停止加料。除去凸出容量筒口表面的颗粒，并以合适的颗粒填入凹陷部分，使表面凸起部分和凹陷部分的体积大致相等，称出试样和容量筒总质量。

试验过程应防止触动容量筒。

（2）紧密堆积密度。取试样一份分三层装入容量筒中。装完第一层后，在筒底垫放一根直径为16mm的圆钢，将筒按住，左右交替颠击地面各25次，再装入第二层；第二层装满后用同样方法颠实（但筒底所垫钢筋的方向与第一层时的方向垂直），然后装入第三层，如上述方法颠实。再加试样直至超过筒口，用钢尺沿筒口边缘刮去高出的试样，并用适合的颗粒填平凹处，使表面凸起部分与凹陷部分的体积大致相等。称取试样和容量筒的总质量，精确至10g。

4. 试验数据计算与评定

松散或紧密堆积密度按下式计算

$$\rho_1 = \frac{G_1 - G_2}{V} \tag{12.20}$$

式中 ρ_1——松散堆积密度或紧密堆积密度，kg/m^3（精确至10 kg/m^3）；

G_1——容量筒和试样的总质量，g；

G_2——容量筒质量，g；

V——容量筒的容积，L。

堆积密度取两次试验结果的算术平均值，精确至10kg/m^3。

5. 容量筒的校准方法

将温度为20℃±2℃的饮用水装满容量筒，用一玻璃板沿筒推移，使其紧贴水面。擦干筒外壁水分，然后称出其质量，精确至1g，容量筒容积按下式计算（精确至1mL）

$$V = G_1 - G_2 \tag{12.21}$$

式中 V——容量筒容积，mL；

G_1——容量筒、玻璃板和水的总质量，g；

G_2——容量筒和玻璃板质量，g。

12.4 普通混凝土性能检测

12.4.1 普通混凝土拌和物实验室拌和方法

1. 试验目的

学会混凝土拌和物的拌制方法，为测试和调整混凝土的性能，进行混凝土配合比设计打下基础。

2. 主要仪器设备

（1）混凝土搅拌机。容量50～100L，转速为18～22r/min。

（2）磅秤。称量50kg，感量50g。

（3）天平。称量5kg，感量1g。

（4）其他。拌和钢板等。

3. 拌和方法

(1) 人工拌和。

1) 按所定配合比备料，以全干状态为准。

2) 在拌和前先将钢板、铁锹等洗刷干净并保持湿润。将称好的砂、水泥倒在钢板上，先用铁锹翻拌至颜色均匀，再放入称好的石子中拌和，至少翻拌三次，然后堆成锥形。

3) 将中间扒开一凹坑，加入拌和用水，小心拌和，至少翻拌六次，每翻拌一次后，应用铁锹在全部拌合物面上压切一次。

4) 拌和时间从加水完毕时算起，应大致符合下列规定：拌合物体积为 30L 以下时，为 4～5min；拌合物体积为 30～50L 时，为 5～9min；拌合物体积为 51～75L 时，为 9～12min。

(2) 机械拌和。

1) 按所定的配合比备料，以全干状态为准。一次拌和量不宜少于搅拌机容积的 20%。

2) 在机械拌和混凝土时，应在拌和混凝土前预先拌适量的混凝土进行挂浆（与正式配合比相同），避免在正式拌和时水泥浆的损失，挂浆所多余的混凝土倒在拌和钢板上，使钢板也粘有一层砂浆。

3) 将称好的石子、水泥、砂按顺序倒入机内，干拌均匀，然后将水徐徐加入机内一起拌和 1.5～2min。

4) 将机内拌和好的拌合物倒在拌和钢板上，并刮出粘在搅拌机上的拌合物，用人工翻拌 1～2min。

人工或机械拌好后，根据试验要求，立即作坍落度测定和试件成型。从开始加水时算起，全部操作必须在 30min 内完成。

12.4.2 普通混凝土拌合物和易性测定

12.4.2.1 坍落度法

本方法适用于集料最大粒径不大于 40mm，坍落度不小于 10mm 的稠度测定。测定时需拌制拌合物约 15L。

1. 试验目的

测定混凝土拌合物的坍落度，观察其黏聚性和保水性，评定其和易性。

2. 测定坍落度

将混凝土拌合物按规定方法搬运，分层装入坍落度筒内捣实，然后垂直提起坍落度筒，拌合物在自重作用下产生一定的坍落度，测其坍落后最高点与筒高的差，即为该混凝土拌合物的坍落度。

3. 主要仪器设备

(1) 坍落度筒。由薄钢板或其他金属制成的圆台形筒，如图 12.19 所示。其内壁应光滑、无凹凸部位。底面和顶面应相互平行并与锥体的轴线垂直，在坍落度筒外部 2/3 高度处安两个把手，下端应焊上脚踏板。筒的内部尺寸为：

底部直径 200mm±2mm，顶部直径 100mm±2mm，高度 300mm±2mm，筒壁厚度不小于 1.5mm，如图 12.19 所示。

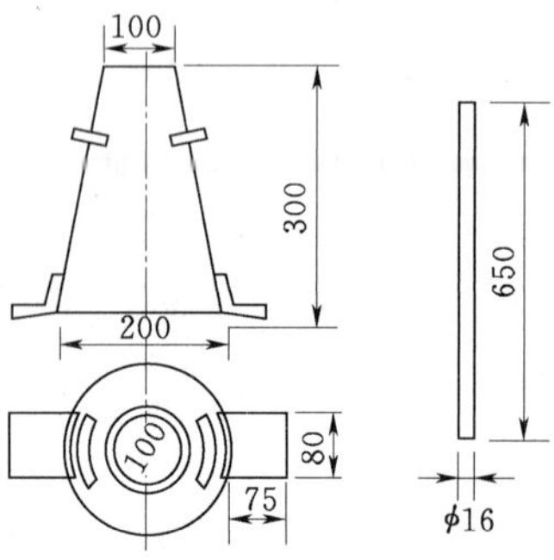

图 12.19　标准坍落度筒和捣棒（单位：mm）

（2）小铲、钢尺、喂料斗等。

（3）捣棒。直径 16mm、长 600mm 的钢棒，端部应磨圆（图 12.10）。

4. 试验步骤

（1）湿润坍落度筒及其他用具，并把筒放在不吸水的刚性水平底板上，然后用脚踩住两个脚踏板，使坍落度筒在装料时保持位置固定。

（2）把按要求取得的混凝土试样用小铲分三层均匀地装入桶内，使捣实后每层高度为筒高的 1/3 左右。每层用捣棒沿螺旋方向在截面上由外向中心均匀插捣 25 次。插捣筒边混凝土时，捣棒可以稍稍倾斜。插捣底层时，捣棒应贯穿整个深度。插捣第二层和顶层时，捣棒应插透本层至下一层的表面。

装顶层混凝土时应高出筒口。插捣过程中，如混凝土层落到低于筒口，则应随时填加。顶层插捣完后，刮出多余的混凝土，并用抹刀抹平。

（3）清除筒边底板上的混凝土后，垂直平稳地提起坍落度筒。坍落度筒的提离过程应在 5～10s 内完成。

从开始装料到提起坍落度筒的整个过程，应不间断地进行，并应在 150s 内完成。

（4）提起坍落度筒后，两侧筒高与坍落后混凝土试体最高点之间的高度差，即为混凝土拌合物的坍落度值（图 12.20）。

5. 结果评定

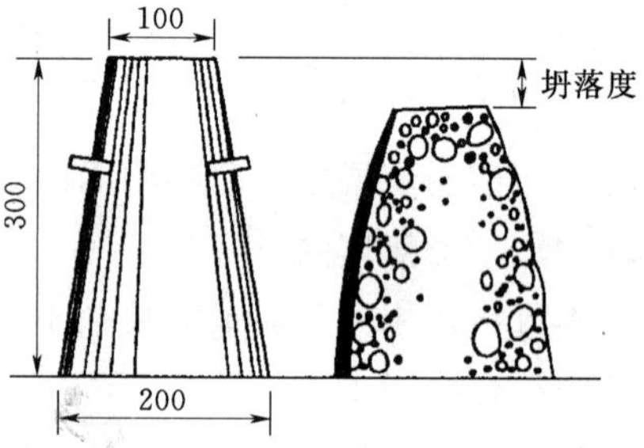

图 12.20　坍落度试验（单位：mm）

（1）坍落度筒提离后，如混凝土发生崩坍或一边剪坏现象，则应重新取样另行测定。如第二次试验仍出现上述现象，则表示该混凝土拌合物和易性差，应予记录备查。

（2）观察坍落度后混凝土试体的黏聚性和保水性。用捣棒在已坍落的混凝土锥体侧面轻轻敲打，如果锥体逐渐下沉，表示黏聚性良好；如果锥体倒塌、部分崩裂或出现离析现象，表示黏聚性差。坍落度筒提起后，如有较多的稀浆从底部析出，锥体部分的拌合物也因失浆而集料外露，表明其保水性差。如坍落度筒体提起后，无稀浆或仅有少量稀浆自底部析出，表明其保水性良好。

（3）混凝土拌合物坍落度以 mm 为单位，结果精确至 5mm。

12.4.2.2　维勃稠度试验

1. 试验目的

本试验是用维勃时间来测定混凝土拌合物的稠度，适用于集料最大粒径不大于 40mm、V·B 稠度在 5～30s 之间的干硬性混凝土的稠度测定。

2. 试验原理

测量混凝土拌合物有圆锥载体被振动至透明圆盘的底面完全被水泥浆所布满瞬间的时

间（s），即为该混凝土拌合物稠度的维勃时间。

3. 主要仪器设备

维勃稠度仪（图12.21）、容器、坍落度筒、旋转架、连接测杆、喂料斗、透明圆盘、捣棒、小铲、秒表等。

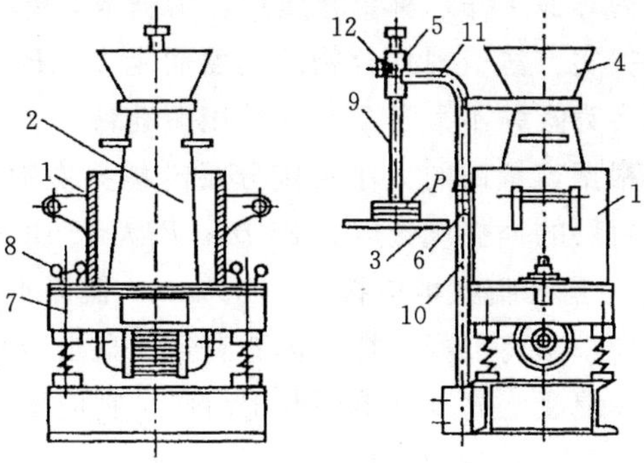

图12.21 维勃稠度仪

1—容器；2—坍落度筒；3—透明圆盘；4—喂料斗；5—套筒；6—螺丝；7—振动台；8—螺丝；9—测杆；10—支柱；11—旋转架；12—螺丝

4. 试验步骤

(1) 用湿布润湿容器、坍落度筒等用具。

(2) 将喂料斗提到坍落度筒上方扣紧，校正容器位置，使其中心与喂料斗中心重合，然后拧紧固定螺丝。

(3) 装试样同测坍落度方法。

(4) 提起坍落度筒，将V·B稠度仪上的透明圆盘转至混凝土锥体试样顶面。

(5) 把透明圆盘转到混凝土圆台体顶面，放松测杆螺丝，小心地降下圆盘，使其轻轻地接触到混凝土顶面。

(6) 开启振动台并启动秒表，在透明圆盘底面被试样布满的瞬间停表计时，关闭振动台。

(7) 记录秒表上的时间（精确至1s），即为该混凝土拌合物的V·B值。

12.4.3 普通混凝土拌合物的表观密度试验

1. 试验目的

测定混凝土拌合物捣实后的单位体积质量（即表观密度），以提供核实混凝土配合比计算中的材料用量之用。

2. 主要仪器设备

(1) 容量筒。容积及尺寸如表12.6所示。

表12.6 容量筒选择

集料最大粒径（mm）	内径（mm）	高度（mm）	体积（L）
40	186±2	186±2	5
80	267	267	15

（2）台秤。称量50kg，感量50g。

（3）振动台。频度应为50Hz±3Hz，空载时的振幅应为0.5mm±0.1mm。

（4）其他。捣棒等。

3. 试验步骤

（1）用湿布把容量筒内外擦干净，称出其质量，精确至50g。

（2）混凝土的装料及捣实方法应视拌合物的稠度而定。一般来说。坍落度大于70mm的混凝土拌合物用捣棒捣实为宜；不大于70mm的用振动台振实为宜。

采用捣棒捣实时，应根据容量筒的大小决定分层与插捣次数：用5L容量筒时，混凝土拌合物应分两层装入，每层的插捣次数应为25次；用大于5L的容量筒时，每层混凝土的高度不应大于100mm，每层插捣次数应按每10000mm^{2}截面不小于12次计算。

采用振动台振实时，应一次将混凝土拌合物灌满到稍高出容量筒口。装料时允许用捣棒稍加插捣，振捣过程中如混凝土高度沉落到低于筒口，则应随时添加混凝土。振动直至表面出浆为止。

（3）用刮刀将筒口多余的混凝土拌合物刮去，表面如有凹陷应将其填平。将容量筒外壁擦净，称出混凝土与容量筒总重，精确至50g。

4. 试验结果计算

混凝土拌合物的表观密度按下式计算（精确至kg/m^3）。

$$\gamma_h = \frac{m_2 - m_1}{V} \times 1000 \tag{12.22}$$

式中 γ_h——混凝土的表观密度，kg/m^3；

m_1——容量筒的质量，kg；

m_2——容量筒和试样总质量，kg；

V——容量筒的容积，L。

12.4.4 普通混凝土抗压强度试验

1. 试验目的

测定其抗压强度，为确定和校核混凝土配合比、控制施工质量提供依据。

2. 试验原理

利用试验机测出混凝土试件破坏荷载值除以其有效受力面积即得立方体抗压强度值。

3. 主要仪器设备

（1）压力试验机。精度（示值的相对误差）至少为±2%，其量程应能使试件的预期破坏荷载值不小于全量程的20%，也不大于全量程的80%。

（2）钢尺。量程300mm，最小刻度1mm。

（3）试模。由铸铁或钢制成，应具有足够的刚度并便于拆装。试模内表面应刨光，其不平度应不大于试件边长的0.05%。组装后各相邻面的不垂直度应不超过±0.5°。

（4）振动台。试验用振动台的振动频率应为50Hz±3Hz，空载时振幅应约为0.5mm。

（5）钢制捣棒。直径16mm、长600mm，一端为弹头。

（6）其他。小铁铲、镘刀等。

4. 试件的成型

(1) 混凝土抗压强度试验一般以三个试件为一组，每一组试件所用的混凝土拌合物应由同一次拌和成的拌合物中取出。

(2) 制作前，应将试模擦拭干净，并在试模内表面涂一薄层矿物油脂。

(3) 所有试件应在取样后立即制作。试件成型方法应视混凝土稠度而定。一般坍落度小于70mm的混凝土，用振动台振实；大于70mm的用捣棒人工捣实。

1) 采用振动台成型时，应将混凝土拌合物一次装入试模，装料时应用抹刀沿试模内壁略加插捣，并使混凝土拌合物高出试模上口。振动时，应防止试模在振动台上自由跳动。振动应持续到混凝土表面出浆位置，刮出多余的混凝土，并用抹刀抹平。

2) 采用人工插捣时，混凝土拌合物应分两层装入试模，每层的装料厚度大致相等。插捣应按螺旋方向从边缘向中心均匀进行，插捣底层时，捣棒应达到试模表面，插捣上层时，捣棒应插入下层深度为20～30mm，插捣时捣棒应保持垂直，不得倾斜。同时，还应用抹刀沿试模内壁插入数次。每层的插捣次数应根据试件的截面而定，一般每100cm^{2}截面积不应少于12次。插捣完后，刮除多余的混凝土，并用抹刀抹平。

5. 试件养护

试件成型后，应覆盖表面，以防止水分蒸发，并应在温度为20℃±5℃情况下静停一昼夜（不得超过两昼夜），然后拆模。

(1) 标准养护。拆模后的试件应立即放在温度为20℃±3℃，湿度为90%以上的标准养护室中养护。试件放在架上，彼此间隔为10～20mm，并应避免用水直接冲淋试件。当无标准养护室时，试件可在温度为20℃±3℃的不流动水中养护，水的pH值不应小于7。

(2) 同条件养护。试件成型后，应覆盖表面。试件的拆模时间可与实际构件的拆模时间相同，拆模后，时间仍需保持同条件养护。

6. 试验步骤

(1) 试件从养护地点取出后应尽快进行试验，以免试件内部的温度、湿度发生显著变化。

(2) 先将试件擦拭干净，测量尺寸，并检查外观。试件尺寸测量精确至1mm，并据此计算试件的承压面积。如实测尺寸与公称尺寸之差不超过1mm，可按公称尺寸进行计算。

(3) 将试件安放在试验机的下压板上，试件的承压面应与成型时的顶面垂直，试件的中心应与试验机下压板中心对准。开动试验机，当上板与试件接近时，调整球座，使接触均衡。

混凝土试件的试验应连续而均匀地加荷，混凝土强度等级小于C30时，其加荷速度为0.3～0.5MPa/s；若混凝土强度等级大于等于C30时，其加荷速度则为0.5～0.8MPa/s。当试件接近破坏而开始迅速变形时，停止调整试验机油门，直至试件破坏，然后记录破坏荷载。

7. 结果计算与评定

(1) 混凝土立方体试件抗压强度（f_{cu}）按下式计算（精确至0.1MPa）。

$$f_{cu} = \frac{F}{A} \tag{12.23}$$

式中 f_{cu} ——混凝土立方体试件的抗压强度值，MPa；

F ——试件破坏荷载，N；

A ——试件承压面积，mm^2。

(2) 以三个试件测值的算术平均值作为该组试件的抗压强度值。三个测值中的最大或最小值中如有一个与中间值的差值超过中间值的15%时。则把最大值及最小值一并舍去，取中间值作为该组试件的抗压强度值。如有两个测值与中间值的差均超过中间值的15%，则该组试件的试验结果无效。

(3) 取150mm×150mm×150mm试件的抗压强度值为标准值，用其他尺寸试件测得的强度值均乘以尺寸换算系数，其值对200mm×200mm×200mm试件的换算系数为1.05，对100mm×100mm×100mm试件的换算系数为0.95。

12.5 建筑砂浆性能检测

12.5.1 试样制备

1. 主要仪器设备

砂浆搅拌机、拌和钢板（约1.5m× 2m，厚约3mm）、磅秤（称量50kg，感量50g）、台秤（称量10kg，感量5g）、拌铲、抹刀、量筒、盛器等。

2. 拌和方法

(1) 一般规定。

1) 拌制砂浆所用的原材料，应符合质量标准，并要求提前运入试验室内，拌和时试验室的温度应保持在20℃±5℃

2) 水泥如有结块应充分混合均匀，以0.9mm筛过筛；砂以5mm筛过筛。

3) 拌制砂浆时，材料称量计量的精度：水泥、外加剂等为±0.5%；砂、石灰膏、黏土膏等为±1%。

4) 拌制前应将搅拌机、拌和钢板、拌铲、抹刀等工具表面用水润湿，注意拌和铁板上不得有积水。

(2) 人工拌和。按设计配合比（质量比），称取各项材料用量，先把水泥和砂放到拌和板上干拌均匀后，然后将混合物堆成堆，在中间作一凹坑，将称好的石灰膏（或黏土膏）倒入凹坑中，再倒入一部分水，将石灰膏或黏土膏稀释，然后充分拌和并逐渐加水，直至混合料色泽一致、观察和易性符合要求为止，一般需拌和5min。

(3) 机械拌和。

1) 先拌适量砂浆（应与正式拌和的砂浆配合比相同），使搅拌机内壁黏附一薄层砂浆，使正式拌和时的砂浆配合比成分准确。

2) 先称出各材料用量，再将砂、水泥装入搅拌机内。

3) 开动搅拌机，将水徐徐加入（混合砂浆须将石灰膏或黏土膏用水稀释至浆状），搅拌约3min。(搅拌的用量不宜少于搅拌容量的20%，搅拌时间不宜少于2min)。

4）将砂浆拌合物倒至拌和钢板上，用拌铲翻拌两次，使之均匀。拌好的砂浆，应立即进行有关的试验。

12.5.2 砂浆的稠度试验

1. 试验目的

测定达到要求稠度的用水量或控制现场砂浆的稠度。

2. 试验原理

以砂浆稠度仪上标准质量和尺寸的圆锥体10s内自由沉入底部锥筒内的深度，即沉入度值来衡量砂浆的稠度。沉入度值越大，则砂浆稠度越小。

3. 主要仪器设备

砂浆稠度仪（图12.22）、捣棒（直径10mm、长350mm，一端呈半球形的钢棒）、台秤、拌锅、拌板、量筒、秒表等。

4. 试验步骤

（1）将拌好的砂浆一次装入砂浆筒内，装至距筒口约10mm为止，用捣棒插捣25次，并将筒体振动5～6次，使表面平整，然后移置于稠度仪底座上。

（2）放松圆锥体滑杆的制动螺丝，使试锥尖端与砂浆表面接触，拧紧制动螺丝，使齿条测杆下端刚好接触滑杆上端，并将指针对准零点。

（3）拧开制动螺丝，同时计时。待10s后立即固定螺丝。从刻度盘上读出下沉深度（精确至1mm）。

（4）圆锥筒内的砂浆，只允许测定一次稠度，重复测定时应重新取样。

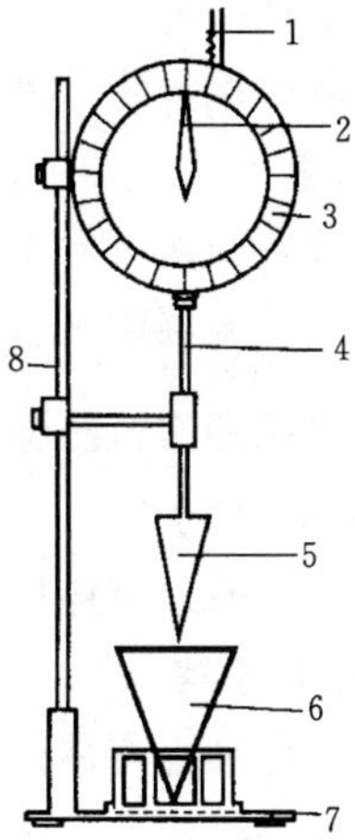

图12.22 砂浆稠度测定仪

1—齿条测杆；2—指针；3—刻度盘；4—滑杆；5—圆锥体；6—圆锥桶；7—底座；8—支架

5. 结果评定

以两次测定结果的平均值作为砂浆稠度测定结果，如两次测定值之差大于20mm，应重新配料测定。

12.5.3 建筑砂浆分层度试验

1. 试验目的

测定砂浆的分层度值，评定砂浆在运输存放过程中的保水性能。

2. 试验原理

以砂浆拌合物静置30min前后的沉入度值的差值，即分层度来衡量砂浆保水性。分层度应适宜（10～20mm），过大及过小均不利于施工及满足砂浆质量要求。

3. 主要仪器设备

砂浆分层度筒（见12.23），砂浆稠度测定仪、木锤等。

4. 试验步骤

（1）将拌和好的砂浆，经稠度试验后重新拌和均匀，一次注满分层度仪内。用木锤在容器周围距离大致相等的四个不同地方轻敲1～2次，并随时添加，然后用抹刀抹平。

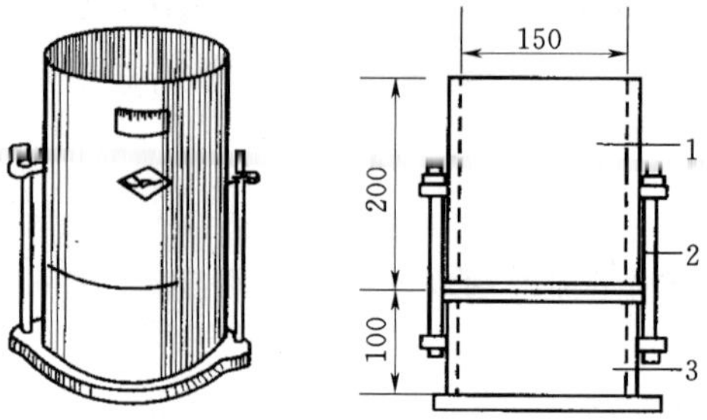

图 12.23　砂浆分层度测定仪（单位：mm）

1—无底圆筒；2—连接螺栓；3—有底圆筒

（2）静置 30min，去掉上层 200mm 砂浆，然后取出底层 100mm 砂浆重新拌和均匀，再测定砂浆稠度。

（3）取两次砂浆稠度的差值，即为砂浆的分层度（以 mm 计）。

5. 结果评定

（1）应取两次试验结果的算术平均值作为该砂浆的分层度值。

（2）两次分层度试验值之差，大于 20mm 应重作试验。

12.5.4　建筑砂浆抗压强度试验

1. 试验目的

测定砂浆的立方体抗压强度值，评定砂浆的强度等级。

2. 试验原理

以砂浆标准立方体试件经标准养护 28d 后的抗压极限强度作为该砂浆的立方体抗压强度，并可以一组标准砂浆试件的立方体抗压极限强度评定其强度等级。

3. 主要仪器设备

（1）砂浆试模。尺寸为 70.7mm×70.7mm×70.7mm 的带底试模，由铸铁或钢制成，应具有足够的刚度并拆装方便。试模的内表面应机械加工，其不平度应为每 100mm 不超过 0.05mm，组装后各相邻面的不垂直度不应超过±0.5°。

（2）钢制捣棒。直径为 10mm，长为 350mm，端部应磨圆。

（3）压力试验机。精度为 1%，试件破坏荷载应不小于压力机量程的 20%，且不大于全量程的 80%。

（4）垫板。试验机上、下压板及试件之间可垫以钢垫板，垫板的尺寸应大于试件的承压面，其不平度应为每 100mm 不超过 0.02mm。

（5）振动台。空载中台面的垂直振幅应为 0.5mm±0.05mm，空载频率应为 50Hz±3Hz，空载台面振幅均匀度不大于 10%，一次试验至少能固定（或用磁力吸盘）三个试模。

4. 试验步骤

（1）试件制作。

1）采用立方体试件，每组试件三个。

2）应用黄油等密封材料涂抹试模的外接缝，试模内涂刷薄层机油或脱模剂，将拌制好的砂浆一次性装满砂浆试模，成型方法根据稠度而定。当稠度不小于 50mm 时采用人工振捣成型，当稠度小于 50mm 时采用振动台振实成型。

a. 人工振捣。用捣棒均匀地由边缘向中心按螺旋方式插捣 25 次，插捣过程中如砂浆沉落低于试模口，应随时添加砂浆，可用油灰刀插捣数次，并用手将试模一边抬高 5～10mm 各振动五次，使砂浆高出试模顶面 6～8mm。

b. 机械振动。将砂浆一次装满试模，放置到振动台上，振动时试模不得跳动，振动 5～10s 或持续到表面出浆为止；不得过振。

3）待表面水分稍干后，将高出试模部分的砂浆沿试模顶面刮去并抹平。

（2）试件养护。

1）试件制作后应在室温为 20℃±5℃的环境下静置 24h±2h，当气温较低时，可适当延长时间，但不应超过两昼夜，然后对试件进行编号、拆模。

2）试件拆模后应立即放入温度为 20℃±2℃，相对湿度为 90%以上的标准养护室中养护。养护期间，试件彼此间隔不小于 10mm，混合砂浆试件上面应覆盖以防有水滴在试件上。

（3）立方体试件抗压强度试验。

1）试件从养护地点取出后应及时进行试验。试验前将试件表面擦试干净，测量尺寸，并检查其外观。并据此计算试件的承压面积，如实测尺寸与公称尺寸之差不超过 1mm，可按公称尺寸进行计算。

2）将试件安放在试验机的下压板（或下垫板）上，试件的承压面应与成型时的顶面垂直，试件中心应与试验机下压板（或下垫板）中心对准。

3）开动试验机，当上压板与试件（或上垫板）接近时，调整球座，使接触面均衡受压。承压试验应连续而均匀地加荷，加荷速度应为每秒钟 0.25～1.5kN（砂浆强度不大于 5MPa 时，宜取下限，砂浆强度大于 5MPa 时，宜取上限），当试件接近破坏而开始迅速变形时，停止调整试验机油门，直至试件破坏，然后记录破坏荷载。

5. 结果计算

单个试件的抗压强度按下式计算（精确至 0.1MPa）

$$f_{m,cu}=\frac{N_u}{A} \tag{12.24}$$

式中 $f_{m,cu}$——砂浆立方体抗压强度，MPa；

N_u——立方体破坏荷载，N；

A——试件承压面积，mm^2。

砂浆立方体试件抗压强度应精确至 0.1MPa。

以三个试件测值的算术平均值的 1.3 倍作为该组试件的砂浆立方体试件抗压强度平均值（精确至 0.1MPa）。

当三个测值的最大值或最小值中如有一个与中间值的差值超过中间值的 15%时，则把最大值及最小值一并舍除，取中间值作为该组试件的抗压强度值；如有两个测值与中间值的差值均超过中间值的 15%时，则该组试件的试验结果无效。

12.6　砌墙砖性能检测

下面以抗压强度试验为例进行说明。

1. 试验目的

通过测定砌墙砖的抗压强度，作为评定其强度等级的依据。

2. 试验原理

普通砖的抗压强度是指试件受压破坏时单位面积上所承受的荷载。

3. 主要仪器设备

(1) 压力机（300～500kN)。试值误差不大于±1%，下压板应为球铰支座，预期破坏荷载应在量程的20%～80%之间；抗压试件制作平台必须平整水平，可用金属材料或其他材料制成。

(2) 锯砖机或切砖机、直尺、镘刀等。

4. 试件制备

(1) 烧结普通砖试件数量为10块，将试样切断或锯成两个半截砖，断开的半截砖长不得小于100mm，如图12.24所示。如果不足100mm，应另取备用试件补足。

(2) 在试件制备平台上，将已断开的半截砖放入室温的净水中浸10～20min后取出，并以断口相反方向叠放，两者中间抹以厚度不超过5mm的用强度等级为32.5或42.5的普通硅酸盐水泥调制的稠度适宜的水泥净浆来黏结。上下两面用厚度不超过3mm的同种水泥浆抹平。制成的试件上下两面须相互平行，并垂直于侧面，如图12.25所示。

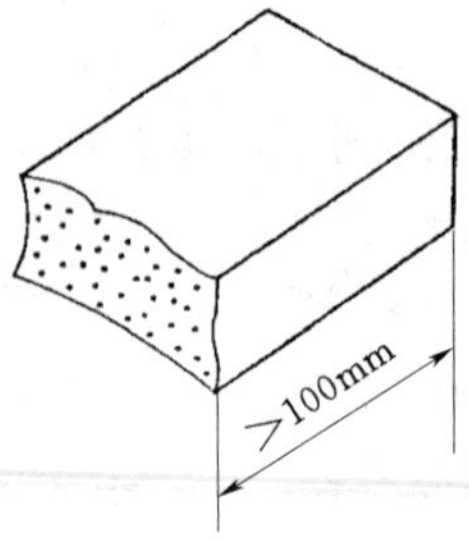

图12.24　半截砖样

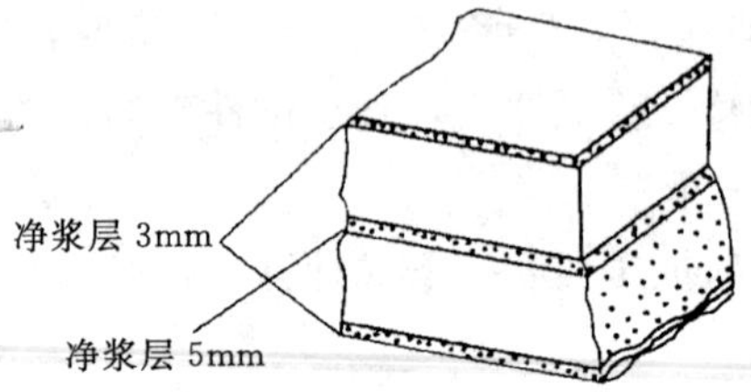

图12.25　抹面试件

(3) 多孔砖取10块试样，以单块整砖沿竖孔方向加压，空心砖以单块整砖大面、条面方向（各5块）分别加压。采用坐浆法制作试件：将玻璃板置于试件制作平台上，其上铺一张湿的垫纸，纸上铺不超过5mm后的水泥净浆，在水中浸泡试件10～20min后取出，平稳地坐放在水泥浆上。在易受压面上稍加用力，使整个水泥层与受压面相互黏结，砖的侧面应垂直于玻璃板，待水泥浆凝固后，连同玻璃板翻放在另一铺纸、放浆的玻璃板上，再进行坐浆，用水平尺校正玻璃板的水平试验。

5. 试件养护

制成的抹面试件应置于不低于10℃的不通风室内养护3d，再进行试验。非烧结砖不需养护，直接试验。

6. 试验步骤

测量每个试件连接面或受压面的长 L（mm）、宽 b（mm）尺寸各两个，分别取其平均值，精确至1mm，计算其受压面积。将试件平放在加压板的中央，垂直于受压面加荷，如图12.26所示，加荷应均匀平稳，不得发生冲击和振动。加荷速度以5kN/s±0.5kN/s为宜，直至试件破坏为止，记录最大破坏荷载 P（N）。

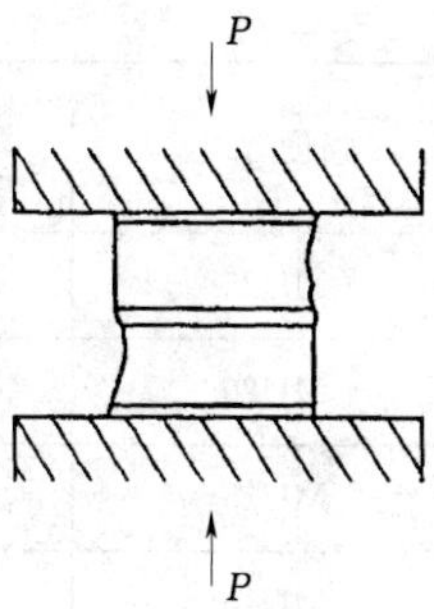

图12.26 普通砖抗压强度试验示意图

7. 试验结果计算与评定

(1) 每块试件的抗压强度按下式计算（精确至0.1MPa）：

$$f_i = \frac{P}{Lb} \tag{12.25}$$

式中 f_i——第 i 块试样的抗压强度值，MPa；

P——最大破坏荷载，N；

L——试样受压面的长，mm；

b——试样受压面的宽，mm。

(2) 试验结果以试样抗压强度的算术平均值和单块最小值表示，精确至0.1MPa。

(3) 根据《烧结普通砖》（GB/T 5101—2003）的规定，烧结普通砖的抗压强度的算术平均值和强度标准值分别按下式计算

$$\overline{f} = \frac{1}{10}\sum_{i=1}^{10} f_i \tag{12.26}$$

$$f_k = \overline{f} - 1.8S \tag{12.27}$$

$$S = \sqrt{\frac{1}{9}\sum_{i=1}^{10}(f_i - \overline{f})^2} \tag{12.28}$$

$$\delta = \frac{S}{\overline{f}} \tag{12.29}$$

式中 f_i——单块砖样抗压强度测定值，精确至0.01MPa；

f_k——强度标准值，MPa；精确至0.1MPa；

S——10块砖样的抗压强度标准差，MPa；

$\overline{f}$——10块砖样的抗压强度算术平均值，精确至0.01MPa；

δ——变异系数。

变异系数 $\delta \leqslant 0.21$ 时，按抗压强度平均值 $\overline{f}$ 和强度标准值 f_k 指标评定砖的强度等级；$\delta > 0.21$ 时，按抗压强度平均值 $\overline{f}$ 和单块最小抗压强度值 f_{min} 指标评定砖的强度等级。具体可对照表12.7进行评定。

表12.7 烧结普通砖的强度等级 单位：MPa

强度等级	抗压强度平均值 $\overline{f}$	$\delta \leqslant 0.21$	$\delta > 0.21$
		强度标准值 f_k	单块最小抗压强度值 f_{min}
MU30	≥30.0	≥22.0	25.0

续表

强度等级	抗压强度平均值 $\overline{f}$	$\delta \leqslant 0.21$	$\delta > 0.21$
		强度标准值 f_k	单块最小抗压强度值 f_{min}
MU25	≥25.0	≥18.0	22.0
MU20	≥20.0	≥14.0	16.0
MU15	≥15.0	≥10.0	12.0
MU10	≥10.0	≥6.5	7.5

12.7 石油沥青性能检测

12.7.1 沥青针入度试验

1. 试验目的

测定石油沥青针入度，评定沥青的黏滞性，同时针入度也是划分沥青牌号的主要指标。

2. 主要仪器设备

(1) 针入度仪。其构造如图12.27所示。

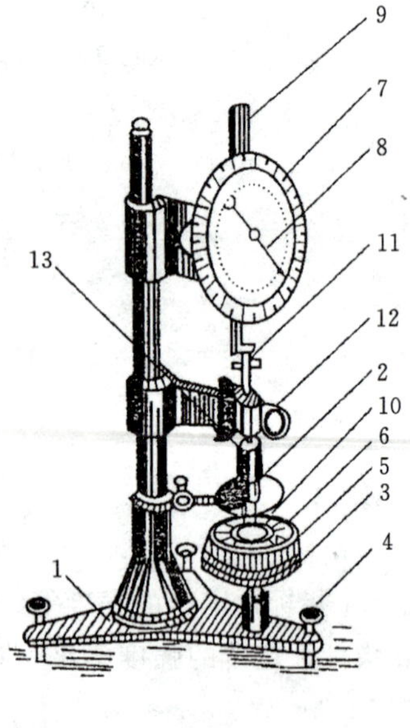

图12.27 针入度仪

1—底座；2—小镜；3—圆形平台；4—调平螺丝；5—保温皿；6—试样；7—刻度盘；8—指针；9—活动尺杆；10—标准针；11—连杆；12—按钮；13—砝码

其中支柱上有两个悬臂，上臂装有分度为360°的刻度盘及活动齿杆，其上下运动的同时使指针转动；下臂装有可滑动的针连杆（其下端安装标准针），总质量为50g±0.05g，针入度仪附带有50g±0.5g和100g±0.5g砝码各一个。设有控制针连杆运动的制动按钮，基座上设有放置玻璃皿的可旋转平台及观察镜。

(2) 标准针。应由硬化回火的不锈钢制成，其尺寸应符合规定。

(3) 试样皿。金属圆柱形平底容器。针入度小于200时，试样皿内径55mm，内部深度35mm；针入度在200～350时，试样皿内径70mm，内部深度为45mm。

(4) 恒温水浴。容量不小于10L，能保持温度在试验温度的±0.1℃范围内。

(5) 其他仪器。平底玻璃皿（容量不小于0.5L，深度不小于80mm）、秒表、温度计、金属皿或瓷柄皿、孔径为0.3～0.5mm的筛子，砂浴或可控温度的密闭电炉等。

3. 试样制备

(1) 将预先除去水分的试样在砂浴或密闭电炉上加热，再进行搅拌。加热温度不得超过估计软化点100℃，加热时间不得超过 30min，用筛过滤，除去杂质。

(2) 将试样倒入预先选好的试样皿中，试样深度应大于预计穿入深度 10mm。

(3) 试样皿在 15～30℃的空气中冷却 1～1.5h（小试样皿）或 1.5～2h（大试样皿），防止灰尘落入试样皿。然后将试样皿移入保持规定试验温度的恒温水浴中。小试样皿恒温 1～1.5h，大试样皿恒温 1.5～2h。

4. 试验步骤

(1) 调整针入度基座螺丝使之成水平，检查活动齿杆自由活动情况，并将已擦净的标准针固定在连杆上，按试验要求条件放上砝码。

(2) 将恒温 1h 的试样皿自槽中取出，置于水温严格控制为 25℃的平底保温玻璃皿中，沥青试样表面以上水层高度不小于 10mm，再将保温玻璃皿置于针入度仪的旋转圆形平台上。

(3) 调节标准针使针尖与试样表面恰好接触，不得刺入试样。移动活动齿杆使之与标准针连杆顶端接触，并将刻度盘指针调整至“0”。

(4) 用手紧压按钮，同时开动秒表，使标准针自由地进入沥青试样，到规定时间放开按钮，使针停止进入。

(5) 再拉下活动齿杆使与标准针连杆顶端相接触。这时指针也随之转动，刻度盘指针读数即为试样的针入度。在试样的不同点（各测点间及测点与金属皿边缘的距离不小于 10mm）重复试验三次，每次试验后，将针取下，用浸有溶剂（煤油、苯或汽油）的棉花将针端附着的沥青擦干净。

(6) 测定针入度大于 200 的沥青试样时，至少用三根针，每次测定后将针留在试样中，直至三次测定完成后，才能把针从试样中取出。

5. 试验结果

取三次测定针入度的平均值（取整），作为试验结果。三次测定的针入度值相差不应大于表 12.8 中的数值。若差值超过表中数值，应重做试验。

表 12.8　　针入度测定允许最大值

针入度	0～49	50～149	150～249	250～350
最大差值	2	4	6	10

12.7.2 延度试验

1. 试验目的

延度是沥青塑性的指标，通过延度测定可以了解石油沥青的塑性。

2. 主要仪器设备

延度仪及试样模具（图 12.28）、瓷皿或金属皿、孔径 0.3～0.5mm 筛、温度计（0～50℃，分度 0.1℃、0.5℃各一支）、刀、金属板、砂浴等。

3. 试验步骤

(1) 用甘油滑石粉隔离剂涂于磨光的金属板上及模具侧模的内表面，将模具置于金属板上。

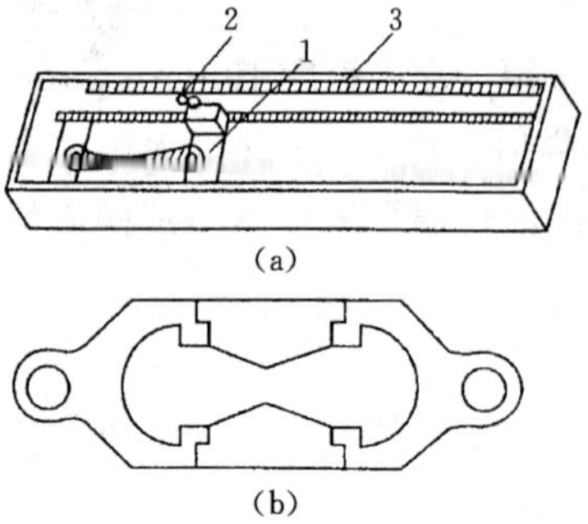

图 12.28 沥青延度仪及模具
(a) 延度仪；(b) 延度模具
1—滑板；2—指针；3—标尺

(2) 将预先除去水分的沥青试样放入金属皿，在砂浴上加热熔化、搅拌。加热温度不得比试样软化点高 100℃，用筛过滤，并充分搅拌至气泡完全消除。

(3) 将熔化沥青试样缓缓注入模具中（自模具的一端至另一端往返多次），并略高出模具。试件在 15～30℃的空气中冷却 30min 后，放入 25℃±0.1℃的水浴中，保持 30min 后取出，将高出模具的沥青刮去，使沥青面与模面齐平。沥青的刮法应自模具的中间刮向两边，表面应刮得十分光滑。将试件连同金属板再浸入 25℃±0.1℃的水浴中保持 85～95min。

(4) 检查延度仪滑板的移动速度是否符合要求，然后移动滑板使指针正对标尺的零点。

(5) 试件移至延度仪水槽中，将模具两端的孔分别套在滑板及槽端的金属柱上，水面距试件表面应不小于 25mm，然后去掉侧模。

(6) 测得水槽中水温为 25℃±0.5℃时，开动延度仪，观察沥青的拉伸情况。在测定时，如发现沥青细丝浮于水面或沉入槽底时，则应在水中加入乙醇或食盐水，调整水的密度至与试样的密度相近后，再进行测定。

(7) 试件拉断时指针所指标尺上的读数，即为试样的延度，以 cm 表示。在正常情况下，试件应拉成锥尖状，在断裂时实际横断面接近于零。如不能得到上述结果，则应报告在此条件下无测定结果。

4. 试验结果

取三个平行测定值的平均值作为测定结果。若三次测定值不在其平均值的 5%以内，但其中两个较高值在平均值的 5%之内，则弃去最低测定值，取两个较高值的平均值作为测定结果，否则重新测定。

12.7.3 沥青软化点试验

1. 试验目的

软化点是反映沥青在温度作用下的温度稳定性，是在不同温度环境下选用沥青的最重要的依据之一。

2. 主要仪器设备

软化点试验仪（图 12.29）、电炉或其他加热设备、金属板或玻璃板、刀、孔径 0.3～0.5mm 筛、温度计、瓷皿或金属皿（熔化沥青用）、砂浴等。

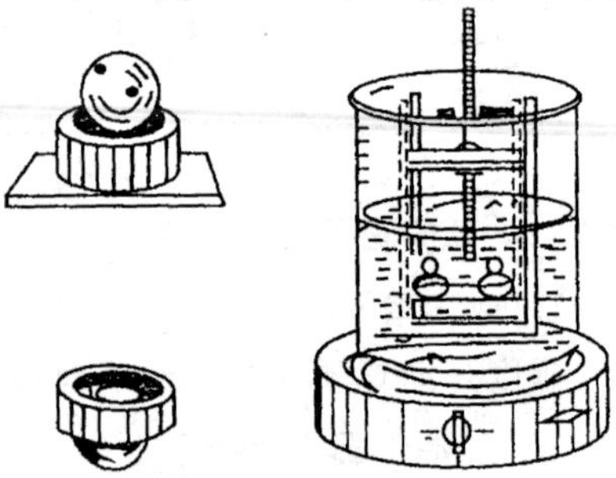

图 12.29 软化点仪

3. 试验步骤

(1) 将黄铜环置于涂上甘油滑石粉隔离剂的金属板或玻璃板上，将预先脱水的试样加热熔化，石油沥青加热温度不得比试样估计软化点高 110℃，搅拌并过筛后注入黄铜环内至略高出环面为止，如估计软化点在 120℃以上时，应将铜环与金属板预热至 80～100℃，试样在空气（15～30℃）中冷却 30min 后，用热刀刮去高出环面上的试样，使与环面齐平。

(2) 将盛有试样的黄铜环及板置于盛满水（估计软化点不高于 80℃的试样）或甘油（估计软化点高于 80℃的试样）的保温槽内，或将盛试样的环水平地安放在环架圆孔内，然后放在烧杯中，恒温 15min，水温保持 5℃±0.5℃；甘油温度保持 32℃±1℃，同时钢球也置于恒温的水或甘油中。

(3) 烧杯内注入新煮沸并冷却至约 5℃±1℃的蒸馏水（估计软化点不高于 80℃的试样）或注入预加热至约 30℃±1℃的甘油（估计软化点高于 80℃的试样），使水面或甘油液面略低于连接杆的深度标记。

(4) 从水或甘油保温槽中取出盛有试样的黄铜环放置在环架内承板的圆孔中，并套上钢球定位器把整个环架放入烧杯内，调整水面或甘油液面至深度标记，环架上任何部分均不得有气泡。将温度计由上承板中心孔垂直插入，使水银球底部与铜环下面齐平。

(5) 将烧杯移至有石棉网的三脚架上或电炉上，然后将钢球放在试样上（须使各环的平面在全部加热时间内完全处于水平状态）立即加热，使烧杯内水或甘油温度在 3min 后保持每分钟上升 5℃±0.5℃，在整个测定中如温度的上升速度超出此范围时，则试验应重做。

(6) 试样受热软化下坠至与下承板面接触时的温度即为试样的软化点。

4. 试验结果

取平行测定两个结果的算术平均值作为测定结果。重复测定两个结果间的差数不得大于 1.2℃。

12.8 弹（塑）性体改性沥青防水卷材性能检测

12.8.1 取样方法、卷重、厚度、面积、外观试验

1. 试验目的

评定卷材的面积、卷重、外观、厚度是否合格。

2. 取样

以同一类型同一规格 10000m^2 为一批，不足 10000m^2 也可作为一批。每批中随机抽取 5 卷，进行卷重、厚度、面积、外观试验。

3. 试验内容

(1) 卷重。用最小分度值为 0.2kg 的台秤称量每卷卷材的卷重。

(2) 面积。用最小分度值为 1mm 的卷尺在卷材的两端和中部测量长度、宽度，以长度、宽度的平均值，求得每卷的卷材面积。若有接头时两段长度之和减去 150mm 为卷材长度测量值。当面积超出标准规定值的正偏差时，按公称面积计算卷重。当符合最低卷重时，也判为合格。

(3) 厚度。使用 10mm 直径接触面，单位压力为 0.2MPa 时分度值为 0.1mm 的厚度计测量，保持时间为 5s。沿卷材宽度方向裁取 50mm 宽的卷材一条在宽度方向上测量 5 点，距卷材长度边缘 150mm±15mm 向内各取一点，在这两点之间均分取其余 3 点。对于砂面卷材必须将浮砂清除，再进行测量，记录测量值，计算 5 点的平均值作为卷材的厚度。以抽取卷材的厚度总平均值作为该批产品的厚度，并记录最小值。

（4）外观。将卷材立放于平面上，用一把钢卷尺放在卷材的端面上，用另一把钢卷尺（分度值为 1 mm）垂直伸入端面的凹面处，测得的数值即为卷材端面里进外出值。然后将卷材展开按外观质量要求检查，沿宽度方向裁取 50mm 宽的一条，胎基内不应有未被浸透的条纹。

4. 判定原则

在抽取的五卷中，各项检查结果都符合标准规定时，判定为厚度、面积、卷重、外观合格，否则允许在该批试样中另取五卷，对不合格项进行复查，如达到全部指标合格，则判为合格，否则为不合格。

12.8.2 物理力学性能试验

1. 试验目的

评定卷材的物理性能是否合格。

2. 试样制备

在面积、卷重、外观、厚度都合格的卷材中，随机抽取一卷，切除距外层卷头 2500mm后，顺纵向切取长度为 800mm 的全幅卷材两块，一块进行物理力学性能试验，另一块备用。按图 12.30 所示部位及表 12.9 中规定的数量，切取试件边缘与卷材纵向的距离不小于 75mm。

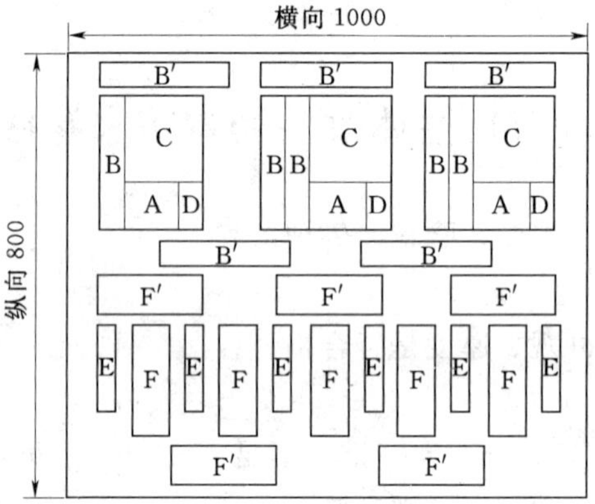

图 12.30 试件切取图

表 12.9 试件尺寸

试验项目	试件代号	试件尺寸（mm）	数量（个）
可溶物含量	A	100×100	3
拉力及延伸率	B、B′	250×50	纵横各 5
不透水性	C	150×150	3
耐热度	D	100×50	3
低温柔度	E	150×25	6
撕裂强度	F、F	200×75	纵横各 5

3. 试验内容

（1）可溶物含量试验。

1）溶剂。四氯化碳、三氯甲烷或三氯乙烯（工业纯或化学纯）。

2）试验仪器。分析天平（感量0.001g）；萃取器（500mL索氏萃取器）；电热干燥箱（0～300℃，精度为±2℃）；滤纸（直径不小于150mm）。

3）试验步骤。将切好的三块试件（A）分别用滤纸包好，用棉线捆扎。分别称重，记录数据。将滤纸包置于萃取器中，溶剂量为烧瓶容量的1/2～1/3，进行加热萃取，直至回流的液体呈浅色为止，取出滤纸包让溶剂挥发，放入预热至105～110℃的电热干燥箱中干燥1h，再放入干燥器中冷却至室温称量滤纸包。

4）计算。可溶物含量按下式计算

$$A=K(G-P) \tag{12.30}$$

式中 A——为可溶物含量，g/m^2；

G——萃取前滤纸包重量，g；

P——萃取后滤纸包重量；g；

K——系数，$1/m^2$。

以三个试件可溶物含量的算术平均值为卷材的可溶物含量。

（2）拉力及断裂延伸率试验。

1）试验设备及仪器。

拉力试验机：能同时测定拉力及延伸率，测量范围0～2000N，最小分度值为不大于5N，伸长率范围能使夹具180mm间距伸长一倍，夹具夹持宽度不小于50mm。

2）试验步骤。将切取好的试件放置在试验温度下不少于24h；校准试验机（拉伸速度50mm/min）将试件夹持在夹具中心，不得歪扭，上下夹具间距为180mm；开动试验机，拉伸至试件拉断为止。记录拉力及最大拉力时的延伸率。

3）最大拉力及最大拉力时的延伸率的计算。分别计算纵向及横向各五个试件的最大拉力的算术平均值，作为卷材纵向和横向的拉力（N/50mm）。最大拉力时的延伸率按下式计算

$$E=\frac{L_1-L_0}{L}\times 100\% \tag{12.31}$$

式中 E——最大拉力时的延伸率，%；

L_1——试件拉断时夹具的间距，mm；

L_0——试件拉伸前夹具的间距，mm；

L——上下夹具间的距离，180mm。

分别计算纵向及横向各五个试件的最大拉力时的延伸率值的算术平均值，作为卷材纵向及横向的最大拉力时的延伸率。

（3）不透水性试验。

1）试验仪器。

油毡不透水仪：具有三个透水盘（底盘内径为92mm），金属压盖上有七个均匀分布的直径25mm的透水孔；压力表示值范围0～0.6MPa，精度为2.5级。

2）试验步骤。在规定压力、规定时间内，试件表面无透水现象为合格。卷材的上表面为迎水面；上表面为砂面、矿物粒料时，下表面作为迎水面；下表面为细砂时，在细砂面沿密封圈的一圈除去表面浮砂，然后涂一圈 60～100 号的热沥青，涂平、冷却 1h 后进行试验。

（4）耐热度试验。

1）试验仪器。主要设备有电热恒温箱。

2）试验步骤。将 50mm×100mm 的试件垂直悬挂在预先加热至规定温度的电热恒温箱内，加热 2 h 后取出，观察涂盖层有无滑动、流淌、滴落，任一端涂盖层不应与胎基发生位移，试件下端应与胎基平齐，无流挂、滴落。

（5）低温柔度试验。

1）试验仪器及用具。低温制冷仪（控温范围 0～30℃，精度为±2℃）；半导体温度计（量程 30～40℃，精度为 5℃）；柔度棒或柔度弯板（半径为 15mm 和 25mm 两种，示意图如图 12.31 所示）；冷冻液（不与卷材发生反应）等。

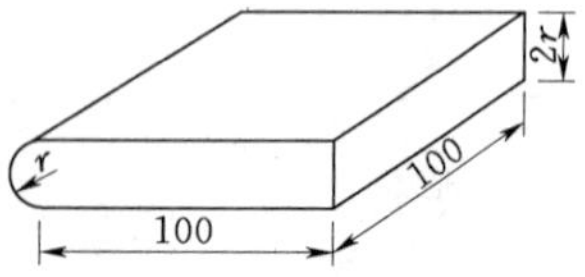

图 12.31 柔度弯板示意图（单位：mm）

2）试验步骤。

A 法（仲裁法）：在不小于 10L 的容器内放入冷冻液（6L 以上），将容器放入低温制冷仪中，冷却至标准规定的温度。然后将试件与柔度棒（板）同时放在液体中，待温度达到标准规定的温度时，至少保持 0.5h，将试件置于液体中，在 3s 内匀速绕柔度棒或弯板弯曲 180°。

B 法：将试件和柔度棒（板）同时放入冷却至标准规定的低温制冷仪内的液体中，待温度达到标准规定的温度后，保持时间不少于 2h，在低温制冷仪中，将试件在 3s 内匀速绕柔度棒或弯板弯曲 180°。

柔度棒（板）的直径根据卷材的标准规定选取，六块试件中，三块试件上表面、另三块试件下表面与柔度棒（板）接触，取出试件后用目测，观察试件涂盖层有无裂缝。

（6）撕裂强度试验。

1）试验仪器。拉力试验机（上下夹具间距为 180mm）；试验温度（23±2）℃。

2）试验步骤。将切好的试件用切刀或模具裁成如图 12.32 所示的形状，然后在试验温度下放置不少于 24h；校准试验机（拉伸速度 50mm/min）将试件夹持在夹具中心，不得歪扭，上下夹具间距为 130mm；开动试验机，进行拉伸直至试件拉断为止，记录拉力。

3）结果计算。分别计算纵向及横向各五个试件的最大拉力的算术平均值作为卷材纵向或横向撕裂强度，单位为 N。

4. 物理性能评定

（1）可溶物含量、拉力及拉伸强度、低温柔性、最大拉力时延伸率等各项结果的平均值达到规定时，判定为该项指标合格。

（2）不透水性、耐热度每组三个试件分别达到标准规定时，判定为指标合格。

（3）低温柔度六个试件中至少五个试件达到标准规定时，判定为该项指标合格。

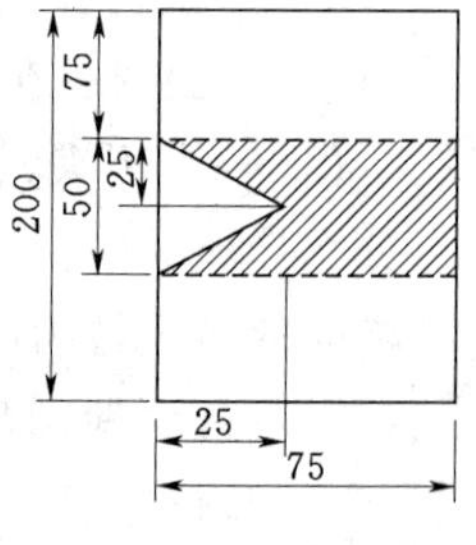

图 12.32 撕裂试件（单位：mm）

12.9 钢筋性能检测

12.9.1 拉伸试验

1. 试验目的

测定低碳钢的屈服强度、抗拉强度与延伸率。确定应力与应变之间的关系曲线，评定钢筋的强度等级。

2. 主要仪器设备

（1）万能材料试验机。为保证机器安全和试验准确，其吨位的选择最好是使试件达到最大荷载时，指针位于指示度盘第三象限内。试验机的测力示值误差不大于1%。

（2）量爪游标卡尺（精确度为0.1mm）、直钢尺、两脚扎规、打点机等。

3. 试件制作和准备

（1）8～40mm直径的钢筋试件一般不经车削。

（2）如果受试验机吨位的限制，直径为22～40mm的钢筋可制成车削加工试件。

（3）在试件表面用钢筋划一平行其轴线的直线，在直线上冲浅眼或划线标出标距端点（标点），并沿标距长度用油漆划出10等分点的分格标点。

（4）测量标距长度 L_0（精确至0.1mm），如图12.33所示。计算钢筋强度用横截面积采用表12.10所列公称横截面积。

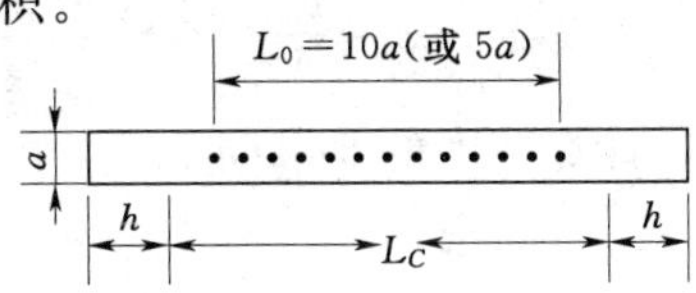

图12.33 钢筋拉伸试件

表12.10 **钢筋的公称横截面积**

公称直径（mm）	公称横截面积（mm^2）	公称直径（mm）	公称横截面积（mm^2）
8	50.27	22	380.1
10	78.54	25	490.9
12	113.1	28	615.8
14	153.9	32	804.2
16	201.1	36	1018
18	254.5	40	1257
20	314.2	50	1964

4. 屈服强度和抗拉强度的测定

（1）调整试验机测力度盘的指针，使对准零点，并拨动副指针，使与主指针重叠。

（2）将试件固定在试验机夹头内，开动试验机进行拉伸，拉伸速度为：屈服前，应力增加速率按表12.11规定，并保持试验机控制器固定于这一速率位置上，直至该性能测出为止；屈服后或只需测定抗拉强度时，试验机活动夹头在荷载下的移动速度不大于

0.5L_C/min，(L_C 式样平行长度)。

表 12.11 屈服前的加荷速度

金属材料的弹性模量 (MPa)	应力速度 [N/(mm²·s)]	
	最 小	最 大
<150000	1	10
≥150000	3	30

(3) 拉伸中，测力度盘的指针停止转动时的恒定荷载，或第一次回转时的最小荷载，即为所求的屈服点荷载 F_S(N)，按下式计算试件的屈服点

$$\sigma_S = \frac{F_S}{A} \tag{12.32}$$

式中 σ_S——屈服点，MPa；

F_S——屈服点荷载，N；

A——试件的公称横截面积，mm^2。

当 σ_S>1000MPa 时，应计算至 10MPa；σ_S 为 200～1000MPa 时，计算至 5MPa；$\sigma_S \leqslant$ 200MPa 时，计算至 1MPa。

(4) 向试件连续施荷直至拉断，由测力度盘读出最大荷载 F_b (N)。按下式计算试件的抗拉强度

$$\sigma_b = \frac{F_b}{A} \tag{12.33}$$

式中 σ_b——抗拉强度，MPa，计算精度的要求同 σ_S；

F_b——最大荷载，N；

A——试件的公称横截面积 mm^2。

5. 伸长率的测定

(1) 将已拉断试件的两段在断裂处对齐，尽量使其轴线位于一条直线上。如拉断处由于各种原因形成缝隙，则此缝隙应计入试件拉断后的标距部分长度内。

(2) 如拉断处到邻近标距点的距离大于 $L_0/3$ 时，可用卡尺直接量出已被拉长的标距长度 L_1 (mm)。

(3) 如拉断处到邻近标距端点的距离小于或等于 1/3 (L_0)，可按下述移位法确定 L_1：

在长段上，从拉断处 O 取基本等于短段格数，得 B 点，接着取等于长段所余格数 [偶数，图 12.34 (a)] 之半，得 C 点；或者取所余格数 [奇数，图 12.34 (b)] 减 1 与加 1 之半，得 C 与 C_1 点。移位后的 L_1 分别为 $AO+OB+BC$ 或者 $AO+OB+BC+BC_1$。

如果直接量测所求得的伸长率能达到技术条件的规定值，则可不采用移位法。

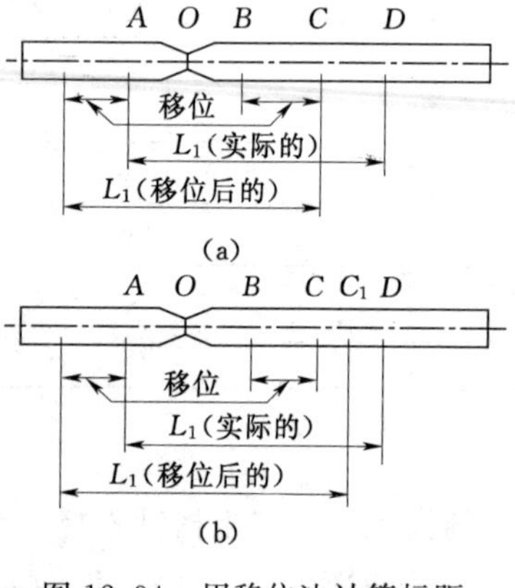

图 12.34 用移位法计算标距

(4) 伸长率按下式计算 (精确至 1%)

$$\delta_{10}(\delta_5)=\frac{L_1-L_0}{L_0}\times 100\% \tag{12.34}$$

式中 δ_{10}、δ_5——分别表示 $L_0=10d$ 或 $L_0=5d$ 时的伸长率；

L_0——原标距长度 $10d$（$5d$），mm；

L_1——试件拉断后直接量出或按移位法确定的标距部分长度（测量精确至 0.1mm）。

（5）如试件在标距端点上或标距处断裂，则试验结果无效，应重做试验。

12.9.2 冷弯试验

1. 试验目的

检验钢筋承受弯曲程度的变形性能，从而确定其可加工性能，并显示其缺陷。

2. 主要仪器设备

压力机或万能试验机，具有不同直径的弯心。

3. 试验步骤

（1）钢筋冷弯试件不得进行车削加工，试样长度通常按下式确定

$$L\approx 5a+150 \tag{12.35}$$

式中 L——试样长度，mm；

a——为试件原始直径，mm。

（2）半导向弯曲。试样一端固定，绕弯心直径进行弯曲，如图 12.35（a）所示。试样弯曲到规定的弯曲角度或出现裂纹、裂缝或断裂为止。

（3）导向弯曲。

1）试样放置于两个支点上，将一定直径的弯心在试样两个支点中间施加压力，使试样弯曲到规定的角度［图 12.35（b）］或出现裂纹、裂缝、断裂为止。

2）试样在两个支点上按一定弯心直径弯曲至两臂平行时，可一次完成试验，亦可先弯曲到图 12.35（b）所示的状态，然后放置在试验机平板之间继续施加压力，压至试样两臂平行。此时可以加上与弯心直径相同尺寸的衬垫进行试验，如图 12.35（c）所示。

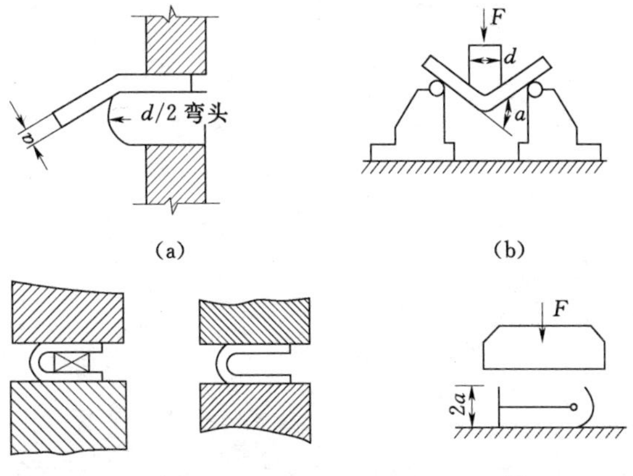

图 12.35 弯曲试验示意图

当试样需要弯曲至两臂接触时，首先将试样弯曲到图 12.35（b）所示的状态，然后放置在两平板间继续施加压力，直至两臂接触，如图 12.35（d）所示。

3）试验应在平稳压力作用下，缓慢施加试验压力。两支辊间距离为（$d+2.5a$）$\pm 0.5d$，并且在试验过程中不允许有变化。

4）试验应在 10～35℃或控制条件 23℃±5℃进行。

4. 结果评定

弯曲后，按有关标准规定检查试样弯曲后的外表面，进行结果评定。若无裂纹、裂缝或裂断，则评定试样合格。

参 考 文 献

［1］ 崔长江．建筑材料［M］．郑州：黄河水利出版社，2009.

［2］ 李亚杰．建筑材料［M］．北京：中国水利水电出版社，2007.

［3］ 孙敬华，张思梅．建筑材料［M］．北京：中国水利水电出版社，2008.

［4］ 姜志青．道路建筑材料［M］．北京：人民交通出版社，2013.

［5］ 中国建筑材料科学研究院．绿色建材与建材绿色化［M］．北京：化学工业出版社，2003.

［6］ 张思梅．建筑与装饰材料［M］．北京：中国水利水电出版社，2011.

［7］ 吴科如．土木工程材料［M］．上海：同济大学出版社，2003.

［8］ 冯文元，张友民，冯志华．建筑材料检验手册［M］．北京：中国建材工业出版社，2006.

［9］ 高琼英．建筑材料［M］．武汉：武汉理工大学出版社，2006.

［10］ 钱觉时．建筑材料学［M］．武汉：武汉理工大学出版社，2007.

［11］ 黄伟典．建筑材料［M］．北京：中国电力出版社，2007.

［12］ 郑 立．新型墙体材料技术读本［M］．北京：化学工业出版社，2005.

［13］ 王秀花．建筑材料［M］．北京：机械工业出版社，2009.

［14］ 李伟华，梁媛．建筑材料及性能检测［M］．北京：北京理工大学出版社，1997.

［15］ 谭平，吕娜，张瑞红．建筑材料［M］．北京：北京理工大学出版社，2011.

［16］ 曹纬浚．一级注册建筑师考试辅导教材第四分册．建筑材料与构造［M］．北京：中国建筑工业出版社，2011.

［17］ 魏鸿汉主编．建筑装饰材料．北京：机械工业出版，2009.

［18］ 魏鸿汉主编．建筑材料．北京：中国建筑工业出版社，2006.

［19］ 卢经扬，余素萍主编．建筑材料．北京：清华大学出版社，2006.

［20］ 范文昭．建筑材料．第3版．武汉：武汉理工大学出版社，2010.

［21］ 王春阳．建筑与装饰材料．北京：中国建筑工业出版社，2001.

［22］ GB 11614—2009 平板玻璃．北京：中国标准出版社，2009.

［23］ JG/T 765—2006 建筑琉璃制品．北京：中国建材工业出版社，2006.

［24］ 中华人民共和国标准．GB 5101—2003 烧结普通砖．北京：中国标准出版社，2003.

［25］ 中华人民共和国标准．GB 13544—2000 烧结多孔砖．北京：中国标准出版社，2000.

［26］ 中华人民共和国标准．GB/T 15229—2002 轻集料混凝土小型空心砌块的等级．北京：中国标准出版社，2000.

［27］ 中华人民共和国标准．GB/11968－2006 蒸压加气混凝土砌块的规格尺寸．北京：中国标准出版社，2006.

［28］ 中华人民共和国标准．GB/T 4100—2006 陶瓷砖．北京：中国标准出版社，2006.

［29］ 中华人民共和国标准．GB/T 2705—2003 涂料产品分类、命名和型号．北京：中国标准出版社，2003.

［30］ 中华人民共和国标准．GB 175—2007《通用硅酸盐水泥》．北京：中国标准出版社，2007.

［31］ 中华人民共和国标准．GB 1591—2008《低合金高强度结构钢的拉伸性能》．北京：中国标准出版社，2008.

［32］ 中华人民共和国行业标准 JGJ 55—2011，《普通混凝土配合比设计规程》．北京：中国建筑工业出版社，2011.